全国普通高等医学院校药学类专业"十三五"规划教材

仪器分析

（供药学类专业用）

U0286178

主　编　吕玉光

副主编　曾　艳　余邦良

编　者　（以姓氏笔画为序）

付钰洁（重庆理工大学）　　　吕玉光（佳木斯大学药学院）

巩丽虹（牡丹江医学院）　　　何　丹（重庆医科大学）

余邦良（海南医学院）　　　　宋玉光（天津医科大学）

周锡兰（四川医科大学）　　　崔　艳（沈阳药科大学）

曾　艳（川北医学院）

中国健康传媒集团

中国医药科技出版社

内 容 提 要

本书是全国普通高等医学院校药学类专业"十三五"规划教材之一。全书分为18章，包括绪论、电化学分析法、色谱分析法、气相色谱法、高效液相色谱法、毛细管电泳法、光谱分析法、原子光谱、紫外－可见分光光度法、分子发光光谱法、红外吸收光谱法、磁共振波谱法、质谱法、X射线光谱法和表面分析法、热分析法、流动注射分析、色谱质谱联用法和综合分析。各章节设置"学习导引""实例解析""知识链接""知识拓展""本章小结""练习题"编写模块。同时，为丰富教学资源，增强教学互动，更好地满足教学需要，本教材免费配套在线学习平台（含电子教材、教学课件、图片、视频和习题集），欢迎广大师生使用。

本书适用于医药和化学化工类专业以及相关专业的本科高年级学生、研究生，也可作为各高等院校其他相关专业教师和各相关领域技术人员的参考书，还可供初学者参考使用。

图书在版编目（CIP）数据

仪器分析／吕玉光主编．—北京：中国医药科技出版社，2016.1

全国普通高等医学院校药学类专业"十三五"规划教材

ISBN 978－7－5067－7890－9

Ⅰ.①仪…　Ⅱ.①吕…　Ⅲ.①仪器分析—医学院校—教材

Ⅳ.①O657

中国版本图书馆CIP数据核字（2015）第315692号

美术编辑　陈君杞
版式设计　郭小平

出版　**中国健康传媒集团** | 中国医药科技出版社

地址　北京市海淀区文慧园北路甲22号

邮编　100082

电话　发行：010－62227427　邮购：010－62236938

网址　www.cmstp.com

规格　787×1092mm $\frac{1}{16}$

印张　25 $\frac{1}{2}$

字数　587千字

版次　2016年1月第1版

印次　2020年1月第3次印刷

印刷　三河市百盛印装有限公司

经销　全国各地新华书店

书号　ISBN 978－7－5067－7890－9

定价　**55.00元**

获取新书信息、投稿、为图书纠错，请扫码联系我们。

全国普通高等医学院校药学类专业"十三五"规划教材
出 版 说 明

全国普通高等医学院校药学类专业"十三五"规划教材,是在深入贯彻教育部有关教育教学改革和我国医药卫生体制改革新精神,进一步落实《国家中长期教育改革和发展规划纲要》(2010 - 2020 年)的形势下,结合教育部的专业培养目标和全国医学院校培养应用型、创新型药学专门人才的教学实际,在教育部、国家卫生和计划生育委员会、国家食品药品监督管理总局的支持下,由中国医药科技出版社组织全国近 100 所高等医学院校约 400 位具有丰富教学经验和较高学术水平的专家教授悉心编撰而成。本套教材的编写,注重理论知识与实践应用相结合、药学与医学知识相结合,强化培养学生的实践能力和创新能力,满足行业发展的需要。

本套教材主要特点如下:

1. 强化理论与实践相结合,满足培养应用型人才需求

针对培养医药卫生行业应用型药学人才的需求,本套教材克服以往教材重理论轻实践、重化工轻医学的不足,在介绍理论知识的同时,注重引入与药品生产、质检、使用、流通等相关的"实例分析/案例解析"内容,以培养学生理论联系实际的应用能力和分析问题、解决问题的能力,并做到理论知识深入浅出、难度适宜。

2. 切合医学院校教学实际,突显教材内容的针对性和适应性

本套教材的编者分别来自全国近 100 所高等医学院校教学、科研、医疗一线实践经验丰富、学术水平较高的专家教授,在编写教材过程中,编者们始终坚持从全国各医学院校药学教学和人才培养需求以及药学专业就业岗位的实际要求出发,从而保证教材内容具有较强的针对性、适应性和权威性。

3. 紧跟学科发展、适应行业规范要求,具有先进性和行业特色

教材内容既紧跟学科发展,及时吸收新知识,又体现国家药品标准[《中国药典》(2015年版)]、药品管理相关法律法规及行业规范和 2015 年版《国家执业药师资格考试》(《大纲》《指南》)的要求,同时做到专业课程教材内容与就业岗位的知识和能力要求相对接,满足药学教育教学适应医药卫生事业发展要求。

4. 创新编写模式,提升学习能力

在遵循"三基、五性、三特定"教材建设规律的基础上,在必设"实例分析/案例解析"

模块的同时，还引入"学习导引""知识链接""知识拓展""练习题"（"思考题"）等编写模块，以增强教材内容的指导性、可读性和趣味性，培养学生学习的自觉性和主动性，提升学生学习能力。

5. 搭建在线学习平台，丰富教学资源、促进信息化教学

本套教材在编写出版纸质教材的同时，均免费为师生搭建与纸质教材相配套的"医药大学堂"在线学习平台（含数字教材、教学课件、图片、视频、动画及练习题等），使教学资源更加丰富和多样化、立体化，更好地满足在线教学信息发布、师生答疑互动及学生在线测试等教学需求，提升教学管理水平，促进学生自主学习，为提高教育教学水平和质量提供支撑。

本套教材共计29门理论课程的主干教材和9门配套的实验指导教材，将于2016年1月由中国医药科技出版社出版发行。主要供全国普通高等医学院校药学类专业教学使用，也可供医药行业从业人员学习参考。

编写出版本套高质量的教材，得到了全国知名药学专家的精心指导，以及各有关院校领导和编者的大力支持，在此一并表示衷心感谢。希望本套教材的出版，将会受到广大师生的欢迎，对促进我国普通高等医学院校药学类专业教育教学改革和药学类专业人才培养作出积极贡献。希望广大师生在教学中积极使用本套教材，并提出宝贵意见，以便修订完善，共同打造精品教材。

中国医药科技出版社
2016 年 1 月

全国普通高等医学院校药学类专业"十三五"规划教材

书　　目

序号	教材名称	主编	ISBN
1	高等数学	艾国平　李宗学	978 - 7 - 5067 - 7894 - 7
2	物理学	章新友　白翠珍	978 - 7 - 5067 - 7902 - 9
3	物理化学	高　静　马丽英	978 - 7 - 5067 - 7903 - 6
4	无机化学	刘　君　张爱平	978 - 7 - 5067 - 7904 - 3
5	分析化学	高金波　吴　红	978 - 7 - 5067 - 7905 - 0
6	仪器分析	吕玉光	978 - 7 - 5067 - 7890 - 9
7	有机化学	赵正保　项光亚	978 - 7 - 5067 - 7906 - 7
8	人体解剖生理学	李富德　梅仁彪	978 - 7 - 5067 - 7895 - 4
9	微生物学与免疫学	张雄鹰	978 - 7 - 5067 - 7897 - 8
10	临床医学概论	高明奇　尹忠诚	978 - 7 - 5067 - 7898 - 5
11	生物化学	杨　红　郑晓珂	978 - 7 - 5067 - 7899 - 2
12	药理学	魏敏杰　周　红	978 - 7 - 5067 - 7900 - 5
13	临床药物治疗学	曹　霞　陈美娟	978 - 7 - 5067 - 7901 - 2
14	临床药理学	印晓星　张庆柱	978 - 7 - 5067 - 7889 - 3
15	药物毒理学	宋丽华	978 - 7 - 5067 - 7891 - 6
16	天然药物化学	阮汉利　张　宇	978 - 7 - 5067 - 7908 - 1
17	药物化学	孟繁浩　李柱来	978 - 7 - 5067 - 7907 - 4
18	药物分析	张振秋　马　宁	978 - 7 - 5067 - 7896 - 1
19	药用植物学	董诚明　王丽红	978 - 7 - 5067 - 7860 - 2
20	生药学	张东方　税丕先	978 - 7 - 5067 - 7861 - 9
21	药剂学	孟胜男　胡容峰	978 - 7 - 5067 - 7881 - 7
22	生物药剂学与药物动力学	张淑秋　王建新	978 - 7 - 5067 - 7882 - 4
23	药物制剂设备	王　沛	978 - 7 - 5067 - 7893 - 0
24	中医药学概要	周　晔　张金莲	978 - 7 - 5067 - 7883 - 1
25	药事管理学	田　侃　吕雄文	978 - 7 - 5067 - 7884 - 8
26	药物设计学	姜凤超	978 - 7 - 5067 - 7885 - 5
27	生物技术制药	冯美卿	978 - 7 - 5067 - 7886 - 2
28	波谱解析技术的应用	冯卫生	978 - 7 - 5067 - 7887 - 9
29	药学服务实务	许杜娟	978 - 7 - 5067 - 7888 - 6

注：29 门主干教材均配套有中国医药科技出版社"医药大学堂"在线学习平台。

全国普通高等医学院校药学类专业"十三五"规划教材
配套教材书目

序号	教材名称	主编	ISBN
1	物理化学实验指导	高 静 马丽英	978 - 7 - 5067 - 8006 - 3
2	分析化学实验指导	高金波 吴 红	978 - 7 - 5067 - 7933 - 3
3	生物化学实验指导	杨 红	978 - 7 - 5067 - 7929 - 6
4	药理学实验指导	周 红 魏敏杰	978 - 7 - 5067 - 7931 - 9
5	药物化学实验指导	李柱来 孟繁浩	978 - 7 - 5067 - 7928 - 9
6	药物分析实验指导	张振秋 马 宁	978 - 7 - 5067 - 7927 - 2
7	仪器分析实验指导	余邦良	978 - 7 - 5067 - 7932 - 6
8	生药学实验指导	张东方 税丕先	978 - 7 - 5067 - 7930 - 2
9	药剂学实验指导	孟胜男 胡谷峰	978 - 7 - 5067 - 7934 - 0

前言
PREFACE

　　本书是全国普通高等医学院校药学类专业"十三五"国家级规划教材之一。以"定位清晰、特色鲜明和内容体系合理，更好地满足培养药学类专业应用型人才需要"为编写目标。在编写中注重仪器分析理论和实践的结合，力求避免繁琐的数学和物理推导，着重介绍组分分析方面的应用、仪器分析方法的建立以及对仪器的维护等。

　　我们在编写过程中贯彻新颖全面的原则，全书分为18章，包括绪论、电化学分析法、色谱分析法、气相色谱法、高效液相色谱法、毛细管电泳法、光谱分析法、原子光谱、紫外－可见分光光度法、分子发光光谱法、红外吸收光谱法、磁共振波谱法、质谱法、X射线光谱法和表面分析法、热分析法、流动注射分析、色谱质谱联用法和综合分析。本书一方面注重为医药本科和研究生专业课的学习奠定基础；另一方面也能使学生将来在医药、食品、化学化工、矿产、生物、农学等相关领域的实际工作积累经验。本书适用于医药和化学化工类专业以及相关专业的本科高年级学生、研究生，也可作为各高等院校其他相关专业教师和各相关领域技术人员的参考书，还可供初学者参考使用。

　　本书分为18章，参加编写的有吕玉光（绪论，第18章和附录），曾艳（第4章和第17章），余邦良（第，5章和第7章），崔艳（第10章和第14章），付钰洁（第8章和第16章），巩丽虹（第2章和第7章），何丹（第11章和第15章）宋玉光（第12章和第13章），周锡兰（第3章和第6章），全书由吕玉光通篇修改。各章节设置"学习导引""实例解析""知识链接""知识拓展""本章小结""练习题"编写模块。同时，为丰富教学资源，增强教学互动，更好地满足教学需要，本教材免费配套在线学习平台（含电子教材、教学课件、图片、视频和习题集），欢迎广大师生使用。

　　在编写过程中得到各参编学校和中国医药科技出版社的大力支持，在此表示诚挚谢意。限于编者的水平，缺点与错误在所难免，敬请读者批评指正。

编　者
2015 年 11 月

目 录
CONTENTS

第一章 绪 论

学习导引

1. **掌握** 仪器分析的应用范围。
2. **了解** 分析化学的发展过程；仪器分析的分类和特点；分析仪器的组成部分。

第一节 分析化学和仪器分析的发展

一、分析化学的发展

分析化学是近年来发展最为迅速的学科之一，这是同现代科学技术总的发展密切相关的。现代科学技术的飞速发展给分析化学提出了越来越高的要求，同时由于各门学科向分析化学渗透，也向分析化学提供了新的理论、方法和手段，使分析化学不断丰富和发展。

对分析化学的要求：快速、准确、非破坏性、高灵敏度、高选择性、遥测、自动化、智能化等。

简单的化学分析法是从波义耳开始的，后来经过拉瓦锡、普里斯特里等许多化学家的努力，到18世纪末，瑞典化学家贝格曼（T. O. Bergman，1735~1784）总结前人的工作，创立了一系列有关定性和定量方面的分析方法。

在定性方面，贝格曼用黄血盐鉴定铜和锰、用硫酸鉴定碳酸盐、用草酸和磷酸铵钠鉴定钙、用石灰水鉴定碳酸盐、用氯化钡鉴定硫酸和硫酸盐、用硝酸银鉴定硫离子和氯离子、用硝酸汞鉴别苛性碱和碳酸盐、用醋酸铅鉴别盐酸和硫酸等。贝格曼还用吹管分析法根据矿物体产生的气体来判别矿物内的非金属元素。例如，黄铁矿煅烧能产生刺激性气味的二氧化硫，含砷矿会放出大蒜气味的气体。贝格曼还利用焰色反应分析金属元素，例如，灼烧矿物时，铜矿显绿色、钴矿显蓝色、钼矿显黄色、锰矿显紫色。

在定量方面，贝格曼改革传统分析法，使矿物里的金属沉淀出来，就能根据沉淀中金属组成含量，换算得到矿物里的金属含量。1780年贝格曼出版《矿物湿法分析》一书，叙述对银、铅、锌、铁、铋、镍、钴、锑、锰、砷等元素的定量分析。

1825年德国化学家罗塞在德国化学家汉立希的湿法定性分析的基础上，建立系统的金属定性分析法。1841年德国化学家伏累森纽斯进一步改进罗塞的办法，把阳离子分成六组，逐一鉴别，这种分析方法迄今仍在化学教科书中引用。

最早的定量分析是重量分析法。这方面奠基人是克拉普鲁特，他不仅创立一系列定量操作方法，如灼烧、恒重、干燥等，他还利用换算因子求得金属重量，同时引进重量百分比概念，应用这一概念帮助人们轻而易举地发现新的元素。另外一个对重量分析作出重大贡献的是贝采利乌斯。他发明各种分析仪器，如坩埚、干燥器、过滤器、水浴锅等，还发明了无灰滤纸。他强调漏斗的锥角应为 $60°$，过滤时滤纸不能高出漏斗。贝采利乌斯还发明灵敏度达 1mg 的天平，使定量分析误差达到毫克水平。

容量分析的奠基人是盖·吕萨克，1835 年他发现的银量法有快速、简便、准确等优点，迄今还有使用价值。后来法国化学家马格里特发明高锰酸钾法，比拉迪厄发明碘量法。随着容量法的发展，指示剂不断增加，1877 年勒克人工合成第一个指示剂——酚酞，到 19 世纪末，用于容量分析的指示剂已达到 14 种。

现代分析化学的发展主要是仪器分析。在电分析化学方面有极谱分析法、库仑分析法；在热化学分析法方面有热重量分析法、差热分析法；在光谱分析法方面有红外光谱法、紫外光谱法、分光光度法等。此外，还有 X 射线分析法、色谱法、核磁共振法、阳极电子分析法等。这些都是 20 世纪以后发展起来的分析法，目前它们在分析化学领域中各领风骚（图 1-1）。

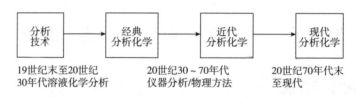

图 1-1　分析化学的发展

分析化学的发展趋势：为获取物质尽可能全面的信息、进一步认识自然、改造自然，需要仪器化、自动化，快速跟踪、无损、在线监测技术发展；现代分析化学的任务已不只限于测定物质的组成、含量和结构，而是要对物质的形态确定物质的存在形态（氧化-还原态、配位态、结晶态等）、微区、薄层及化学生物活性等作出瞬时追踪。

现代分析化学融合许多学科的新成果，形成了许多当代非常活跃的研究应用领域。如无机分析、有机分析、生化分析、细胞分析；临床分析、环境分析、药物分析、食品分析；材料分析、过程分析、质量控制；波谱分析、化学信息学、生物信息学；纳米分析化学、芯片分析化学；分析仪器研制等。

21 世纪化学的 4 大难题包括：合成化学难题，即化学反应理论；材料化学难题，即结构和性能的定量关系；生命化学难题，即生命现象的化学机制；纳米尺度难题，即现代分析化学。

现代分析化学走出"化学领域"，吸收现代化学、物理、生物、电子、数学和计算机中最新科学技术成就，利用物质一切可利用的性质，建立表征测量的新方法、新技术、开拓新领域，使分析化学发展成为一门综合科学——分析科学。

二、仪器分析的发展

一个世纪以来，分析仪器的发展是伴随着新的技术及科学知识同步发展的，分析仪器的诞生正随着人们要求的提高和科学技术的发展，由简单的仪器进化为复杂的仪器，由常量的分析发展到快速、高灵敏、痕量和超痕量的分析，由手动分析发展到自动分析，以及由单一的分析方法发展到多种方法联用的方法或多维方法。在工业生产和在科学研究工作中由取样分析发展到在线分析和不用取样的原位分析，甚至还要求非破坏检测及遥测。由单纯的元素分析发展到元素的状态分析，过去的总体分析，现在则要求进行空间多维的分析，近几十年来各学科之间的交叉和渗透是最显著的。

从 20 世纪 20 年代开始，最早的仪器是较简单的设备，如天平、滴管等。分析工作者用目视和手动的方法一点一点地取得数据，然后作记录，分析人员介入了每一个分析步骤。分析仪器的研制与开发已经成为分析化学研究的重要内容。

第二阶段是 1930～1960 年间，人们使用特定的传感器把要测定的物理或化学性质转化为电信号，然后用电子线路使电信号再转化为数据。如当时的紫外及红外光谱、极谱仪等，碳硫分析仪分析工作者用各种电钮及各种开关来使上述电信号再转化为数据，如当时的紫外光谱、极谱仪等，分析工作者用各种电钮及各种开关来使上述电信号转化到各种表头或记录器。

到 1960 年以后微型计算机的应用，也就形成了第三代分析仪器。这些计算机与已有的分析仪器相连，用来处理数据。有时可以用计算机的程序送入简单的指令，并由计算机驱使分析仪器自动处于最佳操作条件，并监控输出的数据。但脱离了计算机，当时的分析仪器还是可以独立工作的。一般要求工作者必须对计算机十分熟悉才能使用这类系统。

微处理机芯片的制造成功，进一步促进了第四代分析仪器的产生。新的技术如傅里叶变换的红外光谱仪及核磁共振仪的相继出现，都是用计算机直接操作并处理结果的。有时可以仅用一台计算机同时控制几台分析系统，键盘及显示屏代替了控制钮及数据显示器等。某一特定分析方法的各种程序及参数都预选储存在仪器内，再由分析者随时调出，此时分析工作者则大量依赖于仪器制造商的现成软件，操作显得很简单，但分析工作者也就离仪器各部件更加遥远。

第五代分析仪器始于 20 世纪 90 年代，此时计算机的价格/性能比进一步改进，因而有可能采用功能十分完善的个人计算机来控制第四代分析仪器，因此分析工作中必不可少的制样、进样过程都可以自动进行。已有一些仪器制造商可以提供工作站，其中包括各种制样技术，如稀释、过滤、抽提等模式，样品在不同设备中的移动可以用诸如流动注射或机器人进行操作。目前对于环境样品的分析已有这类标准模式全自动的仪器出售。高效的图像处理可以让工作及监控分析过程自动进行，并为之提供报告及结果的储存。

上述新一代分析仪器大部分是从计算机应用的程度来考虑的，因此并不能排斥前几代仪器中硬件的继续发展。分析工作者看上去是离分析仪器的分析部分越来越远，但各种分析的核心原理的突破及发展仍是不可忽视的。

分析仪器将为人类认识自然及改造自然提供更完善的手段，在大量应用中，对操作者的技术要求会越来越少，但所得的结果必须是越来越精密可靠。未来的仪器将在硬件和软件两方面并行发展，使之更为智能化、高效、多用，其中的碳硫分析仪检测原理将变得更具有选择性、更加深入和高灵敏度。

第二节　仪器分析的分类

仪器分析可分为：质谱分析法、光学分析法、热分析法、电化学分析法、色谱分析法以及分析仪器联用技术等（表 1－1）。

电化学分析法包括：电导分析法、电解分析法、库仑分析法、电位分析法、电泳分析法及极谱与伏安分析法。

色谱分析法包括：液相色谱法、气相色谱法、超临界色谱法、薄层色谱法、激光色谱法及电色谱法。

光学分析法包括：原子发射法、原子吸收法、紫外可见法、红外法、核磁法及荧光法。

表 1-1　仪器分析的分类

方法类型	测量参数或有关性质	相应的分析方法
电化学分析法	电　导	电导分析法
	电　位	电位分析法
	电　流	电流滴定法
	电流 - 电压	伏安法，极谱分析法
	电　量	库仑分析法
色谱法	两相间分配	气相和液相色谱法
光学分析法	辐射的发射	原子发射光谱法、火焰光度法、荧光光谱法等
	辐射的吸收	原子吸收光谱法，分光光度法（紫外、可见、红外），核磁共振波谱法
	辐射的散射	比浊法，拉曼光谱法，散射浊度法
	辐射的折射	折射法，干涉法
	辐射的衍射	X 射线衍射法，电子衍射法
	辐射的转动	偏振法，旋光色散法，圆二向色性法

注：其他分析法包括质谱分析法、热分析法及联用技术。

第三节　分析仪器的组成

分析仪器的基本组成部分如下：取样装置、预处理系统、分离装置、检测器及检测系统、测量系统及信号处理系统、显示装置、补偿装置、保证操作条件的辅助装置（表 1-2）。

表 1-2　分析仪器的基本组成

仪器	信号发生器	分析信号	检测器	输入信号	信号处理器	读出装置
pH 计	样品	氢离子活度	pH 玻璃电极	电位	放大器	
库仑计	直流电源样品	电流	电极	电流	放大器	表头、记录仪、打印机、显示器或工作站、数显
离子计	样品	离子活度	选择性电极	电位	放大器	
化学发光仪	样品	相对强度	光度倍增管	电流	放大器	
气相色谱仪	样品	电阻或电流热导或氢焰	检测器（热导或氢焰）	电阻	放大器	
比色计	钨灯，样品	衰减光束	光电池	电流		
紫外可见吸收分光光度计	钨灯或氢灯，样品	衰减光束	光电倍增管	电流	放大器	

（1）**取样装置**　作用是把待分析的样品引入仪器。对于某些仪器来说，取样装置就是进样器。进样器有手动和自动两种，通常为针筒注射进样器。对于工艺流程用的分析仪器，取样装置就要复杂得多。对于气体样品，取样时必须考虑系统是正压还是负压。

（2）**预处理系统**　仪器分析的任务不应限于静态分析，还应包括工艺流程中的分析检验。预处理系统主要是针对工艺流程分析仪器而言的，它的任务是将从现实过程中取出的样品加以处理，以满足检测系统对样品状态的要求，有时还需进一步除去机械杂质及水蒸气，以及样品中被测组分有干扰的组分，以保证仪器测量的精度。

（3）**分离装置**　"分离"在这里是广义的，在各种能同时分析多种组分的分析仪器里，都有分离装置。它既包括对样品本身各组分的分离，也包括能量的分离，如光学式分析仪器中的分光系统（或称单色器、色散器等），色谱仪中的色谱柱。

（4）检测器及检测系统　检测器是分析仪器的核心部分，根据试样中待分析组分的含量，检测器发出相应的信号，这种信号多数是以电参数输出的。仪器的技术性能（特别是单组分分析仪器）主要取决于检测器。

（5）测量系统及信号处理系统　从检测器输出的信号是各式各样的，常见的有电阻的变化、电容的变化、电流的变化、电压的变化、频率的变化、温度的变化和压力的变化等，其中以电参数的变化尤为普遍。测出这些参数的变化，就能间接地确定组分含量的变化。测量这些变化的线路或装置统称为测量系统。

（6）显示装置　把化学分析结果显示出来的装置称为显示装置。其显示方式通常有两种：模拟显示和数字显示。模拟显示是在刻度盘上由指针模拟信号的变化，连续地指示出测量结果，或同时由记录笔记录信号的变化曲线。数字显示是把信号经过处理后，直接用数字显示其含量数值。

（7）补偿装置　补偿装置对于某些化学分析仪器是必不可少的，否则会降低仪器的精度和可靠程度。补偿装置的作用是消除或降低客观条件或样品的状态对测量结果的影响，其中主要是样品的温度与压力、环境检测所需的环境温度与压力的波动对测量的影响。这类装置大多是在测量系统或信号处理系统中引入一个与上述条件波动成比例的负反馈来实现的。

（8）保证操作条件的辅助装置　有些仪器如果不能用上述的办法进行补偿时，为了保证测量精度，必须采取相应的措施，附加某些辅助装置，如流体稳压阀、恒温器、稳压电源、电磁隔绝装置等。

第四节　仪器分析的特点及发展趋势

一、仪器分析的特点

（一）快速

仪器分析法的样品处理一般都比化学分析法简单，从而大大地提高了分析速度。例如冶金部门采用直读光谱法进行炉前分析时，在数分钟内可同时得出钢样中二三十个元素的分析结果。另外由于在仪器分析法中普遍采用了先进的电子技术和计算机技术，从而大大地提高了仪器操作的自动化程度（自动进样、记录、打印、停机）和数据处理的速度。

（二）灵敏

化学分析法通常适于常量分析，而仪器分析法中除示差光度分析、电容量分析、电重量分析以及X射线荧光分析等主要用于常量分析外，多数仪器分析方法适于微量、痕量分析。例如试样中含有几ppm铁，用0.01mol/L $K_2Cr_2O_7$ 标准溶液滴定时，所消耗的标准溶液体积只有0.02ml（半滴），已知滴定管的滴定误差为0.02ml，这就无法用容量分析测定此液中微量铁。但是用邻菲罗啉为显色剂很方便地对微量铁进行比色测定。因此最普通的比色法的相对灵敏度可达到ppm级，原子吸收法、原子荧光法、气相色谱法、质谱法等分析方法可测ppb级，甚至可测ppt级的痕量物质。激光光谱法、非火焰原子吸收法和电子探针法等绝对灵敏度可达10~12g以下。

（三） 多元素、无损分析

一些仪器分析可同时进行多元素分析，例如原子发射光谱分析可同时对一个试样中几十个元素的分析。又如光谱分析可在同一个溶液中连续测定 Cu、Cd、Ni、Zn、Mn 等离子。一些仪器分析法的试样量很少，例如红外光谱法的试样需数毫克，而质谱法的试样只需 10 ~ 12g，尤其激光光谱法、电子探针法、离子探针法和电子显微镜法等可以进行表面、微区、无损分析。

（四） 相对误差较大

化学分析法的相对误差一般都可以控制在 0.2% 以内，有些仪器分析法，如示差光度法、电重量法、库仑滴定法等也可以达到化学分析的准确度，但多数仪器分析的相对误差较大，一般在 ±1% ~5% ，有时甚至大于 $\pm 10^5$ ，但对微量、痕量分析来说，还是基本上符合要求的。例如 Zn 中含杂质 Cu 20ppm，假设用比色法测定时的相对误差为 ±10% ，则测得 Cu 的含量为 18 ~22ppm，与实际含量只差 ±2ppm，即为百分之二，这样的分析结果一般认为是符合要求的。但是进行常量分析时，例如测定精矿中含 Cu 为 20% 时，仍采用比色法测定，设其相对误差仍为 ±10% ，则测得 Cu 的含量为 18% ~22% ，则与实际含量相差 ±2% 之多，如以含 Cu 量 20% 为其一等级，这时就难以确定该 Cu 精矿的品位。因此，多数仪器分析方法由于其相对误差较大而不适于常量分析。

（五） 大型仪器设备复杂不易普及

目前多数分析仪器及其附属设备都比较精密贵重，不少分析仪器都带有微处理机，尤其一些联用机，例如色质谱仪是由色谱仪和质谱仪两种大型分析仪器连接使用，离子探针分析仪是由等离子体发生器和质谱仪连接使用，电子探针分析仪是由电子显微镜和 X 射线光谱仪连接使用等等。这些大型复杂精密仪器，每台需几十万元，而且目前有不少仪器需用外汇从国外引进。各种分析仪器通常都需配备专业人员进行操作维护和管理等等。因此有些大型分析仪器目前尚不能普及应用。

（六） 仪器分析法必须与化学分析法配合使用

仪器分析：以试样的物理性质为基础的分析方法称为物理分析；以试样的物理化学性质为基础的分析方法称为物理化学分析。进行物理分析和物理化学分析时，大多需要精密的仪器，故这两条分析方法常统称为仪器分析。

多数仪器分析法需用化学纯品作标样，而化学纯品的成分多半要用化学分析法来确定。多数仪器分析方法中的样品处理（溶样、干扰分离、试液配制等）需用化学分析法中常用的基本操作技术。在建立新的仪器分析方法时，往往需用化学分析法来验证。尤其对一些复杂物质分析时，常常需用仪器分析法和化学分析法进行综合分析，例如主含量用化学分析法、微量杂质用仪器分析法测定。因此，化学分析法和仪器分析法是相辅相成的，在使用时可根据具体情况，取长补短，互相配合。

分析化学的发展趋势是：

1. 改进分析方法 提高分析方法的准确度、提高分析方法的灵敏度和提高分析速度，发展无损伤分析、自动分析和遥测分析等，这是当前分析化学发展的主流。今后还要继续改进分析方法，努力创造新方法。

2. 发展新技术 各门学科之间的相互渗透已经是当今科技发展一个重要特点，特别是物理学、电子学和电子计算机向分析化学的渗透，使分析化学发生了很大的变化。今后更应利用其他科技成果，发展分析新技术。

3. 研究分析理论　今后还应加强基础理论和应用基础理论的研究，不断开拓、完善分析化学的新理论。

4. 仪器分析发展的目标　小型化、集成化（芯片）、多功能化（联用技术）、高稳定、高灵敏度检测等。

应用于无机分析、有机分析、药物分析、水质分析、食品分析、元素分析、工业分析、法庭分析等方面。

分析仪器正向智能化方向发展，发展趋势主要表现是：基于微电子技术和计算机技术的应用实现分析仪器的自动化，通过计算机控制器和数字模型进行数据采集、运算、统计、处理，提高分析仪器数据处理能力，数字图像处理系统实现了分析仪器数字图像处理功能的发展；分析仪器的联用技术向测试速度超高速化、分析试样超微量化、分析仪器超小型化的方向发展。

二、仪器分析的发展趋势

仪器分析方法随着现代科学技术的进步和社会经济的发展而日趋进步和完善。科学技术的日新月异，材料科学、生命科学、信息科学和计算机等科学技术的迅速发展，为仪器分析不断发展提出了新的机遇和挑战。

现代仪器分析方法必须不断变革、创新，才能适应科学技术进步的需要，满足人类未来对分析方法所提出的更高的要求。仪器分析一定会在以下几个方面有新的突破。

（一）提高灵敏度

现代仪器分析方法涉及的大多数分析试样中待测组分的含量很低，要使分析结果准确可靠，就必须设法提高分析方法的灵敏度。

提高灵敏度的途径除了改善仪器的结构和性能以外，还可以通过许多新方法、新技术的应用来达到目的。

（二）提高选择性

现代仪器分析所用的样品复杂，共存组分多，且待测含量甚微，故要求仪器分析的检测方法有较强的选择性。

高效分离柱及高灵敏度、高选择性的检测器等新技术的应用；色谱、质谱和光谱等手段的结合等，都可以提高对复杂样品中待测组分分析的选择性。

（三）各种联用技术的应用

各类分析方法的联用技术是分析化学发展的另一热点，尤其是分离与检测方法的联用。

联用技术集多种方法于一体，能够充分发挥各种方法的协同作用，顺利完成复杂样品的分离与分析。

自从质谱和有机色谱仪联用率先推出以后，各种联用技术应运而生；如：气相、液相或超临界液相色谱与光谱技术相结合；

再如 GC，HPLC，ICP - MSGC - FTIR - MS，HPLC - ICP - MS 等，充分发挥出色谱的分离效能与光谱识别可靠的互补优势，实现了对待测组分高效、准确的分离与分析。

本章小结

　　本章主要包括分析化学的定义以及仪器分析的发展、分类、组成、特点；仪器分析的发展趋势及其在药物分析中的应用等内容。了解分析化学的发展过程，仪器分析的分类和特点，分析仪器的组成部分和掌握仪器分析的应用范围。

练 习 题

1. 简述分析化学的发展过程。
2. 仪器分析主要有哪些分析方法？请分别加以简述。
3. 仪器分析有何显著特点？
4. 仪器分析的联用技术有何显著特点？

（吕玉光）

第二章 电化学分析法

学习导引

知识要求

1. **掌握** 电位法的基本原理和电池电动势等基本概念，电位法常用指示电极和参比电极的原理、结构与性质；溶液 pH 的测量原理、方法及注意事项，膜电位产生机制；离子选择性电极的选择性系数的意义、作用；电位法、电解法和库仑法的原理及确定终点的方法；能灵活运用本章公式进行基本计算。

2. **熟悉** 化学电池组成及分类；离子选择电极结构和测量方法；各种类型的电位滴定；电解法的类型。

3. **了解** 电分析化学法及分类；离子选择电极的分类及常见电极；电解法和库仑法的应用。

能力要求

1. 熟练掌握电分析化学的电化学计算、实验设计等技能。

2. 学会应用电化学分析知识解决化学分析中一些无法解决的问题，如滴定终点的确定。

第一节 电化学分析法概述

利用物质的电学及电化学性质来进行分析的方法称为电分析化学法（electroanalytical methods）或电化学分析法（electrochemical analysis methods）。即以试样溶液和适当电极构成化学电池（电解池或原电池），根据电池电化学参数（如两电极间的电位差，通过电解池的电流或电量，电解质溶液的电阻等）的强度或变化情况对待测组分进行分析的方法。

IUPAC（国际纯粹化学与应用化学联合会）建议将电化学分析方法分为三大类：第一类为不涉及双电层和电极反应的方法，如电导分析法；第二类涉及双电层，但不涉及电极反应的方法，如表面张力和非法拉第阻抗的测量；第三类为涉及双电层和电极反应的方法，如电位分析法、电解分析法、库仑分析法、极谱与伏安法。根据测量的电化学参数不同电化学分析方法又可以分为以下四大类：

1. 电位分析法（potentiometry analysis method） 是基于溶液中某种离子活度（或浓度）和其指示电极组成原电池的电极电位之间关系建立的分析方法。可以分为直接电位法和电位滴定分析法：直接依据指示电极的电位与待测物质的浓度关系来进行分析的方法称为电位法；

利用测量滴定过程中电池电动势的变化来确定滴定终点的滴定分析方法称为电位滴定法。它适用于各种滴定分析法，特别对没有合适指示剂、溶液颜色较深或浑浊难于用指示剂判断终点的滴定分析法。

2. 电解分析法（electrolytic analysis method）　是基于溶液中某种离子和其指示电极组成电解池的电解原理建立的分析方法。如电重量分析法是将电子作为"沉淀剂"使被测物在电极上析出，然后进行称量，来确定待测物质含量的方法。库仑分析法是直接根据电解过程中所消耗的电量求出待测物质的含量的方法。

3. 电导分析法（conductometry analysis method）　是基于测量溶液的电导或电导改变为基础的分析方法。如直接根据电导（或电阻）与溶液待测离子浓度之间的关系进行分析的方法称为电导法；利用电导变化作为指示反应终点的容量分析技术称为电导滴定分析法。

4. 伏安法（voltammetry method）　是基于研究电解过程中电流－电位曲线（或称伏安曲线）为基础的分析方法。如极谱法是以滴汞电极为指示电极的伏安法；溶出法是通过预电解将被测物在电极上富集，再用适当的方法使富集物溶解，根据溶出时的电流－电位或电流－时间曲线进行分析的方法。电流滴定法是在固定电压下，根据滴定过程中电流的变化确定滴定终点的分析方法。

电化学分析是仪器分析的一个重要组成部分。与其他的分析方法相比，电化学分析法具有仪器简单、操作方便、分析速度快、选择性好、灵敏度高等显著的优点。随着纳米技术、表面技术、超分子体系及新材料合成的发展和应用，电化学分析法将向微量分析、单细胞水平检测、实时动态分析、无损分析及超高灵敏和超高选择方向迈进。近年来，电分析化学的新方法不断涌现，不但在技术上日新月异，而且在理论上也不断深入。在应用方面，不仅可以用作成分分析，还可以作价态和形态分析，而且也是研究化学过程基本特性的必要工具，如电分析方法和技术常被用于研究无机物和有机物或生物物质的氧化还原性质、催化过程及吸附现象等。

课堂互动

1. 在生活中，接触过哪些可以发电或耗电的物品？哪些与化学电池有关？
2. 回忆一下之前学习过的知识，说说电池的发电原理？

一、化学电池

化学电池是指实现化学能与电能相互转换的装置，通常由两个电极、电解质溶液组成。发生在电极与电解质溶液界面间的氧化还原反应称为电化学反应。化学电池可由两个电极插在同一种溶液中组成，称为无液接界电池；也可由两个电极分别插在两种组成不同，但能相互连通的溶液中组成，这种电池称为有液接界电池。在有液接界电池中，通常用某种多孔物质隔膜将两种溶液隔开，或用一盐桥装置将两种溶液连接起来，其作用是阻止两种溶液混合，又为通电时的离子迁移提供必要的通道。

根据电极反应是否自发进行，化学电池可分为原电池（galvanic cell）和电解池（electrolytic cell）。原电池的电极反应可自发进行，是将化学能转变为电能的装置（图2－1A）；电解池的电极反应不能自发进行，只在有外加电压的情况下，电极反应才能进行，是将电能转变为化学能的装置（图2－1B）。同一结构的电池通过改变实验条件可进行相互转化。

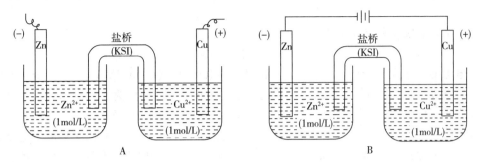

图2－1 化学电池示意图

A. 原电池；B. 电解池

图2－1A即为经典的丹尼尔（Daniell）原电池，电池图解表示式为：

$$Zn \mid ZnSO_4(1mol/L) \parallel CuSO_4(1mol/L) \mid Cu$$

电池图解表示式书写规则如下：

（1）发生氧化反应的电极写在左边，发生还原反应的电极写在右边。

（2）以符号"｜"表示不同物相之间的接界，同一相中的不同物质之间用"，"隔开。两种溶液通过盐桥连接，用"‖"表示。

（3）电解质溶液位于两电极之间，并应注明浓度，如为气体应注明压力、温度。

根据电极反应的性质区分阳极和阴极，发生氧化反应的电极为阳极，发生还原反应的电极为阴极。根据电极电位的正负程度区分正极和负极，即比较两个电极的实际电位，电位较正的电极为正极，电位较负的电极为负极。原电池电极反应为：

锌极 $\quad Zn \Longrightarrow Zn^{2+} + 2e$（氧化反应、阳极、负极）

铜极 $\quad Cu^{2+} + 2e \Longrightarrow Cu$（还原反应、阴极、正极）

电池总反应： $\quad Zn + Cu^{2+} \Longrightarrow Zn^{2+} + Cu$

电解池表示为：$Cu \mid CuSO_4(1mol/L) \parallel ZnSO_4(1mol/L) \mid Zn$，电极反应为：

锌极 $\quad Zn^{2+} + 2e \Longrightarrow Zn$（还原反应、阴极）

铜极 $\quad Cu \Longrightarrow Cu^{2+} + 2e$（氧化反应、阳极）

电池总反应： $\quad Zn^{2+} + Cu \Longrightarrow Zn + Cu^{2+}$

一个电池由两个电极组成，每个电极都可以称为半电池。

二、电极电位

（一）标准电极电位与条件电极电位

实验上无法测量一个孤立电极的绝对电位。这是因为氧化反应与还原反应总是同时发生，而无法获得单一氧化过程或单一还原过程。因此，只能用相对数值来表示电极电位大小。常用参比电极作为测量电极的标准。IUPAC定义电极电位值时规定使用标准氢电极作为测量电极电位的参考。

标准氢电极是一种气体电极，它是将作为电子交换用的、镀有铂黑的铂片浸在氢离子活度为1mol/L的溶液中，并不断通入 $1.01325 \times 10^5 Pa$（1atm）的氢气，始终使电极同溶液与气体保持接触。电化学中将标准氢电极在任何温度下的电极电位定为零。

$$\text{Pt, H}_2(101325\text{Pa}) \mid \text{H}^+(a = 1.00\text{mol/L})$$

$$2\text{H}^+ + 2\text{e} \Longrightarrow \text{H}_2 \qquad \varphi_{\text{SHE}} = 0\text{V}$$

任一给定电极和标准氢电极组成的原电池

$$\text{SHE} \parallel \text{给定电极}$$

该电池的电动势即为给定电极在这一温度下的电极电位值。IUPAC 规定，电子从外电路由标准氢电极流向给定电极，则给定电极的电位定为正值，电位值为正号意味着电极反应为还原反应，能自发进行；负号表示还原反应不能自发进行，发生的是氧化反应。

标准电极电位是指当所有反应物和生成物活度都等于 1mol/L 时，相对于标准氢电极的半电池反应的电位，用 $\varphi^{\ominus}$ 表示。标准电极电位同温度有关，使用时应注意测量时的温度。标准电极电位是定量地描述各半反应化学推动力的相对大小的基本物理常数，$\varphi^{\ominus}$ 值愈正，表示该电极组分愈易得到电子；$\varphi^{\ominus}$ 值愈负，表示该电极组分愈易失去电子。分析化学中遇到的各种体系的标准电极电位，都可以从手册及电化学书籍中查到，见附表。但表中所列的标准电极电位是电对无限稀释，即浓度等于活度时的值。

在实际应用时，根据标准电极电位数据有时往往会得出错误的判断，此时应使用半电池反应的条件电极电位。条件电极电位考虑了溶液的离子强度、络合效应、水解效应和 pH 等的影响。

（二）能斯特（Nernst）方程

电极电位是将单位电荷由一相经过相界面迁移到另一相所做的功，其大小等于电极反应自由能的变化。电极一定，电极电位是一个确定的常量。对于电子转移数为 n 的电化学反应，每摩尔反应物质对应的电量为 nF（F 为法拉第常量）。电量为 nF 的电荷通过电位差为 φ 的界面所做的功为 $nF\varphi$。若每摩尔反应物质反应相应自由能的变化为 $-\Delta G$，因此有：

$$-\Delta G = nF\varphi \tag{2-1}$$

对于可逆电极反应为

$$a\text{A} + b\text{B} \Longrightarrow c\text{C} + d\text{D} + n\text{e}$$

电极反应自由能的变化为

$$\varphi = \frac{RT}{nF} \ln K - RT \ln \frac{a_\text{C}^c a_\text{D}^d}{a_\text{A}^a a_\text{B}^b} \tag{2-2}$$

式中，φ 为电极电位，单位：V；R 为标准气体常数，为 8.31441J/（mol·K），T 为绝对温度，单位：K；n 为参与电极反应的电子数；F 为法拉第常量，为 96 486.7C/mol；K 为平衡常数；a 为参与电化学反应各物质的活度。

当所有反应物与生成物的活度为 1 时，相对于标准氢电极的电位为该电极的标准电极电位 $\varphi^{\ominus}$，则有：

$$\varphi^{\ominus} = \frac{RT}{nF} \ln K \tag{2-3}$$

$$\varphi = \varphi^{\ominus} - \frac{RT}{nF} \ln \frac{a_\text{C}^c a_\text{D}^d}{a_\text{A}^a a_\text{B}^b} \tag{2-4}$$

式（2-4）是电极电位的基本关系式。当以常用对数表示，并将有关常数代入，式（2-4）为：

$$\varphi = \varphi^{\ominus} - \frac{0.0591}{n} \ln \frac{a_\text{C}^c a_\text{D}^d}{a_\text{A}^a a_\text{B}^b}（25℃） \tag{2-5}$$

此式即为能斯特方程，表达了电极电位与溶液中对应离子活度之间的关系。

实例分析

实例：有下列电池 Pt｜UO_2^{2+}（0.0150mol/L），U^{4+}（0.200mol/L），H^+（0.0300mol/L）‖Fe^{2+}（0.0100mol/L），Fe^{3+}（0.0250mol/L）｜Pt

已知：$\varphi^{\ominus}_{Fe^{3+}/Fe^{2+}}=0.771V$，$\varphi^{\ominus}_{UO_2^{2+}}=0.334V$。（1）写出电池两个电极的反应，并指出哪个是正极？哪个是负极？（2）计算电池电动势，并说明是原电池还是电解池？

分析：（1）UO_2^{2+}/U^{4+} 电极反应为：$UO_2^{2+}+4H^++2e\!\!=\!\!=\!\!=U^{4+}+2H_2O$（负极）

Fe^{3+}/Fe^{2+} 电极反应为：$Fe^{3+}+e\!\!=\!\!=\!\!=Fe^{2+}$（正极）

（2）分别计算两电对的电极电位和电池电动势

$$\varphi_{Fe^{3+}/Fe^{2+}}=0.771+0.0591lg\frac{0.025}{0.0100}=0.7946V$$

$$\varphi_{UO_2^{2+}/U^{4+}}=0.334+\frac{0.0591}{2}lg\frac{0.0150\times0.0300^4}{0.200}=0.1204V$$

$$E=0.7946-0.1204=0.674V>0$$

故该电池是原电池。

三、电极

（一）按作用划分

可分为工作电极、指示电极、参比电极、辅助电极和对电极。

1. 工作电极与指示电极　这是实验中要研究或考察的电极，它在电化学池中能发生所期待的电化学反应，或者对激励信号能作出响应的电极。在电分析中，电极上所出现的电学量（如电流、电位）的改变能反映待测物浓度（或活度）。一般地说，对于平衡体系或在测量过程中本体浓度不发生可觉察变化体系的电极称为指示电极（indicator electrode）；如果有较大的电流通过电池，本体浓度发生显著改变，则相应的电极称为工作电极（working electrode）。

2. 参比电极　在测量过程中，其电极电位几乎不发生变化的电极。为了便于研究工作电极，可使电池的另一半标准化，通常是使用由一个组分恒定的相构成参比电极（reference electrode），这样，测量时电池电动势的变化就直接反映出工作电极或指示电极的电极电位的变化。下面介绍几种常用的参比电极。

（1）饱和甘汞电极（saturated calomel electrode，SCE）　一般的甘汞电极是由金属汞、甘汞（Hg_2Cl_2）和 KCl 溶液组成。电极可表示为：

$$Hg｜Hg_2Cl_2｜KCl 溶液$$

电极反应与电位为：

$$Hg_2Cl_2+2e^-\rightleftharpoons2Hg+2Cl^-$$

$$\varphi=\varphi^{\ominus}-0.0591lga_{Cl^-}=\varphi^{\ominus\prime}-0.0591lga_{Cl^-}（25℃）\qquad(2-6)$$

可见，甘汞电极的电位取决于 KCl 溶液的浓度。在 25℃，KCl 溶液浓度分别为 0.1mol/L、

1mol/L 和饱和溶液时，电极电位分别为 0.3337V、0.280V 和 0.2412V。使用饱和 KCl 溶液的电极称为饱和甘汞电极。仪器分析中常用的饱和甘汞电极的结构如图 2-2 所示。

饱和甘汞电极由内、外两个玻璃构成，内管盛 Hg 和 Hg-Hg$_2$Cl$_2$ 的糊状混合物，下端用石棉或纸浆类多孔物堵紧组成。内部电极，上端封入一段铂丝与导线连接。外部套管内盛 KCl 饱和溶液，电极下部与待测试液接触部分是素烧瓷微孔物质隔层，用以阻止电极内外溶液的相互混合，又为内外溶液提供离子的通道，兼起测量电位时的盐桥作用。由于他和甘汞电极结构简单、制造容易、使用方便、电位稳定，故最为常用。

（2）银-氯化银电极（silver-silver chloride electrode）　由涂镀一层氯化银的银丝插入一定浓度的氯化钾溶液（或含 Cl$^-$ 的溶液）中组成。电极内充溶液用素烧瓷或其他适用的微孔材料隔层与待测溶液隔开，以阻止电极内外溶液互相混合。图 2-3 是一种银-氯化银电极的结构。电极溶液分别为 0.1mol/L、1.0mol/L 和饱和 KCl 溶液时，其电极电位分别为 0.288V、0.222V 和 0.199V。

银-氯化银电极结构简单，可制成很小体积，常用作玻璃电极和其他离子选择电极的内参比电极（图 2-3）。

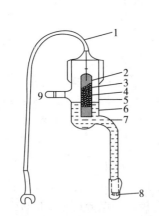

图 2-2　饱和甘汞电极的结构

1. 电极引线；2. 玻璃管；3. 汞；4. 汞-甘汞糊；
5. 玻璃外套管；6. 石棉（或纸浆）；7. 饱和 KCl 溶液；
8. 素烧瓷片；9. 橡皮塞

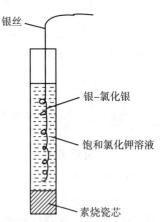

图 2-3　银-氯化银电极的结构

3. 辅助电极与对电极　当测量体系通过工作电极的电流较大时，为了测量或控制工作电极电位，需采用辅助电极（auxiliary electrode）构成三电极系统，使体系中的参比电极电位保持稳定。不用参比电极的两电极系统中，与工作电极配对的电极称为对电极。有时辅助电极也称为对电极（counter electrode）。

（二）按组成体系和作用机理划分

可分为金属基电极和膜电极。

1. 金属基电极　这类电极是一种基于电子交换反应，即发生氧化还原反应的电极，可以分为以下四类。

（1）第一类电极　是由金属与该金属离子溶液组成的电极，用 M | M^{n+} 表示，也称为活性金属电极。其电极电位反映溶液中该金属离子的活度。

电极反应：
$$M^{n+} + ne^- \rightleftharpoons M$$

电极电位：
$$\varphi = \varphi^{\ominus}_{M^{n+}/M} + \frac{0.0591}{n}\lg\alpha_{M^{n+}}$$

并非所有金属都可以制成这类电极，只有柔软、具有延性、易溶于汞的金属，如银、铜、锌、镉、汞、铅等才能制成这类电极。

（2）第二类电极　是由表面涂有同一种金属难溶盐的金属，插在该难溶盐的阴离子溶液中所组成的电极，也称为金属 – 难溶盐电极。它能间接反映与该金属离子生成难溶盐（或配离子）的阴离子的活度。例如，将表面涂有 AgCl 的银丝，插入含 Cl⁻ 的溶液中组成银 – 氯化银电极，能指示氯离子的活度。

银 – 氯化银电极 Ag│AgCl(s)，Cl⁻ 的电极反应：
$$AgCl + e^- \rightleftharpoons Ag + Cl^-$$

电极电位（25℃）：
$$\varphi = \varphi^{\ominus}_{AgCl/Ag} - 0.0591\lg a_{Cl^-}$$

（3）第三类电极　是由金属与该金属离子和另一金属离子具有共同阴离子的两种难溶盐或配离子组成的电极。例如，草酸根离子与银离子和钙离子生成难溶盐，在以草酸银和草酸钙饱和的含有钙离子溶液中，用银电极可以指示钙离子的活度。

$$Ag│Ag_2C_2O_4，CaC_2O_4，Ca$$

电极反应：
$$Ag_2C_2O_4 + Ca \rightleftharpoons 2Ag + CaC_2O_4$$

（4）零类电极　由惰性金属（铂或金）插入含有同一元素的两种不同氧化态的离子溶液中组成的电极，用 Pt│Mᵐ⁺，Mⁿ⁺ 表示，也称为惰性金属电极。惰性金属不参与电极反应，仅在电极反应过程中起传递电子的作用。电极电位决定于溶液中电对氧化型和还原型活度（或浓度）的比值，可用于测定有关电对的氧化型或还原型的浓度及它们的比值。例如，将铂丝插入含有 Fe^{3+} 和 Fe^{2+} 溶液中组成铂电极 Pt│Fe^{3+}，Fe^{2+}。

电极反应：
$$Fe^{3+} + e^- \rightleftharpoons Fe^{2+}$$

电极电位（25℃）：$\varphi = \varphi^{\ominus}_{Fe^{3+}/Fe^{2+}} + 0.0591\lg\dfrac{a_{Fe^{3+}}}{a_{Fe^{2+}}}$

2. 膜电极　以固体膜或液体膜为传感器，对溶液中某种特定离子产生选择性响应的电极，又称离子选择电极（ion selective electrode；ISE）。响应机制主要基于响应离子在敏感膜上产生交换和扩散形成膜电位。膜电极的基本结构如图 2 – 4 所示。它是由内参比电极、内参比溶液、支持体和敏感膜等部分组成。离子选择电极性能好坏的关键是敏感膜对特定的离子的响应特性。内参比电极通常采用银 – 氯化银电极或用银丝。内参比溶液由离子选择电极的种类决定。

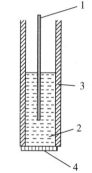

图 2 – 4　膜电极的基本结构
1. 内参比电极；2. 内参比溶液；
3. 支持体；4. 电极膜

第二节　电位分析法

电位分析法需要采用两个电极，一个为指示电极，其电位与被测定物质的浓度有关，另一个为参比电极，其电位保持恒定。两个电极和试液组成电池，根据电池的电动势或指示电极的电极电位的变化对试样进行分析。

一、离子选择电极的分类

电位分析法中多采用离子选择电极作为指示电极。不同类型的离子选择电极的电极膜材料、性质和形式各不相同，其响应机制也各有特点，下面介绍几种重要的离子选择电极。

1. 晶体膜电极 晶体膜电极（crystalline membrane electrode）是指由具有离子导电功能的金属难溶盐晶体为电极膜的电极。金属难溶盐经加压或拉制成单晶、多晶或混晶的活性膜，对构成晶体的金属离子或难溶盐阴离子有响应，该响应满足能斯特公式，也称能斯特响应。这类晶体物质一般在水中溶解度极小，不受氧化剂、还原剂的干扰，且机械强度较大。如氟离子选择电极，简称氟电极，由 LaF_3 单晶膜、$Ag - AgCl$ 内参比电极及 $NaCl - NaF$ 内充液组成。这种电极对 F^- 有良好的选择性，除 OH^- 外，一般阴离子均不干扰电极对 F^- 的测定。氟电极测定 F^- 的有效 pH 在 5~7 之间，线性范围一般在 $10^{-1} \sim 10^{-6}$ mol/L，检测限为 10^{-7} mol/L。

$$\varphi = K - \frac{RT}{F}\ln\alpha_{F^-} \qquad (2-7)$$

根据不同制膜方法，晶体膜电极又可分为均相膜电极（homogeneous membrane electrode）和非均相膜电极（heterogeneous membrane electrode）两类。均相膜是由一种或几种化合物均匀混合物的晶体构成，如单晶 LaF_3、硫化银与卤化银混晶、硫化银与 Pb^{2+}、Cu^{2+}、Cd^{2+} 等金属硫化物混晶等。非均相膜是将电活性物质晶体与惰性物质，如硅橡胶、聚氯乙烯、聚苯乙烯、石蜡等混匀后制成。同一晶体的两类电极，除电极一般性能不同外，它们的电化学行为基本相同。

2. 刚性基质电极 刚性基质电极（rigid matrix electrode）是由不同组成玻璃吹制成电极膜的电极。其中 pH 玻璃电极（pH glass - sleeved electrode）是最重要、应用最广泛的电极。此外还有如 K^+、Na^+、Li^+、Ag^+、Cs^+ 等一价阳离子玻璃电极。由于玻璃电极的玻璃膜组成不同，因此对不同金属阳离子产生选择性响应。

（1）pH 玻璃电极

1）pH 玻璃电极的构造：pH 玻璃电极一般由内参比电极、内参比溶液、玻璃膜、高度绝缘的导线和电极插头等部分组成，其构造如图 2-5 所示。玻璃管下端是由特殊玻璃（22% Na_2O，6% CaO，72% SiO_2）制成厚度为 0.05 ~ 0.1mm 的球形膜，球内盛有 pH = 7 或 pH = 4 的 KCl 内参比缓冲溶液，插入氯化银-银丝内参比电极。电极上端是高度绝缘的导线及引出线，线外套有屏蔽线，以免漏电和静电干扰。

2）pH 玻璃电极响应机制：玻璃电极对 H^+ 的选择性响应与电极膜的特殊组成有关。在特殊组成的硅酸晶格中 Na^+ 可以自由移动，而溶液中的 H^+ 可进入晶格占据 Na^+ 点位，但其他高价阳离子和阴离子都不能进出晶格。当玻璃膜与溶液接触时，溶液中的 H^+ 可以进入玻璃膜与 Na^+ 进行交换，变换反应为

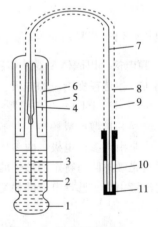

图 2 - 5 pH 玻璃电极

1. 玻璃膜球；2. 内参比溶液；3. Ag - AgCl 电极；
4. 电极导管；5. 玻璃管；6. 静电隔离层；
7. 电极导线；8. 塑料高绝缘；9. 金属隔离罩；
10. 塑料高绝缘；11. 电极接头

$$Na^+GL^- + H^+ \Longrightarrow H^+GL^- + Na^+$$

交换反应的平衡常数很大，有利于 H^+GL^- 的形成。在中性或酸性溶液中向右进行得很完全。玻璃膜经过充分浸泡，H^+ 可向玻璃膜内渗透并使交换反应达到平衡，在玻璃膜表面形成 $10^{-4} \sim 10^{-5}$ mm 的溶胀水化层或水化凝胶层，简称水化层。在水化层表面 Na^+ 的点位几乎被 H^+ 占据，越深入水化层内部交换的数量越少，即点位上 H^+ 越来越少，Na^+ 越来越多，达到干玻璃层处便全无交换，即全无 H^+。当充分浸泡的玻璃电极置于待测 pH 试液中时，H^+ 由溶液向水化层方向扩散，余下过剩的阴离子，因而在两相界面间形成双电层，产生电位差。产生的电位差抑制 H^+ 的继续扩散，当扩散作用达到动态平衡时，电位差达到一稳定值。这个电位差值即相界电位 $\varphi_{外}$，在玻璃膜内表面与内参比溶液间也产生电位差称为内相界电位 $\varphi_{内}$，如图 2-6 所示。

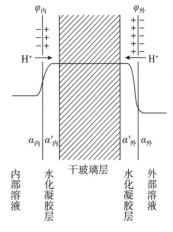

图 2-6　玻璃电极膜电位示意图

经热力学证明，相界电位 $\varphi_{外}$、$\varphi_{内}$ 均遵守 Nernst 方程式关系（电位差按膜对溶液而言）：

$$\varphi_{外} = K_1 + \frac{2.303RT}{F}\lg\frac{\alpha_{外}}{\alpha'_{外}} \qquad (2-8)$$

$$\varphi_{内} = K_2 + \frac{2.303RT}{F}\lg\frac{\alpha_{内}}{\alpha'_{内}} \qquad (2-9)$$

式中，$\varphi_{外}$、$\varphi_{内}$ 分别为外部溶液和内部溶液与相接触水化层之间的相界电位；$\alpha_{外}$、$\alpha_{内}$ 分别为外部溶液和内部溶液中 H^+ 的活度；$\alpha'_{外}$、$\alpha'_{内}$ 分别为与外部溶液和内部溶液接触的两个水化层中 H^+ 的活度；K_1、K_2 分别为与玻璃电极外表面及内表面性质有关的常数。

玻璃膜的电位 $\varphi_{膜}$ 是两个相界电位 $\varphi_{外}$ 和 $\varphi_{内}$ 之差，设 $\varphi_{外} > \varphi_{内}$，则：

$$\varphi_{膜} = \varphi_{外} - \varphi_{内} \qquad (2-10)$$

当玻璃膜内、外两个表面的物理性能相同，即两个表面上的 Na^+ 点位全部被 H^+ 占据，就有 $K_1 - K_2 = K'$，$\alpha'_{外} = \alpha'_{内}$，则：

$$\varphi_{膜} = K' + \frac{2.303RT}{F}\lg\frac{\alpha_{外}}{\alpha_{内}} \qquad (2-11)$$

因为玻璃电极中内参比溶液的 H^+ 一定，即 $\alpha_{内}$ 为定值，则：

$$\varphi_{膜} = K' + \frac{2.303RT}{F}\lg\alpha_{外} \qquad (2-12)$$

整个玻璃电极的电位 φ 为：

$$\varphi = \varphi_{内参} + \varphi_{膜} = \varphi_{AgCl/Ag} + \left(K' + \frac{2.303RT}{F}\lg\alpha_{外}\right)$$

$$= (\varphi_{AgCl/Ag} + K') - \frac{2.303RT}{F}pH = K - \frac{2.303RT}{F}pH \qquad (2-13)$$

在 25℃ 时，$\qquad\qquad \varphi = K - 0.0591pH \qquad (2-14)$

式中，K 为电极常数，与玻璃电极性能无关。由式（2-13）和式（2-14）可见，在一定温度下，玻璃电极的电位与外部溶液 pH 呈线性关系，符合 Nernst 方程式。这是 pH 玻璃电极测定溶液 pH 的理论依据。

3）测量原理和方法：测量溶液 pH 时，由玻璃电极和甘汞电极组成的原电池可表示为：

（－）Ag｜AgCl(s)，内充液｜玻璃膜｜试液 ‖ KCl（饱和），$Hg_2Cl_2(s)$｜Hg（＋）

原电池电动势为：
$$E = \varphi_{SCE} - \varphi_{玻} \qquad (2-15)$$

将式（2-13）代入式（2-15）中得：
$$E = \varphi_{SCE} - (K - \frac{2.303RT}{F}pH) \qquad (2-16)$$

在一定条件下，φ_{SCE} 是常数，因此：
$$E = K' + \frac{2.303RT}{F}pH \qquad (2-17)$$

由式（2-17）可知，在一定条件下，原电池的电动势 E 与溶液 pH 呈线性关系。通过测量 E，就可求出溶液的 pH 或 H^+ 浓度。但由于 K' 常随溶液组成、电极种类不同，甚至电极使用时间长短而发生微小变动，所以 K' 值不能准确测定，也就难以准确计算溶液 pH。因此，在实际中常采用"两次测量法"。在相同条件下，首先测量已知 pH 的标准缓冲溶液的电动势：
$$E_s = K' + \frac{2.303RT}{F}pH_s \qquad (2-18)$$

再测量待测溶液电动势：
$$E_x = K' + \frac{2.303RT}{F}pH_x \qquad (2-19)$$

式（2-19）－式（2-18），经整理得：
$$pH_x = pH_s + \frac{E_x - E_s}{2.303RT/F} \qquad (2-20)$$

按"两次测量法"的公式（2-20）计算待测溶液的 pH_x，只需知道 E_x 和 E_s 的测量值和标准缓冲溶液的 pH_s，无需知道 K' 的数据。因此，可以消除由 K' 不确定性产生的误差。

饱和甘汞电极在标准缓冲溶液和待测溶液中产生的液接电位未必相同，二者之差称为残余液接电位，其值不易测得，在准确的 pH 测量中可能引起误差。但只要两种溶液的 pH 极为接近，残余液接电位引起的误差可以忽略。因此，测量时选用的标准缓冲溶液的 pH_s 要尽可能地与待测溶液的 pH_x 接近。

4）pH 玻璃电极的性能：pH 玻璃电极有以下性能。

①转换系数：假设 $S = \frac{2.303RT}{F}$，则式（2-20）为 $\varphi = K - SpH$，即溶液 pH 每改变一个单位，电极电位相应改变 0.0591V（59mV，25℃），S 为玻璃电极的转换系数或电极系数。

$$S = \frac{-\Delta\varphi}{\Delta pH} \qquad (2-21)$$

若作玻璃电极的 $\varphi - pH$ 曲线，S 是曲线的斜率。通常玻璃电极的 S 稍小于理论值（不超过 2mV/pH）。S 值会因电极使用过久而偏离理论值。

②碱差与酸差：一般玻璃电极的 $\varphi - pH$ 曲线，只在一定范围内呈直线，在较强的酸、碱溶液偏离直线关系，产生碱差或酸差，如图 2-7 所示。

碱差也称为钠差，指的是在 pH＞9 的溶液中，pH 玻璃电极对 Na^+ 也有响应，Na^+ 可以进入玻璃膜的水化层而

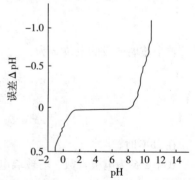

图 2-7　玻璃电极的碱差与酸差

占据一些点位，从而使测得的 H^+ 活度高于真实值，即 pH 读数低于真实值，产生负误差。为了克服碱差对测量结果的影响，使用组成为 Li_2O、Cs_2O、La_2O_3、SiO_2 的高碱锂玻璃电极，可测 pH1～14 范围的溶液而不产生误差。

酸差是指在 pH < 1 的溶液中，pH 玻璃电极测得的 pH 高于真实值，产生正误差。

③不对称电位：如果内充液和外部溶液相同，则 $\varphi_{膜}$ 应为零，但 $\varphi_{膜}$ 并不等于零，而是有 1～3mV 之差，这个电位差称为不对称电位（asymmetric potential）。产生不对称电位的主要原因是玻璃膜内外两个表面的结构和性能不完全相同、外表面沾污、化学腐蚀和机械刻画等因素所致。不对称电位已包括在电极电位公式的常数项内，只要它维持恒定不变，对 pH 测量便无影响，但在电极使用过程中，膜的外表面可能受到腐蚀、污染、脱水等作用，会使不对称电位发生变化。实际测量时，用标准缓冲溶液来进行校准，即通过电极电位值（pH 值）进行定位的办法来加以消除。

④电极的内阻：玻璃电极的内阻很大（50～500MΩ），用其组成电池测量电动势时，只允许有微小的电流通过，否则会引起很大误差。如玻璃电极内阻 $R = 100MΩ$ 时，若使用一般灵敏检流计（测量中有 $10^{-9}A$ 电流通过），由于 $V = IR$，则 $V = 10^{-9} \times 100 \times 10^6 = 0.1V$，相当于 1.7pH 单位的误差；而用电子电位计时，测量中通过电流很小（$10^{-12}A$），$V = 0.0001V$，相当于 0.0017pH 单位的误差。可见，测定溶液 pH 必须在专门的电子电位计上进行。目前常用的酸度计有 pHS－2 型、pHS－3C 型等，这些酸度计都有 mV 换档键，因此，也可作为电位计直接测量电池电动势。

⑤使用温度：玻璃电极应在 0～50℃ 范围使用。温度太低，玻璃电极内阻增大；温度太高，不仅不利于离子交换，而且电极使用寿命缩短。

（2）复合 pH 电极　复合 pH 电极（combination pH electrode）是将玻璃电极和参比电极组装起来，构成单一电极体。其结构示意图如图 2－8 所示，复合 pH 电极通常由两个同心玻璃套管构成。内管为常规的玻璃电极，外管实际为一参比电极。参比电极主件为 Ag－AgCl 电极或 $Hg－Hg_2Cl_2$ 电极，下端为微孔隔离材料层，防止电极内外溶液混合，又为测定时提供离子迁移通道，起到盐桥作用。

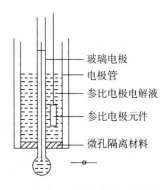

图 2－8　复合 pH 电极结构示意图

把复合 pH 电极插入试样溶液中，就组成了一个完整的电极体系。只要把玻璃电极和参比电极的引线接到 pH 计接线柱上即可进行 pH 测定。复合 pH 电极具有使用方便、体积小、坚固、耐用、有利于小体积溶液 pH 测定等优点，已广泛用于各种溶液的 pH 测定。

3. 流动载体电极　流动载体电极（electrode with a mobile carrier）又称液膜电极，由浸有液体离子交换剂（与响应离子有作用的中性配位剂作载体，溶于有机溶剂中组成）的惰性微孔物质制成电极膜的电极。活性载体可以在膜内流动，但不能离开电极膜，故称为流动载体电极。电极结构如图 2－9 所示。电极膜将试液与内充液分开，膜内的液体离子交换剂与被测离子结合，进入膜内并迁移，此时，伴随被测离子并与之电荷相反的离子被留在试液中，引起相界面电荷分布不均匀，形成膜电位。响应离子迁移数愈大，电极选择性越好。电活性物质在有机相和水相中的分配系数决定了电极的检出限，分配系数越大，也即电活性物质进入有机相越容易，检出限越低。

根据活性载体的带电性质，又可分为带电荷的流动载体电极和中性流动载体电极。带电荷的流动载体电极的活性载体为带电荷的阴、阳离子。对于带电荷流动载体电极来说，载体与响应离子生成的缔合物越稳定，响应离子在有机溶剂中的淌度越大，选择性就越好。而活性物质在水相中的分配系数越大，电极灵敏度越高。

中性载体电极与带电荷载体电极在形式和结构上完全相同，其区别在于：在带电荷载体膜中，载体是带电荷的有机离子，与响应离子生成离子型缔合物；而在中性载体膜中，载体是一种含有弧对电子的中性有机大分子，能与响应离子生成配合阳离子而带电荷，响应阳

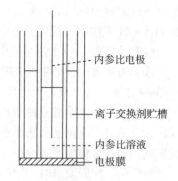

图 2-9　流动载体电极结构示意图

子从溶液相进入膜相生成配合阳离子，破坏了两相界面附近的电荷分布均匀性，产生相间电位。选择适当的载体可使电极具有很高的选择性。例如钾离子选择电极是由 K^+ 的中性载体缬氨霉素制成的，缬氨霉素是一个具有三十六元环的环状缩酯肽，分子中 6 个羧基与 K^+ 络合而形成 1:1 的络合物。将其溶于有机溶剂（如二苯醚、硝基苯）中，可制成对 K^+ 有选择性响应的液膜，能在一万倍 Na^+ 存在下测定 K^+。常用的有机大分子化合物除缬氨霉素外，还有放线菌素和冠醚等。表 2-1 列出几种中性载体电极。

表 2-1　几种中性载体电极

离子电极	中性载体	线性响应范围（mol/L）	主要干扰离子
K^+	缬氨霉素	$1 \times 10^{-5} \sim 1 \times 10^{-1}$	Cs^+、Rb^+、NH_4^+
	二甲基二苯基 30-冠醚-10	$1 \times 10^{-5} \sim 1 \times 10^{-1}$	Cs^+、Rb^+、NH_4^+
Na^+	三甘酰双苄苯胺	$1 \times 10^{-4} \sim 1 \times 10^{-1}$	K^+、Li^+、NH_4^+
	四甲基苯基 24-冠醚-8	$1 \times 10^{-5} \sim 1 \times 10^{-1}$	K^+、Cs^+
Li^+	开链酰胺	$1 \times 10^{-5} \sim 1 \times 10^{-1}$	K^+、Cs^+
NH_4^+	类放线菌素 + 甲基类放线菌素	$1 \times 10^{-5} \sim 1 \times 10^{-1}$	K^+、Rb^+
Ba^{2+}	四甘酰双二苯胺	$6 \times 10^{-6} \sim 1 \times 10^{-1}$	K^+、Sr^{2+}

4. 气敏电极（gas sensing electrode）　是一种气体传感器，是在原电极敏感膜上覆盖一层透气薄膜（具有疏水性，只允许气体透过，而不允许溶液中的离子通过），将原电极与待测试液隔开，在透气薄膜与原电极之间充有一定组成的溶液（内充液）。气敏电极能用于测定溶液或其他介质中气体的含量，因而有人称之为气敏探针。它的结构是将离子选择电极与参比电极组装成一个复合电极。该电极由透气膜、内充液、指示电极及参比电极等部分组成，电极本身就是一个完整的电池装置，其结构如图 2-10 所示。待测气体通过透气膜进入内充液发生化学反应，产生指示电极响应的离子或使指示电极响应离子的浓（活）度发生变化，通过电极电位变化反映待测气体的浓度。例如，氨气敏电极可用于测量溶液中的 NH_4^+，它的原电极就是 pH 玻璃电极。

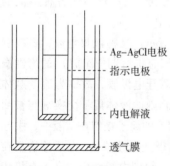

图 2-10　气敏电极示意图

测量时将一定量的 NaOH 溶液加入待测液中，使 NH_4^+ 转变成 NH_3 并透过透气薄膜进入 NH_4Cl 的内充液中，NH_3 的进入改变了中介液的 pH，内充液中 H^+ 活度与 NH_3 的分压成正比，可通过 pH 玻璃电极的电位变化测定 NH_3 的浓度。其电极电位为：

$$\varphi = K - \frac{RT}{F}\ln\alpha_{H^+} = K - \frac{RT}{F}\ln p_{NH_3} \qquad (2-22)$$

常用的气敏电极还有对 NH_3、CO_2、SO_2、NO_2、H_2S 等气体敏化的电极。

5. 酶电极（enzyme electrode） 是在离子选择电极表面覆盖一层酶活性物质，被测物与酶反应可生成一种能被指示电极响应的物质。即酶在生化反应中高选择性的催化作用使生物大分子迅速分解或氧化，催化反应的产物可由相应的离子选择电极检测。因此，酶电极是由原电极和生物膜制成的复膜电极。生物膜主要由具有分子识别能力的生物活性物质如酶、微生物、生物组织、核酸、抗原和抗体组成。研制酶电极的关键是寻找一种合适的酶反应，该反应有确定的产物，此产物可以用一种离子选择电极测量。例如，将尿素酶固定在凝胶内，涂布在 NH_4^+ 玻璃电极的敏感膜上，便构成了尿素酶电极。当把电极插入含有尿素的溶液时，尿素经扩散进入酶层，受酶催化水解生成 NH_4^+，即：

$$NH_2CONH_2 + H^+ + 2H_2O \Longrightarrow 2NH_4^+ + HCO_3^-$$

反应生成的 NH_4^+ 可以被铵离子电极响应，引起电极电位的变化，电位值在一定浓度范围内与尿素浓度符合 Nernst 关系式。

由于酶的种类繁多，酶反应的专一性强，酶电极的选择性高，故酶电极是一种极有发展前途的离子选择电极，特别在生物、生理、医药、卫生等学科上具有重要的应用前景。除尿素酶电极外，还制成氨基酸氧化酶、葡萄糖氧化酶、β-偏喉腺酶等酶电极。

在酶电极研究的基础上，人们又提出了电化学生物传感器（electrochemical biosensor）。电化学生物传感器是指由生物体成分（酶、抗原、抗体、激素等）或生物体本身（细胞、细胞器、组织等）作为敏感元件，电极作为转换元件，以电势或电流为特征检测信号的传感器。选择不同生物传感膜制备的电化学生物传感器能够捕捉生物体内的各种生物信息，为进行人体相关的生理、病理医学基础研究和临床医学诊断提供了有效的技术和手段。目前，由于材料科学和技术的发展，纳米材料在电分析化学领域得到很好的渗透和应用。纳米材料具有合成简单、生物相容性好、比表面积大且表面可以修饰或改性等特点。使其可以在纳米水平上研究大分子及其复合体或细胞的结构与功能，为电化学生物传感器研究开辟一条全新的道路。

二、离子选择电极的参数

1. 能斯特响应、线性范围 以离子选择电极电位（或电池电动势）对响应离子活度的负对数作图，所得的曲线称为校准曲线。如图 2-11 所示，其响应变化服从能斯特方程，称为能斯特响应。校准曲线直线部分所对应的离子活度范围称为线性范围。该直线的斜率称为响应斜率，也称为级差。图 2-11 中 CD 对应的活度范围即为线性范围。电极的线性范围通常为 $10^{-6} \sim 10^{-1}$ mol/L。使用时，待测离子的浓度应在电极的线性范围以内。在实际测量时，有些电极电位虽然与响应离子浓度有线性关系，但响应斜率与理论值并不一致，一般略低于理论值。

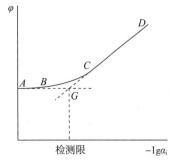

图 2-11 离子选择电极校准曲线

2. 检测限 指离子选择电极能够检测出待测离子的最低浓度，检测限是离子选择电极的主要性能指标之一，可由校准曲线确定。当活度较低时，曲线逐渐弯曲，电极已无明显响应，见图 2 – 11 中 AB 段。

图中的 AB 与 CD 延长交于 G 点，G 所对应的活度值即为检测限。

3. 选择性系数（selectivity coefficient） 是指离子选择性电极对 X（待测离子）和 Y（干扰离子）离子响应能力之比。即提供相同电位响应的 X 离子和 Y 离子的活度比，可写为：

$$K_{X,Y} = \frac{a_X}{(a_Y)^{n_X/n_Y}} \tag{2-23}$$

式中，n_X、n_Y 分别为待测离子和共存干扰离子的电荷数；$K_{X,Y}$ 值愈小，表示干扰离子 Y 对待测离子 X 的干扰愈小。

考虑到 Y 离子的干扰响应作用，电极电位可写为尼科尔斯基 – 艾森曼方程式（Nicolsky – Eiseman equation）：

$$\varphi = K \pm \frac{2.303RT}{nF} \lg[\, a_X + K_{X,Y}(a_Y)^{n_X/n_Y}] \tag{2-24}$$

一般电极提供的 $K_{X,Y}$ 值并非真正常数，它与实验条件有关。因此不能用 $K_{X,Y}$ 值直接对测定进行干扰校准，但可利用 $K_{X,Y}$ 来估计干扰离子 Y 对待测离子 X 响应电位影响所产生的偏差。

4. 响应时间 是指离子选择电极和参比电极接触试液开始到电极电位稳定（波动在 1 mV 以内）的时间。离子选择电极的膜电位是响应离子在敏感膜表面建立的双电层结构的结果。电极达到建立稳定的双电层结构的速度，可用响应时间来表示。该值与响应离子的浓度、扩散速度有关，还和参比电极的稳定性，试液的温度等因素有关。响应时间越短，电极性能越好。在实际工作中，通常通过搅拌，加快扩散速度，缩短响应时间。

5. 有效 pH 范围 离子选择电极有一定的有效的 pH 使用范围。其值与电极膜对离子的响应机理有关，超出有效 pH 使用范围，将产生严重误差。

除上述特性外，离子选择电极还包括电极内阻、不对称电位、温度系数和使用寿命等。

三、分析方法

1. 直接电位法的测量方法 依据指示电极的电位与待测物质的浓度关系来进行分析的方法称为直接电位法。直接电位法是一种简便而快速的分析方法，电极电位对待测物质的能斯特方程式是定量分析的基本关系式。以待测离子的选择电极为指示电极，饱和甘汞电极（SCE）为参比电极，浸入待测试液中组成原电池，通过对电池电动势的测量，进而求出待测离子的浓度。电池表示为：

（ – ）离子选择电极 | 试液 ‖ KCl（饱和），$Hg_2Cl_2(s)$ | Hg（ + ）

电池电动势为：

$$E = \varphi_{SCE} - \varphi_{离} \tag{2-25}$$

而离子选择电极的电位只与待测溶液中响应离子的活（浓）度有关，即：

$$\varphi_{离} = K \pm \frac{2.303RT}{nF} \lg a_i = K' \pm \frac{2.303RT}{nF} \lg c_i \tag{2-26}$$

将式（2 – 26）代入（2 – 25）：

$$E = \varphi_{SCE} - \left(K' \pm \frac{2.303RT}{nF} \lg c_i\right) = K \pm \frac{2.303RT}{nF} \lg c_i \tag{2-27}$$

为了保证式（2 – 27）中的 K' 为常数，要求溶液中的离子强度要足够大且稳定，为此，电位法测定必须加入大量的惰性电解质，同时为满足在一定 pH 下测定和消除干扰离子的需要，还需加入缓冲溶液和掩蔽剂。实际工作中，将惰性电解质、缓冲溶液和掩蔽剂的混合溶液称总离子强度调节缓冲溶液（total ion strength adjustment buffer；TISAB），可见，TISAB 是一种不含待测离子、不与待测离子反应、不污染或损害电极膜的浓电解质溶液。例如，用氟离子选择电极测溶液中氟含量时，可用 KNO_3、枸橼酸钾、HAc – NaAc 混合体系作为 TISAB。

直接电位定量分析一般采用标准曲线法和标准加入法进行测量。

（1）标准曲线法　又称校准曲线法。配制含有待测离子不同浓度的系列标准溶液，其离子强度用 TISAB 调节，将选定的离子选择性电极和参比电极构成电池，在相同的测定条件下，测得一系列电动势。作电动势 E 对浓度 $\lg c$ 作图或绘制 $E – \lg c$ 图，即可得到标准曲线或标准函数。在一定浓度范围内，标准曲线是直线。同时，用同一对电极测量试样溶液的电动势 E_x，通过标准曲线或标准函数可求出待测离子的浓度 c_x。标准曲线法适用于大批量试样分析。

（2）标准加入法　又称增量法或添加法，即将标准溶液加入到试样溶液中进行测定。即先测定体积为 V_x、浓度为 c_x 的待测溶液电动势 E_x，然后向试液中加入浓度为 c_s（$c_s > 10c_x$）、体积为 V_s（$V_s < V_x/10$）的待测离子标准溶液，测得电动势为 E，则：

$$E_X = K \pm \frac{2.303RT}{nF}\lg c_X, \quad E = K \pm \frac{2.303RT}{nF}\lg \frac{c_X V_X + c_s V_s}{V_X + V_s}$$

令 $S = \pm \dfrac{2.303RT}{nF}$，$\Delta E = E - E_X = S \lg \dfrac{c_X V_X + c_s V_s}{V_X + V_s}$，整理后得：

$$c_X = \frac{c_s V_s}{V_X + V_s}\left(10^{\Delta E/S} - \frac{V_X}{V_X + V_s}\right)^{-1} \qquad (2-28)$$

由于 $V_s < V_x/10$，$V_x + V_s \approx V_x$，上式为：

$$c_X = \frac{c_s V_s}{V_X}\left(10^{\Delta E/S} - 1\right)^{-1} \qquad (2-29)$$

根据式（2 – 29）即可求算出试液中待测离子的浓度。该方法不必加 TISAB，无需绘制标准曲线，操作简单、快速，适用于组成复杂以及份数不多的样品分析。

2. 电位滴定法的测量方法　利用测量滴定过程中电池电动势的变化来确定滴定终点的滴定分析方法称为电位滴定法。它是用电化学方法指示终点的一种滴定分析法。任何滴定分析法，在化学计量点附近，待测物与滴定剂的浓度都发生急剧地变化，在滴定曲线上产生所谓的滴定突跃。在滴定突跃范围内，又以化学计量点的浓度变化率最大。如果用一合适的指示电极监测、记录滴定过程中反应电对的电极电位数据。根据 Nernst 关系式可知在滴定的化学计量点附近，指示电极的电位也将发生急剧的变化，在化学计量点处，其变化率也最大，故电极电位变化率最大点即滴定的终点。电位滴定的装置如图 2 – 12 所示。

电位滴定法与指示剂滴定法相比，具有客观可靠、准确度高、易于自动

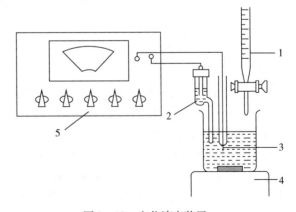

图 2 – 12　电位滴定装置
1. 滴定管；2. 参比电极；3. 指标电极；
4. 电磁搅拌器；5. 电子电位计

化、不受溶液有色或浑浊的限制等诸多优点，是一种重要的滴定分析方法。在制订新的指示剂滴定分析方法时，常借助电位滴定法确定指示剂的变色终点或检查新方法的可靠性。尤其对于那些没有指示剂可以利用的滴定反应，电位滴定法更为有利。

滴定过程中记录标准溶液消耗体积（ml）和相应的电池电动势（mV），计算出 ΔE、ΔV、$\Delta E/\Delta V$（一级微商）、$\Delta^2 E/\Delta V^2$（二级微商）。电位滴定法确定终点的方法有图解法和二阶微商内插法。

（1）图解法 图解法通常有 $E-V$ 曲线法、$\Delta E/\Delta V - V$ 曲线法、$\Delta^2 E/\Delta V^2 - V$ 曲线法三种。

1）$E-V$ 曲线法：以电位值 E 为纵坐标，加入的滴定体积 V 为横坐标绘制 $E-V$ 曲线，如图 2-13（a）所示。滴定曲线上具有最大斜率的转折点即为滴定终点。

2）$\Delta E/\Delta V - \bar{V}$ 曲线法：又称一阶微商法。从 $E-V$ 曲线可见终点的确定比较困难，因此考虑以 $\Delta E/\Delta V$ 为纵坐标，V 为横坐标绘制 $\Delta E/\Delta V - \bar{V}$ 曲线，如图 2-13（b）所示，尖峰所对应的体积即为终点体积。用此法确定滴定终点比 $E-V$ 曲线法准确，但尖峰是由实验点外推所得也会引入一些误差。

3）$\Delta^2 E/\Delta V^2 - V$ 曲线法：又称二阶微商法。以 $\Delta^2 E/\Delta V^2$ 为纵坐标（滴定剂单位体积改变所引起 $\Delta E/\Delta V$ 的变化），V 为横坐标绘制 $\Delta^2 E/\Delta V^2 - V$ 曲线，如图 2-13（c）所示。$\Delta^2 E/\Delta V^2 = 0$ 处即为滴定终点。

（2）二阶微商内插法 基于二阶微商为零（$\Delta^2 E/\Delta V^2 = 0$）所对应的体积为滴定终点的特点，建立了通过数学计算确定终点的方法。若将 $\Delta^2 E/\Delta V^2 - V$ 曲线中 $\Delta^2 E/\Delta V^2 = 0$ 附近视为直线，终点必然在 $\Delta^2 E/\Delta V^2$ 值发生正、负号变化所对应的滴定体积之间，因此可用内插法计算滴定终点。例如查得加入 11.30ml 滴定剂时，$\Delta^2 E/\Delta V^2 = 5600$；加入 11.35ml 滴定剂时，$\Delta^2 E/\Delta V^2 = -400$。设滴定终点（$\Delta^2 E/\Delta^2 V = 0$）时，加入滴定剂体积为 Xml，有：

$$\frac{11.35 - 11.30}{X - 11.30} = \frac{-400 - 5600}{0 - 5600}$$

解得：$X = 11.35$ml。

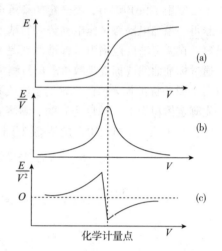

图 2-13 电位滴定终点的确定
（a）$E-V$ 曲线；（b）$\Delta E/\Delta V - \bar{V}$ 曲线；
（c）$\Delta^2 E/\Delta^2 V - V$ 曲线

四、应用

电位滴定法可应用于酸碱滴定法、沉淀滴定法、配位滴定法及氧化还原滴定法，关键在于选择合适的指示电极。滴定时，应根据不同的反应选择合适的指示电极。原则是电极指示的变化物质必须是直接参加或间接参加滴定反应的物质。

1. 酸碱滴定法 酸碱电位滴定常用的电极为玻璃电极与饱和甘汞电极，用 pH 计测量滴定溶液的 pH，以 pH 对 V 作图，得到酸碱滴定曲线。用电位滴定法得到的滴定曲线，比按理论计算得到的滴定曲线更切合实际。对于容量滴定中能滴定的酸碱，它都能滴定，且对于一些突跃范围小、无合适指示剂、溶液浑浊、有色的酸碱，它都能滴定。此外它还可测弱酸弱碱的离解常数。

在非水溶液的酸碱滴定中，如果没有适当的指示剂可用，或虽有合适指示剂但往往变色不明显，就可用电位法确定终点。还可与指示剂滴定法进行对照，以确定终点时指示剂的颜色变化。因此在非水滴定中电位滴定法是最基本的方法。滴定时常用的电极系统仍可用玻璃电极－甘汞电极。在滴定中，为了避免由甘汞电极漏出的水溶液干扰非水滴定，可采用饱和氯化钾无水甲醇溶液代替电极中的饱和氯化钾水溶液。

2. 沉淀滴定法　沉淀电位滴定常用银盐或汞盐溶液作滴定剂。用银盐标准溶液滴定时，指示电极用银电极；用汞盐标准溶液滴定时，指示电极用汞电极（汞池，或铂丝上镀汞，或把金电极侵入汞中做成金汞齐）。在银量法及汞量法滴定中，Cl^- 都有干扰，因此不宜直接插入饱和甘汞电极，通常是用 KNO_3 盐桥把滴定溶液与饱和甘汞电极隔开，由于滴定过程中溶液 pH 不变，也可用玻璃电极作为参比电极进行滴定。

沉淀电位滴定法可用来测定 Ag^+、Hg^{2+}、Pb^{2+}、Zn^{2+}、Cl^-、Br^-、I^-、SCN^- 及 $[Fe(CN)_6]^{4-}$ 等离子的浓度，还可用来测定巴比妥类药物。例如，苯巴比妥在适当的碱性溶液中，与硝酸银定量反应生成银盐，可用银量法测定其含量。但由于指示终点不明显，误差较大。例如以饱和甘汞电极为参比电极，银电极为指示电极，用电位值的改变来指示终点，能提高测定结果的准确度。

3. 配位滴定法　用 EDTA 进行电位滴定时，可以采用两种类型的指示电极。一种是应用于个别反应的指示电极，如用 EDTA 滴定铁离子时，可用铂电极（体系中加入亚铁离子）为指示电极。又如滴定钙离子时，则可用钙离子选择电极作指示电极；另一种能够指示多种金属离子的电极，谓之 pM 电极，这是在试液中加入 Hg－EDTA 络合物，然后用汞电极作指示电极。当用 EDTA 滴定某金属离子时，溶液中游离汞离子浓度受游离 EDTA 浓度的制约，而游离 EDTA 的浓度又受该被滴定离子的浓度约束，所以汞电极的电位可以指示溶液中游离 EDTA 的浓度，间接反应被测金属离子浓度的变化。

4. 氧化还原滴定法　在滴定过程中，溶液中氧化态和还原态的浓度比值发生变化，可采用零类电极作指示电极，一般都用铂电极。

第三节　电解分析与库仑分析法

1801 年 W. Cruikshank 发现，金属盐溶液通电时会发生分解现象；1864 年 O. W. Gibbs 首先使用电重量法测定了铜。1899 年开始使用的圆柱形铂网阴极和螺旋形铂丝阳极，一直沿用至今。20 世纪中叶，电子技术的发展，使电解装置的使用更为方便。氢离子在汞阴极上还原具有很大的超电位，因此用汞作阴极的电解方法可除去纯物质中的金属杂质，是一种很好的分离手段。

电解分析（electrolytic analysis）包括两种方法：一是利用外电源将被测溶液进行电解，使欲测物质能在电极上析出，然后称量析出物的质量，计算出该物质在试样中的含量，这种方法称为电重量法（electrogavimetry）；二是使电解的物质由此得以分离，而称为电分离法（electrolytic separation）。

库仑分析法（coulometry analysis）是在电解分析法的基础上发展起来的一种分析方法。它不是通过称量电解析出物的质量，而是通过测量被测物质在 100% 电流效率下电解所消耗的电荷量来进行定量分析的方法，定量依据是 Faraday 定律。

电重量法比较适合高含量物质测定，而库仑法即使用于痕量物质的分析，仍然具有很高的准确度。库仑法与大多数其他仪器分析方法不同，在定量分析时不需要基准物质和标准溶液，是电荷量对化学量的绝对分析方法。

一、电解的原理

（一）电解

电解是借助于外电源的作用，使电化学反应向着非自发方向进行。典型的电解过程是在电解装置－电解池中有一对面积较大的电极如铂，外加直流电压，改变电极电位，使电解质溶液在电极上发生氧化还原反应。

IUPAC 定义，发生氧化反应的电极为阳极，而发生还原反应的电极为阴极。也就是说，电解池的正极为阳极，它与外电源的正极相连，电解时阳极上发生氧化反应；电解池的负极为阴极，它与外电源的负极相连，电解时阴极上发生还原反应。

（二）分解电压和析出电位

在铂电极上电解硫酸铜溶液，当外加电压较小时，不能引起电极反应，几乎没有电流或只有很小电流通过电解池。继续增大外加电压，电流略微增加，直到外加电压增加至某一数值后，通过电解池的电流明显变大。这时电极上发生明显的电解现象。如果以外加电压 $U_外$ 为横坐标，通过电解池的电流 i 为纵坐标作图，可得如图 2－14 所示的 $i - U_外$ 曲线。图中①线对应的电压为引起电解质电解的最低外加电压，称为该电解质的分解电压。分解电压是对电解池而言，若只考虑单个电极，就是析出电位。分解电压（$U_分$）与析出电位（$E_析$）的关系是：

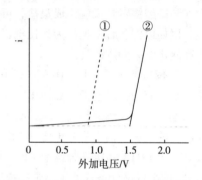

图 2 – 14　电解 Cu^{2+} 时的电流 – 电压曲线

$$U_分 = E_{阳析} - E_{阴析} \qquad (2-30)$$

显然，要使某一物质在阴极上析出，产生迅速的、连续不断的电极反应，阴极电位必须比析出电位更小（即使是很微小的数值）。同样，如在阳极上氧化析出，则阳极电位必须比析出电位更大。在阴极上，析出电位愈大者，愈易还原；在阳极上，析出电位愈小者，愈易氧化。通常，在电解分析中只需考虑某一工作电极的情况，因此析出电位比分解电压更具有实用意义。

如果将正在电解的电解池的电源切断，这时外加电压虽已经除去，但电压表上的指针并不回到零，而是向相反的方向偏转，这表示在两电极间仍保持一定的电位差。这是由于在电解作用发生时，阴极上镀上了金属铜，另一电极则逸出氧。金属铜和溶液中的 Cu^{2+} 组成一电对，另一电极则成为 O_2 电极。当把这两电极连接时，形成一个原电池，此原电池的反应方向是由两电极上反应物质的电极电位大小决定的。该电池上发生的反应是

负极：$\qquad\qquad\qquad Cu - 2e \longrightarrow Cu^{2+}$

正极：$\qquad\qquad\qquad O_2 + 4H^+ + 4e^- \longrightarrow 2H_2O$

反应方向刚好与电解反应的相反。可见，电解时产生了一个极性与电解池相反的原电池，其电动势称为反电动势（$E_反$）。因此，要使电解顺利进行，首先要克服这个反电动势。至少要使

$$U_分 = E_反$$

才能使电解发生。而

$$E_{反} = E_{阳平} - E_{阴平}$$

可见，分解电压等于电解池的反电动势，而反电动势则等于阳极平衡电位与阴极平衡电位之差。所以对可逆电极过程来说，分解电压与电池的电动势对应，析出电位与电极的平衡电位对应，它们可以根据 Nernst 公式进行计算。

（三）超电位

可逆平衡电位是指电化学电池的电极上无电流流过时，即电极处于平衡状态、符合能斯特方程式时的电位。电解过程中电极上流过电流，使电极电位偏离可逆平衡电位的现象称为极化。其偏离可逆平衡电位的差值称为超电位，也称超电势。由于电极和溶液界面上的电极反应过程较复杂，因此电极上发生极化现象有多种，主要有以下两种。

1. 浓差极化　电解过程中，由电极表面附近电活性物质浓度与主体溶液浓度的差异，引起电极电位对平衡电位的偏离，称为浓差极化（concentration polarization）。电解时阴极发生 $M^{n+} + ne^- \rightleftharpoons M$ 电极反应，使电极表面 M^{n+} 浓度迅速下降，这种下降如果得不到主体溶液中 M^{n+} 的补充，此时从能斯特方程计算得到的电极电位值，就要比平衡电位值更负一些，而且当电流密度增大时，电位向负值移得更多。同理，如果发生阳极反应，那么由于金属的溶解，使电极表面的金属离子浓度比主体溶液中的浓度大，阳极电位将更正些。这种因浓差极化引起的电解的实际电极电位与平衡电位间的差值，称为浓差超电位，其数值由浓差大小决定。实验中可以通过搅拌溶液，减小电流密度，提高溶液温度等办法来减小浓差极化。

2. 电化学极化　一般认为，电极上的反应是分步进行的，其中反应速度最慢的一步决定着整个电极反应的速度，它需要相对较高的活化能才能进行反应，这种由于电极反应迟缓所引起的极化称为电化学极化（electrochemistry polarization）。对于阴极反应，如果流过阴极的电流密度大于其交换电流度，则金属离子不能立即在阴极上还原，导致阴极表面自由离子增加，阴极电位就会负移，产生电化学超电位，或称活化过电位。

3. 影响超电位的因素　实际的电极过程包括很多步骤，对于一个电极反应会有多种影响超电位的因素同时存在。

（1）电极材料和电极表面状态　在一定电流密度下，金属电极材料的热功函数不同，其电极表面的超电位也不同，如 Hg 对原子氢的吸附热 ΔH 较小，放电迟缓，有较大的氢超电位，而在 Pt 电极上反之，氢超电位较小。实验表明，在较软的金属上，如 Zn、Pb、Sn，氢的超电位均较大。

（2）电流密度　电流密度增加，超电位亦随之增加。同样电流密度下，表面光亮的电极的超电位比表面粗糙的要大。实际上粗糙表面有更大的表面积，而大的表面积降低了其电流密度。

（3）温度　通常升高温度，离子扩散速度加快，极化可能性减小，超电位即下降。多数电极的温度系数 $2mV/℃$。

（4）析出物形态　一般说来，电极表面析出金属的超电位很小，约几十毫伏。在电流密度不太大时，大部分金属析出的超电位基本上与理论电位一致，例如银、镉、锌等。但铁、钴、镍较特殊，当其以显著的速度析出时，超电位往往达到几百毫伏。析出物是气体，特别是氢气和氧气，超电位一般较大的。

（5）电解质组成　溶液中金属离子以水合离子形式析出的超电位，往往大于以络合离子形式析出的超电位。这是因为电子在电极与络合离子之间的交换速度更快，如水合镍离子在汞表面还原的超电位约在 0.6V，而镍与硫氰或吡啶络合物的超电位则很小。

二、电解分析法

在电解池两个电极上加一定电压后，电极上发生氧化还原反应，改变了电极表面发生氧化还原反应的离子的浓度，并在外电路中流过电解电流。此时，金属电极的电极电位与电极表面溶液化学组成间的关系，可由能斯特方程表达

$$\varphi = \varphi^{\ominus} + \frac{RT}{nF} \ln \frac{\alpha_{Ox}}{\alpha_{Red}} \tag{2-31}$$

式中，α_{Ox}、α_{Red} 为电极表面反应物质氧化态、还原态活度。电解时，在阴极发生还原反应，电解池的阴极应与外加直流电源的负极相连。在阳极发生氧化反应，阳极应与外加直流电源的正极相连。

（一）控制电流电解法

控制电流电解法一般是指恒电流电解法，它是在恒定的电流条件下进行电解，然后直接称量电极上析出物质的质量来进行分析。这种方法也可用于分离。

控制电流电解法的基本装置用直流电源作为电解电源。加于电解池的电压，可用可变电阻器 R，加以调节，并由电压表 V 指示。通过电解池的电流则可从电流表 A 读出。电解池中，一般用铂网作阴极、螺旋形铂丝作阳极并兼作搅拌之用。

电解时，由于 R 足够大，使得其他电阻相比较而言可以忽略不计，所以通过电解池的电流是恒定的。一般说来，电流越小，析出的镀层越均匀，但所需时间就越长。在实际工作中，一般控制电流为 0.5 ~ 2A。恒电流电解法仪器装置简单，准确度高，方法的相对误差小于 0.1%，但选择性不高。本法可以分离电动序中氢以上与氢以下的金属离子。电解时，氢以下的金属先在阴极上析出，继续电解，就析出氢气。所以，在酸性溶液中，氢以上的金属就不能析出，而应在碱性溶液中进行。

恒电流电重量法装置简单，方法准确度高，但选择性低。用本法可以测定的金属元素有：锌、铜、镍、锡、铅、铜、铋、锑、汞及银等，其中有的元素须在碱性介质中或络合剂存在的条件下进行电解。目前该法主要用于精铜产品的鉴定和仲裁分析。

（二）控制电位电解法

控制电位法是在控制阴极电位或阳极电位为一定值的条件下进行电解的方法。当试液中存在干扰金属离子，为了防止其在阴极上还原析出，需要采用恒阴极电位电解装置进行测定或分离。这种装置如图 2-15 所示，在电解池中插入参比电极（如甘汞电极），它和工作电极（阴极）构成回路。恒阴极电位电解装置与恒电流电解装置的主要区别是：它有控制和测量阴极电位的设备。在电解过程中，阴极电位可以用电位计或电子毫伏计准确测量，并通过变阻器来调节电解池的电压，使阴极电位保持在特定的数值或一定范围。在电解过程中，开始电解电流较大，随着待测离子在阴极析出，其浓度逐渐降低，电解电流也随之减小，当电流趋于零时，电解完成。

图 2-16 为控制阴极电位与析出电位的关系示意图。图中 A、B 两条曲线分别为 A、B 两种金属离子在电解时的电流和阴极电位之间的关系。a、b 两点分别为 A、B 离子在阴极析出电位。控制阴极电位值必须负于 a 而正于 b，如图中的 d 点，使 A 离子能在阴极析出而 B 离子则不能，达到分离的目的。

恒阴极电位电解的主要特点是选择性较高。可用于分离或测定银（与铜分离），铜（与铋、铅、银、镍的分离），铋（与铅、锡、锑等分离），镉（与锌分离）等。

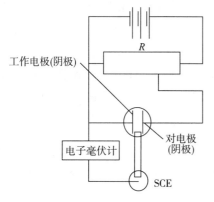

图 2－15 控制阴极电位电解装置示意图

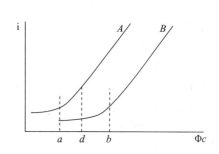

图 2－16 控制阴极电位与析出电位的关系

（三）汞阴极电解法

汞阴极电解法是汞代替铂作为阴极进行电解的方法。可以采用控制电流电解，也可以采用控制阴极电位电解。图 2－17 所示为汞阴极电解法电解装置。

汞作为阴极有两个优点：其一，许多金属在汞阴极上析出时能与汞形成汞齐，由于汞齐的形成，这些金属的析出电位将向正方向移动，使得有些不能在铂电极上析出的金属也可以在汞阴极上析出；其二，氢在汞阴极有很大的超电位，因而氢在汞阴极上析出的电位比在铂阴极上析出的电位负得多，从而使许多金属离子可以在氢析出之前于汞阴极上先析出。

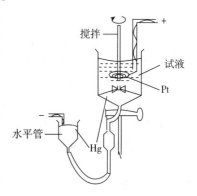

图 2－17 汞阴极电解装置图

用汞阴极在弱酸性溶液中进行电解，在阴极上析出金属有 Fe、Cr、Mo、Ni、Co、Zn、Cd、Cu、Sn、Bi、Hg、Au、Ag、Pt、Ga、In、Ti 和部分 Mn。留在溶液中的有 Ti、Al、V、Nb、Ta、Be、Sc、Hf、Zr、碱金属、碱土金属和部分 Mn。

汞阴极电解法一般不直接用于测定，而是一种很有用的分离方法。如采用汞阴极电解法，可将电位较正的 Cu、Pb、Cd 等浓缩在汞中而与 U 分离以提纯铀。

三、库仑分析法

（一）Faraday 定律

如果在电解过程中物质在电极的反应是唯一的电极反应，那么参加电极反应的物质质量和电极反应所消耗的电量应遵守法拉第定律：

$$m = \frac{M}{nF}Q \qquad (2-32)$$

式中，m 为参加电极反应的物质质量；M 为该物质的摩尔质量；n 为电极反应的电子数；F 为法拉第常量（96 487 C/mol）；Q 为电极反应所消耗的电量，计算公式为：

$$Q = it \qquad (2-33)$$

若 1A 的电流通过电解质 1s 时，其电量为 1C。

法拉第定律是自然科学中最严格的定律之一，它不受温度、压力、溶剂的性质、电解质的浓度、电极材料等因素的影响。法拉第定律是库仑分析的定量依据。

（二）恒电位库仑分析法

1. 原理 恒电位库仑分析法（constant potential coulometry）是在电解过程中控制工作电极电位相对于参比电极保持不变，并只有被测物质在电极上发生反应，电解电流趋于零时，表示该物质已被完全电解，测量电解过程中消耗的电量，按 Faraday 电解定律计算被测物质的含量。

恒电位库仑分析的仪器装置基本上和控制阴极电位电解法相似，如图 2-18 所示，只是在电解电路中串接了一个库仑计（coulometer），用来测量电解过程中消耗的电量。

2. 电量的测量 可用化学库仑计、电子积分仪等测量电量，也可通过记录电流随时间的变化，用作图法求得。

（1）化学库仑计 化学库仑计是最简单、最准确的一种电量测量方法。它是通过与某一标准化学过程相比较而进行测定的。库仑计本身是一个电解池，串联入电路时与试样电解同时进行，通过库仑

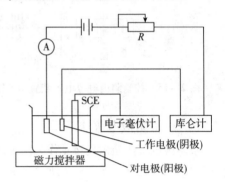

图 2-18 恒电位库仑分析装置

计中反应物的相当量，计算得到电解时的总电量。化学库仑计有重量式、体积式、比色式、滴定式等类型。其中气体库仑计因使用方便而被广泛采用。

气体库仑计是利用串联电解时产生气体的体积变化测定电量的一种装置，常用的氢氧库仑计由带活塞并安装有两个铂电极的玻管作电解管，它与一支有刻度的滴定管用橡胶管连接，电解管置于恒温水浴中，管内装 0.5mol/L K_2SO_4 或 0.5mol/L Na_2SO_4 电解液。当电流通过时，Pt 阳极上析出 O_2，Pt 阴极上析出 H_2。电解前后刻度管液面之差即为生成的氢、氧气体的总体积。在标准状况（0℃，1atm 即 101325Pa）下，每库仑电量相当于析出 0.1739ml 氢、氧混合气体。如果测得库仑计中混合气体的体积为 V（ml），则电解消耗电量为：

$$Q = \frac{V}{0.1739} \tag{2-34}$$

由法拉第定律计算，求出被测物质的质量：

$$m = \frac{VM}{0.1739 \times 96485 \times n} \tag{2-35}$$

式中，M 为物质的摩尔质量。

（2）电子积分仪 电子积分仪采用积分线路，根据电解电流计算总电量：

$$Q = \int_0^t i_t \mathrm{d}t \tag{2-36}$$

（3）作图法 在电解时，仅有一种物质在电极上析出，并且电流效率为 100% 时，则电流与时间的关系为：

$$i_t = i_0 \times 10^{-kt} \tag{2-37}$$

式中，i_0 为起始电流；i_t 为时间 t 时的电流；k 为常数，与电极和溶液的性质等因素有关。据式（2-36），则：

$$Q = \int_0^t i_0 \times 10^{-kt} \mathrm{d}t = \frac{i_0}{2.303k}(1 - 10^{kt}) \tag{2-38}$$

t 增大，10^{-kt} 减小，当 $i_t > 3$ 时，10^{-kt} 可以忽略，则：

$$Q = \frac{i_0}{2.303k} \qquad (2-39)$$

对式（2-37）求对数得：

$$\lg i_t = \lg i_0 - kt \qquad (2-40)$$

由实验测得不同时间的电流，并以 $\lg i_t$ 对 t 作图，有线性关系。其直线斜率为 k，截距为 $\lg i_0$，将作图求得的 k，i_0 代入式（2-40），求得电量。

3. 应用 恒电位库仑分析法具有准确、灵敏、选择性高等优点，特别适用于混合物质的测定，因而得到了广泛的应用。可用于五十多种元素及其化合物的测定。其中包括氢、氧、卤素等非金属，钾、钠、钙、镁、铜、银、金、铂族等金属以及稀土和镧系元素等。

在有机和生化物质的合成和分析方面的应用也很广泛，涉及的有机化合物类型也很多。例如，三氯乙酸的测定，血清中尿酸的测定，以及在多肽合成和加氢二聚作用等的应用。此外，恒电位库仑法也用于电极过程、反应机理等方面的研究。

（三）库仑滴定法

1. 原理 库仑滴定法是以恒定的电解电流进行电解，电解效率为100%。使电极反应产生一种物质，并能与被测定的物质进行定量的化学反应与容量分析方法不同之处在于，滴定剂不是由滴定管加入，而是由电解产生，所以称为库仑滴定法。库仑滴定法的电解须采用恒流电源电路，以恒定的电流进行电解，通过恒定电流 i 和电解开始至反应终止所耗的时间 t 求得电量 $Q = it$，再由法拉第电解定律求得物质的含量。库仑滴定法又称为恒流库仑法。库仑滴定装置如图 2-19 所示。如何保证恒电流下具有100%的电流效率和怎样指示滴定终点是库仑滴定法的两个关键问题。

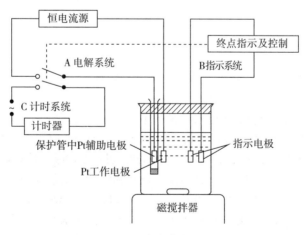

图 2-19　库仑滴定装置

2. 库仑滴定中的电流效率 确保100%的电流效率是库仑法的关键所在。可是，在恒定电流下，很难实现让待测物质在电极上直接反应。通过在电解质溶液中加入合适的辅助体系，可确保100%的电流效率。图 2-20 为库仑滴定 Fe^{2+} 的电流-电位曲线。在恒流条件下，Fe^{2+} 在阳极被氧化：

$$Fe^{2+} \longrightarrow Fe^{3+} + e^-$$

阴极发生还原反应：

$$H^+ + e^- \longrightarrow 1/2H_2$$

选用电解电流 i_0、阳极电流 i_a、阴极电流 i_c 三者相等，需外加电压 V_0。

随着电解的进行，Fe^{2+} 的浓度下降，V_0 也需增大，因而阳极电位就要发生正移。这可能使阳极产生溶剂分解反应，析出 O_2：

$$2H_2O \longrightarrow O_2 + 4H^+ + 4e^-$$

使电解过程的电解效率将达不到 100%。为了确保电解效率 100%，则可在溶液中加入 Ce^{3+}，当 Fe^{2+} 在阳极的氧化电流低于 i_0 时，Ce^{3+} 在阳极被氧化为 Ce^{4+}，提供阳极电流。在溶液中的 Ce^{4+} 立即同 Fe^{2+} 反应。本身又被还原为 Ce^{3+}，即：

$$Ce^{4+} + Fe^{2+} \longrightarrow Ce^{3+} + Fe^{3+}$$

因此，可以使阳极电位控制在氧析出电位以下，防止氧的析出，而电解所消耗的电量全部消耗在 Fe^{2+} 的氧化上，到达 100% 的电解效率。该法类似容量分析中用 Ce^{4+} 滴定 Fe^{2+} 的滴定法。

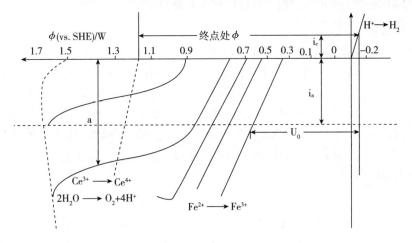

图 2 - 20　库仑滴定 Fe^{2+} 的电流 - 电位曲线

2. 指示终点的方法　库仑滴定法的终点确定方法有多种：指示剂法、光度法、电导法、电位法等。

（1）化学指示剂法　这是指示终点的最简单的方法。此法可省去库仑滴定装置中的指示系统，比较简单。最常用的是以淀粉作指示剂，用恒电流电解 KI 溶液产生的滴定剂碘来测定 As（Ⅲ）时，淀粉是很好化学指示剂。化学指示剂法灵敏度较低，对于常量的库仑滴定能得到满意的测定结果。选择指示剂应注意：①所选的指示剂不能在电极上同时发生反应；②指示剂与电生滴定剂的反应，必须在被测物质与电生滴定剂的反应之后，即前者反应速率要比后者慢。

（2）电位法　库仑滴定中用电位法指示终点与电位滴定法确定终点的方法相似。记录指示电极电位随时间的变化，可求出电位突跃时滴定终点的时间。此法应选用合适的指示电极来指示终点前后的电位突跃。

（3）双铂极电流法　又称永停终点法。在电解池内插入一对铂电极作指示电极，加 10 ~ 200mV 电压。当达到终点时，电解液中存在的可逆电对发生变化，引起指示电极系统中电流的迅速变化或停止变化。例如 Ce^{4+} 存在下滴定 Fe^{2+} 时，在滴定终点之前，体系中有 Ce^{3+} 及 Fe^{3+}、Fe^{2+} 可逆电对，Fe^{3+}、Fe^{2+} 电对在指示电极上发生氧化还原反应，使指示系统有电流流过。在滴定终点时，Fe^{2+} 接近于零，体系中只存有 Fe^{3+} 和 Ce^{3+}，不存在任何氧化还原电对，此时指示系统中电流为零。在滴定终点之后，滴定剂 Ce^{4+} 过量，体系中有 Fe^{3+} 以及 Ce^{3+}、Ce^{4+} 可逆电对，这时 Ce^{4+}、Ce^{3+} 电对在指示电极上发生氧化还原反应，使指示系统电流上升。随着滴定的进行，双铂电极电流变化曲线如图 2-21 所示。

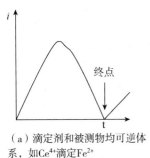
（a）滴定剂和被测物均可逆体系，如 Ce^{4+} 滴定 Fe^{2+}

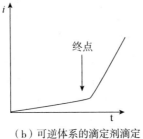
（b）可逆体系的滴定剂滴定不可逆体系被测物，如 I_2 滴定 As（III）

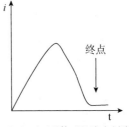
（c）不可逆体系的滴定剂滴定可逆体系的被测物，如 $S_2O_3^{2-}$ 滴定 I_2

图 2-21　不同类型库仑滴定体系中指示终点的双铂电极电流曲线

（3）特点与应用　库仑滴定法的优点是：①灵敏度高，准确度好，测定的量比经典容量法低 1~2 个数量级，仍可以达到经典容量法同样的准确度；②它不需要制各标准溶液，不稳定滴定试剂可以电解产生；③电流和时间能准确测定。这些优点使得它被广泛应用。凡是能以 100% 电流效率电解生成试剂，且能迅速而定量反应的任何物质都可以用这种方法测定。

库仑滴定中，电解质溶液通过电极反应产生的滴定剂种类很多，它们可以是电解的 H^+、OH^-，也可以是氧化剂如卤素、还原剂如 Fe（II）、络合剂如 EDTA（Y^{4-}）、沉淀剂如 Ag^+ 等。由电解产生滴定剂的条件和应用，见表 2-3。

表 2-3　库仑滴定产生的滴定剂及应用

电生滴定剂	介质	工作电极	测定物质
Br_2	0.1mol/L H_2SO_4 + 0.2mol/L NaBr	Pt	Sb（III）、I^-、Tl（I）、U（IV）、有机化合物
I_2	0.1mol/L 磷酸盐缓冲溶液 pH8 + 0.1mol/L KI	Pt	As（III）、Sb（III）、$S_2O_3^{2-}$、S^{2-}
Cl_2	2mol/L HCl	Pt	As（III）、I^-、脂肪酸
Ce（IV）	1.5mol/L H_2SO_4 + 0.1mol/L $Ce_2(SO_4)_3$	Pt	Fe（II）、Fe（CN）$_6^{4-}$
Mn（III）	1.8mol/L H_2SO_4 + 0.45mol/L $MnSO_4$	Pt	草酸、Fe（II）、As（III）
Ag（II）	5mol/L HNO_3 + 0.1mol/L $AgNO_3$	Au	As（III）、V（IV）、Ce（III）、草酸
Fe（CN）$_6^{4-}$	0.2mol/L $K_3Fe(CN)_6$ pH2	Pt	Zn（II）
Cu（I）	0.02mol/L $CuSO_4$	Pt	Cr（VI）、V（V）、IO_3^-
Fe（II）	2mol/L H_2SO_4 + 0.6mol/L $(NH_4)Fe(SO_4)_2 \cdot 12H_2O$	Pt	Cr（VI）、V（V）、MnO_4^-
Ag（I）	0.5mol/L $HClO_4$	Ag 阳极	Cl^-、Br^-、I^-
EDTA（Y^{4-}）	0.02mol/L $HgNH_3Y^{2-}$ + 0.1mol/L NH_4NO_3（pH8 除 O_2）	Hg	Ca（II）、Zn（II）、Pb（II）
H^+ 或 OH^-	0.1mol/L Na_2SO_4 或 KCl	Pt	OH^- 或 H^+、有机酸或碱

知识拓展

　　超微电极（ultra-microelectrode）是指电极的一维尺寸为微米或纳米级的一类电极，可分为超微金属电极和超微碳纤维电极。超微电极具有：①传质速率高；②响应时间短；③欧姆压降小；④电流密度高；⑤信噪比高等特点。这些优良的特性决定了超微电极在生命科学、药物分析及分析化学中的地位和优势。目前，已利用快速循环伏安微电极法定量测定了脑内生物活性胺的含量；利用钙离子选择性微电极测定了患者肠癌组织以及卵泡液中钙离子浓度；通过铂微电极测定了血清中维生素C浓度，以研究生物的器官循环障碍。由此可见，超微电极需要的样品量少、分析成本低、响应时间短、检测限低，适用于微区、活体等的快速检测。

本 章 小 结

　　本章主要包括电分析化学法的概述及其分类、电分析化学法的能斯特方程、电分析化学法的分析方法、应用及各种电极的组成等内容。电分析化学法包括电位分析法、电解分析法和库仑分析法等；各种电极包括饱和甘汞电极、银-氯化银电极、金属基电极、离子选择电极等。

练 习 题

一、简答题

1. 何谓指示电极和参比电极？

2. 什么是玻璃电极的碱误差和酸误差？如何减免？

3. 电位滴定法和永停滴定法有何区别？直接电位法和电位滴定法主要区别有哪些？

4. 用标准曲线法测定离子浓度时，为何常常需要加入 TISAB？TISAB 一般由哪几部分组成？TISAB 有什么作用？举例说明。

二、计算题

1. 写出下面电池两个电极的半电池反应，并指出正、负极。计算 25℃ 时的电池电动势。（已知：$\varphi_{Cu^+/Cu}^{\ominus} = 0.52V$，$K_{sp(CuI)} = 1.1 \times 10^{-12}$）

　　　　$Cu \mid CuI(饱和)，I^-(0.100mol/L) \parallel I^-(1.00 \times 10^{-4}mol/L)，CuI(饱和) \mid Cu$

2. 将饱和甘汞电极做正极，标准氢电极做负极插入 NaOH 溶液中，25℃ 时测得电池电动势为 1.05V，计算 NaOH 溶液的浓度。（$\varphi_{SCE} = 0.242V$）

3. 标准氢电极与饱和甘汞电极（SCE）组成电池

　　　　　　SHE ∥ HCl 溶液或 NaOH 溶液 ∥ SCE

　　上述电池，在 HCl 溶液中测得电动势为 0.276V；在 NaOH 溶液中测得电动势为 1.036V；在 100ml HCl 及 NaOH 的混合溶液中，测得电动势为 0.954V。计算该 100ml 混合溶液中 HCl 及 NaOH 溶液各有多少毫升？（$\varphi_{SCE} = 0.2412V$）

4. 用下列电池按直接电位法测定草酸根离子浓度。

　　　　$Ag \mid AgCl(s) \mid KCl(饱和) \qquad C_2O_4^{2-}（未知浓度）\qquad Ag_2C_2O_4(s) \mid Ag$

（1）导出 pC_2O_4 与电池电动势之间的关系式。（$Ag_2C_2O_4$ 的 $K_{sp} = 2.95 \times 10^{-11}$）

（2）若将一未知浓度的草酸钠溶液加入此电解池，在 25℃ 测得电池电动势为 0.402V，Ag – AgCl 电极为负极。计算未知溶液的 pC_2O_4。（$\varphi^{\ominus}_{AgCl/Ag} = 0.1990V$，$\varphi^{\ominus}_{Ag^+/Ag} = 0.7995V$）

5. 下述电池中的溶液当 pH = 9.18 时测得电动势为 0.418V；若换另一个未知溶液测得电动势为 0.312V，计算未知溶液的 pH。

$$玻璃电极 | H^+ (a_x 或 a_s) \| 饱和甘汞电极$$

6. $KMnO_4$ 在酸性溶液中发生电极反应为：$MnO_4^- + 8H^+ + 5e \Longrightarrow Mn^{2+} + 4H_2O_2$。试问 pH = 2 时和 pH = 6 时，$KMnO_4$ 分别能否氧化 I^- 和 Br^-。（已知：$\varphi^{\ominus}_{MnO_4^-/Mn^{2+}} = 1.51V$，$\varphi^{\ominus}_{Br_2/Br^-} = 1.06V$，$\varphi^{\ominus}_{I_2/I^-} = 0.54V$

（巩丽虹）

第三章 色谱分析法

学习导引

知识要求

1. **掌握** 色谱法的有关概念和公式；色谱峰的基本理论——塔板理论和速率理论。
2. **熟悉** 色谱过程。
3. **了解** 色谱法的分类。

1903 年植物学家茨维特（俄国）发现在垂直的玻璃管中装上碳酸钙，将要分离的植物色素从碳酸钙上端注入，不间断用石油醚淋洗，一段时间后，不同颜色的色素抵达玻璃管的不同部位而得到分离，因此茨维特将这种新的分离混合物方法称为色谱法，这一名称一直沿用至今。色谱法是根据固定相对混合物的吸附能力或溶解能力等的不同而建立起来的一种物理或物理化学分离分析方法。在复杂混合物的分离中由于具有高选择性，高灵敏度，分离效果好，分析速度快，应用范围宽而广泛应用在各行各业中，在药学和中药学中，应用尤为广泛。

1948 年，Tiselius 因对毛细管电泳和吸附分析的杰出研究而获得诺贝尔化学奖，马丁（Martin，英国）和辛格（Synge，英国）因发展了分配色谱获得 1952 年的诺贝尔化学奖。

第一节 色谱法及其分类

在色谱分析中，相对固定不动的相称为固定相（stationary），携带待分离试样向前运动的相称为流动相（mobile phase）。流动相携带试样运动过程中，试样与固定相由于吸附力、分配作用等不同不断发生一个相互作用而得到分离。分离效果受到固定相的种类，流动相的种类，分离时间的长短等的影响。

可根据固定相流动相的状态、操作形式、分离机制等不同对色谱法进行分类。

一、按两相分子聚集状态分类

色谱法中流动相可以为气体、液体和超临界流体，因此根据流动相的不同可分为气相色谱法（gas chromatography；GC）、液相色谱法（liquid chromatography；LC）和超临界流体色谱法（supercritical fluid chromatography；SFC）；固定相可以是液体或固体，因此气相色谱法又分为气液色谱法（GLC）和气固色谱法（GSC）；液相色谱可分为液液色谱法（LLC）和液固色谱法（LSC）。当固定液是液体时，通常将固定液化学键合在毛细管壁等载体上以防止固定液

流失，这种色谱法称为键合相色谱法（bonded phase chromatography；BPC）

二、按操作形式分类

根据操作形式不同，色谱法可以分为平面色谱法（planar 或 plane chromatography）和柱色谱法（column chromatography）。

平面色谱法指在固定相构成的平面状层内进行色谱过程的色谱法，平面色谱法又分为纸色谱法（paper chromatography，PC）、薄层色谱法（thin layer chromatography，TLC）和薄膜色谱法（thin film chromatography，TFC）。纸色谱法是以滤纸作为固定液的载体进行色谱分离过程的色谱法、薄层色谱法是将固定相涂渍于玻璃板或铝薄板上进行色谱分离过程的色谱法、薄膜色谱法是将高分子固定相制成薄膜进行色谱分离过程的色谱法。

柱色谱法指将固定相装于柱管内构成色谱柱进行色谱分离过程的色谱法。根据色谱柱的填充特点和粗细，又分为填充柱色谱法（packed chromatography）、微填充柱色谱法（micro packed chromatography）、毛细管柱色谱法（capillary chromatography）、开管柱色谱法（open tubular chromatography）等。气相色谱法、高效液相色谱、毛细管电泳、超临界流体色谱法均属于柱色谱法。

三、按分离机制分类

按色谱分离过程的分离机制的不同，可分为分配色谱法（partition chromatography）、吸附色谱法（adsorption chromatography）、离子交换色谱法（ion exchange chromatography，IEC）、分子排阻色谱法（molecular exclusion chromatography，MEC）或称为空间排阻色谱法（steric exclusion chromatography）这四大基本色谱法。

分配色谱法根据待分离组分在固定相和流动相之间溶解性不同而实现分离，即待分离组分在两相间分配系数的差异进行分离的色谱法。气液色谱法和液液色谱法均属于分配色谱法。

吸附色谱法是根据待分离组分对固定相表面吸附中心吸附能力的差异即吸附系数的差异实现分离的色谱法。气固色谱法和液固色谱法均属于吸附色谱法。

离子交换色谱法是根据被分离组分选择性系数的差异或离子交换能力的差异实现分离过程的色谱方法。根据可交换离子的电荷又分为阳离子交换色谱法和阴离子交换色谱法。常应用在离子型化合物的分离分析上。

分子排阻色谱法又称为空间排阻色谱法，由于待分离组分的渗透系数不同或待分离组分线团尺寸不同组分渗透进入凝胶内部孔隙的深浅不同实现分离的色谱法。

第二节 色谱流出曲线和相关术语

一、色谱过程

色谱过程就是待分离组分与固定相、流动相不断相互作用进行分配的一个过程。以图 3–1 为例。选择合适的固定相均匀的填充在透明的玻璃管柱中，在固定相的顶端注入 A 和 B 的样品混合物溶液，样品被吸附于固定相上，当注入流动相时，样品在流动相中有一定溶解性，发生一个解吸附过程，当流动相沿固定相往下流动时，样品也随流动相往下移动，在此过程中，样品又被新的固定相所吸附，当注入新的流动相时，样品混合物又溶解于新的流动相中，又与固定相发生一个解吸附过程，同时与色谱柱下端的新的固定相发生一个吸附过程。往色谱柱中连续不断注入合适的新的流动相，样品在流动相的带动下，不断与固定相发生吸附与解吸附过程。在吸附与解吸附过程中，由于样品中不同结构的组分具有不同的化学性质和物理性质，导致样品中不同的组分与固定相的吸附能力不同而得到分离。如图 3-1 中固定相对组分 A 的吸附能力弱些，即组分 A 在流动相中的溶解度比组分 B 略大，所以组分 A 随流动相移动的速度比组分 B 大，在不断的吸附与解吸附过程后，组分 A 与组分 B 的距离拉开，率先流出色谱柱。

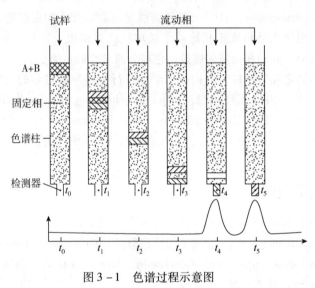

图 3-1　色谱过程示意图

二、色谱流出曲线和相关术语

（一）色谱图和色谱峰

1. 色谱流出曲线　待分离组分经过色谱柱的分离后进入检测器，以检测器检测到的响应信号为纵坐标，时间或流动相的体积为横坐标所得到的曲线图称为色谱流出曲线，也称为色谱图（chromatogram），如图 3-2 所示。

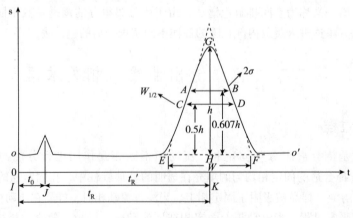

图 3-2　色谱流出曲线

2. 基线（baseline） 一定的操作条件下，没有组分，只有流动相流经检测器时的流出曲线，称为基线，如图 3-2 中 OO'。稳定的基线应该是一条与横坐标（时间轴）平行的直线，基线反映了仪器（主要是检测器）噪声随时间的变化，因此基线的平稳与否一定程度上反映了检测器的稳定与否。

3. 色谱峰 色谱峰指色谱图上的突起部分，即待分离组分流经检测器时所产生的电信号。正常的色谱峰为左右对称的正态分布曲线，用色谱峰的峰位（保留值）、峰面积或峰高、峰宽三个参数分别用于组分的定性、定量、柱效分析。

4. 拖尾因子（tailing factors；T） 即对称因子（symmetry factor；f_s） 用于衡量色谱峰对称与否的参数，可用式（3-1）计算。

$$T = \frac{W_{0.05h}}{2A} = \frac{A+B}{2A} \tag{3-1}$$

$W_{0.05}$ 指色谱图中，0.05 倍色谱峰高处的峰宽，A 和 B 分别表示 0.05 倍色谱峰高处峰宽被峰高切割成前后两段的宽度，如图 3-3 所示。绝大多数情况下，色谱峰是非对称的，色谱过程中多种因素都可影响色谱峰的对称分布：如色谱柱对样品的吸附性太强，或进样量太大等等都会导致色谱峰的不对称分布。非对称的色谱峰分为拖尾峰和前延峰：对称因子 $T > 1.05$ 的峰为拖尾峰（tailing peak），拖尾峰特点是前沿陡峭，后面平缓；对称因子 $T < 0.95$ 的色谱峰称为前延峰（leading peak），前延峰特点是前面平缓，后面陡峭；对称因子在 0.95~1.05 之间的色谱峰为对称峰，特点是左右对称。

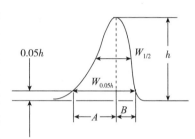

图 3-3 拖尾因子计算示意图

（二）定量参数——峰高、峰面积

定量参数常用峰高或峰面积表示。

1. 峰高（peak height；h） 从色谱峰峰顶到基线的垂直距离称为色谱峰高，简称峰高，用 h 表示，如图 3-2 中 GH。

2. 峰面积（peak area；A） 某一色谱峰曲线和基线延长线所包围的面积，用 A 表示。

（三）定性参数——保留值

定性参数常用保留时间（组分被色谱柱所滞留的时间）和保留体积（将组分洗脱流出色谱柱所需要流动相的体积）等保留值来表示。

1. 保留时间包括以下几个参数：

（1）死时间（dead time；t_0） 指从进样开始，不被固定相所吸附或溶解的组分，到色谱柱后出现浓度极大值所需要的时间，如图 3-2 中 IJ，常用 t_0 或 t_M 表示。

（2）保留时间（retention time；t_R） 指组分从进样开始到色谱柱后出现浓度极大值所需要的时间，如图 3-2 中 IK，常用 t_R 表示。

（3）调整保留时间（adjusted retention time；t'_R） 在分离过程中由于组分与固定相发生吸附或溶解作用，因此保留时间由组分随流动相流经色谱柱所需时间（t_0）和组分与固定相发生吸附或溶解作用所滞留在色谱柱的时间两部分组成，调整保留时间指被分离组分与固定相发生吸附或溶解作用所滞留在色谱柱的时间，用 t'_R 表示。故：

$$t'_R = t_R - t_0 \tag{3-2}$$

如图 3-2 中 JK。一定的操作条件下，调整保留时间仅由组分的性质所决定，因此调整保留时间是色谱法的定性参数。但是同一组分在流动相流速不同时，保留时间也不相同，因此还常用保留体积作为定性依据。

2. 保留体积包括以下几个参数：

（1）保留体积（retention volume；V_R）　指从进样开始到某组分从色谱柱后出现浓度极大值所需要流动相的体积，即将某组分冲洗出色谱柱所需要流动相的体积。常用 V_R 表示。

（2）死体积（dead volume；V_0）　指从进样器到检测器流路中没被固定相所占据的体积，包括固定相颗粒与颗粒之间的空隙容积，色谱仪中连接的管道接头和检测器内部容积之和。即将色谱柱从进样器开始到出检测器流路中空隙填满需要流动相的体积，常用 V_0 表示。当忽略柱外死体积时，死体积仅指色谱柱中固定相颗粒与颗粒之间的空隙体积。死时间与死体积有如下关系：

$$V_0 = t_0 \times F_c \tag{3-3}$$

（3）调整保留体积（adjusted retention volume；V'_R）　指保留体积除去死体积后的体积，常用 V'_R 表示。

$$V'_R = V_R - V_0 \tag{3-4}$$

3. 相对保留值（relative retention；γ）　两组分调整保留值之比称为相对保留值，常用 γ 或 α 表示。

$$\gamma_{2,1} = \frac{t'_{R_2}}{t'_{R_1}} = \frac{V'_{R_2}}{V'_{R_1}} \tag{3-5}$$

相对保留值是色谱定性的参数之一，是固定相或色谱柱对组分的分离选择性指标。

4. 保留指数（retention index；I）　保留指数是将组分的保留行为换算为相当于几个碳的正构烷烃的保留行为，是气相色谱法的定性参数，常用 I 表示。将正构烷烃系列作为组分相对保留值的标准，将它的保留指数定义为 $100z$，常将两个保留时间相近的被测组分的正构烷烃作为基准物质标定被测组分的保留行为，其相对值就是保留指数，在气相色谱中也称为 Kovats index，并被推广到高效液相色谱，以正构烷基苯作为标准物。保留指数可用下面公式表示：

$$I_X = 100\left[z + n \frac{\lg t'_{R(x)} - \lg t'_{R(z)}}{\lg t'_{R(z+n)} - \lg t'_{R(z)}} \right] \tag{3-6}$$

式中，I_x 为被测组分的保留指数，z 和 $z+n$ 为正构烷烃对应的碳原子数目，n 可为 1、2、3…，通常为 1。

（四）柱效参数 – 区域宽度

色谱峰的区域宽度是衡量色谱柱柱效的重要参数之一，区域宽度越小，柱效越好，表明分离效果越好。区域宽度常用标准差，半峰宽，峰宽等表示。

1. 标准差（standard deviation；σ）　指正态色谱峰上两拐点间距离的一半，即正常色谱峰 0.607 倍峰高处峰宽的一半。如图 3 - 2 中 AB 为 2σ，标准差的大小反映了组分流出色谱柱的离散程度，标准差越大，色谱峰越宽，说明组分流出色谱柱时越分散，分离效果越差；标准差越小，色谱峰越尖锐，说明组分流出色谱柱时越集中，分离效果越好。

2. 半峰宽（peak width at half height；$W_{1/2}$）　半峰宽指色谱峰高一半处的峰宽，如图 3 - 2 中 CD。半峰宽与标准差的关系为：

$$W_{1/2} = 2.355\sigma \tag{3-7}$$

3. 峰宽（peak width；W）　从色谱峰两侧拐点作切线与基线相交，两交点之间的距离称为峰宽，也称为色谱峰的带宽，如图 3 - 2 中 EF。峰宽与标准差或半峰宽的关系为：

$$W = 4\sigma \qquad 或 \quad W = 1.699W_{1/2} \tag{3-8}$$

（五）分离度

分离度（resolution；R）也称为分辨率，反应组分在色谱柱中的真实分离情况，是衡量色谱系统分离效能的关键指标，评价待测组分与相邻组分或难分离组分之间分离程度。通常用相邻两组分色谱峰保留时间的差值与两个色谱峰峰宽平均值的比值表示。如图 3 - 4，其大小可用式（3 - 9）计算。

$$R = \frac{t_{R_2} - t_{R_1}}{(W_1 + W_2)/2} = \frac{2(t_{R_2} - t_{R_1})}{(W_1 + W_2)} \tag{3-9}$$

式中，t_{R_2} 为组分 2 的保留时间；t_{R_1} 为组分 1 的保留时间；W_1 为组分 1 的色谱峰的峰宽；W_2 为组分 2 的色谱峰的峰宽。

R 值越大，两个色谱峰间距离越远，分离效果越好。若色谱峰是正常色谱峰时，两个色谱峰的峰宽大致相当，即 $W_1 \approx W_2 = 4\sigma$，此时若 $R = 1$ 则两个色谱峰基本分开，仅有小部分色谱峰重叠，95.4% 的色谱峰面积被分离；若 $R < 1$，则两个色谱峰未分开，大部分色谱峰重叠；若 $R \geq 1.5$ 时，则两个色谱峰完全分离，被分离的峰面积达到 99.7%，因此常用 $R \geq 1.5$ 检测色谱峰是否完全分离。

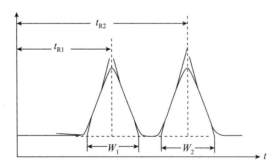

图 3 - 4　分离度的计算示意图

课堂互动

根据一个色谱流出曲线能得到哪些信息？

有 A 和 B 反应生成 C，A + B ──→C，能否用色谱方法鉴别反应是否进行，进行到哪种程度？

三、相平衡参数 - 分配系数

1. 分配系数（distribution coefficient；K）　分配系数指一定温度和压力下，被分离物质在固定相和流动相中达到分配平衡时，在固定相和流动相中平衡浓度的比值，可用式（3 - 10）表示。

$$K = \frac{c_s}{c_m} \tag{3-10}$$

式中，c_s 为固定相中组分的平衡浓度；c_m 为流动相中组分的平衡浓度。

分配系数由被分离组分、固定相、流动相热力学性质决定。不同的物质分配系数不同，这是色谱分离的前提，是组分的特征常数。

2. 保留因子（retention factor；k） 指一定温度和压力下，达到分配平衡时，待分离组分在固定相和流动相中的质量之比，也称为容量因子（capacity factor）或质量分配系数或分配比。可用式（3-11）表达。

$$k = \frac{m_s}{m_m} = \frac{C_s V_s}{C_m V_m} = K \frac{V_s}{V_m} \tag{3-11}$$

式中，m_s 为组分在固定相中的质量；m_m 为组分在流动相中的质量；V_s 为色谱柱中固定相的体积；V_m 为色谱柱中流动相的体积。保留因子不仅与组分和固定相、流动相的性质、温度、压力有关，还与固定相和流动相的体积有关系。

保留因子也可用待分离组分在固定相中停留的时间与流动相流经色谱系统所需时间的比值表示，如公式（3-12）：

$$k = \frac{t'_R}{t_0} = \frac{t_R - t_0}{t_0} \tag{3-12}$$

从上式可以看出保留因子反映了组分与固定相、流动相之间作用力的大小，比分配系数更容易得到。

3. 保留值与保留因子、分配系数的关系 由式（3-12）和式（3-11）可以推出以下关系：

$$t_R = t_0 k + k = t_0(1 + k) = t_0\left(1 + K \frac{V_s}{V_m}\right) \tag{3-13}$$

因此式（3-13）可以看出保留时间与分配系数的关系，故式（3-13）也称为色谱过程方程。当待分离组分是 A 与 B 时，有如下关系：

$$t_{R_A} = t_0(1 + k_A) = t_0\left(1 + K_A \frac{V_s}{V_m}\right)$$

$$t_{R_B} = t_0(1 + k_B) = t_0\left(1 + K_B \frac{V_s}{V_m}\right)$$

$$\Delta t_R = t_{R_A} - t_{R_B} = t_0(k_A - k_B) = t_0(K_A - K_B)\frac{V_s}{V_m}$$

色谱峰能被分离，则 $\Delta t_R \neq 0$，也就是说分配系数或保留因子不能相等，即 $K_A \neq K_B$ 或 $k_A \neq k_B$，这就是是色谱分离的前提条件。

第三节 色谱分析法基本原理

色谱分离过程中要使两组分完全分离，需要两组分所对应的色谱峰之间距离足够大，即两组分保留时间要有足够大的差值，而保留时间的差值取决于分配系数或保留因子，而分配系数或保留因子与色谱的热力学过程有关，即 K_A 与 K_B、k_A 与 k_B 差别越大，则分离效果越好；此外分离效果的好坏还与色谱峰的宽窄有关，色谱峰越窄，说明组分分离越集中，越不容易和其他组分交叉，而色谱峰的宽窄与色谱过程中待分离组分在色谱柱中的传质行为和扩散行为有关，即与色谱的动力学过程有关。因此色谱分析的原理可以从色谱的热力学过程和动力学过程两个方面着手进行研究。热力学过程是以塔板理论（plate theory）为代表，从相平衡方面研究分配过程；动力学过程以速率理论（rate theory）为代表，研究各种动力学因素对色谱峰展宽的影响。

一、塔板理论

马丁（Martin）和辛格（Synge）受化工上精馏塔分馏石油的启发，提出了塔板理论。塔板理论将一个色谱柱看成一个精馏塔，并分成若干份，每一份称为一个塔板，在每一个塔板中，待分离组分在固定相与流动相之间分配并达到分配平衡，且每个塔板之间分配系数均相等。经过若干个塔板的分配平衡，分配系数不同的组分在固定相和流动相中的含量不同，组分随流动相从色谱柱末端流出，达到分离目的。塔板数目越大，组分在固定相和流动相间分配的次数越多，分离效果越好，只要塔板数目足够多，分配系数差别很小的组分也能达到较好的分离效果。

（一）塔板理论的基本假设

塔板理论是在以下假设的前提下实现的：

（1）色谱柱由无数个连续不断的塔板所组成，每一个塔板长度相同，一个塔板的长度称为塔板高度 H，组分在每一个塔板高度中瞬间达到分配平衡。

（2）待分离组分在每一个塔板中的分配系数均相等，是一个常数。

（3）流动相进入色谱柱是脉冲式、间歇非连续的，每一次只进入一个塔板体积的流动相。

（4）样品和流动相均从第一个塔板加入，且忽略样品的纵向扩散。

塔板理论将连续的分离过程分解为间歇的单个塔板的分配行为。

（二）质量的分配和转移

假如有待分离组分 A，保留因子 $k = 1$，即在每一个理论塔板中达到分配平衡时，组分 A 在固定相和流动相中的质量各占 0.5，假如共有 5 个理论塔板，塔板编号分别为 0、1、2、3、4。

单位质量的 A 加到 0 号塔板上，组分在固定相与流动相间进行分配，固定相中分配有 0.5，流动相中分配有 0.5，当注入新鲜流动相时，0 号塔板内的流动相携带 0.5 进入 1 号塔板，并在 1 号塔板内进行分配；同时 0 号塔板内的 0.5 又在固定相与新鲜流动相间进行分配，以此类推，每注入一个新鲜流动相，就进行一次新的分配。

经过 N 次转移分配后，各个塔板内，组分的质量分布符合二项式 $(m_s + m_m)^N$ 的展式。如 $N = 3$，$k_A = 1$ 时，$m_s = 0.5$，$m_m = 0.5$，二项式展开式为：

$$(0.5 + 0.5)^3 = 0.125 + 0.375 + 0.375 + 0.125$$

所计算得到的结果分别是 0、1、2、3 号塔板中的溶质分数，转移 N 次后第 r 号塔板中的质量可用下面二项式求出：

$$^N m_r = \frac{N!}{r!\ (N-r)!} \cdot m_s^{N-r} \cdot m_m^r!\qquad(3-14)$$

通过上式，可以计算出 N 次转移后各个塔板里溶质分布情况。如当 $N = 8$，$r = 4$ 时，第 4 号塔板的溶质 A 质量数是 0.274；如果同一柱子上有待分离组分 B 同时进行分离，若保留因子 $k = 0.5$，应用上式同样可以算出当 $N = 8$，$r = 4$ 时，第 4 号塔板上溶质 B 质量数是 0.170。经过比较可以看出，在第 4 号塔板上溶质 A 和 B 质量有差别，如果柱子足够长，塔板足够多，则经过流动相冲洗后，分配系数只有微小差别的物质均能得到较好分离。

（三）流出曲线方程

根据式（3-14），以待测组分 A 在色谱柱出口处的质量分数为纵坐标，以 N 为横坐标，

当 $k=1$，$N=5$ 时得到如图 3－5 所示的曲线，这一曲线为符合二项式分布的不对称曲线。

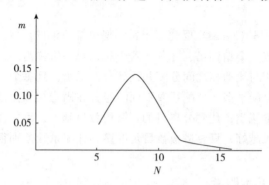

图 3－5　组分从柱中流出曲线图

当塔板数目 N 足够大时，流出曲线从不对称曲线图趋于对称的正态分布曲线图，可用正态分布方程式式（3－15）来表示组分流出色谱柱时的浓度变化：

$$c = \frac{c_0}{\sigma\sqrt{2\pi}} e^{-\frac{(t-t_R)^2}{2\sigma^2}}$$ （3－15）

此方程式也称为色谱流出曲线方程，式中，σ 为标准差；t_R 为保留时间；c 为色谱柱出口处任意时间 t 时待测组分的浓度；C_0 为峰面积 A，相当于某组分的总量。当 $t=t_R$ 时，c 为极大值，即：

$$c_{max} = \frac{c_0}{\sigma\sqrt{2\pi}}$$ （3－16）

此时，从色谱流出图上，可看出 C_{max} 相当于色谱流出曲线的峰高 h，不管 $t>t_R$ 或 $t<t_R$，e 的指数均不为 1，浓度 C 均小于 C_{max}，或 h 小于 h_{max}；当 C_0 一定时，则 σ 越小，则 C_{max} 越大，色谱峰越高，越尖锐，分离效果越好；当 σ 一定时，h 主要取决于组分的总量。

当色谱流出曲线方程中，t 用体积 V 代替，t_R 用保留体积 V_R 代替，σ 也由时间单位变为以体积为单位时，则有：

$$c = \frac{c_0}{\sigma\sqrt{2\pi}} e^{-\frac{(V-V_R)^2}{2\sigma^2}}$$ （3－17）

（四）塔板高度和塔板数

塔板理论中，假设将色谱柱平均分成无数小段，每一段称为一个塔板，塔板的数目称为塔板数（number of plates）或理论板数，每一个塔板的高度称为塔板高度（plate height；H）或理论塔板高度。色谱柱的柱效指色谱柱在分离过程中由动力学因素（操作参数）所决定的分离效能，通常用理论板数或理论塔板高度来表示。根据定义，理论塔板高度和理论板数有如下关系：

$$H = \frac{L}{n}$$ （3－18）

式中，L 为色谱柱的长度；n 为塔板数。

根据色谱流出曲线方程，根据一系列推导后，可导出理论板数与标准差和保留时间的关系：

$$n = \left(\frac{t_R}{\sigma}\right)^2$$ （3－19）

而 $W_{1/2} = 2.355\sigma$，$W = 4\sigma = 1.699W_{1/2}$，根据式（3-19）可以得出：

$$n = 16\left(\frac{t_R}{W}\right)^2 \text{ 或 } n = 5.54\left(\frac{t_R}{W_{1/2}}\right)^2 \qquad (3-20)$$

但由于死体积存在，死时间与分配平衡没有关系，常用调整保留时间 t'_R 代替保留时间 t_R，计算出的塔板数称为有效塔板数（effective of plates；n_{eff}），根据有效塔板数算出的塔板高度称为有效塔板高度（effective plate height；H_{eff}）。

$$n_{eff} = \left(\frac{t'_R}{\sigma}\right)^2 = 5.54\left(\frac{t'_R}{W_{1/2}}\right)^2 = 16\left(\frac{t'_R}{W}\right)^2 \qquad (3-21)$$

$$H_{eff} = \frac{L}{n_{eff}} \qquad (3-22)$$

课堂互动

若某色谱柱理论板数很大，是否任何两种难分离的组分一定能在该柱上分离？为什么？

（五）塔板理论的优劣

由上面公式可看出，色谱区域宽度可以反映出色谱柱的柱效高低，色谱流出曲线的位置和形状，组分的分离过程均可以用塔板理论进行解释。

但是某些假设与实际分离过程是不符合的，存在着不足：①流动相是连续的，而不是脉冲式进入色谱柱的；②实际分离过程中，纵向扩散不能忽略；③分离过程中，塔板理论假设待分离组分在固定相与流动相间可以快速完全达到分配平衡，但实际过程中并不能完全达到分配平衡；④动力学因素对传质过程的影响没考虑；⑤柱效与流动相流速的关系无法用塔板理论解释。由于以上不足的存在，荷兰学者范第姆特（van Deemter）提出了速率理论（rate theory），从动力学的角度对色谱分离过程进一步进行了阐述。

二、速率理论

范第姆特从动力学的角度研究了色谱分离过程中组分在两相间的扩散与传质过程，提出了速率理论方程，也称为范第姆特方程式或范式方程，可用式（3-23）表示：

$$H = A + B/u + Cu \qquad (3-23)$$

式中，H 为塔板高度；u 为流动相的线速度（cm/s）；A 为涡流扩散系数；B 为纵向扩散系数；C 为传质阻抗系数。

范第姆特方程式吸收了塔板高度的概念，并考虑了色谱分离过程中，待分离物质的扩散和传质阻力以及流动相线速度对柱效的影响。

（一）涡流扩散项（A）

涡流扩散（eddy diffusion）也称为多径扩散。指在填充柱色谱中，流动相流经色谱柱时，受到固定相颗粒的阻碍，流动相被迫改变行进路线，组分分子在前进过程中形成紊乱的类似涡流的流动，因此称为涡流扩散。由于固定相颗粒大小不一，填充不均匀，待分离组分分子在流经色谱柱时，就有很多条长短不一的路径可供选择，同时进入色谱柱的组分分子流经色谱柱时，如图3-6所示有的组分分子流经固定相路线相对较短，则流出色谱柱所需时间变短，而有的组分分子流经固定相路线相对较长，则流出色谱柱所需时间较长，发生滞后，导致组分分子不能同时到达柱出口，相当于色谱峰峰形被展宽。

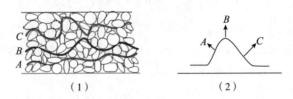

图 3 - 6 涡流扩散的影响

(1) 分子经过路线；(2) 峰展宽

色谱峰展宽的程度受以下因素的影响：

$$A = 2\lambda d_p \tag{3-24}$$

式中，λ 为填充不规则因子，受固定相颗粒大小、固定相颗粒的分布、固定相填充的均匀与否的影响；d_p 为填充物颗粒的粒度平均直径，填充物颗粒平均直径越大，涡流扩散项越大。从式（3-24）可以看成，涡流扩散项与流动相线速度无关，只受固定相填充物颗粒的大小和均匀程度的影响，填充物颗粒越小，填充越均匀，则涡流扩散项越小，理论塔板高度越低，理论板数越多，柱效越好。

（二）纵向扩散项（B/u）

纵向扩散（longitudinal diffusion）也称为分子扩散（molecular diffusion）。纵向扩散是由组分分子在色谱柱中的浓度梯度造成的。待分离组分分子进入色谱柱入口时，浓度分布呈"塞子"状，随流动相前进过程中则存在一个浓度梯度，使得"塞子"随浓度梯度向前和向后发生一个扩散，使得色谱柱出口，组分的流出时间变短或变长，使色谱峰发生展宽。如图 3 - 7 所示。

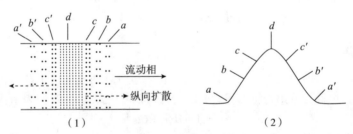

图 3 - 7 纵向扩散的影响

(1) 纵向扩散；(2) 峰展宽

纵向扩散系数 B 受以下因素的影响：

$$B = 2\gamma D_m \tag{3-25}$$

式中，γ 为弯曲因子，也称为扩散障碍因子，指在色谱柱中，固定相填充物颗粒的形状使色谱柱内扩散路径弯曲对组分分子的扩散所起的阻碍作用；D_m 为组分在流动相中的扩散系数，当流动相是气体时用 D_g 表示，扩散系数与流动相和组分的性质有关。纵向扩散项受流动相线速度的影响，流动相线速度越大，则待分离组分随流动相在色谱柱中停留时间越短，则纵向扩散越小，反之则越大；纵向扩散与弯曲因子、流动相中的扩散系数成正比。在气相色谱中，D_g 与载气的种类和组分性质有关，D_g 与载气相对分子质量的平方根成反比。

（三）传质阻抗项（*Cu*）

传质阻抗（mass transfer resistance）是组分分子与固定相流动相分子间相互作用的结果。待分离组分分子随流动相进入色谱柱后，在两相界面进入固定相，并扩散进固定相深部并达到动态分配平衡，一个新的纯流动相或浓度低于平衡浓度的流动相流经固定相时，固定相中的待分离组分分子重新回到两相界面并溶解进流动相随流动相往前移动，进入下一个扩散溶解过程，这一过程就是传质过程，影响这一过程进行的阻力就是传质阻抗，常用传质阻抗系数表示。由于组分分子进入固定相时，并不能都很快达到动态分配平衡，致使有的分子随流动相移动速度比平衡状态下的分子快，流出色谱柱时间变短；有的分子随流动相移动速度比平衡状态下的分子慢，流出色谱柱的时间变长，使色谱峰展宽。

传质阻抗与流动相线速度成正比，流动相线速度越快，在固定相中越不容易瞬间达到动态分配平衡，因此传质阻抗越大，反之则越小。传质阻抗不仅仅存在于固定相中，固定相中的传质阻抗用 C_s 表示；在流动相中也存在传质阻抗，用 C_m 表示。

三、流动相对线速度的影响

根据范第姆特方程式，流动相线速度对涡流扩散项无影响；如图 3-8 所示，流动相线速度较低时，纵向扩散项随线速度的升高逐渐减小，当线速度逐渐升高时，对纵向扩散项的影响逐渐减小直至趋于平缓；而传质阻抗项在流速较低时，随流动相线速度的增加而增大，但线速度较高时，传质阻抗项基本为一定值。

由图 3-8 可见流动相线速度对传质阻抗项和纵向扩散项的影响是相反的，低流速时，塔板高度主要受纵向扩散项的影响，随流速增加，纵向扩散项迅速减小，塔板高度降低；而高流速时，塔板高度主要受传质阻抗的影响，随流速增加，纵向扩散项增大，塔板高度增大。因此，纵向扩散和传质阻抗的综合影响使某一流速有最低的塔板高度（H_{min}），此时柱效最高，这一流速称为最佳流速（u_{op}）。

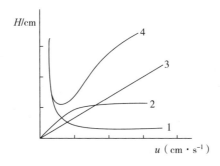

图 3-8　流速与纵向扩散和传质阻抗的关系
1. 纵向扩散项；2. 流动相传质阻抗项；3. 固定相传质阻抗项；4. $H-u$ 关系曲线

— 本 章 小 结 —

本章主要包括色谱法的分类、色谱流出过程、色谱流出曲线基本公式和概念、塔板理论和速率理论等内容。

色谱法的分类根据固定相流动相的状态、操作模式、分离机制等不同对色谱法有不同分类方式；色谱流出曲线，包括色谱流出曲线、基线、色谱峰、拖尾因子、峰高、峰面积、死时间、保留时间、调整保留时间、死体积、保留体积、调整保留体积、标准差、半峰宽、峰宽、分离度、分配系数、保留因子等基本概念和公式，色谱分离的前提条件；塔板理论，包括塔板理论的基本假设，分离过程中质量的分配和转移，色谱流出曲线方程，塔板高度和塔板数的计算，有效塔板高度和塔板数的计算，塔板理论的优劣；速率理论，包括范第姆特方程式，涡流扩散项、纵向扩散项、传质阻抗项对柱效的影响，流动相对线速度的影响等。

练 习 题

一、选择题

1. 在色谱过程中，组分在固定相中停留的时间为（ ）

  A. t_0 B. t_R' C. t_R' D. k

2. 某色谱峰，其峰高 0.607 倍处色谱峰宽度为 4mm，半峰宽为（ ）

  A. 4.71mm   B. 6.66mm   C. 9.42mm   D. 3.33mm

3. 相对保留值是指某组分 2 与某组分 1 的（ ）

  A. 调整保留值之比   B. 死时间之比

  C. 保留时间之比   D. 保留体积之比。

4. 色谱法能分离混合物取决于试样混合物在固定相中（ ）的差别

  A. 沸点差   B. 分配系数   C. 吸光度   D. 温度差

5. 衡量色谱柱效的参数为（ ）

  A. 分离度   B. 容量因子   C. 峰宽   D. 分配系数

6. 根据 Van – Deemter 方程式，在低流速情况下，影响柱效的因素是（ ）

  A. 传质阻力   B. 纵向扩散   C. 涡流扩散   D. 弯曲因子

7. 气液色谱属于（ ）

  A. 分配色谱   B. 吸附色谱

  C. 离子交换色谱   D. 空间排阻色谱

8. 下面属于分配色谱的是（ ）

  A. 纸色谱   B. 薄层色谱

  C. 柱色谱   D. 以上色谱均不是分配色谱

二、简答题

1. 根据一某色谱柱理论板数很大，是否任何两种难分离的组分一定能在该柱上分离？为什么？

2. 根据几个色谱峰流出曲线能得到哪些信息？

3. 计算某色谱柱理论板数很大，是否任何两种难分离的组分一定能在该柱上分离？为什么？

三、计算题

1. 色谱法定量测定某药物，柱长 15cm 时，测得保留时间分别为 4.5min 和 5.5min，半峰宽分别为 0.52min 和 0.58min。求二者分离度为多少？

2. 在一根 3m 长的色谱柱上分离一个试样的结果如下：死时间为 1min，组分 1 的保留时间为 14min，组分 2 的保留时间为 17min，峰宽为 1min。

（1）用组分 2 计算色谱柱的理论板数 n 及塔板高度 H；

（2）求调整保留时间 t'_{R_1} 及 t'_{R_2}；

（3）用组分 2 求有效塔板数 n_{ef} 及有效塔板高度 H_{ef}；

（4）求容量因子 k_1 及 k_2；

（5）求相对保留值 $r_{2,1}$ 和分离度 R。

（周锡兰）

第四章　气相色谱法

学习导引

1. **掌握**　气相色谱法的特点；气相色谱法定性与定量的依据与方法及其应用范围；气相色谱分析条件的选择原则。

2. **熟悉**　气相色谱固定液的选择原则；热导检测器和氢火焰离子化检测器的检测原理与特点；气相色谱仪的仪器组成及其工作流程；气相色谱固定相的构成与气相色谱固定液的分类；气相色谱法的应用范围。

3. **了解**　气相色谱仪的仪器结构；常用的气相色谱固定相及其适用范围；常用气相色谱检测器的性能指标及其检测原理与特点。

气相色谱法是一种极为重要的分离分析方法，主要用于分离分析具有挥发性和半挥发性的化合物。它是以惰性气体作为流动相，以固体吸附剂或涂渍特殊固定液的固相载体作为固定相制成色谱柱，来分离呈蒸气状态的待测组分，再经专用检测器检测，可对待测样品中的各组分进行定性和定量分析。气相色谱法具有分离效率高、选择性好、灵敏度高、分析速度快等优点，目前已经广泛应用于环境监测、医药、生物化学和石油化工等诸多领域。

第一节　气相色谱仪

一、气相色谱仪工作流程

气相色谱仪是实现气相色谱分析的专门仪器，其一般工作流程如图4-1所示。由气路系统提供一定压力和流速的载气，进样后的待测分析物在载气的推动下进入气相色谱柱进行色谱分离，待测分析物中的各个组分再按一定顺序依次进入到检测器，最终由信号处理系统将各组分对应的检测信号进行放大和记录。在整个分析检测过程中，由温度控制系统分别对进样系统、色谱柱和检测器进行温度控制。

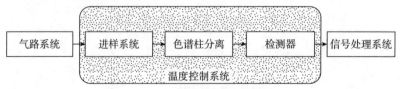

图4-1　气相色谱仪的构成模块示意图

二、气相色谱仪的仪器结构

目前国内外各厂家生产的气相色谱仪型号很多，性能各有优势，但它们的仪器结构通常都包括气路系统、进样系统、色谱柱分离系统、检测器系统、温度控制系统和信号处理系统几个部分，气相色谱仪的主要结构如图4-2所示。

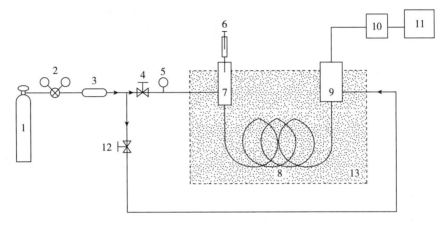

图4-2　气相色谱仪的仪器结构示意图

1. 载气钢瓶；2. 减压阀；3. 气体净化柱；4. 稳压阀；5. 压力表；6. 进样器；7. 汽化室；
8. 色谱柱；9. 检测器；10. 放大器；11. 数据处理系统；12. 针型阀；13. 柱温箱

1. 气路系统　气相色谱仪的气路系统主要包括气源、气体净化器以及气体压力、流速控制和测量装置等。气路系统为气相色谱仪的运行提供连续、稳定、纯净的载气，载气通过色谱柱再由检测器排出，它的气路密闭性、载气的稳定性以及对气压、气体流速测量控制的准确性都是影响气相色谱仪仪器性能的重要因素。

载气一般由高压钢瓶或高纯气体发生器供给，气相色谱中常用的载气包括氮气、氦气、氩气和氢气等，通常需要采用分子筛、硅胶、活性炭型的气体净化器，去除氧气、水分和烃类等杂质，使载气得到纯化。载气（种类、纯度）的选用和净化主要取决于选用的检测器、色谱柱以及分析方法的要求。净化后的载气，通过气流调节装置（稳压阀、稳流阀、针形阀等）来控制载气的压力和流速的稳定，并通过精确测量装置测定其压力和流速。

2. 进样系统　气相色谱仪的进样系统主要包括进样装置和汽化室，进样装置将待测样品定量的加入到汽化室，样品在汽化室中瞬间汽化后，在载气的推动下进入色谱柱。

常用的进样装置是微量注射器和六通阀，进样量的大小、进样时间的长短都直接影响色谱柱的分离和测定的结果。汽化室一般要求死体积小、热容量大、无催化效应等，常采用金属块制成汽化室（金属块易于加热和温控），并在汽化室装有石英或玻璃衬管，避免汽化后的样品直接与金属接触而发生化学反应。

3. 色谱柱分离系统　气相色谱仪的色谱柱分离系统主要包括色谱柱和柱温箱。色谱柱是气相色谱仪的核心组成部分，待测样品中的各个组分就是在色谱柱中得到有效分离并按一定顺序流出色谱柱，再流入到检测器中进行分析测定。色谱柱主要分为填充柱和毛细管柱两类，后者又分为开口毛细管柱和填充毛细管柱两种。填充柱内径一般为 2~4mm、长 1~10m，由不锈钢、铜镀镍或聚四氟乙烯制成，形状为 U 形或者螺旋形；毛细管柱内径一般为 0.2~0.5mm、长 10~100m，由不锈钢管、玻璃管或石英管拉成螺旋形。一般来讲，填充柱柱容量大，毛细管柱分离效率高。

柱温箱的作用是精确控制色谱柱的温度，柱温是影响分离和测定结果的重要色谱条件（恒温或程序升温）。

4. 检测系统 气相色谱仪的检测系统主要包括色谱检测器和放大器等，检测器是气相色谱仪的重要组成部分，待测样品中的各个组分按一定顺序进入检测器，检测器将检测到的各组分浓度或质量变化的信号转变成电信号（如电压、电流等），再经放大器放大后输送给信号处理系统。气相色谱中常用的检测器有氢火焰离子化检测器、热导检测器、电子捕获检测器等。

5. 信号处理系统 由检测器产生的电信号，由信号处理系统处理后，得到色谱流出曲线图、各组分保留时间和色谱峰峰面积等检测数据。现代气相色谱仪的信号处理系统大都采用色谱工作站，基于计算机系统，色谱工作站不仅能自动采集和存储数据，进行数据处理，给出分析结果，还能对气相色谱仪仪器进行实时控制（如控制柱温和载气压力、流速等）。

6. 温度控制系统 气相色谱仪的汽化室、色谱柱和检测器的温度均需进行精密控制。温度控制系统由一些温度控制器和指示器组成，能够分别控制并显示汽化室、色谱柱柱温箱、检测器及辅助部分的温度。温度是气相色谱分析中最重要的分离操作条件之一，它直接影响色谱柱的选择性和分离效率以及检测器灵敏度和稳定性等。

第二节 气相色谱固定相

色谱法的主要优势就是它具有强大的分离能力，色谱分离过程在色谱柱中完成，而分离的效果主要取决于固定相、流动相的性质及其操作条件的选择。

气相色谱法中是以气体作为流动相，通常选用惰性气体作为载气，可选的流动相种类有限，且载气的可变操作条件（气压和气体流速）较少。所以，在气相色谱分析中，多组分混合物中各组分能否完全分离开，主要取决于色谱柱的效能和选择性，后者在很大程度上则取决于固定相的选择是否恰当，因此，选择适当的固定相是气相色谱分析中的关键问题。气相色谱固定相种类繁多，通常根据分离机理的不同可分为气液色谱固定相和气固色谱固定相。

一、气液色谱固定相

气液色谱中的固定相由载体和固定液两部分组成，即根据不同需求在化学惰性的固体颗粒（用于负载固定液，即载体）表面涂覆上不同的固定液液膜制备的固定相。通常固定液选用高沸点的有机化合物，根据待测物质的不同性质，可以选用不同的固定液所制备的固定相，由于气液色谱固定相具有较高的可选择性，它在气相色谱分析中而得到了广泛的应用。使用气液色谱固定相，具有较多优势：在通常操作条件下，可获得较对称的色谱峰；可供选择的固定液种类繁多，在分离难分离组分时，可针对性地选择固定液；有高质量的载体与高纯度的固定液供使用，因而色谱保留值的重复性好；在一定范围内，固定液液膜的厚度可以调节，因而能针对性的改善色谱分离的效果。

（一）载体

在气液色谱中，固定液必须涂覆在载体上才能发挥它分离混合物的作用，载体又称为担体，它为固定液提供一个惰性的表面，使其能够涂覆称为薄而均匀的液膜。虽然固定液是实现分离的决定性因素，但是载体的结构和表面性质，也可能直接影响分离的效果。

1. 对载体的要求

（1）表面具有化学惰性，即表面没有吸附性或吸附性很弱，并且不具有催化性能（不能与待测物质之间发生化学反应）。

（2）具有较大的比表面积（应大于$1m^2/g$），孔径分布均匀，使固定液与待测样品能充分接触。

（3）有一定的机械强度，热稳定性好。

（4）粒度均匀，常用颗粒大小为60～80目或80～100目。

2. 载体的种类 载体的种类很多，主要可分为硅藻土类和非硅藻土类两大类。

（1）目前常用的载体为硅藻土类载体，由天然硅藻土煅烧而成，根据处理方法的不同，又分为红色载体和白色载体两种。

红色载体因其含有少量的氧化铁（天然硅藻土煅烧后，其中所含的铁形成氧化铁），使载体呈红色，如6201、chromosorb P 等。红色载体机械强度好，表面孔穴密集，孔径较小，比表面积大，但是它的吸附活性和催化活性较强，分析强极性组分时色谱峰易拖尾，因此，该类载体适合涂覆非极性固定液，适用于非极性组分的分离分析。

白色载体是白色多孔颗粒。因天然硅藻土煅烧前加入少量碳酸钠助溶剂，煅烧时使铁最终生成无色的铁硅酸钠，而使得该类载体呈白色，如101、chromosorb W 等。白色载体由于助溶剂的存在，形成疏松颗粒，表面孔径较粗，比表面积小，机械强度比红色载体差，但是它的吸附活性和催化活性较弱，适宜于在较高柱温下使用，因此，该类载体适合涂覆极性固定液，适用于极性组分的分离分析。

（2）非硅藻土类载体主要包括氟载体（如聚四氟乙烯）、玻璃微球、高分子多孔微球等。该类载体耐腐蚀、固定液涂覆量低，适用于分离分析强腐蚀性组分，但其表面具有非浸润性，通常柱效较低。

3. 载体的钝化 硅藻土类载体的表面存在硅羟基和其他杂质，硅羟基会与易于形成氢键的组分作用，使得色谱峰拖尾，载体中所含的金属氧化物则可能使待测组分发生吸附和催化降解，因此需要对这些活性中心进行去除。载体的钝化，即以适当方法减弱或消除载体表面的活性。常用的载体钝化的方法包括酸洗法、碱洗法和硅烷化法，其中硅烷化法应用最多，常用的硅烷化试剂有二甲基二氯硅烷和六甲基二硅烷胺。

（二）固定液

1. 固定液的特点 固定液与气固色谱固定相的固体吸附剂相比较具以下特点：在一般操作条件下，待测组分在两相间的分配等温线多是线性的，因此能获得良好的对称峰；固定液种类繁多，选择多，使用温度范围宽，对某些特定的分析对象，易找到合适的固定液；固定液易于涂渍，且用量可以调整（5%～25%），易于制备高效填充柱和毛细管柱；经气液固定相分离分析的待测组分保留值重现性较好，气液固定相色谱柱柱的寿命较长。

2. 对固定液的要求

（1）固定液应是高沸点有机化合物，在操作温度下，其蒸汽压低，热稳定性好，固定液的沸点应比操作温度高100℃左右，否则固定液流失，会引起色谱峰保留值的变化，影响定性检测结果，可能引起检测器本地电流增大，还会缩短色谱柱的使用寿命。

（2）在色谱分析操作温度下，固定液应呈液态，黏度要尽量低，以保证固定液能够均匀分布在载体的表面。一般情况下，较低的柱温会增加固定液的黏度，降低色谱柱的分离效率。对于部分固定液，操作温度不能低于其最低使用温度。

（3）在色谱分析操作温度下，固定液应具有足够的化学稳定性，不与待测组分发生化学反应。

（4）固定液应对待测组分具有高选择性，即对物理化学性质相近的不同组分有尽可能高的分离能力。固定液对各个组分有合适的溶解度且分配系数适当，否则待测组分会太易于被载气带走，而无法实现有效分离。

3. 固定液的分类　　固定液种类繁多，它们具有不同的组成、性质和用途，可按照分子结构、极性、应用等来对其进行分类。在各种色谱手册中，一般按有机化合物的分类方法将固定液分为脂肪烃、芳烃、醇、酯、聚酯、胺、聚硅氧烷等，并给出每种固定液的相对极性、最高和最低使用温度、常用溶剂、适用分析对象等数据，以便选用时参考。常用的固定液见表 4 - 1。

表 4 - 1　气相色谱法常用的固定液

固定液	最高使用温度/℃	常用溶剂	相对极性	分析对象
角鲨烷	140	乙醚	0	烃类和非极性化合物
阿皮松 L	300	苯	—	非极性和弱极性高沸点有机化合物
甲基硅油	350	丙酮	+1	非极性和弱极性高沸点有机化合物
甲基硅橡胶	300	丁醇 + 三氯甲烷（1∶1）	+1	弱极性高沸点有机化合物
邻苯二甲酸二壬酯	160	乙醚	+2	烃、醇、醛、酮、酸、酯有机化合物
聚苯基甲基硅氧烷	350	甲苯	+2	含氯农药、多核芳烃
磷酸三苯酯	130	苯、三氯甲烷、乙醚	+3	芳烃、酚类异构体、卤化物
丁二酸二乙二醇聚酯	220	丙酮、三氯甲烷	+4	酯类等中等极性化合物
有机皂土 - 34	200	甲苯	+4	芳烃、二甲苯异构体等
β，β′ - 氧二丙腈	100	甲醇、丙酮	+5	极性化合物
聚乙二醇 20M	250	乙醇、三氯甲烷	氢键	极性化合物

4. 固定液的选择　　固定液的极性直接影响待测组分与固定液分子之间的作用力的类型和大小，因此，固定液的极性是选择固定液的重要依据，通常可根据"相似相溶"原则，即按照被分离组分的极性或化学结构（基团类型）与固定液相似的原则来进行选择。

（1）分离非极性组分，一般选用非极性固定液，它对待测组分的保留作用主要靠色散力。分离时，各组分一般按沸点从低到高的顺序先后流出色谱柱。

（2）分离中等极性组分，一般选用中等极性固定液，它对待测组分的保留作用主要靠诱导力和色散力。分离时，各组分一般按沸点从低到高的顺序先后流出色谱柱。

（3）分离极性组分，一般选用极性固定液，它对待测组分的保留作用主要靠静电力。分离时，各组分一般按极性从小到大的顺序先后流出色谱柱。

（4）分离非极性与极性物质混合物时，一般选用极性固定液，分离时，诱导力起主要作用，使得极性组分与固定液之间的作用力加强，所以非极性组分先流出，极性组分后流出。

（5）分离能形成氢键的组分，一般选用氢键型固定液。分离时，待测组分按照与固定液分子间形成氢键的强弱，形成的氢键越强，越晚流出色谱柱。

（6）分离复杂的难分离组分，可选两种或两种以上固定液混合使用，采用混涂、混装或色谱柱串联等方式对待测组分进行分离。

二、气固色谱固定相

在气固色谱中，色谱柱中填充的固定相是表面具有一定活性的固体吸附剂，由于固体吸附剂表面对各待测组分吸附能力不同，根据各组分被吸附的难易程度，表现出不易被吸附的组分先从色谱柱流出，易被吸附的组分后流出，从而达到分离的目的。

气固色谱中，常用的固定相即固体吸附剂，固体吸附剂具有吸附容量大、热稳定性好、使用方便等优点。但是由于结构和表面的不均匀性，吸附等温线非线性，色谱峰拖尾不对称，仅当试样量很小时才会有对称峰；并且分离重现性也不好。由于在高温下常常表现出催化性，因而也不适宜用于分析高沸点和活性较大的组分。固体吸附剂的性能受制备及活化条件影响很大。气固色谱固定相种类有限，能分离的对象有限，主要用于分离永久性气体、无机气体和低分子碳氢化合物，尤其对烃类异构体的分离具有很好的选择性和较高的分离效率。

常用的固体吸附剂主要包括非极性活性炭、中等极性氧化铝、极性硅胶、具有特殊作用的分子筛和高分子多孔微球等。活性炭具有较大的比表面积，吸附活性强，一般用于分析永久性气体和低沸点烃类（空气、CO、CO_2、乙炔、乙烯等）。氧化铝具有中等极性，比表面积大，热稳定性和力学强度好，通常用于常温下分析 O_2、N_2、CO、CH_4、乙炔、乙烯等。硅胶与氧化铝分离性能接近，但极性更强，其分离能力主要取决于孔径的大小和含水量。硅胶吸附剂能用于分析氧化铝能分析的对象，还能分析 CO_2、N_2O、NO、NO_2、H_2S、SO_2 等。分子筛也称沸石，是碱及碱土金属的硅铝酸盐，多孔，极性大，根据其孔径大小可分为多种类型。在气相色谱中常用的是 5A 和 13X 分子筛，除了适用于常见的永久性气体还适用于惰性气体的分析。高分子多孔微球是一种人工合成的固定相，通常有苯乙烯或乙基乙烯苯与二乙烯苯交联共聚制备，是一种应用日益广泛的气固色谱固定相。高分子多孔微球耐高温，最高使用温度可达 200~300 ℃，填充的色谱柱不易发生柱流失，柱寿命长，能得到峰形对称的色谱峰，通常按照极性顺序分离待测组分，极性大的组分先流出。一般可用于有机物或气体中水的含量测定，尤其适合于分析试样中的痕量水，也可用于多元醇、脂肪酸等强极性组分的分析。在药物分析中，常用于酊剂中含醇量的测定。

第三节　气相色谱检测器

在气相色谱分析中，检测器是获取分析信息的重要部件，其作用是将经色谱柱分离后的组分根据其浓度或者质量的变化转换成相应的电信号。色谱仪对检测器的要求是：灵敏度高、线性范围宽、响应迅速、重现性好、应用范围广等。根据检测器的响应原理，可将其分为浓度型和质量型两类。浓度型检测器测量的是某组分浓度瞬间的变化，检测器的电信号响应值与组分的浓度成正比，如热导检测器（TCD）和电子捕获检测器（ECD）等；质量型检测器测量的是某组分进入检测器的速度的变化，检测器的电信号响应值和单位时间内进入检测器某组分的质量成正比，如氢火焰离子化检测器（FID）和火焰光度检测器（FPD）等。气相色谱仪的检测器结构和检测原理各异，最常用的是热导检测器、氢火焰离子化检测器、电子捕获检测器、火焰光度检测器和热离子检测器（TID）等，热导检测器属于通用型检测器，电子捕获检测器、火焰光度检测器等属于选择性检测器。

一、检测器的性能指标

常用的气相色谱检测器的性能比较见表 4 - 2。

表 4 - 2　常用气相色谱检测器的性能参考

检测器	灵敏度	检出限	线性范围	适用范围
TCD	10^4 mV·ml/mg	2×10^{-6} mg/ml	10^5	通用
FID	10^{-2} A·s/g	2×10^{-12} g/s	10^7	含碳有机化合物
ECD	8×10^2 A·ml/g	2×10^{-14} g/ml	10^3	含电负性基团化合物

1. 噪声和漂移　对气相色谱仪检测器性能的评价，主要依据记录仪连续记录检测器电信号的变化，即通过色谱图来衡量。

仅将载气通入检测器时，色谱图上记录的电信号变化图线叫基线（或底线），基线平稳则说明仪器工作稳定。由于载气流速和柱温箱温度的波动、载气和固定相中杂质的影响、电路测量系统稳定性的影响等，往往造成色谱图中的基线不一定形成一条直线，色谱分析中用噪声和漂移来描述检测器和色谱仪的稳定性。

噪声是在没有试样进入检测器时，仅仅由于检测器本身及其他操作条件（如固定液流失，橡胶隔垫流失，载气流速、温度、电压的波动等），使得基线在短时间内（1min 内）发生起伏的信号，它是检测器的本底信号，以 N 表示。噪声是测量检测器最小检测量的一个参数，越小越好。漂移是基线在一定时间（约 0.5h）对原点产生的偏离（基线上扬），用 M 表示。通常随着固定液流失或载气漏气，漂移值会增大。漂移值越小越好。

2. 灵敏度　灵敏度（S）即响应值，指一定量（Q）的组分通过检测器时所产生的电信号的大小（R），可通过所得色谱图中相应色谱峰的峰高或峰面积来进行计算。以 R 对 Q 作图，可得一直线，直线的斜率（响应电信号对进样量的变化率，$\Delta R / \Delta Q$）即检测器的灵敏度。灵敏度越高，反映出检测器的性能越好。

灵敏度反映了响应值和组分含量之间的关系，也可以定义为单位浓度或质量的物质通过检测器时所产生的响应值，一般用电压（mV）或电流（A）表示。通常 S_c 表示浓度型检测器的灵敏度，S_m 表示质量型检测器的灵敏度。

$$S_c = \frac{AC_1C_2F_c}{W} \tag{4-1}$$

$$S_m = \frac{60AC_1C_2}{W} \tag{4-2}$$

对浓度型检测器，式（4 - 1）中 S_c 单位为 mV·ml/mg，即每毫升试样含有 1mg 某组分时，该组分在检测器上所产生的电压信号；A 为色谱峰峰面积（cm^2），C_1 为记录仪的灵敏度（mV/cm），C_2 为记录纸移动速度的倒数（min/cm），F_c 为校正载气流速（ml/min），W 为进样量（mg）。当灵敏度和载气流速一定时，进样量与峰面积成正比；当进样量一定时，峰面积与载气流速成反比。所以对于浓度型检测器，用峰面积定量，要求保证载气流速恒定。

对质量型检测器，式（4 - 2）中 S_m 单位为 mV·s/g，A 为色谱峰峰面积（cm^2），C_1 为记录仪的灵敏度（mV/cm），C_2 为记录纸移动速度的倒数（min/cm 即 60 s/cm），W 为进样量（g）。响应值主要取决于单位时间内进入检测器的某组分的质量，当灵敏度一定时，进样量与峰面积成正比，当进样量一定时，峰面积与载气流速无关。

3. 检出限　检出限（D）是指为保证恰能获得鉴别于噪声的响应信号，此时单位体积或时间内需通入检测器的待测组分的质量（mg/ml 或 g/s）。通常认为恰能鉴别于噪声的响应信号（峰高）至少应等于检测器噪声的 2 倍（也有用 3 倍的），即：

$$D = \frac{2N}{S} \tag{4-3}$$

如图 4 – 3 所示，低于检出限的组分的色谱峰将被噪声淹没，而检测不到。检测器的灵敏度虽然已可反映检测器的性能，但并不全面，因为灵敏度越高，仪器本身基线的噪声可能也越大，微量组分的色谱峰也可能检测不到。所以，用检出限来评价检测器的敏感度更合适，检出限越低，则检测器越敏感，性能越好。

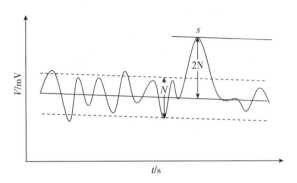

图 4 – 3　检测器的噪声和检测限示意图

在实际检测中，常用最小检测量或最低检测浓度描述色谱分析的方法性能，最小检测量或最低检测浓度指的是恰能产生 2 倍噪声信号时的进样量或进样浓度。检测器的检出限与色谱分析的最小检测量或最低检测浓度的概念不同，检出限是评价检测器性能的指标，而最小检测量或最低检测浓度不仅与检测器的性能相关，还与色谱柱柱效、色谱峰的峰宽、进样量、操作条件等因素相关。

4. 线性范围　检测器的线性范围指的是响应值与待测组分浓度之间保持线性关系的范围，具体定义为当检测器的响应值在线性范围内时，最大允许进样量与最小进样量（即最小检测量）之比，或者是当检测器的响应值在线性范围内时，待测组分最大浓度（或量）与最低浓度（或量）之比，比值越大，线性范围越好。通常希望在一个宽的浓度范围内，响应值与组分的浓度（或量）成正比，这有利于获得准确的定量分析结果。

二、热导检测器

基于不同的物质具有不同的热导系数，热导检测器采用热敏元件来检测被分离的组分，它是气相色谱仪最为普遍使用的一种通用型浓度型检测器。这种检测器具有结构简单、稳定性好、不破坏样品、通用性强、线性范围宽、操作简便等优点，其主要的缺点是灵敏度较其他检测器低。

1. 结构与检测原理　热导检测器的热导池由池体和热敏元件两部分组成，热导池可分为双臂热导池和四臂热导池。热导池通常用金属块制成，内装热敏元件。热敏元件一般都选用电阻大、电阻温度系数大的金属丝（如铂丝、钨丝等）或半导体热敏电阻，其电阻随温度变化而灵敏改变。双臂热导池如图 4 – 4 所示，由两个

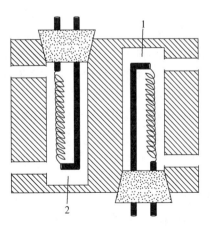

图 4 – 4　双臂热导池示意图
1. 测量池；2. 参比池

材质和电阻都相同的热敏元件和一个双腔池体组成，一臂连在色谱柱之后，成为测量臂，一臂连在色谱柱之前，只让载气通过，成为参比臂。两臂的电阻分别为 R_1 和 R_2，将 R_1 和 R_2 与两个相同电阻的固定电阻 R_3、R_4 组成惠斯顿电桥。以恒定的电压给热导池通电，热丝因通电而升温，热丝的电阻也随之升高并产生热量，当载气以恒定的速度通过，所产生的热量被载气带走，并通过载气传给池体。当产生的热量与散热之间达到动态平衡，热丝温度保持恒定，即加热电压和载气流速一定时，平衡后的热丝温度恒定，其电阻值也恒定。若载气以恒定流速通过两臂，由于热敏元件的电阻值变化和温度变化成正比，此时，两臂的电阻值变化也相同，电桥处于平衡状态，检流计中无电流通过。而当有经色谱柱分离的待测组分进入测量臂时，若组分与载气的热导系数不同，测量臂的热平衡就被破坏，此时，电桥平衡被破坏，微小的电流通过电阻转化成电压并放大，成为检测信号。当该组分完全通过测量臂后，电桥恢复平衡状态。由此，在记录仪上得到被分离组分的色谱图。

若将 R_3 和 R_4 也换成热敏元件，即构成四臂热导池，四臂热导池的检测灵敏度高于双臂热导池。

2. 使用注意事项　热导检测器是浓度型检测器，用峰面积定量时，需严格控制载气流速的恒定。

使用热导检测器应注意载气和桥电流的选择。在没有通载气时不能加桥电流，关仪器时也应先关桥电流再关载气，否则在无载气的状态下通桥电流，热导池内的热丝可能被烧断。氢气和氦气由于具有很高的热导率，都适宜被用于热导检测器的载气，灵敏度高，不出倒峰。桥电流的选择原则是，在满足灵敏度要求的前提下，尽可能选用低桥电流，当选用氢气或氦气作载气时，桥电流可使用 150～200mA。在其他条件一定的情况下，增大桥电流能提高检测灵敏度，但过高的桥电流容易使得热丝被氧化，噪声变大，基线不稳。

使用热导检测器还应注意控制检测器的温度，其温度应高于或者和柱温相近（通常高于柱温 20～50 ℃），以防待测组分在热导池中冷凝，污染热导池，最终造成基线不稳。

三、氢火焰离子化检测器

有机物在氢火焰的作用下，发生化学电离而生成带电离子，在火焰下方放一对电极（收集极和发射极），并施加一定电压，则离子在两极间定向流动产生电流。通过对离子流强度的监测，氢火焰离子化检测器可对大多数有机化合物进行检测，灵敏度高、响应快、噪声小、线性范围宽，氢火焰离子化检测器也是目前应用最为广泛的检测器之一。

1. 结构与检测原理　氢火焰离子化检测器主要由离子化室、火焰喷嘴、发射极和收集极组成，如图 4-5 所示。在收集极和发射极之间施加一恒定的极化电压，在火焰燃烧区域形成外加电场。待测组分由载气携带，与氢气混合后进入离子化室，点火线圈将氢火焰点燃，然后在高温（约 2100℃）的氢火

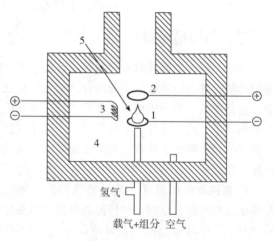

图 4-5　氢火焰离子化检测器示意图

1. 发射极；2. 收集极；3. 点火线圈；
4. 离子化室；5. 氢火焰

焰中，待测组分被电离产生正离子和电子。产生的正离子和电子在火焰燃烧区域的电场作用下定向运动形成微弱电流，该电流经过放大后，得到相应的色谱峰信号。最终在记录仪上得到被分离组分的色谱图。

2. 使用注意事项　氢火焰离子化检测器是质量型检测器，通常用色谱峰峰面积定量，进样量一定时，载气流速对峰面积影响小。如果用峰高进行定量，需严格控制载气流速的恒定。

使用氢火焰离子化检测器应注意载气流量比和极化电压的选择。氢火焰离子化检测器通常使用三种气体，载气常用氮气，燃气用氢气，空气作为助燃气。一般控制气体流量比为：氮气氢气流量比为 1：1～1：15，氢气空气流量比为 1：5～1：10。低极化电压时，离子流随极化电压的增加而迅速增加，通常控制极化电压为 100～300V。

使用氢火焰离子化检测器还应注意控制检测器的温度，其使用温度一般应大于 100℃，常用温度为 150℃。如果温度低，氢火焰燃烧生成的水可能冷凝在离子化室，有可能造成漏电并使得基线不稳。

四、电子捕获检测器

基于电负性大的化合物易捕获电子形成稳定的负离子，载气电离产生正离子与之结合形成中性化合物，电子捕获检测器对此过程中电信号的改变进行监测从而检测待测组分。电子捕获检测器是一种应用广泛的选择性好、灵敏度高的浓度型检测器。它对含电负性基团的化合物（如含 S、P、卤素、硝基、羰基等基团的化合物）有很好的选择性，元素的电负性越强，检测灵敏度越高。电子捕获检测器的缺点在于其线性范围较窄。

1. 结构与检测原理　电子捕获检测器的主要部分是一个由同轴电极（β 射线放射源负极和不锈钢棒正极）组成的圆筒形状的检测室，在两极之间施加直流电或脉冲电压，如图 4-6 所示。一般可用 ^3H 或 ^{63}Ni 作为 β 射线放射源，^3H 使用温度较低（<190℃），寿命较短，半衰期为 12.5 年，^{63}Ni 可在较高的温度下工作（300～400℃），半衰期为 85 年。

当载气通过检测器时，在放射源 β 射线的作用下发生电离生成正离子（分子离子）和低能量电子：

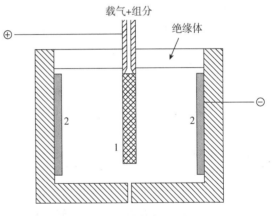

图 4-6　电子捕获检测器示意图
1. 收集极；2. 发射极。

$$N_2 \longrightarrow N_2^+ + e$$

生成的正离子（N_2^+）和电子在外加电场作用下，分别向两极移动，形成恒定电流即基流（10^{-9}～10^{-8} A）。

当载气中含有带电负性基团的化合物（AB），这些化合物就能捕获上述电离过程中产生的低能电子，而生成带负电荷的离子（AB^-）并释放能量：

$$AB + e \longrightarrow AB^- + E$$

而此过程中生成的带负电荷的离子（AB^-）会与载气电离生成的正离子（N_2^+）复合成电中性化合物，使得基流降低产生负信号，形成倒峰。再经过放大器放大微电流信号，进行极性转换，可得相应的正峰信号，最终在记录仪上得到被分离组分的色谱图。

2. 使用注意事项　电子捕获检测器是浓度型检测器，用峰面积定量时，需严格控制载气流速的恒定。

使用电子捕获检测器需用高纯度载气（如高纯氮气，>99.999%），因为低纯度的载气中含有的少量的 O_2 和 H_2O 等电负性组分，对检测器的基流和响应值都会产生很大影响，长期使用低纯度的载气甚至可能造成检测器的污染。载气流速对基流和检测器响应值都会有影响，常用载气流速为 $40 \sim 100ml/min$。使用电子捕获检测器还应注意在确保能收集到全部离子的情况下，尽可能施加低电压，一般低于 50V；采用脉冲电压利于取得较好的线性范围。此外，检测器的使用温度由所选择的放射源的最高使用温度所限制。

五、其他检测器

除了上述 3 种检测器，气相色谱中还可能会使用火焰光度检测器、氮磷检测器、热离子检测器、傅里叶变换红外光谱检测器等。此外，色谱与其他分析仪器联用发展迅速，也可将与气相色谱联用的质谱看作是气相色谱的检测器，有关色谱 – 质谱联用的技术将在第十七章进行介绍。

第四节　定性与定量分析

一、分析条件的选择

待测试样中的各组分在色谱柱中是否能得到有效的分离，取决于对气相色谱分析条件的选择，包括色谱柱的选择、载气及其流速的选择、柱温以及一些其他条件的选择。

1. 色谱柱的选择　要实现对待测试样中各个组分的有效分离，首先是选择适合的色谱柱。而色谱柱的效能和选择性很大程度上取决于固定相的选择是否恰当，如何选择固定相我们在第二节已做详述。对气液固定相而言，要选择适宜的固定液的用量（即膜厚），因为增加固定液的用量（即膜厚）可增大保留因子从而提高分离度，但相应的分析时间会增加，而且固定液太厚，传质阻力增加，可能引起色谱峰的展宽。此外，为获得较高的柱效，还要求气液固定相的载体粒度小而均匀，以利于降低理论塔板高度。但载体粒度也不能太小，否则不易填充均匀而降低柱效。

除了选择适宜的固定相，色谱柱的柱长、内径等的选择都会影响分离的效果。对柱长的选择主要取决于分离的需要，在其他条件一定的情况下，增加柱长对分离有利，但柱长的增加，会延长分析时间，增加色谱柱的压力，因此，在满足一定分离度的条件下（通常要求分离度 $R > 1.5$），尽可能选择短的色谱柱，一般填充柱的柱长为 $2 \sim 6m$，毛细管柱的柱长为 $15 \sim 30m$。实践证明，选择内径较小的柱管和较大的柱形曲率半径，可获得较高的柱效。毛细管柱的柱效比填充柱高，直形管和 U 形管的柱效比螺旋形管高。为了节约空间又保证柱长度，实际上使用的多为螺旋形柱，柱内径一般为 $2 \sim 4mm$。常用的毛细管柱的内径一般为 $0.25 \sim 0.32mm$。

2. 载气及其流速的选择

（1）载气种类的选择　选择载气时一般需要考虑载气对柱效的影响、检测器对载气的要求和载气的性质。根据速率理论，当载气流速较小，分子扩散 B/u 是色谱峰扩张的主要因素，此时应选用摩尔质量较大的载气，如 N_2、Ar，使待测组分在载气中扩散系数小。当载气流速较大，传质项（Cu）为控制因素，此时则应选用摩尔质量较小的载气，如 H_2、He，使待测组分在载气中扩散系数大，减小气相传质阻力，提高柱效。

（2）载气流速的选择　根据范第姆特方程，载气及载气流速对理论塔板高度（H）有明显影响。在色谱柱、待测试样和其他操作条件一定时，以在不同载气流速下测得理论塔板高度（H）与载气的线速度（u）作图，得 $H-u$ 曲线（图 4-7）。如 $H-u$ 曲线所示，在曲线的最低点，塔板高度最小（$H_{最小}$），此时柱效最高，对应有一个最佳的载气流速（$u_{最佳}$），最佳的载气流速（$u_{最佳}$）最终可由下式求得：

$$u_{最佳} = \sqrt{B/C} \qquad (4-4)$$

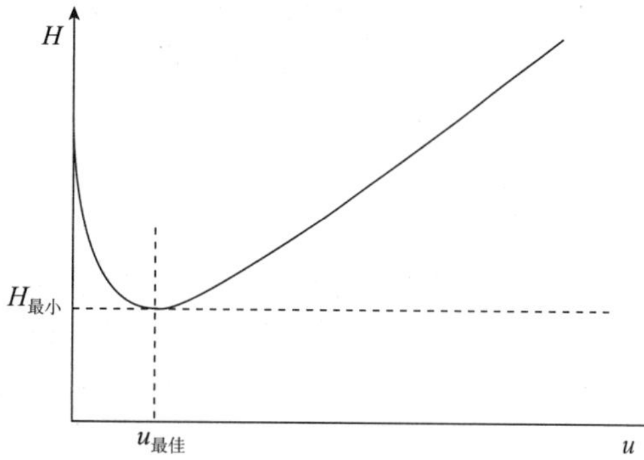

图 4-7　塔板高度与载气流速的关系

在实际工作中，为了加快分析速度，缩短分析时间，往往选择载气流速稍高于最佳流速。

3. 柱温的选择　气相色谱法中柱温是最重要的色谱操作条件，柱温的选择直接影响分离效能和分析速度。如提高柱温，可以改善气相和液相的传质阻力，提高柱效，但柱温过高，会加剧分子扩散，导致柱效下降。如降低柱温，可以提高色谱柱的选择性，但柱温过低，会使得组分的保留时间过长，色谱峰峰形变宽，柱效下降。柱温的选择还应考虑不能高于色谱柱的最高使用温度，否则会造成固定液的流失。

因此，在选择柱温时应综合考虑，选择原则是，在确保最难分离的组分有较好的分离度的前提下，尽可能地选择较低的柱温，同时确保各组分的保留时间适宜，色谱峰峰形不拖尾。具体操作温度的选择，应根据不同的实际情况和待测试样而定。

通常情况下，柱温一般选择为接近或略低于组分的平均沸点温度，然后再根据实际分离情况进行调整。对于低沸点（<300℃）试样，柱温可设置在比各组分的平均沸点温度低50℃至平均沸点温度的范围，固定液涂渍量为 5% ~25%。对于高沸点（300~400℃）试样，柱温可低于沸点 100~150℃，固定液涂渍量为 1% ~3%。对于各组分沸点范围较宽（沸程 >100℃）的试样，保存合适的恒温可能无法满足所有组分的分离，且可能造成低沸点组分出峰太快，高沸点组分出峰太慢甚至不出峰的情况。因此对于各组分沸点范围较宽（沸程 >100℃）的试样，宜采用程序升温的方法，即在一个分析周期内，按一定程序改变柱温，使不同沸点的组分均能在相应的合适温度下得到有效的分离。程序升温可以是线性的，也可以是非线性的。

4. 其他条件的选择

（1）汽化室温度　汽化室的温度需控制适当，使液体试样能迅速汽化后被载气载入到色谱柱中。通常根据试样的沸点、热稳定性和进样量来选择汽化室温度，在确保试样不分解的情况下，适当提高汽化室温度有利于分离和定量，尤其在进样量大的时候，需提高汽化室温度。对于热不稳定的组分，应尽可能选择低的汽化室温度，以防其分解；对于高沸点的热不稳定的组分，汽化室温度甚至可以低于其沸点温度。一般情况下，汽化室温度应比柱温高 30~70℃。

（2）检测器温度　检测器的温度一般与汽化室温度接近。为了确保色谱柱的流出物不在检测器中冷凝而污染检测器，一般情况下，检测器温度需高于柱温 20～50℃，如柱温是程序升温，则检测器的温度应高于最高柱温 20～50℃。

（3）进样时间和进样量　进样必须快速，通常进样时间在 1 秒以内。如进样时间过长，则色谱峰起始宽度大，峰形变宽甚至变形。气体试样进样量一般为 0.1～10ml，液体试样进样量一般为 0.1～5μl。进样量太小，可能造成低含量组分难以检出；进样量太大，则可能使色谱峰变宽，甚至重叠。最大进样量应控制在峰面积或逢高与进样量呈线性关系的范围之内。

二、定性分析

气相色谱法定性分析的任务是要确定色谱图中各个色谱峰分别都是什么物质，进而确定待测试样的组成。气相色谱法定性分析的主要依据是各个组分的保留值，再依据已知对照物或有关的色谱定性参考数据来对待测试样进行定性鉴别。气相色谱与质谱、红外光谱、核磁共振谱联用技术的发展，为未知试样的定性分析提供了新的手段。

1. 根据色谱保留值定性

（1）利用已知对照物定性

1）绝对保留值定性：对组成不太复杂的试样，分别将试样和已知对照物在同一色谱柱上用完全相同的色谱条件进行分析，在获得的色谱图上，直接对比已知对照物色谱峰和试样中组分的色谱峰的保留时间（t_R）或保留体积（V_R）是否相同，可对未知色谱峰进行初步定性。

2）增加峰高法定性：如果试样组分较复杂，色谱峰之间距离太近，或者操作条件不易控制稳定时，可将已知对照物加入到待测试样中混合进样，采用增加峰高法定性。将混合进样后的色谱图与待测试样单独进样时的色谱图进行比较，若某一待测组分的色谱峰峰高明显增加，则说明待测试样中可能含有已知对照物成分。

（2）利用文献数据定性

1）相对保留值定性：在没有已知对照物的情况下，或对一些组成比较简单的已知范围的混合物，可利用相对保留值（$r_{1,2}$）进行定性。对一定的待测组分与已知物而言，相对保留值（$r_{1,2}$）的大小取决于分配系数之比，即与组分的性质、固定液的性质及柱温有关，与固定液的用量、柱长、载气流速等因素无关。因此，许多色谱手册和文献登载有相对保留值。利用相对保留值定性，需先查手册或文献，根据相应的实验条件及所选用的标准物进行实验，求出相对保留值（$r_{1,2}$），再与手册或文献数据对比定性。采用相对保留值定性的缺点是只有一个标准物，离标准物色谱峰较远的组分，其相对保留值误差往往较大。

2）利用保留指数定性：许多色谱手册或文献都登载有各种化合物的克瓦兹（Kovats）保留指数，只要控制固定液和柱温条件与其相同，就能利用色谱手册或文献数据对待测组分进行定性。保留指数的准确性和重复性都较好（相对误差 <1%），因此，利用保留指数定性是气相色谱分析比较常用的定性方法。

2. 与其他方法结合定性

（1）利用"两谱"联用技术定性　把气相色谱作为分离手段，把质谱、核磁共振谱或红外光谱作为检测器，称为"两谱"联用。"两谱"联用是近代解决复杂未知物定性问题最有效的方法之一。其中，尤其是色谱－质谱联用，是近代最受重视的分离和鉴定未知物的手段。有关色谱－质谱联用的技术将在第十七章进行介绍。

（2）与化学方法结合定性　利用官能团的专属反应，带有某些基团的试样经过一些特殊试剂处理（柱前预处理等），由于生成了相应的衍生物，相应原组分的色谱峰可能会提前或延后出现甚至完全消失，比较处理前后的色谱图的差异，可对相应组分进行定性。也可以在柱后用化学试剂鉴定柱流出物，而对含有相应基团的组分进行定性。

3. 利用检测器的选择性定性　不同的检测器对各种物质的选择性和灵敏度是不同的。选择性检测器会对某一类物质特别敏感，响应值很高，因此可用来判定待测试样中是否含有该类物质。比如，电子捕获检测器只对含卤素、氧、氮等电负性强的组分有高的检测灵敏度；氢火焰离子化检测器对有机物灵敏度高；火焰光度检测器只对含有硫、磷的组分产生响应等。因此，利用不同的检测器可以对未知的待测试样大致进行分类定性。

三、定量分析

气相色谱用于待测组分的定量分析时，由于其具备高灵敏度、高分离度和线性范围宽的优势，因此它不仅能够分析从常量到痕量甚至超痕量的组分，而且相对于质谱、核磁共振谱等现代化分析仪器而言，气相色谱用于定量分析结果更为准确。

1. 定量分析的依据　在一定的操作条件下，待测组分 i 的质量（m_i）或浓度与检测器响应信号即色谱图上面的对应色谱峰的峰面积（A_i）[或峰高（h_i）]成正比（式 4-5），这是色谱定量分析的依据。

$$m_i = f_i A_i \qquad (4-5)$$

式（4-5）中，f_i 是定量校正因子。要进行准确的定量分析，除了各待测组分要获得好的分离度之外，还需要能够准确地测量峰面积（或峰高）；确定峰面积（或峰高）和组分含量之间的关系，即准确求出定量校正因子（f_i）；然后再选择合适的定量方法，将测得的组分的峰面积（或峰高）换算为待测组分在试样中的含量。

由于同一检测器对不同物质具有不同的响应值，即使两种物质的含量相等，在检测器上得到的响应信号（峰面积（A_i）或峰高（h_i））也不尽相同。为使峰面积（或峰高）能够正确反映出物质的含量，需在定量计算时引入校正因子。其作用是把混合组分中不同组分的峰面积（或峰高）校正成相当于某一标准物质的峰面积（或峰高），再通过这些校正之后的峰面积（或峰高）来对各组分的含量进行计算。

绝对校正因子（f_i）主要由仪器的灵敏度决定，受分析的操作条件影响也大，它不易被准确测定，因而无法直接应用。在实际的色谱定量分析中是采用相对校正因子（f_{is}）来进行校正和计算。相对校正因子（f_{is}）指某一组分 i 与标准物质 s 的绝对校正因子的比值，即

$$f_{is} = f_i / f_s = \frac{m_i / A_i}{m_s / A_s} \qquad (4-6)$$

根据待测组分 i 所使用的计量单位不同，校正因子又可分为质量校正因子、体积校正因子、摩尔校正因子。质量校正因子（式 4-6）是最常用的一种定量校正因子。

校正因子可以通过实验测得峰面积（或峰高），再根据公式计算。常用的校正因子也可以通过查阅色谱手册或相关文献获得。

2. 峰面积的测量　峰面积的测量直接关系到定量分析的准确度。不同形状的色谱峰，应采用不同的测量方法。随着分析检测仪器的发展，目前大部分的气相色谱仪都配置了自动积分仪或是色谱工作站，对各种色谱峰都能进行自动识别和切割，能根据响应信号的变化自动建立基线，并准确的测得峰面积和峰高；对小峰或是不规则峰也可测得准确的结果。利用自动积分仪或是色谱工作站对色谱峰进行数据处理快速简单，线性范围广，测量精度达 0.2% ~ 1%。所以，早期用手动测量并近似计算峰高、峰面积的方法现在已很少使用（近似计算峰高

峰面积的方法主要包括峰高乘半峰宽法、峰宽乘峰高法和峰高乘平均峰宽法，峰高乘半峰宽法适合于测量有适当宽度的对称峰，峰宽乘峰高法适合于测量矮而宽的色谱峰，峰高乘平均峰宽法适合于测量不对称峰）。

3. 常用的定量方法

（1）归一化法　归一化法是气相色谱常用的一种定量方法。待测试样中任一组分 i 的质量分数等于它对应的色谱峰峰面积在所有色谱峰总峰面积中所占百分比。当测量对象为峰面积时，归一化法的公式为

$$X_i(\%) = \frac{A_i f_i}{A_1 f_1 + A_2 f_2 + \cdots A_n f_n} \times 100\% \qquad (4-7)$$

式中，$X_i\%$ 为待测组分 i 的百分含量，A 为峰面积，f 为校正因子。归一化法操作简便，定量结果与进样量无关，载气流速等操作条件对定量结果影响小。但是归一化法要求试样中每一组分都能流出色谱柱，都能被检测器检测到，在色谱图中显示出色谱峰。该方法不适用于微量杂质组分的含量测定。

（2）外标法　外标法分为工作曲线法和单点法。用标准对照物配成一系列梯度浓度的标准溶液，在一定的操作条件下，定量进样，用峰面积（或峰高）对标准溶液的量或者浓度作工作曲线，并求出回归方程。然后再在同样的操作条件下分析待测试样，计算待测组分的质量分数，这种方法即为外标工作曲线法。通常工作曲线的截距近似为零，若截距偏大，则说明存在一定的系统误差。

若工作曲线线性良好，同时截距近似为零，也可用外标单点法定量。单点法是用待测物质（i）与某一浓度的该物质的标准对照溶液（s）进行比较分析。在完全相同的操作条件下进样分析，分别测得待测物质和标准对照溶液的峰面积，质量（m）和峰面积（A）之间关系如下

$$\frac{m_i}{m_s} = \frac{A_i}{A_s} \qquad (4-8)$$

若是待测物质（i）与标准对照溶液（s）进样体积相同，则由式（4-8）可推得式（4-9）。

$$C_i = \frac{A_i C_s}{A_s} \qquad (4-9)$$

即测得峰面积之后，待测物质（i）的浓度可按式（4-9）计算而得。

外标法不需要用到校正因子，常用于日常质量控制分析。用外标法定量要求准确进样，并且操作条件严格控制一致。

（3）内标法　气相色谱法由于进样量小，相对不易准确控制进样体积，在药物分析中多采用内标法定量。即使待测试样中的组分不能全部流出色谱柱或不能完全被检测器检测到，内标法也能对待测组分准确定量。

内标法是把一定量的纯物质作为内标物，加入到准确称量的待测试样中，根据待测组分和内标物的峰面积之比以及待测试样与内标物的质量，来计算待测组分的含量。组分在待测试样中的含量可按下式进行计算

$$X_i(\%) = \frac{m_i}{m} \times 100\% = f_{is} \frac{A_i m_s}{A_s m} \times 100\% \qquad (4-10)$$

式中，X_i 为 i 组分的含量，m 和 m_s 分别为待测试样和内标物 s 的质量，A_i 和 A_s 分别为待测组分 i 和内标物 s 对应的色谱峰峰面积，f_{is} 为待测组分 i 与内标物 s 的峰面积校正因子的比值。

内标物的选择必须满足以下要求：内标物必须是待测试样中不存在的组分；它必须能完全溶于待测试样中，它的色谱峰能与待测试样中的各个组分的色谱峰完全分离；加入的内标物的量尽

量与待测组分接近；其色谱峰的位置与待测组分接近，或在几个待测组分的色谱峰之间。

内标法定量的结果准确，由于是通过内标物与待测组分的峰面积的比值来进行定量，在一定程度上消除了进样量等操作条件的变化带来的误差。但是内标法中找到合适的内标物有一定难度，并且操作程序较为繁琐。

为了减少批量检测时内标法中称量和处理数据的繁琐，可用内标工作曲线法进行定量。配制一系列梯度浓度的标准溶液，分别取相同质量或相同体积的标准溶液加入等量的内标物 s，测得 i 组分和内标物 s 的峰面积（A_i 和 A_s），然后以 A_i/A_s 对标准溶液的浓度作工作曲线，即内标工作曲线，再求出回归方程。试样分析时，取与建立内标工作曲线时相同量的试样和内标物，测得相应峰面积，再根据内标工作曲线的回归方程，可计算出待测组分的含量。

如果内标工作曲线的截距近似为零，线性良好，可用内标单点法进行定量。在相同质量或相同体积的（某一浓度的）标准溶液和待测溶液中，分别加入相同量的内标物 s，分别进样分析，测得相应的色谱峰峰面积，再按下式进行计算待测组分的浓度：

$$C_{i未知} = \frac{(A_i/A_s)_{未知}}{(A_i/A_s)_{标准}} \times C_{i标准} \qquad (4-11)$$

（4）标准加入法　通常情况下，在难以找到合适的内标物时，还可以采用标准加入法进行定量。标准加入法即是在待测试样中加入一定量的待测组分 i 的标准对照物，检测增加标准对照物后组分 i 的峰面积的增量，再计算组分 i 的量：

$$m_i = \frac{A_i}{\Delta A_i} \Delta m_i \qquad (4-12)$$

式中，Δm_i 为标准对照物的添加量，ΔA_i 为组分 i 峰面积的增量。

还可以在待测试样的色谱图中选择一个参比峰 r，以组分 i 峰面积与参比峰 r 峰面积的比值替代组分 i 峰面积进行计算，这样可以消除进样量等操作条件的不稳定带来的误差。

$$m_i = \frac{A_i/A_r}{A_i'/A_r' - A_i/A_r} \Delta m_i \qquad (4-13)$$

式中，A_i 和 A_r 分别为待测试样进样时待测组分 i 和参比组分 r 的峰面积，A_i' 和 A_r' 分别为待测试样添加组分 i 的标准对照物后的峰面积。

第五节　气相色谱法的应用

气相色谱法可应用于分析气体样品，也可应用于分析易挥发或是能转化为易挥发物质的液体或固体样品；能分析检测有机化合物，也能检测部分无机物。理论上讲，沸点在 400 ℃以下的，对热稳定的物质都可以通过气相色谱法进行分析检测。

气相色谱法在药物分析和医学检验中应用广泛，包括应用于药物成分含量测定、质控分析、中成药中挥发性成分的检测、体内药物监测、药物代谢动力学研究、滥用药物分析等。在药典中，也是把气相色谱法列为药物检测的常用方法。但由于气相色谱法本身的局限，部分试样需经过衍生化处理才能对其进行分析检测。气相色谱法已广泛应用于人体或生物样品中生化项目的检测，如糖类、糖醇、甾体化合物、尿酸、胆汁酸、氨基酸、生物胺等等，在医学、临床检验中发挥着重要作用。例如，建立毛细管柱气相色谱法可以对伤湿祛痛膏中的樟脑和薄荷脑的含量进行测定（以正十五烷作为内标，选用 DB－WAX 石英毛细管柱（30mm×0.25mm，0.25μm）、FID 检测器、氮气为载气，操作条件：柱温130℃，检测器温度

200℃，分流比12∶1）；可以对穿龙薯蓣总皂苷中的薯蓣皂苷的含量进行测定（选用HP-1不锈钢毛细管柱，操作条件：柱温270℃，柱头压123.7kPa，汽化室温度330℃，载气（N_2）流速2.0ml/min，分流比40∶1）；可以对强力救心滴丸中的冰片含量进行测定（选用EC-WAX石英毛细管色谱柱（15m×0.53mm，12μm），操作条件：柱温110~180℃，初始温度110℃，保持1min，终止温度180℃，升温速度为3℃/min，汽化室温度220℃，检测器温度250℃，载气（N_2）流速5ml/min）。建立毛细管柱气相色谱法也可以对白芷多糖中的几种单糖组分进行分析，并研究白芷多糖中单糖的种类和组成比例（以三氟乙酸水解白芷多糖，再加入盐酸羟胺、吡啶和醋酸酐使其生成糖腈乙酸酯衍生物，再对系列衍生物进行气相色谱分析）。选用OV-101毛细管色谱柱（30mm×0.22 mm），操作条件：汽化室温度210℃，检测器温度240℃，柱温110~210℃，初始温度110℃，保持5min，以5℃/min升温速率升至190℃，保持4min，再以3℃/min升温速率升至210℃，保持20min）。此法可检出白芷多糖中含有的木糖、甘露糖、葡萄糖、阿拉伯糖、鼠李糖和半乳糖6种单糖（图4-8），并能对该6种单糖的构成比例进行计算。建立毛细管柱气相色谱法还能对全细胞脂肪酸进行分析，对分枝杆菌进行快速鉴定（图4-9）。该法选用安捷伦HP 6890气相色谱系统，包括全自动进样装置，石英毛细管色谱柱（HP-Ultra-2，25m）和FID检测器，操作条件：柱温170~310℃，初始温度170℃，以5℃/min升温速率升至260℃，再以40℃/min升温速率升至310℃，保持90s，汽化室温度250℃，检测器温度300℃，载气（H_2）流速2.0ml/min，尾吹气（N_2）流速30.0ml/min，柱前压10.0psi，进样量1μl，进样分流比100∶1。

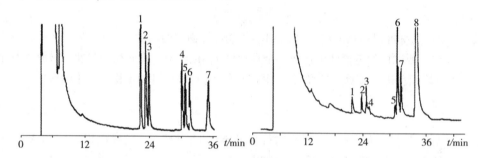

图4-8　混合标准单糖衍生物（左）及白芷多糖水解衍生化产物（右）气相色谱图

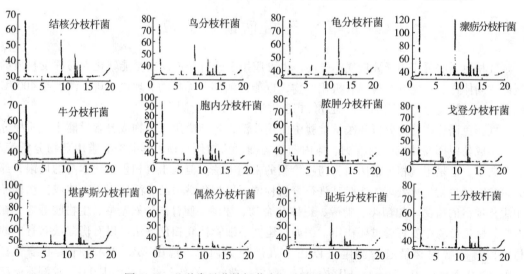

图4-9　几种常见分枝杆菌全细胞脂肪酸气相色谱图

近几十年来，由于气相色谱质谱联用技术的成熟和迅速发展，以质谱作为检测器的气相色谱分析方法迅速发展（见第十七章），并在药物分析和医学检验中发挥了重要作用。

本 章 小 结

本章内容主要包括了气相色谱仪的仪器结构与工作流程；气相色谱固定相的构成与气相色谱固定液的分类；气液色谱固定相的载体与固定液；气液色谱固定相固定液的要求、分类和选择原则等；气液色谱固定相的适用范围；气固色谱固定相种类与特点及其适用范围；气相色谱常用检测器的性能指标；热导检测器、氢火焰离子化检测器、电子捕获检测器的结构、检测原理、适用范围及其使用注意事项；色谱柱、载气、柱温等气相色谱分析条件的选择；气相色谱法定性与定量的依据与方法及其应用范围；气相色谱法在药物分析和医学检验中的应用。

练 习 题

一、单选题

1. 用气相色谱法分析检测氧气和氮气，宜选用的固定相为（　　）
   A. 分子筛　　　　　　　　　　B. 氧化铝
   C. 硅胶　　　　　　　　　　　D. 活性炭
2. 气相色谱法中，用于定性的色谱参数为（　　）
   A. 峰高　　　　　　　　　　　B. 峰面积
   C. 半峰宽　　　　　　　　　　D. 保留值
3. 与分离度直接相关的两个色谱参数为（　　）
   A. 保留时间和色谱峰面积
   B. 调整保留时间和载气流速
   C. 相对保留值和载气流速
   D. 保留值差和色谱峰宽
4. 已知 A、B、C 三种组分的分配系数 $K_A > K_B > K_C$，其混合样品经色谱分离后，它们相应的保留时间关系为（　　）
   A. A < C < B　　　　B. A > B > C　　　　C. B < A < C　　　　D. A < B < C

二、多选题

1. 程序升温法针对的待测样品通常是（　　）
   A. 同系物　　　　　　　　　　B. 同分异构体
   C. 沸点差异大的混合组分　　　D. 极性差异大的混合组分
2. 属于浓度型检测器的是（　　）
   A. 热导检测器　　　　　　　　B. 氢火焰离子化检测器
   C. 电子捕获检测器　　　　　　D. 火焰光度检测器

三、简答题

1. 在气液色谱中，对载气有什么基本要求？

2. 在气液色谱中，对固定液有什么基本要求？

3. 柱温是最重要的气相色谱操作条件之一，柱温对色谱分析有何影响？通常情况下，如何选择柱温？

4. 在气相色谱分析中，内标法是一种常用的准确度较高的定量方法，它具有哪些优点？

（曾　艳）

第五章　高效液相色谱法

第一节　高效液相色谱法的概述及其分类

高效液相色谱法（high performance liquid chromatography，HPLC）是采用高压泵输送流动相，高效填充剂作为固定相的现代新型液相色谱分离分析技术。

一、高效液相色谱法与其他色谱法的比较

1. 高效液相色谱法与经典液相色谱法的比较　高效液相色谱法起源于经典液相色谱法，但其性能优于经典色谱液相法，具体表现在：

（1）分离效率高　高效液相色谱法采用细颗粒固定相，一般粒度 $3 \sim 10\mu m$，粒度分布相对均匀，其 RSD 小于 5%，每米理论板数可达上万，甚至上百万。

（2）分析速度快　高效液相色谱法采用高压泵输送流动相，每分钟流速可达数毫升，一个样品的分析只需几分钟到几十分钟。

（3）测量灵敏度高　高效液相色谱法广泛采用高灵敏度检测器，如电化学检测器、紫外检测器、荧光检测器和质谱检测器等，最小检测量可达纳克级，甚至皮克级。

（4）自动化程度高　一些高端高效液相色谱仪配备自动进样装置，以及智能化的色谱工作站，在进行样品检测时，从进样、分离、信号采集、数据处理以及谱图打印全都是自动化。

2. 高效液相色谱法与气相色谱法的比较　高效液相色谱法采用了气相色谱法的理论研究和实验方法，与气相色谱法相比具有以下特点：

（1）应用范围广　样品一般在室温下进行分析，不需要气化，因此不受试样热稳定性和挥发性影响，只需将试样配制成溶液即可。

（2）流动相的选择范围广　高效液相色谱法流动相种类很多，有极性流动相和非极性流动相，有有机相流动相和水相流动相，流动相的极性和配比不同对分离选择性影响较大，因此，可以通过改变流动相的组成，分离不同性质的物质。

二、高效液相色谱法固定相的要求

高效液相色谱法的固定相包括固体固定相和液体固定相。固体固定相包括氧化铝、硅胶、聚酰胺、分子筛和高分子微球等；液体固定相包括早期机械性涂渍在载体表面的固定液和目前的化学键合相。不管是哪种固定相都应满足：①颗粒细小，粒度大小一般为几个微米，粒度分布均匀；②有较高的机械强度，能够耐高压；③传质阻力小，传质快；④化学稳定性好，不与流动相发生化学作用。

三、高效液相色谱法流动相的要求

高效液相色谱法对流动相的要求：①不能使用导致柱效降低的流动相；②为了防止堵塞流路，流动相应用微孔滤膜过滤除去尘埃微粒；③流动相对试样要有适当的溶解度，更换流动相时必须保证互溶；④为防止在色谱柱中或检测器中产生气泡而影响分离和检测，流动相应脱气；⑤为了降低色谱柱柱压，应多使用甲醇、乙腈等低黏度流动相；⑥流动相应与检测器匹配，如使用示差折光检测器时，流动相的折射率应与被测物质的折射率有较大差异。

四、高效液相色谱法的分类

1. 按照分离原理分类可分为分配色谱法、吸附色谱法、分子排阻色谱法、亲和色谱法、手性色谱法以及离子交换色谱法等。

2. 按照固定相的状态不同可以分为液液分配色谱法和液固色谱法，其中液液分配色谱法根据固定相与流动相极性不同，又分为正相分配色谱法和反相分配色谱法。

3. 按照固定相的种类不同可以分为非化学键合相色谱法和化学键合相色谱法，其中化学键合相色谱法是最常用的色谱法。

第二节　高效液相色谱法的范第姆特方程式

一、涡流扩散项

高效液相色谱法的涡流扩散项（eddy diffusion）含义与气相色谱法相同，但其固定相粒度比气相色谱法小，粒度分布均匀，多采用球形固定相，并采用均浆高压填充，故涡流扩散项很小。

二、分子扩散项

$$B/u = \frac{CdD_m}{u} \tag{5-1}$$

式中，D_m 为组分在流动相中的扩散系数；u 为流动相流速。

HPLC 的流动相是液体，液体的黏度比气体大，同时 HPLC 在常温下工作，其柱温与 GC 的柱温相比低得多，所以组分在液体中的扩散系数 D_m 比在气体中的扩散系数 D_m 小得多；再者

HPLC 的流速比 GC 的流速大。因此，在 HPLC 中分子扩散项非常小，可以忽略不计。

三、传质阻力项

HPLC 的传质阻力项包括三项：固定相传质阻力项（H_s），动态流动相传质阻力项（H_m）和静态流动相传质阻力项（H_{sm}），即：

$$Cu = H_s + H_m + H_{sm} \tag{5-2}$$

1. 固定相传质阻力项（stationary phase mass transfer resistance） 主要发生在分配色谱法中，与气液色谱法中液相传质项相同。

$$H_s = \frac{C_s d_f^2 u}{D_s} \tag{5-3}$$

式中，C_s 为与容量因子有关的常数；D_s 为组分在固定相中的扩散系数；d_f 为固定液涂层厚度，在 HPLC 中固定相采用化学键合相，d_f 为单分子层，故 H_s 可以忽略。

2. 动态流动相传质阻力项（dynamic mobile phase mass transfer resistance） 是由于同一流路中靠近固定相表面处流速较慢，而流路中心流速较快，那么流路中心流动相中的组分分子还没有与固定相进行质量交换就被流动相带走，造成比靠近固定相表面并与固定相进行质量交换的组分分子移动得快一些，从而引起色谱峰扩展。

$$H_m = \frac{C_m d_p^2 u}{D_m} \tag{5-4}$$

式中，C_m 为与固定相和填充柱有关的常数，d_p 为填充物颗粒平均直径，D_m 为组分在流动相中的扩散系数。

3. 静态流动相传质阻力项（static mobile phase mass transfer resistance） 由于固定相的多孔性，使部分组分分子随流动相滞留在固定相微孔内，并与固定相进行质量交换，使其比其他组分回到正常流路晚，同样引起色谱峰扩展。如果固定相的空隙越多，孔径越深，那么色谱峰的扩展就越严重。这也是主要影响因素。

$$H_{sm} = \frac{C_{sm} d_p^2 u}{D_m} \tag{5-5}$$

式中，C_{sm} 为与固定相的孔隙结构、容量因子和静态流动相所占流动相的体积分数有关的常数。

综上，HPLC 的范第姆特方程式为：

$$H = A + Cu = 2\lambda dp + \left(\frac{C_m d_p^2}{D_m} + \frac{C_{sm} d_p^2}{D_m} \right) u \tag{5-6}$$

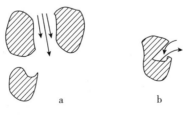

图 5-1 流动相的传质阻力示意图

a. 动态流动相传质阻力；b. 静态流动相传质阻力

减小高效液相色谱法塔板高度的有效方法为：①采用细小均匀的固定相，并采用均浆高压填充；②尽量使用甲醇、乙腈等低黏度流动相，并适当增加柱温；③改进固定相的结构，减小固定相的空隙和孔径，减小静态流动相传质阻力项，这也是提高柱效最关键的方法。

第三节　各类型的高效液相色谱法

一、液固吸附色谱法

（一）固定相

固体固定相绝大多数是具有吸附活性的吸附剂，按照结构可分为表面多孔型和全多孔微粒型两类。

1. 表面多孔型　又称薄壳珠，是在实心玻璃核外覆盖一层 $1 \sim 2\mu m$ 厚的多孔色谱材料而成。此类固定相孔层薄，透过性好，传质快，分析速度快，柱效高，但是比表面积小，载样量低，且要求使用高灵敏度检测器，故现已较少使用。

2. 全多孔微粒型　颗粒直径 $3 \sim 10\mu m$，包括球形和不规则型两种，球形常用。此类固定相孔层薄，比表面积大，载样量大，柱效高，适用于各类型高效液相色谱法，尤其适合于微量、痕量组分分析以及组成复杂的混合物分离。

（二）流动相

液固吸附色谱法的流动相常以弱极性的有机溶剂为主体，再加入极性较大的有机溶剂调节极性。流动相的极性可用 Snyder 溶剂极性参数 P' 表示。P' 越大，则溶剂的极性越强，洗脱能力越大；P' 越小，则溶剂的极性越弱，洗脱能力越小。这里选取了三种参考物质：质子接受体二氧六环、质子给予体乙醇和强偶极体硝基甲烷，其中二氧六环接受质子的能力用 X_e 表示，乙醇给予质子的能力用 X_d，硝基甲烷的偶极作用力用 X_n 表示，且 $X_d + X_e + X_n = 1$。用 K 表示罗胥那德极性分配参数，则纯溶剂的极性参数 P' 可表示为：

$$P' = \lg K_{二氧六环} + \lg K_{乙醇} + \lg K_{硝基甲烷}$$

$$X_d = \frac{\lg K_{二氧六环}}{P'} \qquad X_e = \frac{\lg K_{乙醇}}{P'} \qquad X_n = \frac{\lg K_{硝基甲烷}}{P'}$$

常用溶剂参数 P' 和选择性参数 X_d、X_e、X_n 见表 5 – 1。

表 5 – 1　常用溶剂参数 P' 和选择性参数

溶剂	P'	X_e	X_d	X_n	溶剂	P'	X_e	X_d	X_n
正戊烷	0.0				乙醇	4.3	0.53	0.19	0.29
正己烷	0.1				乙酸乙酯	4.4	0.34	0.23	0.43
苯	2.7	0.23	0.32	0.45	丙酮	5.1	0.35	0.23	0.42
乙醚	2.8	0.53	0.13	0.34	甲醇	5.1	0.48	0.22	0.31
二氯甲烷	3.1	0.29	0.18	0.53	乙腈	5.8	0.31	0.27	0.42
正丙醇	4.0	0.53	0.21	0.26	醋酸	6.0	0.39	0.31	0.30
四氢呋喃	4.0	0.38	0.20	0.42	水	10.2	0.37	0.37	0.25
三氯甲烷	4.1	0.25	0.40	0.33					

用色谱分离物质常常采用两种或两种以上的溶剂作为流动相，混合溶剂的极性参数为：

$$P'_{AB...} = P'_A \varphi_A + P'_B \varphi_B + ... \tag{5-7}$$

式中，P'_A、P'_B…为纯溶剂极性参数；φ_A、φ_B…为溶剂的体积分数。通过调节溶剂极性参数使被分离组分的容量因子 k 在 2～5 范围内。

Snyder 根据各溶剂 X_d、X_e、X_n 的相似性，将常用溶剂分为 8 组，见表 5-2。并得到溶剂选择性分类的三角形，如图 5-2 所示。

表 5-2　高效液相色谱法常用溶剂分组

组别	溶　剂
I	脂肪醚、四甲基胍、三烷基胺、六甲基磷酰胺
II	脂肪醇
III	吡啶衍生物、四氢呋喃、酰胺（除甲酰胺外）、乙二醇醚、亚砜
IV	乙二醇、苄醇、乙酸、甲酰胺
V	二氯甲烷、二氯乙烷
VI（a）	二氧六环、三甲苯基磷酸酯、聚醚、脂肪族酮和酯
（b）	砜、腈、碳酸亚丙酯
VII	芳烃、卤代芳烃、硝基化合物、芳醚
VIII	氟代醇、间甲苯酚、三氯甲烷、水

I 组是质子接受体溶剂，X_e 值较大；V 组是偶极中性物质，X_n 值较大；VIII 组是质子给予体溶剂，X_d 值较大。同一组中的各种溶剂作用力类型相似，所以分离选择性相似；不同组的溶剂选择性不一样，对同种物质分离效果不一样。

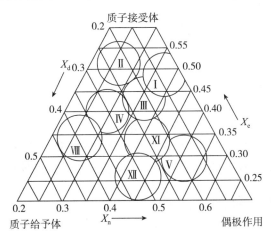

图 5-2　溶剂选择性分类的三角形

吸附色谱法选择流动相的原则是：极性强的试样选用极性大的流动相，极性弱的试样选用极性小的流动相。

二、化学键合相色谱法

（一）固定相

化学键合相色谱法的固定相由载体和固定液构成，载体惰性且多孔。固定液常用化学键合相（chemically bonded phase）。化学键合相是利用化学反应通过共价键将有机分子键合到载体表面，形成牢固、均一的单分子薄层。这是目前高效液相色谱法中使用最广泛的固定相。

1. 化学键合相的特点

（1）固定液与载体通过化学共价键结合，固定液不易流失，稳定性高，色谱柱使用寿命长。

（2）固定液为均一的单分子薄层，传质阻力小，传质快，柱效高。

（3）载体表面可以键合不同性质的基团，分离选择性高，适用于不同性质物质的分离。

（4）可用于梯度洗脱，重现性高。

（5）载样量大。

2. 化学键合相的分类

（1）根据固定液官能团与载体相结合的化学键类型，化学键合相可分为硅烷化键合反应生成的 Si—O—Si—C 型固定相，酯化键合反应生成的 Si—O—C 型固定相和硅氮键合反应的 Si—N 型固定相。其中，以硅烷化键合反应的 Si—O—Si—C 型固定相最为常用，其反应方程式为：

（2）按照固定液的极性，化学键合相分为极性键合相、中等极性键合相和非极性键合相。

①极性键合相　载体表面键合基团为—CN、—NH$_2$ 等，常用作正相色谱的固定相。氨基键合相中的氨基能与糖类化合物的羟基作用，故常用来分析糖类物质。但是，氨基是亲核基团，能与羰基发生亲核加成反应，所以氨基键合相不能用来分离还原糖、甾酮等含有羰基的化合物，同时流动相中也不能含有羰基的物质。氰基键合相中的氰基是质子接受体，能与不饱和键的化合物发生选择性作用，适合分离不饱和化合物的异构体。

②中等极性键合相　载体表面键合基团为醚基和二羟基，根据流动相的极性大小，此类固定相既可作正相色谱法的固定相，也可作反相色谱法的固定相。

③非极性键合相　载体表面键合基团为非极性烷基，如十八烷基（C$_{18}$）、辛烷基（C$_8$）以及苯基等非极性基团，用作反相色谱的固定相。其中十八烷基硅烷（octadecylsilane，ODS）是最常用的非极性键合相。

3. 化学键合相的性能　含碳量和覆盖度，对化学键合相进行元素分析，可以测得其含碳量，也就是载体表面基团的键合量。含碳量用百分数表示，如 ODS 键合相的含碳量在8% ～42%。此外键合量还可用覆盖度表示，覆盖度是指载体表面参与键合反应的硅醇基数目占载体表面硅醇基总数的百分比。在发生键合反应时，由于空间位阻的作用，使得载体表面硅醇基不能全部参加键合反应。硅醇基是极性基团，所以没有参与键合反应的硅醇基直接影响键合固定相的极性，尤其对非极性键合固定相影响特别大，不仅影响其疏水性，还对极性较大的物质或极性基团产生吸附作用。为了减小这种不利影响，在键合反应完成后还要用三甲基氯硅烷进行封尾处理。

4. 化学键合相的表示方法　化学键合相一般用代号表示，代号前面部分表示载体，后面部分为键合基团，如国产键合固定相 YWG – NH$_2$、YWG – C$_{18}$H$_{37}$，其中 YWG 表示载体为无定型硅胶，NH$_2$、C$_{18}$H$_{37}$分别表示键合基团为氨基、十八烷基；YQG – CN、YQG – C$_6$H$_5$，其中YQG 表示载体为球型硅胶，CN、C$_6$H$_5$分别表示键合基团为氰基、苯基。国外键合相 Zorbax – NH$_2$、Spherisorb – C$_{18}$H$_{37}$ 中 Zorbax、Spherisorb 都表示载体为球形硅胶；Lichrosorb – C$_8$H$_{17}$ 中的Lichrosorb 表示载体为无定型硅胶。

（二）正相键合相色谱法

正相键合相色谱法（normal bonded – phase chromatography）是指流动相极性比固定相极性小的键合色谱法。

1. 固定相和流动相 固定相通常采用极性键合相，有时也采用中等极性键合相，流动相常常采用烃类等非极性或弱极性有机溶剂为主体，加入醇、三氯甲烷、乙腈等极性较大的溶剂调节其极性。

2. 被分离物质 正相键合色谱分离能溶于有机溶剂的极性较大的非离子型化合物。氰基键合相常用来分离含不饱和键的化合物，其分离与硅胶相似，但其极性比硅胶小，如果色谱其他条件相同，相同物质在氰基键合相的保留时间小于硅胶柱的保留时间。很多用硅胶柱分离的物质可用氰基键合相代替。氨基键合相常用来分离糖类、甾体化合物、强心苷等物质，其性质与硅胶差异大，氨基键合相为碱性，硅胶为酸性。

3. 分离机制 正相键合色谱法的分离机制目前有两种观点：一种观点认为是液液分配色谱法机制，他们把键合固定相当成有机液膜看待，物质在固定相和流动相中的分配取决于分配系数的大小，分配系数大，保留时间长，分配系数小，保留时间短。另一种观点认为物质的分离主要借助于分子间的诱导力、定向力和氢键作用，如用氨基键合相分离含有苯环等可诱导极化的弱极性化合物时，主要靠诱导力；分离极性物质时，主要靠被分离物质与键合相间氢键作用。

4. 分离选择性 正相键合色谱法的分离选择性与液固吸附色谱相似，即增大流动相的极性，洗脱能力增加，保留时间缩短；反之，保留时间变长。梯度洗脱时，逐渐增大极性溶剂的比例。在被分离物质中，极性小的组分先出峰，极性大的组分后出峰。

（三）反相键合相色谱法

反相键合相色谱法（reverse bonded – phase chromatography）是指流动相极性比固定相极性大的键合色谱法。

1. 固定相和流动相 固定相通常采用非极性键合相，如十八烷基硅烷（ODS，C$_{18}$）、辛烷基（C$_8$）、苯基（C$_6$H$_5$）等，有时也采用中等极性键合相。其中 C$_{18}$ 是反相键合色谱法中最常用的固定相。流动相常常采用水或无机盐缓冲液作为主体，加入甲醇、乙腈、四氢呋喃等有机溶剂调节其极性。常用的流动相是乙腈 – 水、甲醇 – 水。两者相比，甲醇价格较低，毒性较小，黏度低，截止波长 205nm，能够满足绝大多数物质的分离，是反相键合色谱法常用的流动相；乙腈价格较贵，毒性较大，黏度较小，截止波长 190nm，适用于分离有末端吸收的物质。

2. 被分离物质 反相键合色谱适合分离非极性到中等极性的化合物。

3. 分离机制 反相键合色谱法的分离机制目前有多种观点，如双保留机制、顶替吸附 – 液相相互作用模型、疏溶剂理论等。下面简单介绍疏溶剂理论。

疏溶剂理论认为键合在载体表面的非极性键合相与极性流动相之间存在较强的排斥作用，即疏溶剂作用，同时非极性溶质分子或溶质分子的非极性部分与极性流动相之间也存在疏溶剂作用，产生排斥力，使其与载体表面键合的非极性固定相产生疏溶剂缔合。所以，溶质在固定相上的保留不是依靠分子间的色散力作用，而是主要借助于极性流动相的排斥作用。另一方面，疏溶剂缔合是可逆的，当流动相的极性减小或溶质的极性部分与极性流动相相互作用时，溶质又离开载体表面的键合相，即产生解缔合作用。那么溶质在固定相上的保留就取决于疏水缔合作用和和解缔合作用的强弱，疏水缔合作用强，解缔合作用弱，溶质在固定相上的保留作用就越强；反之亦然。

4. 反相键合色谱法的分离选择性

（1）溶质分子的结构　溶质极性越弱，疏水性越强，k 越大，t_R 也越大；同系物碳数越多，极性越弱，k 越大，t_R 也越大；溶质分子中引入极性取代基，降低疏水性，k 值变小，t_R 也越小，反之引入非极性取代基，增加疏水性，k 值变大，t_R 也越大。

（2）固定相　硅胶表面键合烷基的浓度越大，则溶质的 k 越大；键合烷基的碳链增长，疏水性增加，溶质的 k 也增大，如在色谱其他条件相同时，相同物质在 C_{18} 上的保留比在 C_8 上的保留要强。

（3）流动相　在反相键合色谱法中，流动相的洗脱能力用强度来表示，强度越大，洗脱能力越强，强度越弱，洗脱能力越弱。表 5-3 是部分溶剂的强度因子 S。

混合溶剂的强度因子可按下式计算：

$$S_{AB...} = S_A \varphi_A + S_B \varphi_B + ... \tag{5-8}$$

式中，S_A、S_B…为纯溶剂强度因子；φ_A、φ_B…为溶剂的体积分数。

表 5-3　反相色谱常用溶剂的强度因子（S）

溶剂	水	甲醇	乙腈	丙酮	二氧六环	乙醇	异丙醇	四氢呋喃
溶剂强度因子	0	3.0	3.2	3.4	3.5	3.6	4.2	4.5
组别	Ⅷ	Ⅱ	Ⅵ（b）	Ⅵ（a）	Ⅵ（a）	Ⅱ	Ⅱ	Ⅲ

在反相键合色谱里，水为弱溶剂，甲醇、乙腈为强溶剂。水的比例增加，甲醇、乙腈的比例减少，流动相的洗脱能力减弱，使溶质的 k 增大；甲醇、乙腈的比例增加，水的比例减少，流动相的洗脱能力增强，使溶质的 k 减小；在流动相中加入中性盐，使中性溶质的 k 增大。同时流动相的 pH 也影响弱酸、弱减的解离，流动相的 pH 降低，弱酸的 k 增大，t_R 增大；弱碱的 k 变小，t_R 减小。梯度洗脱时，逐渐增大洗脱能力较强的甲醇或乙腈的比例。

课堂互动

用高效液相色谱法分离苯和萘的混合物，固定相为 C_{18}，流动相为甲醇－水，其比例分别为 85：15、80：20 和 75：25，那么苯和萘的保留时间随流动相极性改变如何变化？如果流动相为甲醇－水（80：20），固定相分别采用 C_{18}、C_6、C_1，情况又如何？

三、反相离子对色谱法

反相离子对色谱法（reversed-phase paired ion chromatography，RPIC）是在反相色谱法中，将一种或几种与被测离子电荷相反的离子加入到含水流动相中，使其与被分析组分的离子结合生成疏水性离子对缔合物，增加溶质在非极性柱上的保留来改善分离效果，提高分离选择性。

1. 固定相和流动相　固定相常采用非极性键合固定相（如 C_{18}、C_8 等），流动相常采用甲醇－水、乙腈－水，在水中加入一定的离子对试剂，并加入缓冲盐调节流动相的 pH，使溶质全部离解成盐。

2. 被分离物质 反相离子对色谱法可用于分离离子型化合物或可离子化的物质，如药物中的儿茶酚胺类、生物碱类、抗生素类、维生素类等。

3. 反相离子对色谱法的离子对试剂 离子对试剂的种类对分离影响较大，一般根据分离样品的性质选择离子对试剂，如分析酸类物质常用四丁基胺磷酸盐（TBA）等四丁基季铵盐（PIC－A），分析碱类或带正电荷的物质一般用正戊烷基磺酸钠（PICB5）、正己烷基磺酸钠（PICB6）等烷基磺酸盐。相同浓度时，离子对试剂的碳链越长，溶质的分配系数越大；不同浓度的同种离子对试剂对分离影响也不一样，一般在低浓度时溶质的分配系数随离子对试剂浓度的增加而增大。

4. 分离机制 反相离子对色谱法的分离机制包括动态离子模型、离子对模型和离子相互作用模型等。下面以碱性药物（B）在非极性键合相 C_{18} 上的分离为例简单介绍一下离子对模型。

调节流动相的 pH 使碱性药物成盐（BH^+），然后加入带负电荷的反离子试剂烷基磺酸盐（RSO_3^-），生成不带电荷的离子对，增加了药物在固定相上的保留时间，提高了分离效果。其分离过程表示如下：

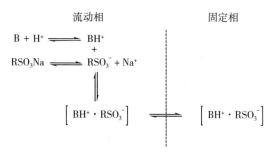

四、手性色谱法

在一些药物合成中产生的对映异构体除了光学性质不同外，具有完全相同的物理性质和化学性质，使用普通的化学键合相很难将它们分开。随着现代色谱技术的发展，出现了专门用来分离对映异构体的手性高效液相色谱法。手性色谱法（Chiral chromatography，CC）分离对映异构体的方法有三种：一是直接采用手性固定相，利用键合在载体表面的手性识别剂与对映异构体反应生成非对映异构体，然后再分离分析，如《中国药典》（2015 年版）测定奥沙利铂中的左旋异构体就是采用手性固定相进行测定。二是在流动中加入手性试剂，利用手性试剂与对映异构体发生反应生成非对映异构体，借助于非对映异构体理化性质的差异进行分离，如麻黄碱对映异构体和酮洛芬对映异构体的拆分。三是手性衍生化试剂法，此法是将对映异构体的样品与手性试剂反应生成非对映异构体，然后采用普通化学键合相进行分离。

五、键合型离子色谱法

键合型离子色谱法（bonding ion chromatography）是在经典离子交换色谱法的基础上发展起来的。经典离子交换色谱法是采用离子交换树脂作为固定相，用一定 pH 和离子强度的缓冲溶液作为流动相来分离核酸、蛋白质和氨基酸等生物大分子。但是只能使用紫外、荧光检测器，而这两种检测器对待测物质都有特殊要求；若使用通用型电导检测器，强电解质的流动相对检测信号产生严重影响，所以经典离子交换色谱法的使用受到一定限制。键合型离子色谱法是在离子交换分离柱后加一根抑制柱，抑制柱里的固定相与分离柱固定相电荷相反，试样通过分离柱后再进入抑制柱，这样可以大大减小强电解质流动相对检测信号的严重影响，于是就可以用通用型电导检测器直接检测物质。

1. 固定相　键合型离子色谱法的固定相是在载体硅胶表面键合各种离子交换剂，此类固定相虽然交换容量较小，但稳定性好，耐压，且柱效高。就其交换离子类型不同，可分为键合阳离子固定相（如磺酸型—SO_3H）和键合阴离子固定相（如季铵盐型—$\overset{+}{N}R_3Cl$）。根据 pH 不同，又可分为强酸、强碱型和弱酸、弱碱型，其中强酸、强碱型固定相的交换容量受 pH 限制较小，弱酸、弱碱型固定相的交换容量受 pH 限制较大。

2. 流动相　键合型离子色谱法的流动相常常用缓冲液水溶液，有时加入少量的甲醇、乙腈等有机溶剂。缓冲液的种类、浓度、离子强度和 pH 会影响溶质在固定相上的保留。

3. 被分离物质　键合型离子色谱法可用来分离糖类、氨基酸、无机阴阳离子以及有机阴阳离子等。

六、尺寸排阻色谱法

尺寸排阻色谱法（size exclusion chromatography，SEC），又叫分子排阻色谱法，其固定相是化学惰性的多孔物质凝胶，包括软质凝胶、半硬质凝胶和硬质凝胶。软质凝胶溶胀性大，不耐压，只能在常压下使用，用水作为流动相，如葡聚糖凝胶和琼脂糖凝胶。半硬质凝胶是二乙烯苯和苯乙烯的交联聚合物，稍耐压，以有机溶剂作为流动相，如交联苯乙烯。硬质凝胶是无机凝胶，如多孔玻璃和多孔硅胶，可以在较高压力和较高流速下使用，流动相可以是水溶液，也可以是有机溶剂。分子排阻色谱是根据物质分子大小来分离的，大分子受排阻不能进入凝胶微孔，最先流出凝胶柱，其次是中等分子，最后是小分子。

七、亲和色谱法

许多生物大分子与一些分子之间存在特异性亲和力，如抗原与抗体、蛋白质与其结合的维生素、酶与底物等。利用生物大分子与固定相表面的这种特异性亲和力来分离某类物质的方法就叫亲和色谱法（affinity chromatography，AC）。亲和色谱的固定相包括三部分：载体、间隔基手臂和配体，如图 5-3。

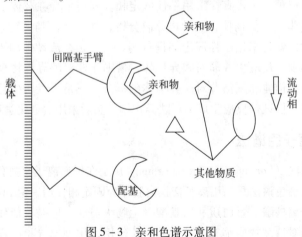

图 5-3　亲和色谱示意图

载体可以是多孔玻璃，也可以是凝胶，如琼脂糖凝胶、葡聚糖凝胶、聚丙烯酰胺凝胶等。间隔基手臂是 ω – 氨烷基化合物，其通式为 NH_2—$(CH_2)_n$—R，n 一般为 4～6。配体通过间隔基手臂以共价键键合到载体上。根据分离物质不同，键合的配体种类也不一样，如分离纯化蛋白质，则配体为氨基酸；分离纯化抗原，配体为抗体；分离纯化卵磷脂，配体为糖类。

第四节　高效液相色谱仪

高效液相色谱仪主要由输液系统、进样系统、色谱柱、检测系统和数据处理系统五部分组成，此外还包括辅助装置，如梯度洗脱装置、废液及组分收集装置。如图 5 – 4 所示。

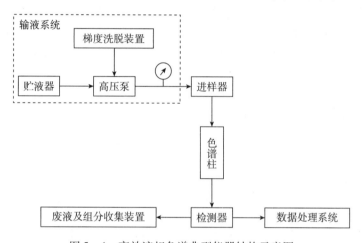

图 5 – 4　高效液相色谱典型仪器结构示意图

一、高压输液系统

高压输液系统包括贮液瓶、高压泵、脱气装置、过滤器、梯度洗脱装置和压力脉动阻尼器等，其中最重要的部件是高压泵。良好的泵应满足：输出压力高而平稳，输出流量恒定，可调范围宽；泵腔体积小，便于清洗和更换溶剂，能够进行梯度洗脱；密封性能好，耐腐蚀，保养维修简便，使用寿命长。高压泵分为恒压泵和恒流泵两类，其中应用最多的是恒压泵中的柱塞往复泵。其结构如图 5 – 5 所示。

柱塞往复泵工作原理是柱塞在转动凸轮的带动下在液缸内往复运动。当柱塞从液缸由内向外抽出时，入口单向阀打开，出口单向阀关闭，流动相被吸入液缸；当柱塞由外向内推进液缸时，入口单向阀关闭，出口单向阀打开，流动相被输出液缸，进入色谱柱。如此周而复始，使流动相不断进入到色谱柱。

HPLC 的洗脱方式有等度洗脱

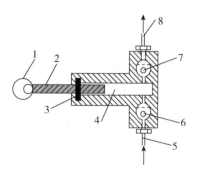

图 5 – 5　柱塞往复泵结构示意图
1. 转动凸轮；2. 柱塞；3. 橡胶垫；4. 液缸；5. 流动相入口；
6. 入口单向阀；7. 出口单向阀，8. 流动相出口

（isocratic elution）和梯度洗脱（gradient elution）。等度洗脱是指在洗脱过程中流动相的组成恒定，梯度洗脱是指在洗脱过程中流动相不断改变，包括组成和配比都在改变，它需要配有梯度洗脱装置。梯度洗脱分为低压梯度洗脱和高压梯度洗脱。低压梯度洗脱是在程序下比例阀将流动相按照要求混合均匀，然后通过高压泵输入到色谱柱；高压梯度洗脱是在程序下高压泵将流动相输入到混合器，混合均匀后再输入到色谱柱。梯度洗脱可以改善分离度，缩短分析时间，增大检测灵敏度。但重现性不如等度洗脱。

二、进样系统

进样系统是将样品溶液送入色谱柱的装置，要求死体积小，密封性和重复性好。HPLC 的进样方式有隔膜注射进样和六通阀进样两种，其中六通阀进样常用。六通进样阀手柄有两个位置：一是装样，用微量注射器将试样注入进样阀的定量环中，此时流动相没有流经贮样管，而是直接进入色谱柱；二是进样，将装样位置手柄旋至进样位置，定量环与流路接通，试样在流动相作用下进入色谱柱。进样体积由定量环的容积确定（一般为 20μl），为保证良好的重复性，每次进样体积不能小于定量环的容积。

较高级的高效液相色谱仪还配备有自动进样装置，分析样品的取样、进样、复位、清洗等操作全部按照既定程序自动进行。有的自动进样装置可以同时放置 120 个样品，尤其适合于批量分析。

三、色谱柱

色谱柱是 HPLC 的心脏，用直形不锈钢管制成，内壁高度抛光，填料细小均匀，采用高压匀浆装柱。分析型色谱柱长 10 ~ 25cm，内径 3 ~ 5mm，制备型色谱柱内径 25 ~ 40mm。HPLC 色谱柱价格较高，使用和保存应小心和注意。样品先要用微孔滤膜过滤，流动相 pH 在 2 ~ 8 之间，更换流动相要保证流动相的互溶性，防止盐析堵塞色谱柱的流路，每次实验结束应当用合适的溶剂仔细冲洗，且要取下色谱柱并将两端塞紧密封。此外，新购置的色谱柱应先用厂家规定的溶剂冲洗一段时间，方可用流动相平衡。为防止分析柱被污染或堵塞，有的色谱柱前端还装有保护柱，保护柱易受到污染，需要经常更换。

知识链接

流动相的 pH 应控制在 2 ~ 8 之间。当 pH 大于 8 时，可使载体硅胶溶解；当 pH 小于 2 时，与硅胶相连的化学键合相易水解脱落。色谱系统中需使用 pH 大于 8 的流动相时，应选用耐碱的填充剂，如采用高纯硅胶为载体，并具有高表面覆盖度的键合硅胶填充剂、包裹聚合物填充剂、有机－无机杂化填充剂或非硅胶基键合填充剂等；当需使用 pH 小于 2 的流动相时，应选用耐酸的填充剂，如具有大体积侧链能产生空间位阻保护作用的二异丙基或二异丁基取代十八烷基硅烷键合硅胶填充剂、有机－无机杂化填充剂等。

色谱柱的性能指标包括分离度、拖尾因子、理论板数、塔板高度和容量因子等，不同类型的色谱柱性能考察时所用的试样和流动相也不一样。如反相键合相色谱柱性能考察所用试样是萘、芴、硝基苯、尿嘧啶，对应流动相是乙腈－水（60：40）或甲醇－水（85：15）；也可以用甲苯、萘和苯磺酸钠，对应的流动相为甲醇-水（80∶20）。一般色谱柱的说明书会告之性能检测所用的试样和相应的流动相。

色谱柱的维护与保养

　　新购买的色谱柱先应按检验报告上测试条件和样品来测定其柱效。在使用过程中由于不溶物会堵塞色谱柱的流路，导致柱压增加。如果发现柱压急剧上升，极有可能是色谱柱流路堵塞，应根据实际情况进行修复，如使用缓冲盐流动相应用甲醇-水（10∶90）进行冲洗。然后断开检测器，用甲醇、乙腈等强极性溶剂冲洗残留的极性组分。如经过上述还操作还没有修复，可将色谱柱反方向连接，用小于0.5ml/min流速冲洗1h，压力会逐渐下降。色谱柱长时间不使用，须用合适的溶剂保存，如反相色谱柱用纯甲醇、乙腈保存，正相色谱柱用纯正己烷保存，离子换柱用含防腐剂叠氮化钠或硫柳汞的水保存。另外，色谱柱不能剧烈震动，尽可能使用低黏度试剂，样品和流动相均要用微孔滤膜过滤。

四、检测系统

　　检测系统的主要部件是检测器（detector）。检测器的作用是将色谱柱分离出组分的浓度或含量转变成电信号。按照应用范围，HPLC的检测器可以分为专属型和通用型两大类。专属型检测器包括紫外检测器、荧光检测器、电化学检测器等，其响应大小取决于溶质的物理或物理化学性质，只对某类物质产生特殊响应，对流动相几乎不产生响应，所以受外界干扰少，灵敏度高，可用于梯度洗脱。通用型检测器包括示差折光检测器、蒸发光散射检测器等，其响应大小不仅取决于溶质的物理或物理化学性质，还与流动相有关，所以受外界干扰大，灵敏度低，噪声和漂移较大，不适于痕量组分分析，也不适于梯度洗脱。

　　1. 紫外光检测器（ultraviolet detector，UVD）　灵敏度较高，线性范围宽，重现性好，不破坏样品，是HPLC中应用最广泛的一类检测器，但要求样品必须有紫外吸收，测定波长要大于溶剂的截止波长。

　　紫外检测器可分为固定波长检测器、可变波长检测器和光电二极管阵列检测器。其中固定波长检测器由于使用受限，现已被淘汰。可调波长检测器采用氘灯作为光源，检测波长在一定范围内连续可调，被测组分可以选择在最大吸收波长处测定。

　　光电二极管阵列检测器（photodiode array detector，PADA）是一种光学多通道检测器，发展于20世纪80年代，由1024个光电二极管阵列组成，每个光电二极管对应接受光谱上约1nm谱带宽度的单色光。其工作原理是氘灯发出的光聚焦后通过检测池，其透射光由全息光栅色散成不同波长的多色光，多色光按照波长顺序聚焦在二极管阵列上，产生与透射光强度成正比的光电流，并进行放大输出，瞬间实现物质在紫外区域的全波段扫描，获得物质光谱特征的三维色谱图，如图5-6所示，光谱图用于定性，色谱图用于定量。

　　2. 荧光检测器（fluorescent detector，FD）　是一类用来检测能够产生荧光的物质，灵敏度高，检测限低，可达到pg级，常用于痕量组分分析。外界因素变化对其响应影响较小，能用于梯度洗脱。但要求样品能够产生荧光。对于没有荧光的物质可通过衍生化处理使其产生荧光，从而扩大荧光检测器的使用范围。荧光检测器常用于酶、维生素、甾族化合物、氨基酸等药物及其代谢物质的分析。

3. 电化学检测器（electrochemical detector，ECD） 其特点是选择性好，灵敏度高。但要求高纯度的流动相具有导电性；流动相的流速、pH、离子强度等对其响应影响较大，故重现性差。电化学检测器用于检测既没有紫外吸收，也不产生荧光的电活性物质。

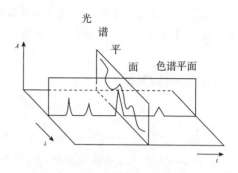

图 5-6 光电二极管阵列检测器的
三维光谱-色谱图

常用的电化学检测器有电导检测器（conductivity detector，CD）和安培检测器（ampere detector，AD）。电导检测器是利用物质在介质中电离后所产生的电导率变化进行检测。常常用作离子色谱法的检测器，用于检测离子，对分子无响应。安培检测器是在外加电压的作用下，通过被测物质在电极上发生氧化还原反应导致电流变化进行检测。安培检测器的灵敏度很高，检出限可达 10^{-12} g/ml，非常适合痕量组分分析。凡是能够发生氧化还原反应的物质如儿茶酚胺类药物、疏基化合物、羰基化合物、生物胺等都可以检测。

4. 示差折光率检测器（differential refractive index detector，RID） 是利用纯流动相和含有被测试样的流动相折光率的差异进行检测的，可以对空白溶液和样品溶液之间的折射率差进行连续检测，其示差值与样品浓度成正比。示差折光率检测器属于通用型检测器，常用在分子排阻色谱法中。但灵敏度低，不能用于梯度洗脱，需要严格控制温度。

5. 蒸发光散射检测器（evaporative light scattering detector，ELSD） 色谱柱分离出来的组分随流动相进入雾化室后，被雾化室内的高速气流（常用高纯度氮气）雾化，然后进入蒸发室，流动相被蒸发除去后，样品与载气形成气溶胶，进入检测室，用强光照射气溶胶产生散射光，通过散射光强度来测定组分的含量。这种检测器用于测定挥发性低于流动相的样品。缓冲盐不容易挥发，因而流动相中不能有缓冲盐。对有紫外吸收的组分检测灵敏度低，故蒸发光散射检测器主要用来测定高分子化合物、高级脂肪酸、糖类及糖苷等化合物。

知识拓展

变性高效液相色谱（denaturing high performance liquid chromatography，DHPLC）是在变性梯度凝胶电泳（DGGE）和单链构象多态性（SSCP）基础上发展起来的一种新的杂合双链突变检测技术，能够自动检测单碱基替代及小片段核苷酸的缺失或插入。其工作原理是：随着柱温升高，DNA 片段开始变性，低浓度的乙腈能将部分变性的 DNA 洗脱下来。由于同源双链 DNA 与错配的异源双链 DNA 的解链特征不同，在相同部分变性条件下，异源双链因有错配区的存在而更易变性，在色谱柱上的保留弱于同源双链，故先被洗脱下来，从而在色谱图中呈现双峰或多峰洗脱曲线。目前 DHPLC 可用于抗药基因突变检测、肿瘤杂合性缺失检测、DNA 微卫星鉴定、基因作图、细菌鉴定、RT－PCR 的竞争性定量、DNA 片段大小测定及寡核苷酸的分析和纯化等许多基因组研究领域。

五、数据处理系统

HPLC 的数据处理系统配有自动积分仪，自动计算峰面积，自动记录峰的保留时间，自动打印分析报告。

第五节　高效液相色谱法的定性与定量分析方法

一、高效液相色谱法的定性分析

与气相色谱法的定性相似，在采用保留值定性时，可以采用保留时间、保留体积、相对保留值以及已知物对照法，但没有保留指数定性。

二、高效液相色谱法的定量分析

定量分析方法包括内标法、外标法、面积归一化法、主成分自身对照法。其中内标法和外标法是常用的定量分析方法。采用内标法，可避免因样品前处理及进样体积误差对测定结果的影响。当采用外标法测定供试品中成分或杂质含量时，以定量环或自动进样器进样为好，因为微量注射器不易精确控制进样量。面积归一化法较少用，当用于杂质检查时，由于峰面积归一化法测定误差大，因此，通常只能用于粗略考察供试品中的杂质含量。除另有规定外，一般不宜用于微量杂质的检查。

外标法、内标法、面积归一化法与气相色谱章节中介绍的方法相同，下面主要介绍主成分自身对照法。

1. 加校正因子的主成分自身对照法　测定杂质含量时，可采用加校正因子的主成分自身对照法。建立此法时，按规定精密称（量）取杂质对照品和待测成分对照品各适量，配制测定杂质校正因子的溶液，进样，记录色谱图，计算杂质的校正因子。测定杂质含量时，按各品种项下规定的杂质限度，将供试品溶液稀释成与杂质限度相当的溶液作为对照溶液，进样，调节仪器灵敏度（以噪音水平可接受为限）或进样量（以柱子不过载为限），使对照溶液的主成分色谱峰高约达满量程的 10% ~ 25% 或其峰面积能准确积分（通常含量低于 0.5% 的杂质，峰面积的相对标准偏差应小于 10%；含量在 0.5% ~ 2% 的杂质，峰面积的相对标准偏差应小于 2%）。然后，取供试品溶液和对照品溶液适量，分别进样，供试品溶液的记录时间。除另有规定外，应为主成分色谱峰保留时间的 2 倍，测量供试品溶液色谱图上各杂质的峰面积，分别乘以相应的校正因子后与对照溶液主成分的峰面积比较，依法计算各杂质含量。

2. 不加校正因子的主成分自身对照法　测定杂质含量时，若没有杂质对照品，也可采用不加校正因子的主成分自身对照法。配制对照溶液并调节检测器灵敏度后，取供试品溶液和对照溶液适量，分别进样，前者的记录时间，除另有规定外，应为主成分色谱峰保留时间的 2 倍，测量供试品溶液色谱图上各杂质的峰面积并与对照溶液主成分的峰积比较，计算杂质含量。若供试品所含的部分杂质未与溶剂峰完全分离，则按规定先记录供试品溶液的色谱图 I，再记录等体积纯溶剂的色谱图 II。色谱图 I 上杂质峰的总面积（包括溶剂峰），减去色谱图 II 上的溶剂峰面积，即为总杂质峰的校正面积。然后依法计算。

在定量分析时，为了保证结果的准确性和重复性，需要进行色谱系统适用性试验，色谱系统适用性试验包括色谱柱的理论板数（n）、分离度（R）、重复性、拖尾因子（T）。

实例分析

实例：替硝唑片中替硝唑含量的测定

分析：《中国药典》2015 年版采用高效液相色谱法测定替硝唑片中替硝唑含量，其方法为外标法。在含量测定前先要进行色谱条件与系统适用性试验。

色谱条件与系统适用性试验 用十八烷基硅烷键合硅胶为填充剂；以 0.05mol/L 磷酸二氢钾溶液（用磷酸调节 pH 至 3.5）－甲醇（80：20）为流动相；检测波长为 310nm，理论板数按替硝唑计算不低于 2000，替硝唑峰与相邻杂质峰的分离度应符合要求。

测定法 取本品 10 片，精密称定，研细，精密称取适量（约相当于替硝唑 120mg），置于 100ml 量瓶中，加流动相适量，振摇使替硝唑溶解，用流动相稀释至刻度，摇匀，滤过，精密量取续滤液 5ml，置 50ml 量瓶中，用流动相稀释至刻度，摇匀，作为供试品溶液，精密量取 20μl 注入液相色谱仪，记录色谱图；另取替硝唑对照品适量，精密称定，加流动相溶解并定量稀释制成每 1ml 中略含 120μg 的溶液，同法测定，按外标法以峰面积计算即得。

本章小结

本章主要包括高效液相色谱法的概述及其分类、高效液相色谱法的范第姆特方程式、各类型的高效液相色谱法、高效液相色谱仪和高效液相色谱法的定性与定量分析方法等内容。

各类型的高效液相色谱法，包括液固吸附色谱法、化学键合相色谱法、反相离子对色谱法、键合型离子色谱法、手性色谱法、分子排阻色谱法和亲和色谱法等；高效液相色谱仪，包括高压输液系统、进样系统、色谱柱、检测系统和数据处理系统。

练 习 题

一、选择题

1. 在液－液分配色谱中，下列固定相/流动相的组成属于正相色谱的是（　　　）

    A. 甲醇/石油醚　　　　　　　　　　　B. 三氯甲烷/水

    C. 甲醇/水　　　　　　　　　　　　　D. 液状石蜡/正己烷

2. 在化学键合相色谱法中，选择不同类别的溶剂，可以改善分离度，主要原因是（　　　）

    A. 提高分配系数比　　　　　　　　　B. 保留时间增长

    C. 色谱柱柱效提高　　　　　　　　　D. 容量因子增大

3. 在高效液相色谱中，提高柱效能的有效途径是（　　　）

    A. 提高柱温　　　　　　　　　　　　B. 采用更灵敏的检测器

    C. 进一步提高流动相的流速　　　　　D. 改进固定相的表面结构

4. 在高效液相色谱中，梯度洗脱适用于分离（　　　）

    A. 沸点相近，官能相同的试样　　　　B. 分配比变化范围宽的试样

C. 沸点相差大的试样　　　　　　　D. 几何异构体

5. HPLC 速率理论与 GC 速率理论比较，哪一项可忽略（　　　）

A. 涡流扩散项　　　　　　　　　　B. 分子扩散项

C. 传质阻力项　　　　　　　　　　D. 都不是

二、简答题

1. 高效液相色谱法与经典液相色谱法和气相色谱法相比各有哪些特点？

2. 液高效液相色谱法中影响色谱峰展宽的因素有哪些？与气相色谱相比较，主要有哪些不同之处？

3. 正相键合色谱和反相键合色谱的保留机制分别是什么？

4. 指出苯、萘和蒽在反相键合色谱中的洗脱顺序，并结合相关知识说明原因。

5. 试比较正相键合色谱法与反相键合色谱法的定义、被分离物质性质、出峰顺序。

（余邦良）

第六章　毛细管电泳法

学习导引

1. **掌握** 毛细管电泳法的基本理论和基本术语；胶束电动毛细管色谱法；毛细管电泳柱效能指标。
2. **熟悉** 毛细管电泳的基本装置；影响分离效率的各因素及评价分离效果的参数。
3. **了解** 毛细管电泳法在药物分析中的应用及各种分离模式。

第一节　概　述

电泳（electrophoresis）指溶液中的带电粒子在电场驱动下，向带相反电荷的电极发生差速迁移这一现象。利用电泳现象对物质进行分离分析的方法叫电泳法。

毛细管电泳（capillary electrophoresis；CE）也称为高效毛细管电泳（high performance capillary electrophoresis；HPEC）是根据待分离样品中各组分的电荷、分子量、等电点、极性等特性不同所导致的样品中各组分之间淌度和分配行为上的差异，以毛细管为分离通道，高压直流电场为驱动力的新型液相分离分析技术。毛细管电泳是电泳和现代色谱相结合交叉的产物。

一、毛细管电泳法的发展

1808 年，俄国物理学家 Von Reuss 首次发现溶液中带电荷的离子在电场作用下发生差速迁移。

1937 年，瑞典科学家 Arem Tiselius 成功把电泳技术用于血清中白蛋白、α‑、β‑、γ‑球蛋白的分离，Arem Tiselius 由于对电泳技术发展和应用的杰出贡献而获得了 1948 年的诺贝尔化学奖。

1981 年美国乔更森（Jorgenson）和卢卡斯（Lukacs）在 $75\mu m$ 的石英管两端施加 30kV 的高压分离丹酰化氨基酸，克服了经典电泳中，焦耳热对分离的限制，得到每米高于 40 万理论板数的高柱效，标志着毛细管电泳成为一门新型分离分析技术，创立了现代毛细管电泳。

1984 年，Terabe 创建了胶束电动毛细管色谱法，使分离范围扩展到中性分子。

1987 年，Hjerten 及 Cohen 分别创建了毛细管等电聚焦和毛细管凝胶电泳。

二、毛细管电泳法的应用

毛细管电泳应用范围广，广泛应用于化学、生命科学、药学、环境科学、食品等领域。

如在化学领域中被广泛应用于有机、无机等小分子、离子测定；在医药学领域被广泛应用于蛋白质、多肽、糖、DNA 等生物大分子的分离分析，药物分子对映异构体的拆分，中性分子的分离，也使单细胞单分子的分析成为可能等等。甚至在 20 世纪 90 年代人类基因组测序工作中，阵列毛细管电泳也发挥了重要作用，使测序进程提前了四年，芯片毛细管电泳技术促进了微全分析系统分析技术的发展。

三、毛细管电泳法的特点

由于毛细管电泳是电泳和现代色谱相结合交叉的产物。因此毛细管电泳法具有分离效率高，分析速度快；仪器简单、操作方便，所需样品量小；运行成本低，消耗少，对环境友好；分离模式多样化等特点。

和高效液相色谱相比较：①毛细管电泳柱效更高，理论板数可达 $10^5 \sim 10^6/m$；分析时间更短；试样用量更少，仅需纳升级试样就可；对环境污染小，常用水溶液；运行成本更低，不需要高压泵；选择性高，可通过选择操作模式和缓冲溶液的成分以达到对性质不同的成分的有效分离。②毛细管电泳迁移时间的重现性较高效液相差，灵敏度较低，且不具备制备性的分析。

和传统的电泳法相比，由于将散热性能高的毛细管作为分离通道，克服了高压施加于分离通道引起的焦耳热，从而极大提高了理论板数，使分离效果更佳。

四、毛细管电泳的分类

高效毛细管电泳按管中有无填充物可分为空管和填充管毛细管电泳。空管毛细管电泳根据分离模式又分为毛细管区带电泳、胶束电动毛细管色谱、毛细管等电聚焦、毛细管等速电泳等；填充管毛细管电泳又可分为毛细管凝胶电泳、毛细管电色谱等。

按分离机制可分为电泳型、色谱型、色谱和电泳结合型。

第二节 电泳基本原理

电泳同色谱分析法原理相类似，电泳利用电场中不同离子迁移速度不同进行分离。

一、电泳和电泳淌度

(一) 电泳和电泳速度

带电荷粒子在施加有外加电场的溶液中，阳离子向阴极移动，阴离子向阳极移动，离子在移动过程中同时受电场力和摩擦力的影响。对于电量为 q 的离子，在电场中运动时所受电场力 F_E 大小等于外加电场强度 E 与有效电荷 q 的乘积：$F_E = qE$；而离子在溶液中移动时所受阻力 F_F，即摩擦力，其大小等于摩擦系数 f 与带电粒子在电场中的迁移速度 u_{ep} 的乘积：$F_F = fu_{ep}$。平衡时溶液中电场力与摩擦力大小相等，方向相反，即 $qE = fu_{ep}$。摩擦力受介质黏度，带电颗粒的大小、形状的影响。

对球形颗粒来说：$f = 6\pi\eta\gamma$，则
$$u_{ep} = \frac{qE}{6\pi\eta\gamma} \qquad (6-1a)$$

对于棒状颗粒则：$f = 4\pi\eta\gamma$，则
$$u_{ep} = \frac{qE}{4\pi\eta\gamma} \qquad (6-1b)$$

式中，η 为介质黏度；γ 为离子的流体动力学半径。由式 (6-1a) (6-1b) 可看出，电泳速度与离子所带电荷成正比，与介质黏度、离子的流体动力学半径成反比。

(二) 电泳淌度

在毛细管电泳中，从进样点到检测器的毛细管长度就是毛细管的有效长度 (effective length；L_d)，而毛细管的实际长度称为毛细管的总长度 (L)，电场强度 (E) 大小与毛细管的总长度有关，大小为施加电压 (V) 与总长度 (L) 之比。

$$E = \frac{V}{L} \tag{6-2}$$

电泳速度 (u_{ep}) 指在单位时间内，带电粒子在毛细管中定向移动的距离，也称为迁移速度。带电离子在单位电场强度下的迁移速度称为淌度 (Mobility)。电泳淌度 (electrophoresis mobility；μ_{ep}) 也称为电泳迁移率，指单位电场强度下，带电粒子的平均迁移速度 (下标 ep 表示电泳)。离子在溶液中的迁移速度 u_{ep} 与电泳淌度 μ_{ep}、电场强度 E 之间的关系可用式 (6-3) 表示：

$$\mu_{ep} = \frac{u_{ep}}{E} = \frac{u_{ep}L}{V} \tag{6-3}$$

电泳淌度的单位为 $m^2/(V \cdot s)$。

在空心毛细管柱中一个球形粒子电泳淌度可表示为：

$$\mu_{ep} = \frac{q}{6\pi\eta\gamma} = \frac{\varepsilon\zeta_i}{6\pi\eta} \tag{6-4a}$$

而一个棒状粒子电泳淌度可表示为：

$$\mu_{ep} = \frac{q}{4\pi\eta\gamma} = \frac{\varepsilon\zeta_i}{4\pi\eta} \tag{6-4b}$$

式中，ε 为介质的介电常数；ζ 为粒子的 Zeta 电势；η 为介质黏度。

Zeta 电势的大小和粒子表面的电荷密度、粒子的摩尔质量有关，粒子表面电荷越大，质量越小，Zeta 电势越大。因此，不同粒子由于表面电荷密度不同而以不同速率在电介质中移动从而得以分离。

在实际溶液中，溶质分子的解离程度、离子活度系数均对带电粒子的淌度有影响，这时的淌度称为有效淌度 μ_{eff}：

$$\mu_{eff} = \sum \alpha_i \gamma_i \mu_{ep}$$

式中，α_i 为样品分子的第 i 级解度；γ_i 为活度系数或其他平衡离解度。当溶液无限稀释时测得的淌度称为绝对淌度，用 μ_{em}^0 表示。

由此可见，带电粒子的电泳速度除与电场强度、介质特性有关外，还与粒子的离解度、电荷数、粒子的形状大小有关系。

二、电渗流

(一) 电渗和电渗淌度

电渗 (electroosmosis) 指毛细管中的溶液在电场作用下相对于毛细管壁发生定向迁移或流动现象。

石英毛细管壁上的硅醇羟基—Si—OH 在 pH >3 的缓冲溶液中离解成硅醇基负离子—Si—O⁻，硅醇基负离子使毛细管内表面带负电荷，吸引溶液中的水合阳离子形成双电层，根据双电层模型，靠近毛细管壁的第一层为紧密层或称为 Stern 层；靠毛细管中央的一层称为扩散层。当毛细管两端施加外加电压时，在电场作用下，扩散层的阳离子向阴极运动使紧密层与扩散层的滑动面上发生固液两相的相对运动，滑动面和本体溶液间的电势差称为 Zeta 电势（Zeta potential；ζ）（图 6 - 1）。

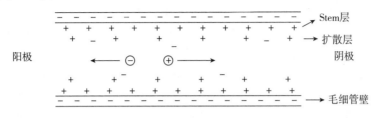

图 6 - 1　电渗流示意图

双电层中阳离子向阴极运动，由于离子是溶剂化的，扩散层的阳离子在电场中向阴极迁移时会携带溶剂一起向阴极迁移，这种管内溶液在外加电场作用下，相对于管壁整体向一个方向移动的现象就叫电渗流（electroosmotic flow；EOF）。单位电场强度下的电泳速度称为电渗淌度或电渗率（μ_{os}），电渗速度 u_{os} 与外加电场强度、电渗淌度关系如下：

$$u_{os} = \mu_{os}E = \frac{\varepsilon\zeta_{os}}{4\pi\eta}E \tag{6-5}$$

式中，μ_{os} 为电渗淌度或电渗率；ζ_{os} 为毛细管壁的 Zeta 电势；ε 为介质的介电常数；η 为介质的黏度。

电渗流的方向取决于毛细管壁内表面所带的电荷，毛细管壁内表面带负电荷，则双电层带正电荷，在外电场作用下，电渗流向阴极迁移；毛细管壁内表面带正电荷，则双电层带负电荷，在外电场作用下，电渗流向阳极迁移。一般情况下，毛细管壁在大多数水溶液中都带负电荷：如石英毛细管和玻璃毛细管由于表面带硅羟基，离解产生硅醇基负离子—Si—O⁻ 而带负电荷；聚四氟乙烯和聚苯乙烯等有机材料也因表面残留的羧基而带负电荷。因此，溶液中产生的电渗流通常向阴极移动。

若要使电渗流向阳极方向移动则需要在溶液中加入含大量阳离子的表面活性剂作为电渗流反转剂或者对毛细管进行改性：表面活性剂的阳离子通过静电作用吸附在毛细管内壁上，使毛细管内壁带上正电荷，溶液带负电荷，电渗流流向阳极；而对毛细管进行改性则是在毛细管内表面键合阳离子基团使电渗流方向发生改变，流向阳极。

（二）电渗流的影响因素

电渗流的大小受电场强度、Zeta 电势、毛细管材料、电解质溶液、温度、加入添加剂等的影响：

（1）电渗流速度和电场强度成正比，当毛细管长度一定时，电渗流速度正比于工作电压。

（2）Zeta 电势越大电渗流值越大。

（3）毛细管材料也对电渗流有影响，因为不同材料毛细管的表面电荷特性不同，因此产生的电渗流大小也不同。

（4）电解质溶液对电渗流的影响如下：①溶液的 pH 大小影响电渗流的大小，如在石英毛细管中，当溶液 pH 升高时，毛细管表面电离变大，电荷密度增加，管壁 Zeta 电势增大，电渗流增大。当 pH = 7 时电渗流值达到最大，而 pH < 3 时，毛细管壁完全被氢离子中和，表面呈电中性，电渗流为零。因此分析时，常加入缓冲溶液来维持溶液 pH 的稳定。②阴离子的多少

对电渗流值大小也有影响。当其他条件相同时，浓度相同而阴离子不同时，毛细管中的电流有较大差别，产生的焦耳热不同；缓冲溶液中，离子越多离子强度越大，而离子强度增加，电渗流会下降；此外离子的多少，还影响双电层的厚度、溶液的黏度和工作电流，一般来说溶液黏度越小、介电常数越大、双电层越薄则电渗流值越大。

（5）温度对电渗流也有影响，当毛细管内的温度升高时，溶液的黏度会下降，电渗流则增大。而温度变化主要来自于毛细管中溶液中有电流通过时产生的热量，常称为自热或焦耳热。

（6）当溶液中加入不同添加剂时，对电渗流的影响也不相同：如在缓冲溶液中加入较大浓度的中性盐时会使溶液离子强度增大，从而使溶液的黏度增大，电渗流减小；若加入如甲醇、乙腈等有机溶剂时电渗流增大；当加入不同表面活性剂时可使电渗流的大小和方向改变：如加入十二烷基硫酸钠（SDS）等阴离子表面活性剂时，会使毛细管内表面负电荷增加，Zeta电势增大，电渗流增大；也可加入不同阳离子表面活性剂来控制电渗流。

通常情况下，电渗的速度都比电泳速度大一个数量级，一般电渗速度是电泳速度的 $5 \sim 7$ 倍，因此在溶液中，不管正离子、负离子还是中性分子，在电渗流的作用下，均向一个方向移动。

（三）表观淌度

由于在毛细管电泳中，同时存在电渗流和电泳流，因此粒子不考虑相互作用前提下，粒子的迁移速度是两种速度的矢量和，而粒子被观察到的淌度是粒子的有效淌度和缓冲溶液电渗淌度的矢量和，称为表观淌度（apparent mobility；μ_{ap}）用公式（6-6）表示：

$$\mu_{ap} = \mu_{os} + \mu_{eff} \tag{6-6}$$

粒子的表观迁移速度（apparent velocit；u_{ap}）可用公式（6-7）表示：

$$u_{ap} = u_{os} + u_{ep} = (\mu_{os} + \mu_{ep})E = \mu_{ap}E \tag{6-7}$$

μ_{ap} 和 u_{ap} 是由实验测得的粒子的实际淌度和迁移速度，可分别通过式（6-8）和式（6-9）计算：

$$u_{ap} = \frac{L_d}{t_m} \tag{6-8}$$

$$\mu_{ap} = \frac{u_{ap}}{E} = \frac{u_{ap}L}{V} = \frac{L_d L}{t_m V} \tag{6-9}$$

式中，L 为毛细管的总长度；L_d 为毛细管的有效长度（effective length；L_d）；V 为外加电压；t_m 为迁移时间（migration time；t_m）：指溶质从进样点迁移到检测器所需要的时间，即流出曲线最高点所对应的时间。迁移时间 t_m 和淌度 μ_{ap} 与毛细管的有效长度有关，电场强度则与毛细管的总长度有关。

当从毛细管的正极端进样，负极端检测时，由于粒子所带电荷不同，其表观淌度也不相同，分离后出峰的顺序也不相同。

图 6-2　不同离子在毛细管中的出峰顺序

由图 6-2 可以看出，溶液中阳离子电渗流和电泳流方向一致，移动速度最快，阴离子电渗流和电泳流方向相反，移动速度最慢，而中性分子与电渗流速度相同，故分离后出峰顺序为阳离子、中性分子、阴离子。由于所有中性分子和电渗流的速度均相同，故中性分子一般情况下不能分开。

第三节　高效毛细管电泳装置

毛细管电泳装置由进样系统、分离系统、检测系统、数据处理系统四大部分所组成，如图6-3所示。

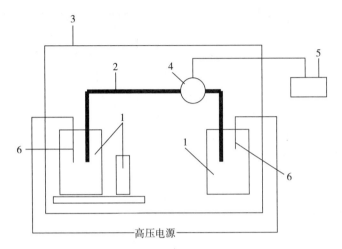

图6-3　毛细管电泳仪示意图

1. 电解液槽及进样系统；2. 毛细管；3. 恒温系统；4. 检测器；5. 记录和数据处理系统；6. 铂电极

一、进样系统

毛细管的柱体积很小，整个进样系统和检测系统需要体积只能是纳升级或更少，因此一般采用无死体积进样，即毛细管直接与样品溶液接触，通过重力、电场力或其他驱动力等驱动样品进入毛细管中，并通过控制驱动力的大小或进样时间来控制进样量的多少。进样方式主要有压差进样、电动进样和扩散进样三种方式。

1. 压差进样　压差进样也称为压力进样或流体流动进样，毛细管中的流体具有流动性，当毛细管置于两种不同压力环境中时，会在毛细管的两端产生一个压力差，样品溶液在压差作用下进入毛细管。压差进样又分为正压力进样、负压力进样和虹吸进样。

虹吸进样指将毛细管入口端样品瓶升高，则入口端和出口端有一液面差，会产生虹吸作用，样品在虹吸作用下进入毛细管。

在样品瓶中施加正气压，将样品压入毛细管称为正压力进样；而把毛细管出口端抽成真空，毛细管进口端插入待测溶液则样品由于压差从进口端进入毛细管则称为负压力进样。二者进样量Q_{in}大小可通过经验公式式（6-10）进行计算：

$$Q_{in} = \frac{c_0 \pi r^4}{8\eta L}(\Delta P)t \tag{6-10}$$

式中，L为毛细管的长度；ΔP为毛细管两端的压力差；t为进样时间；c_0为待测样品浓度；r为毛细管的内径；η为管中溶液的黏度。因此待测样品浓度越大，毛细管两端压差越大，进样时间越长，进样量越大；相同条件下，溶液的黏度越小，进样量也越大。

压力进样由于没有施加外加电场，因此没有组分偏向问题，进样量和组分基质无关，样品及背景都同时进入毛细管中，没有组分歧视，选择性差。大多数毛细管电泳仪利用压缩气体实现正压进样，并与毛细管清洗系统共用。

2. 电动进样　电动进样指将毛细管入口端放入样品瓶中并在毛细管两端施加一定电压，毛细管中会产生电渗流，样品在电渗流和电迁移作用下进入毛细管。电动进样量 Q_{in} 满足如下关系：

$$Q_{in} = c_0 Q_V = c_0 \pi r^2 u_{ap} t = c_0 \pi r^2 \mu_{ap} E t \tag{6-11}$$

Q_V 为样品进入毛细管内的体积，由式（6-11）可看出，通过控制电场强度的大小和进样时间长短可控制进样量的大小。

电动进样时，样品基质对分离的干扰小，但是由于混合样品中，各组分的电泳淌度不一样，各组分进入毛细管时迁移速率就不一样，从而进入毛细管的量就不一样，当从正极进样时，阳离子迁移速度比阴离子快，进入毛细管的阳离子量要大于阴离子，从而使进入毛细管中的样品组成与原来样品溶液不同，会降低分析结果的准确性和可靠性，这就是所谓的电歧视现象；另外也可能造成离子丢失，淌度大且与电渗流方向相反的离子可能进不去。因此电动进样需要经过校正。电动进样方式适合黏度大的试样。

3. 扩散进样　除了压力进样和电动进样，还可以利用浓差扩散的原理进行进样。当毛细管插入试样溶液中时，组分分子在毛细管口界面有　浓度差，从而扩散进入毛细管中。进样量可用式（6-12）表示：

$$Q_{in} = 400 c_0 \pi r^2 \sqrt{2Dt} \tag{6-12}$$

D 为溶质分子的扩散系数，进样量由扩散时间控制，且对管内介质没有任何限制。

二、分离系统

毛细管电泳分离系统由高压电源、毛细管柱、缓冲溶液、恒温系统所组成。

1. 高压电源　高压电源为分离提供动力，是毛细管电泳分离体系中的重要组成部分，商品化仪器一般采用 $0 \sim 30 kV$ 的可调直流高压电源，大部分的电源都配有输出极性转换装置，以便根据需要选择正电压或负电压。盛装缓冲溶液的电极槽通常是带螺帽的绝缘的塑料瓶或玻璃瓶。仪器必须接地，在操作过程中要注意高压的安全防护。

2. 毛细管柱　毛细管柱是分离通道，是毛细管电泳的核心部件。毛细管柱必须是化学和电惰性的，且能透过紫外光和可见光，通常由玻璃、石英、聚四氟乙烯等组成，目前普遍采用的是外面涂有耐高温涂料的弹性熔融石英毛细管，这种毛细管具有杂质少、非氢键吸附少、弹性好等优点。

毛细管内径的选择需要考虑分离效率和检测灵敏度，内径越小，分离效率越高，但是内径越小，进样量也越少，检测器的灵敏度要求也越高。因此需要选择合适内径的毛细管。毛细管内径一般在 $25 \sim 75 \mu m$ 之间。

一般说来，在电场强度恒定的情况下，同色谱分离一样，理论板数随毛细管柱长度增加而增加，但是为使电场恒定，增加毛细管的柱长时必须增加操作电压，电压增大，自热增强，谱图展宽，柱效降低，所以必须控制毛细管的长度在一个合适的范围，一般控制其有效长度在 $30 \sim 70 cm$，凝胶柱在 $20 cm$ 左右。

毛细管电泳通常采用柱上检测，需将检测点外涂层刮去，使光线能透过窗口，检测到样品。此外毛细管壁对蛋白质等有较大的吸附作用，需要用涂敷、化学键合或交联等方式对毛细管壁进行改性达到阻止管壁对蛋白质的吸附作用的目的。通过改性甚至会抑制或反转电渗流。

未涂渍的毛细管在第一次使用之前应清洗毛细管内壁并用 5～15 倍体积的稀 NaOH 溶液活化，再分别用 5～15 倍体积的水和运行缓冲溶液冲洗。

3. 缓冲溶液　缓冲溶液的选择要注意：①由于电解引起的 pH 微小变化会导致实验重复性变差，因此需控制缓冲溶液 pH 在电解质的 pK_a 左右，即缓冲容量范围内，此时具有较好的缓冲能力；②选择分子量大，电荷小的缓冲溶液，会因为淌度低从而减小电流的产生；③选择在检测波长处，无吸收或吸收较低的缓冲溶液；④选择合适 pH 的缓冲溶液，为达到有效进样和有适宜电泳淌度的目的，缓冲溶液的 pH 至少比被分析物质等电点低或高一个 pH 单位；⑤缓冲盐的浓度要合适，浓度太低实验不稳定且重复性差，浓度太高会使焦耳热增高，分离效率低且电渗流会降低导致分析时间延长；选用与溶质电泳淌度相近的缓冲溶液减小电分散作用所引起的区带展宽；⑥化学惰性，机械稳定性好。

同时缓冲溶液的选择需根据样品的性质而不同：如酸性组分可选择碱性介质缓冲溶液；碱性组分可选择酸性介质缓冲溶液；两性组分如蛋白质、氨基酸、多肽等则既可以选择酸性介质缓冲溶液，也可以选择碱性介质缓冲溶液。

4. 恒温系统　当温度变化时，溶液的黏度发生变化，迁移时间也发生变化，则不易获得迁移时间的重现性，因此毛细管电泳系统需要在恒温条件下使用，可采用空气恒温或液体恒温控制焦耳热。

三、检测系统

同 HPLC 检测器相类似，检测器是在毛细管电泳系统中的核心部件之一，由于毛细管内径一般在 25～75μm 之间，溶质区带体积很小，因此要求检测器的灵敏度必须高。通常有紫外 - 可见吸收检测器、激光诱导荧光检测器、电化学检测器、质谱检测器等。紫外 - 可见吸收检测器和激光诱导荧光检测器一般进行柱上检测，以减小谱带展宽，这是目前使用最广的检测器，紫外检测器通用性好，但是柱上检测灵敏度低；激光诱导荧光检测器灵敏度较高，但样品需要衍生；而电化学检测器、质谱检测器均为柱后检测器，都是具有高灵敏度的检测器（表 6 - 1）。

表 6 - 1　毛细管电泳常见检测器

类型	检测限（mol）	特点	检测方式
紫外 - 可见	10^{-13}～10^{-15}	加二极管阵列，有紫外吸收的化合物	柱上
荧光	10^{-15}～10^{-17}	灵敏度高，样品需衍生	柱上
激光诱导荧光	10^{-18}～10^{-20}	灵敏度极高，样品需衍生	柱上
质谱	10^{-16}～10^{-17}	通用性好，能提供结构与质量信息	柱后
电化学	10^{-18}～10^{-19}	离子灵敏，需专用的装置	柱后

四、数据处理系统

毛细管电泳数据处理系统和色谱仪相类似，多采用计算机及专用软件进行分析处理并显示出结果或打印出来，谱图同色谱图相类似。

第四节 影响分离的因素

一、柱效和分离度

(一) 毛细管电泳 (HPCE) 和高效液相 (HPLC) 柱效的比较

在高效液相色谱中，泵驱动使固液表面接触处产生摩擦力而导致压力降低，使流体为压力流 (层流)，呈抛物线形，管内径上各处流速不同，管壁处速度基本为零，管中心处速度为平均速度的两倍，使谱带峰形展宽较大，如图 6-4 所示；而在毛细管电泳中，与高效液相色谱中由泵压产生的液流不同，电场驱动产生的毛细管电渗流为塞流，呈均匀的平头塞状扁平流型，如图 6-4 所示，引起流动的推动力在毛细管内径上均匀分布，各处流速接近相等，因此径向扩散对谱带扩展的影响非常小，基本不会引起样品的区带展宽，因此分离效能高，柱效高。

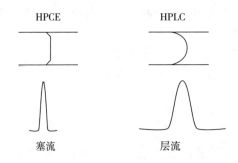

图 6-4 毛细管电泳和高效液相的流型和峰形比较

在实际操作时，需保持毛细管两端缓冲溶液平面高度相同，当毛细管两端液面高度不同时，在毛细管两端就产生一个压力差，会破坏毛细管特有的塞流而出现类似高效液相色谱的抛物线形的层流使谱带展宽。

(二) 毛细管电泳柱效能指标

1. 理论板数和塔板高度 毛细管电泳和高效液相色谱的分离过程均为差速分离，结果显示上和高效液相色谱相类似，因此可用色谱相类似的理论和方法阐述。毛细管电泳也沿用了色谱理论塔板高度 H 和理论板数 n 的概念来评价电泳峰的展宽，衡量柱效。

$$n = 16 \left(\frac{t_m}{W} \right)^2 = 5.54 \left(\frac{t_m}{W_{1/2}} \right)^2 \tag{6-13}$$

而

$$H = \frac{L_d}{n} \tag{6-14}$$

t_m 为迁移时间，指流出曲线最高点所对应的时间，即粒子从进样端迁移到检测端所需要的时间。在理想状态下，粒子与管壁之间的相互作用可忽略不计，没有粒子被保留，故用迁移时间代替色谱中的保留时间。由于迁移时间指从进样端迁移到检测端所需要的时间，即流出曲线最高点时，溶质尚未流出毛细管柱，因此用毛细管的有效长度代替毛细管的总长度。W 和 $W_{1/2}$ 分别表示流出曲线上组分的峰宽和半峰宽。

根据 Giddings 色谱柱理论，以电泳峰的标准偏差或方差（σ）来表示理论板数（n），则：

$$n = \left(\frac{L_d}{\sigma}\right)^2 = \frac{L_d^2}{\sigma^2} \tag{6-15}$$

在理想状态下，纵向扩散被认为是造成区带展宽的唯一因素，根据色谱理论纵向扩散项，则有：

$$\sigma^2 = 2Dt_m = \frac{2DL_d L}{\mu_{ap}V} \tag{6-16}$$

D 为纵向扩散系数。将式（6-16）代入式（6-15），则有：

$$n = \frac{L_d \mu_{ap} V}{2DL} = \frac{(\mu_{eff} + \mu_{os})L_d V}{2DL} \tag{6-17}$$

从式（6-17）可以看出：理论板数和溶质的扩散系数成反比，而溶质分子越大，则扩散系数越小，理论板数越大，柱效越高，因此毛细管电泳适合分离蛋白质、DNA 等生物大分子；毛细管的有效长度越长，总长度越短，则柱效越高；外加电压越大，柱效越高。

2. 分离度　分离度指浓度相接近的组分分开的能力。毛细管电泳仍然沿用色谱分离度公式来衡量两个组分分开的能力：

$$R = \frac{2(t_{m_2} - t_{m_1})}{W_1 + W_2} = \frac{t_{m_2} - t_{m_1}}{4\sigma} \tag{6-18}$$

t_{m_1}、t_{m_2} 分别表示组分 1 和 2 的迁移时间，W_1、W_2 分别表示组分 1 和组分 2 的峰宽。

分离度也可表示为柱效的函数：

$$R = \frac{\sqrt{n}}{4} \times \frac{\Delta u}{\bar{u}} \tag{6-19}$$

$\Delta u = u_2 - u_1$——相邻两组分的迁移速度差；$\bar{u} = \dfrac{u_1 + u_2}{2}$——两组分迁移速度的平均值。用 μ_{ap} 代替 $\bar{u}$，将式（6-17）代入式（6-19），得到：

$$R = \frac{\Delta \mu_{eff}}{4\sqrt{2}}\left[\frac{VL_d}{DL\mu_{ap}}\right]^{\frac{1}{2}} = \frac{\Delta \mu_{eff}}{4\sqrt{2}}\left[\frac{VL_d}{DL(\mu_{eff} + \mu_{os})}\right]^{\frac{1}{2}} \tag{6-20}$$

由上式可以看出，分离度受以下因素的影响：①外加电压，外加电压越大，分离度越大，可通过增加外加电压提高分离度；②有效长度与总长度之比，增加毛细管有效长度会使分离度增大，但是会使分析时间延长；③电泳的有效淌度差，可通过选择不同的操作模式和不同缓冲溶液来增加电泳的有效淌度差；④表观淌度的影响，表观淌度越小，则分离度越大，因此，当电泳淌度和电渗淌度方向相反时，分离度达到最大，当然分离时间也无限延长。

二、影响分离效率的因素

影响分离效率的因素主要是谱带展宽。在毛细管电泳中，谱带展宽主要受下面两个因素的影响：一是受柱内溶液和溶质本身的影响，如扩散、自热、吸附的影响；二是仪器系统的影响，如进样和检测的影响。

（一）自热的影响

自热是限制分离速度和分离效率的主要原因，分离过程中由于管壁的散热作用，使毛细管中心温度高于管壁温度，会在管内形成抛物线形的径向温度梯度，导致缓冲溶液形成黏度径向梯度，使离子迁移速度不均匀，严重时可使塞流变成层流，使电泳峰展宽，理论塔板高度增加。且自热随外加电压的增大而增大，因此在传统的电泳中，自热是阻碍高效、快速分离的主要因素，而在毛细管电泳中，由于毛细管比表面积大、散热效率高，因此可以采用高电压，极大改善了分离效果。

Knox 等提出，当毛细管内径满足式（6-21）时，自热不会造成太严重的谱带变宽和效率损失。

$$Edc^+ < 1500 \qquad\qquad (6-21)$$

因此在 $E = 50\text{kV/m}$，$c = 0.01\text{mol/L}$ 时，毛细管内径 d 小于 $140\mu\text{m}$ 就不会引起太严重的谱带展宽，但在实际操作中，常采用 $25 \sim 75\mu\text{m}$ 管内径的毛细管。毛细管内径以小为宜，外径越大，柱外散热的比表面积越大，散热效率越高，柱效越高。也可通过降低缓冲溶液浓度来降低自热。

（二）扩散的影响

与色谱分析相类似，纵向扩散是造成毛细管电泳中区带展宽的重要因素，从式（6-16）可以看出 σ^2 表示的区带展宽与迁移时间 t_m 和扩散系数 D 成正比，而扩散系数与相对分子质量成反比，故大分子物质扩散系数小，因此毛细管电泳法对蛋白质、DNA 等生物大分子都有较好的分离效果；而迁移时间越短，则扩散越小，迁移时间与毛细管柱的总长度 L、有效长度 L_d 成正比，与外加电压 V，表观淌度 μ_{ap} 成反比，因此可通过改变毛细管的长度，增加外加电压，改变缓冲溶液的种类和 pH 等减小谱带展宽。

（三）吸附的影响

吸附指毛细管壁对被分离粒子的作用。吸附对分离是不利的，会造成峰的拖尾或不可逆吸附。吸附主要是阳离子和毛细管表面的负电荷有一个静电作用及疏水作用，如细毛细管所具有的大比表面积会使散热容易，但是同时会增加吸附作用，因此在分离碱性蛋白质和多肽时，由于这类碱性物质有较多的负电荷和疏水性基团而有较大的吸附作用，使检测信号减弱，更严重时会消失，是造成这类物质分离困难的一个主要原因。吸附作用可通过在毛细管内壁涂上聚乙二醇这类抗吸附层，或通过控制缓冲溶液 pH 抑制毛细管壁负离子的产生，或在分离介质中加入两性离子添加剂代替强电解质抑制或消除吸附。当加入两性离子代替强电解质时，两性离子一端带正电，另一端带负电，当带正电一端与管壁负电中心作用，浓度约为溶质的 $100 \sim 1000$ 倍时，会抑制对蛋白质吸附，而且不会增加溶液电导，对电渗流影响不大。此外，吸附作用的大小还与管壁表面活性中心的几何位置及大小，溶质分子与溶质分子或溶质分子与溶剂分子对管壁活性中心的竞争吸附等有关。

（四）进样的影响

由于毛细管很细小，当进样体积过大时，会在毛细管内形成较长的样品区带，当样品区带长度大于因扩散造成的区带扩散时，会造成峰展宽大于纵向扩散，使分离效率降低，降低柱效。因此进样一般为纳升级，进样长度为毛细管总长度的 $1\% \sim 2\%$。进样时采用无死体积进样方式。对于柱后检测，很小的死体积都会造成区带的展宽。

（五）电分散作用

电分散作用指毛细管中样品区带的电导和缓冲溶液电导不一致而使各区带电场强度发生变化，造成的区带展宽现象。当样品区带的电导比缓冲溶液低时，样品区带电场强度高于缓冲溶液，离子在样品区带的迁移速率高于缓冲溶液的迁移速率，在样品区带和缓冲溶液相接界面上，会造成样品堆积，形成前延峰，反之则造成拖尾峰。样品淌度范围越宽，则峰形畸变越严重。因此毛细管电泳中，样品的离子强度与缓冲溶液离子强度接近时，样品溶液与缓冲溶液电导也比较接近，可减弱或消除电分散作用。

第五节　毛细管电泳法分离模式

一、胶束电动毛细管色谱法

1984 年，Terabe 提出了胶束电动毛细管色谱法，胶束电动毛细管色谱法（micellar electrokinetic capillay chromatography；MECC）是在缓冲溶液中加入高于临界胶束浓度的离子型表面活性剂作为胶束，被分析物则在胶束和水相中进行分配的一种方法。胶束电动毛细管色谱是集电泳、色谱分离原理为一体的分离方法，拓宽了毛细管电泳在小分子物质、中性化合物、手性对映体、药物化合物等方面的分离。

（一）准固定相－胶束

胶束是表面活性剂的缔合体，表面活性剂分子，通常一端为疏水基，一端为亲水基，疏水基通常是支链或直链烷基等，而亲水基则通常是带阳离子、阴离子或两性离子等亲水基团。表面活性剂分子开始聚集形成胶体时的浓度为临界胶束浓度。当表面活性剂浓度达到临界胶束浓度时，疏水基聚集在一起向内形成空腔避开缓冲溶液，而亲水基则向外伸入缓冲溶液中形成胶束。因此胶束可以看成是一个有一定疏水性的移动固定相，被称为假固定相或准固定相，缓冲溶液则可看成是流动相，因此胶束电动毛细管色谱法是电泳技术与色谱技术的结合体。胶束电动毛细管色谱法分离效果与表面活性剂的种类，性质、浓度有关。通常选择水溶性好，对样品无破坏性，有足够稳定性且紫外吸收背景低的表面活性剂。常用的表面活性剂分为阳离子表面活性剂、阴离子表面活性剂、手性表面活性剂、非离子和两性表面活性剂、混合胶束等。常见的阳离子表面活性剂有十二烷基三甲基溴化铵等季铵盐，常见的阴离子表面活性剂有十二烷基硫酸钠（SDS）、牛磺脱氧胆酸钠（STDC）等，胆酸、洋地黄皂苷常作为手性表面活性剂。

（二）分离原理

在外电场的作用下，缓冲溶液在电渗流的作用下流向阴极，带电荷的胶束则发生电泳作用，根据胶束亲水基所带电荷不同迁移向阳极或阴极，而待分离的物质在流动相（水相）和假固定相（胶束）之间的分配系数不同，经过多次的分配之后具有不同的迁移速度。胶束电动毛细管色谱法不仅可以分离离子型化合物，还可以分离中性分子、手性对映体等。中性分子在毛细管区带电泳中，由于和电渗流速度一致，无法进行分离，但在胶束电动毛细管色谱法中可根据中性分子在胶束内部和缓冲溶液中分配系数的差异而进行分离。疏水性强的物质被分配到缓冲溶液中要少一些，胶束中多一些，与胶束结合也要牢固一些，流出时间长一些；反之亲水性强的物质被分配到缓冲溶液中多一些，而在胶束中少一些，流出时间要短一些。溶质在胶束中时随胶束迁移向阴极，而在缓冲溶液中时，以电渗速度移动，因此分配系数略有差异的中性分子，能在胶束电动毛细管色谱法中得到分离。

（三）流动相－缓冲溶液

缓冲溶液在胶束电动毛细管色谱法中起了流动相的作用，当缓冲溶液发生改变时，待分离物质在胶束与缓冲溶液中的分配系数也发生了改变，因此可通过改变缓冲溶液来调节分离选择性。缓冲溶液的改变包括种类、浓度、离子强度、pH 等的改变；当缓冲溶液中加入有机改性剂时，溶液的极性发生改变，从而被分离组分在水和胶束之间的分配系数也发生改变，因此可通过在缓冲溶液中加入甲醇、乙腈、季铵盐、异丙醇、环糊精等有机改性剂提高分离选择性。

二、毛细管电泳法的其他分离模式

（一）毛细管区带电泳

毛细管区带电泳（capillary zone electrophoresis；CZE）也称为毛细管自由溶液区带电泳，常被看作各种分离模式的母体，指在电场作用下，在充满缓冲溶液的毛细管中，具有不同质荷比的离子以不同速率迁移形成不同区带而得到分离的技术。

毛细管区带电泳是应用最广泛的，也是最简单的分离模式，基于电泳淌度的差别进行分离，因此可通过改变电泳介质等改变电泳淌度来改善分离效果。如通过改变缓冲溶液的种类浓度和 pH、添加剂、分离电压、温度、毛细管的尺寸、内壁改性等改变电泳淌度，从而达到改善分离效果的目的。

毛细管区带电泳常应用于有机、无机的阳离子和阴离子的分离，但是不能用于中性分子的分离。

（二）毛细管等电聚焦

毛细管等电聚焦电泳（capillary isoelectric focusing；CIEF）利用蛋白质、多肽等具有不同等电点进行分离的一种毛细管电泳技术。各种蛋白质各自都有一个等电点，在一特殊的 pH 环境中，蛋白质分子呈电中性，在电场中淌度为零不会迁移。因此在电泳介质中放入两性电解质载体，当通以直流电时，两性电解质在毛细管内建立起一个由阳极到阴极逐步增加的 pH 梯度，蛋白质和多肽在电场作用下迁移到等电点位置，失去电荷而停止迁移，产生一个非常窄的区带，这过程就是等电聚焦（isoelectric focusing）。不同蛋白质和多肽具有不同的等电点，因此会聚焦在不同位置而得到分离。毛细管等电聚焦电泳具有很高的分辨率，在等电点上只要有 0.01pH 单位的差异就能准确地分离，特别适合分离分子量相近而等电点不同的蛋白质组分。在毛细管阳极端通常是稀磷酸溶液，在毛细管阴极端通常为稀 NaOH 溶液，加压将毛细管内分离后的溶液推出经过检测器检测，电渗流在 CIEF 中不利，应予以消除或减小。

（三）毛细管凝胶电泳

毛细管凝胶电泳（capillary gel electrophoresis；CGE）指在毛细管中填充凝胶聚合物作为支持物的区带毛细管电泳技术。待测组分在电场作用下进入毛细管后，网状结构的凝胶聚合物和凝聚在其中的溶剂具有分子筛的作用，小分子物质受到凝胶聚合物的阻碍作用小容易通过，分子越大受到阻碍作用越大，越不容易通过，导致质荷比和体积大小不同的组分分子迁移速度有快有慢。蛋白质、核酸、DNA 等生物大分子的质荷比与分子大小无关，毛细管区带电泳模式很难分离，采用毛细管凝胶电泳则能获得较好分离。因此毛细管凝胶电泳主要用于蛋白质和生物大分子等的分离，也是 DNA 测序的重要手段。毛细管凝胶电泳能够有效减小组分扩散，散热性能好，所得峰型尖锐，分离效率高。

（四）毛细管等速电泳

毛细管等速电泳（capillary isotachophoresis；CITP）指在样品驱动前后使用不同的缓冲体系，前面是充满整个毛细管柱的前导电解质，后面是置于一端电泳槽的尾随电解质，被分离区带夹在前导电解质和尾随电解质中间维持等速迁移。前导电解质的有效淌度大于样品的有效淌度，而尾随电解质的有效淌度低于样品的有效淌度。电场作用下，前导电解质迁移速度最快，尾随电解质迁移速度最慢，因此各被分离组分在前导电解质与尾随电解质之间按其不同的迁移速率夹在中间各区带内等速迁移，实现分离。不同离子的淌度不同，所形成区带的电场强度不同（$\nu = \mu E$），淌度大的离子所在区带电场强度低，而淌度小的区带电场强度高，在分离过程中场强自动调节以保持各个区带的界限，当某一离子扩散进相邻区带时，迁移速度发生变化而最后返回原来区带。等速电泳在毛细管中的电渗流为零。

（五）毛细管电色谱

毛细管电色谱（capillary electrochromatography；CEC）指在毛细管内壁涂布键合类似 HPLC 的固定相，当毛细管两端施加电压时，电渗流推动流动相完成色谱过程。如中性分子等待分离物质在固定相和流动相之间由于分配差异而得到分离。毛细管电色谱结合了电泳的高效和高效液相色谱的高选择性，是很有发展前景的微柱分离技术。

第六节　应　用

由于毛细管电泳具有分离效率高，分析速度快，灵敏度高；仪器简单、操作方便，所需样品量小；运行成本低，消耗少，对环境友好；分离模式多样化；应用范围广等优点，因此近年来，毛细管电泳法发展迅速，广泛应用于化学、生命科学、药学、环境科学、食品等领域。在日常生活中药物和我们的健康息息相关，药物的真伪或优劣鉴别就尤其重要，毛细管电泳技术在药物分析领域有着广泛的应用。

一、毛细管电泳在药物手性分离中的应用

1992 年美国食品与药物管理局规定开发的新药必须测定可能的所有单一对映体的药理学毒性，因为药物作用的靶点及药物代谢酶所具有的立体特异性，使手性药物的不同光学异构体具有不同的药理、毒理和药代动力学性质。而得到单一光学异构体成分的药物比较困难，可以通过手性合成，或者通过手性拆分得到。相对于手性合成，手性药物对映体的拆分对环境更友好，因此手性拆分是得到单一光学异构体药物成分的一个重要方法。

实例分析

实例：羧甲基－β－环糊精用于 6 种抗胆碱类药物的毛细管电泳拆分。

分析：托吡卡胺、氢溴酸后马托品、甲溴后马托品、阿托品、溴甲阿托品和山莨菪碱等是一类作用于 M－胆碱受体的抗胆碱药，能松弛平滑肌，解除微血管痉挛，属胃肠解痉和胃动力用药，有镇痛和改善微循环作用，现在市场上的的抗胆碱药物多为消旋体，病人吃下这种消旋类药物，药效较低，毒副作用较大，若能对此类药物进行手性拆分，则病人服用剂量减少，同时能够提高药效，降低毒副作用，改善药代动力学性质。因此，进行手性拆分对于开发研究此类药物的单一光学异构体具有重要意义。

电泳条件　弹性石英毛细管柱（总长度 60cm、内径 75μm，有效长度 50cm）；背景电解质（30mmol/L NaH$_2$PO$_4$ 溶液 + 羧甲基－β－环糊精，用 H$_3$PO$_4$ 调节至所需 pH）；进

样方式：压力进样；分离电压：25kV；正极模式进样；检测波长：254nm；丙酮作为中性标记物；温度：20℃。

测定结果 在 pH 为 3.5 的 30mmol/L NaH_2PO_4 溶液中加入 10g/L 羧甲基 $-\beta-$ 环糊精为手性选择剂时，6 种抗胆碱药物对映体分离效果最佳。托吡卡胺、氢溴酸后马托品、甲溴后马托品、阿托品、溴甲阿托品对映体的分离度 R 分别为 5.13、6.29、4.67、4.85、4.59。消旋山莨菪碱分离度 R 分别为 1.13、6.92、2.58。

二、中草药成分分析

中药材的品种繁多、产地各异、成分复杂。不同成分的药效不尽相同，很多新药均是从中药或天然药物中分离得来，因此对于中药成分的分析是现今中药研究的热点之一。而对中药材或中药制剂进行分析是一项非常艰难的任务。HPCE 利用高压电场为驱动力，依据中药成分之间的分配差异实现分离，兼具电泳和色谱技术的双重优点，在众多中药分析方面应用广泛。

实例分析

实例： 毛细管电泳法分析藏红花植物细胞多糖中单糖组成。

分析： 在传统医学上，藏红花可治疗呼吸道感染和血液疾病。此外，近年研究表明藏红花的柱头提取物蛋白聚糖具有抑癌抗氧化和调节免疫等功能。其中单糖成分有鼠李糖、岩藻糖、半乳糖、葡萄糖等。

电泳条件 未涂层熔硅毛细管柱（总长度 60cm、内径 50μm，有效长度 50cm）；背景电解质（350mmol/L 硼酸溶液，用 2mol/L NaOH 溶液调节 pH 为 10.21）；进样方式：3.4475kPa 压力进样；分离电压：20kV；检测波长：235.4nm；温度：25℃。

测定结果 采用柱前衍生毛细管电泳法分析了藏红花植物细胞多糖水解后的单糖组成，包括核糖、葡萄糖、果糖和半乳糖 4 种单糖，并定量测定了四种单糖含量：核糖 4.1%、葡萄糖 4.6%、果糖 4.3%、半乳糖 3.3%。

三、中草药制剂分析

中草药复方制剂由多种药材组成，成分复杂，目前控制其质量的方法是测定其中一种或多种主要活性成分的含量。

实例分析

实例： 毛细管电泳法同时测定牛黄解毒片中大黄酸和大黄素的含量。

分析： 牛黄解毒片，由人工牛黄、大黄和黄芩等中药材组成，临床用于治疗火热内盛、咽喉肿痛、牙龈肿痛、口舌生疮、目赤肿痛，其中大黄素、大黄酸为大黄已知的主要成分。大黄酸和大黄素在碱性条件下容易带上负电荷，因此采用毛细管电泳－非接触电导法成功建立了同时测定牛黄解毒片中大黄酸和大黄素含量的方法。

电泳条件 石英毛细管（总长度70cm、内径150μm，有效长度60cm）；背景电解质（缓冲液浓度为15.0mmol/L Tris－5.0mmol/L HBO₃溶液，pH为8.0）；进样方式：重力虹吸进样，进样高度为30.0cm；分离电压：20.0kV；检测波长：2354nm；温度：25℃，电泳方向：正极向负极。

测定结果 毛细管电泳非接触电导法可同时测定牛黄解毒片中大黄酸和大黄素两个成分。在碱性缓冲液条件下，两个成分均带负电荷，可用电导法检测，而且牛黄解毒片中的辅料和其他成分在实验选择的分离检测条件下不干扰测定。优化条件下，在15min内可实现大黄酸和大黄素的分离检测。该方法可用于牛黄解毒片的质量控制。

四、应用于中药指纹图谱的建立

中药指纹图谱是得到国际认可的控制中药或天然药物质量最有效的方法之一，为中药材的鉴别和质量评价提供全面、可靠的依据。通过指纹图谱的特征性能可有效鉴定供中药材的真伪、优劣及产地；可控制中药材的质量，可指导中药材的生产工艺及条件等等；能有效控制成药的质量，根据中间体指纹图谱与共有模式的对比和"勾兑"，使成分不稳定的药材，形成成分稳定的中间体，保证成药质量的相对稳定性。

实例分析

实例：柏子养心丸的毛细管电泳指纹图谱。

分析：柏子养心丸由柏子仁、党参、炙黄芪、川芎、当归、茯苓、远志、酸枣仁、肉桂、五味子、半夏、炙甘草、朱砂十三味中药组成，有益气补血、养心安神的功效，在临床上用于心气虚寒、心悸易惊、失眠多梦、健忘等症的治疗。

电泳条件 未涂层石英毛细管柱（总长度70cm、内径75μm，有效长度57cm）；背景电解质（50mmol/L Na₂HPO₄溶液＋50mmol/L 硼砂＋200mmol/L 硼酸＋150mmol/L NaH₂PO₄溶液，含4%乙腈，体积比为7：7：1：1，pH＝9.7）；进样方式：重力进样，高度14cm；分离电压：12kV；检测波长：紫外检测波长228nm。

测定结果 本实验方法简便、快捷、成本低且污染小，非常适宜快速鉴定中药质量，也为BZYXW质量控制提供了新的参考。

五、应用于中药药代动力学研究

药物代谢动力学很好的阐明了药物在机体内的作用过程，为药物的制剂研究和临床应用提供了依据，为了更好地继承和发展中药，众多学者均对中药药代动力学进行了深入研究。

实例分析

实例：血中胺碘酮的胶束电动毛细管电泳优化分析。

分析：胺碘酮是一种治疗心律失常、心绞痛的药物。研究血样中胺碘酮含量对临床医学研究具有重要的意义。

电泳条件　未涂层融硅毛细管（总长度 64cm、内径 75μm，有效长度 50cm）；背景电解质（25mmol/L SDS 溶液 + 50mmol/L 硼酸 + Tris，pH 8.33）；进样方式：压力进样；分离电压：25kV；检测波长：243nm；温度：25℃。

测定结果　口服胺碘酮吸收比较缓慢，生物利用度个体差异较大（20% ~ 80%），治疗血质量浓度范围为 0.5 ~ 1.5mg/L，血蛋白结合率高。

六、用于中药炮制品的鉴定

在传统中医药理论中，中药材需经过炮制后才能应用，所以炮制对中药材的影响很大，是目前中药研究的热点之一。

实例分析

实例：高效毛细管电泳测定龙胆草炮制前后龙胆苦苷的含量变化。

分析：龙胆草系龙胆科多年生草本植物，以根和根茎入药，其主要有效成分龙胆苦苷具有泻肝胆实火，除下焦湿热的功能。

电泳条件　空心石英毛细管柱（总长度 50cm、内径 50μm，有效长度 41.8cm）；背景电解质：含 25% 甲醇的 20mmol/L 硼砂溶液（pH = 9.23）；进样方式：压力进样 2kPa ×10s；电解质封口：1kPa×5s；分离电压 30kV；检测波长：275nm；温度：25℃。

测定结果　炮制前后龙胆草中龙胆苦苷的含量出现不同程度降低。

本 章 小 结

本章主要包括毛细管电泳法的概述及其分类、毛细管电泳法的原理、高效毛细管电泳装置、影响分离效率的因素、毛细管电泳的分离模式及毛细管电泳的应用等内容。

毛细管电泳法的概述及其分类，包括毛细管电泳法的发展过程、毛细管电泳法的特点及分类等；毛细管电泳法的原理，包括电泳、电泳淌度、电渗、电渗淌度、表观淌度等；高效毛细管电泳装置，包括进样系统、分离系统、检测系统和数据处理系统；影响分离效率的因素，包括毛细管电泳和高效液相柱效的比较、毛细管柱效能指标——理论板数和塔板高度、分离度、自热扩散、吸附、进样、电分散作用等对分离效率的影响；毛细管电泳的分离模式，包括胶束电动毛细管色谱法和其他各种分离模式。

练 习 题

一、选择题

1. 毛细管区带电泳不能分离的粒子为（ 　　 ）

    A. 阳离子 　　　　　　　　　　　　B. 阴离子

    C. 中性分子 　　　　　　　　　　　D. ABC 均能分离

2. 在毛细管区带电泳中，阳离子向阴极迁移的原因为（ 　　 ）

    A. 电压的作用力 　　　　　　　　　B. 液压作用力

    C. 电泳流的作用力 　　　　　　　　D. 电渗流的作用力

二、简答题

1. 电渗流对荷电离子及中性粒子的电泳迁移率有何影响？

2. 缓冲溶液 pH 改变时对电渗淌度有无影响，怎么影响？

3. 采用什么方法可使中性分子分离？为什么？

4. 在 CE 中，为什么中性分子的表观淌度等于电渗淌度？

三、计算题

1. 在某溶液的高效毛细管区带电泳谱图中有迁移时间分别为 3.22min、5.00min、6.22min 的三个谱峰，现已知 5.00 的谱峰为电中性物质的峰。则：①判断迁移时间分别为 3.22min、6.22min 的谱峰对应的组分所带电荷的正负。②若分离电压是 25kV，毛细管的总长度为 55cm，有效长度为 48cm，则迁移时间分别为 3.22min、6.22min 的谱峰对应的组分的表观淌度和有效淌度各是多少。

2. 某一毛细管区带电迁移泳系统中，分离电压是 20kV，毛细管的总长度为 65cm，有效长度为 58cm，扩散系数 $D = 5.0 \times 10^{-9} m^2/s$，若某中性分子的迁移时间为 9.96min，①该系统的电渗淌度是多少？②若某阴离子的电泳淌度为 $2.0 \times 10^{-9} m^2$（$V \cdot s$），求迁移时间。③计算中性分子的理论板数是多少？④求中性分子和阴离子的分离度。

（周锡兰）

第七章 光谱分析法

学习导引

知识要求

1. **掌握** 光学分析法的分类；波数、波长、频率和光子能量间的换算；光谱分析仪器的基本构造。
2. **熟悉** 电磁波谱的分区；电磁辐射与物质相互作用的相关术语。
3. **了解** 各种光学仪器的主要部件。

能力要求

1. 熟练掌握光学分析法的基本知识并具备波数、波长、频率和光了能量间换算学计算的技能。
2. 学会应用光学知识解决化学分析中一些无法解决的问题，如物质结构的确定。

光学分析法（optical analysis）是现代仪器分析中一类重要的分析方法。它是指基于物质发射的电磁辐射或电磁辐射与物质相互作用产生的辐射信号或发生的信号变化来测定物质的性质、含量和结构的一类仪器分析方法。任何光学分析法均包含三个主要过程：①能源提供能量；②能量与被测物质相互作用；③产生被检测讯号。光学分析法是分析化学的重要分支，种类繁多，有多种分类方法，按物质同电磁辐射作用的性质不同可分为光谱法和非光谱法：光谱法是指基于电磁辐射与物质相互作用使物质内部发生量子化的能级跃迁，通过测量辐射的波长和强度而建立起来的分析方法。如吸收光谱法、发射光谱法和散射光谱法等。非光谱法是指电磁辐射与物质相互作用时不涉及物质内部能级跃迁，通过测量某些基本性质（反射、散射、折射、干涉、衍射和偏振等）的变化而建立起来的分析方法。如折射法、干涉法、旋光法、X 射线衍射法和圆二色法等。随着光学、电子学、数学和计算机技术的发展，基于电磁辐射与物质相互作用而建立的光学分析方法越来越多地应用于物理、化学和生命科学等多个学科领域，特别在物质组成和结构的研究方面，这类方法已成为分析化学的重要组成部分。下面将对电磁辐射的性质、电磁辐射与物质的相互作用、光学分析法的分类以及光谱分析仪器加以介绍。

第一节 电磁辐射的性质

电磁辐射（electromagnetic radiation，EMR）是一种以巨大速度通过空间而不需要任何物质作为传播媒介的光（量）子流，又称电磁波。电磁辐射的波动性和微粒性称为电磁辐射的波粒二象性，二者互为补充。

一、电磁辐射的波动性

电磁辐射具有波动性，如光的折射、干涉、衍射和偏振等，其许多性质可以用经典的正弦波加以描述，因而可以用波长 λ、频率 υ 和波数 σ 等作为表征。λ 是在波的传播路线上具有相同振动相位的相邻两点之间的线性距离，常用 nm 作为单位。υ 是每秒内的波动次数，单位 Hz。σ 是每厘米长度中波的数目，单位 cm^{-1}。在真空中，波长、频率和波数之间的关系为

$$\upsilon = c/\lambda \tag{7-1}$$
$$\sigma = 1/\lambda = \upsilon/c \tag{7-2}$$

式中，c 为光在真空中的传播速率，不同波长和频率的电磁辐射在真空的传播速率都等于光速 c，$c = 2.997925 \times 10^{10}\,cm/s$。

二、电磁辐射的微粒性

电磁辐射还具有微粒性，表现为电磁辐射的能量不是均匀连续分布在它传播的空间，而是集中在被称为"光子"的微粒上。物质吸收或发射能量也只能是"量子化"地一份一份地吸收或发射。因此，电磁辐射不仅具有广泛的波长（或频率、能量）分布，而且由于电磁辐射波长和频率的不同而具有不同的能量，通常用每个光子具有的能量 E 作为表征。光子的能量与频率、波长和波数的关系为

$$E = h\upsilon = \frac{hc}{\lambda} = hc\sigma \tag{7-3}$$

式中，h 为普朗克常数（Plank constant），$h = 6.6262 \times 10^{-34}\,J \cdot s$。$E$ 为能量，单位常用电子伏特（eV）、尔格（erg）和焦耳（J）表示。

运用式（7-3）可以计算不同波长或频率电磁辐射光子的能量。例如，计算 1mol（6.02217×10^{23} 个）波长为 200nm 的光子的能量为：

$$E = \frac{6.6262 \times 10^{-34} \times 2.997925 \times 10^{10} \times 6.02217 \times 10^{23}}{200 \times 10^{-7}} = 5.98 \times 10^{5}\,J$$

三、电磁波谱

电磁辐射具有广泛的波长（或频率、能量）分布，将电磁辐射按其波长（或频率、能量）顺序排列起来即为电磁波谱（electromagnetic spectrum）。表 7-1 列出了用于不同分析目的电磁波谱的分区、相对应的能量范围和跃迁类型及产生的波谱类型。波长愈短，能量愈大；反之亦反之：γ 射线区的波长最短，能量最大；无线电波区波长最长，能量最小。

表 7-1　电磁波谱分区示意表

波谱区域	波长 λ/常用单位	频率范围 υ/Hz	光子能量 ε/eV	跃迁类型
γ 射线	<0.005nm	>6.0×10^{19}	>2.5×10^{5}	核能级
X 射线	0.005～10nm	6.0×10^{19}～3.0×10^{16}	2.5×10^{5}～1.2×10^{2}	K，L 层电子能级
远紫外光	10～200nm	3.0×10^{16}～1.5×10^{15}	1.2×10^{2}～6.2	K，L 层电子能级
近紫外光	200～400nm	1.5×10^{15}～7.5×10^{14}	6.2～3.1	外层电子能级

续表

波谱区域	波长 λ/常用单位	频率范围 υ/Hz	光子能量 ε/eV	跃迁类型
可见光	400 ~ 800nmv	$7.5 \times 10^{14} \sim 3.8 \times 10^{14}$	$3.1 \sim 1.6$	外层电子能级
近红外光	0.8 ~ 2.5μm	$3.8 \times 10^{14} \sim 1.2 \times 10^{14}$	$1.6 \sim 0.5$	分子振动能级
中红外光	2.5 ~ 50μm	$1.2 \times 10^{14} \sim 6.0 \times 10^{12}$	$0.50 \sim 2.5 \times 10^{-2}$	分子振动能级
远红外光	50 ~ 1000μm	$6.0 \times 10^{12} \sim 3.0 \times 10^{11}$	$2.5 \times 10^{-2} \sim 1.2 \times 10^{-3}$	分子振动能级
微波	1 ~ 300mm	$3.0 \times 10^{11} \sim 1.0 \times 10^{9}$	$1.2 \times 10^{-3} \sim 4.1 \times 10^{-6}$	分子振动能级
射频	>300mm	$< 1.0 \times 10^{9}$	$< 4.1 \times 10^{-6}$	电子和核的自旋

第二节　电磁辐射与物质的相互作用

电磁辐射与物质的相互作用是普遍发生的复杂的物理现象，有涉及物质内能变化的吸收、产生荧光和磷光等，以及不涉及物质内能变化的透射、折射、散射、衍射和旋光等。

一、吸收

不同波长的电磁辐射都具有相应的能量，当它作用于固体、液体和气体物质时，若其能量正好等于物质某两个能级（如第一激发态和基态）之间的能量差，电磁辐射就可能被物质吸收，此时电磁辐射能被转移到组成物质的原子、分子或离子上。原子、分子或离子从低能态吸收电磁辐射而被激发到高能态（或激发态）的过程，称为吸收（absorption）（图7-1）。在室温下，大多数物质都处在能量较低的基态，所以吸收辐射一般都要涉及从基态向较高能态的跃迁。由于物质的能级组成是量子化的，因此吸收也是量子化的。对吸收频率的研究可提供一种表征物质试样组成的方法，由此可以通过实验得到以波长为横坐标被吸收辐射的相对强度（吸光度或透光率）为纵坐标绘成的谱图，称为吸收光谱图。物质的吸收光谱差异很大，比如原子吸收光谱和分子吸收光谱。一般来说，它与吸收组分的复杂程度、物理状态及其环境有关。

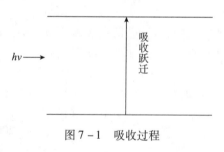

图7-1　吸收过程

二、发射

构成物质的原子、分子或离子处于高能态时，物质的内能可以以光子形式释放出来回到低能态而产生电磁辐射，这一过程即为发射（emission）（图7-2）。发射产生的电磁辐射的能量等于高能态和低能态之间的能量差，各种元素的原子、离子和不同物质的分子的能级分布是特征的，那么，从高能态回到低能态时发出光子的能量也是特征的，利用特征光谱可以进行定性分析；依据特征谱线的相对强度可以进行定量分析。发射可以理解为吸收的相反过程，与吸收跃迁类似，由于原子、分子和离子的基态最稳定，所以发射辐射一般都涉及从高

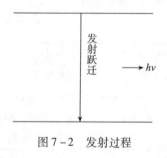

图7-2　发射过程

能态向基态的跃迁，而且由于原子、分子和离子的能级组成是量子化的，因此发射跃迁也是量子化的。通常可以通过实验得到发射强度对波长或频率的函数图，即发射光谱图。

三、散射

当光与物质作用后，光的传播方向发生了改变，这种现象叫做光的散射（scattering）。

丁达尔（Tyndall）散射是指当被照射粒子的直径等于或大于入射光的波长时所发生的散射。乳状液、悬浮液、胶体溶液等引起的光散射均属于这一类型，以此为基础建立的分析方法称为散射浊度分析法。

分子散射是指当被照射试样粒子的直径小于入射光的波长时所发生的散射。直径小于入射光波长的粒子通常是分子，光与分子相互作用形成的光散射现象可以分为两种情况：弹性碰撞和非弹性碰撞。弹性碰撞发生时没有能量的交换，仅仅改变了光子的运动方向，这种散射称为瑞利散射。另一种是非弹性碰撞，在非弹性碰撞中，与物质作用后，光子的能量增加或减少，这时将产生与入射光波长不同的散射光，这种散射称为拉曼（Raman）散射。

四、折射和反射

当电磁辐射从介质1照射到与介质2的界面时，一部分电磁辐射改变方向，以一定的折射角度进入介质2，称为电磁辐射的折射；另一部分电磁辐射则在界面上改变方向返回介质1，此现象称为电磁辐射的反射（图7-3）。图中 AO 为入射光，OB 为反射光，OC 为折射光，NN′为法线，i 为入射角，i' 为反射角，r 为折射角。

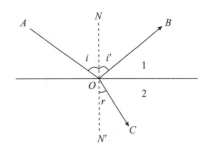

图7-3　电磁辐射的折射和反射示意图

五、干涉和衍射

当频率相同，振动方向相同，位相恒定的波源所发射的相干波相互叠加时，会产生波的干涉。干涉现象，会得到明暗相间的条纹。当两列波相互加强时，呈现明亮条纹；相互抵消时，呈现暗条纹。这些明暗条纹称为干涉条纹。

若两束波的光程差 δ 等于波长 λ 的整数倍时，即

$$\delta = \pm K\lambda \qquad (K=0,1,2\cdots) \tag{7-4}$$

两束光波将相互加强到最大程度，干涉出现明亮条纹。

当光程差 δ 等于波长 λ 的整数倍时，即

$$\delta = \pm (2K+1)\lambda/2 \qquad (K=0,1,2\cdots) \tag{7-5}$$

两束光波将相互减弱到最大程度，干涉出现暗条纹。

光绕过障碍物或通过狭缝时偏离直线传播的现象，称为衍射。图7-4为单缝衍射示意图。平行光束通过狭缝 AB，狭缝宽度为 a，部分光将偏离入射方向，以 p 角方向传播，经聚焦后，入射线聚焦于 P0，衍射光聚焦于 P。由于通过狭缝聚焦于 P 的光束的光波之间存在着光程差，因此，在聚焦点产生光的干涉现象。

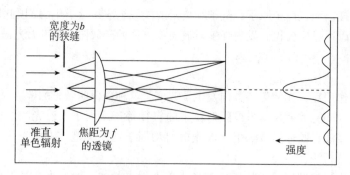

图 7 - 4　单缝衍射示意图

第三节　光学分析法的分类

按物质同电磁辐射作用的性质不同，光学分析法可分为光谱法和非光谱法。

光谱法是指基于电磁辐射与物质相互作用使物质内部发生量子化的能级跃迁，通过测量辐射的波长和强度而建立起来的分析方法。如吸收光谱法、发射光谱法和散射光谱法等。

非光谱法是指电磁辐射与物质相互作用时不涉及物质内部能级跃迁，通过测量某些基本性质（反射、散射、折射、干涉、衍射和偏振等）的变化而建立起来的分析方法。如折射法、干涉法、旋光法、X 射线衍射法和圆二色法等。

一、光谱法

光谱法的种类很多，吸收光谱法、发射光谱法和散射光谱法是光谱法的基本类型，应用广泛，是现代分析化学的重要组成部分。

（一）吸收光谱法

吸收光谱是物质吸收相应的辐射能而产生的光谱，其产生的必要条件是所提供的辐射能量恰好满足该吸收物质两能级间跃迁所需的能量。利用物质的吸收光谱进行定性定量及结构分析的方法称为吸收光谱法。根据物质对不同波长的辐射能的吸收，建立了各种吸收光谱法（表 7 - 2）。

表 7 - 2　吸收光谱法

方法名称	辐射源	作用物质	检测信号
莫斯鲍尔（γ 射线）光谱法	γ 射线	原子核	吸收后的 γ 射线
X 射线吸收光谱法	X 射线 放射性同位素	$Z > 10$ 的重金属原子的内层电子	吸收后透过的 X 射线
原子吸收光谱法	紫外 - 可见光	气态原子外层电子	吸收后透过紫外 - 可见光
紫外 - 可见光吸收光谱法	远紫外光 5 ~ 200nm	具有共轭结构有机分子	吸收后透过紫外 - 可见光
	近紫外光 200 ~ 360nm	外层电子和有色无机物	
	可见光 360 ~ 760nm	价电子	

续表

方法名称	辐射源	作用物质	检测信号
红外吸收光谱法	近红外光 760 ~ 2500nm（13000 ~ 4000cm^{-1}）	低于 1000nm 为分子价电子，1000 ~ 2500nm 为分子基团振动	吸收后透过的红外光
	中红外光 4000 ~ 400cm^{-1}	分子振动	
	远红外光 50 ~ 500μm	分子转动	
电子自旋共振波谱法	10000 ~ 800 000MHz 微波	未成对电子	吸收
核磁共振波谱法	30 ~ 900MHz 射频	原子核磁量子	吸收

电磁辐射被物质所吸收必须满足两点要求：

（1）辐射的电场和物质的电荷之间必须发生相互作用。实际上，电磁辐射中磁的那部分也同样可用"与物质发生相互作用"来解释，这对理解核磁共振谱和顺磁共振谱十分有用。其他光谱分析法则用电的概念更为方便。

（2）提供的辐射能量恰等于吸收粒子量子化的能量。吸收粒子，无论是分子原子，或离子，能级都是量子化的，因此物质只能吸收与两个能级差相等的能量，若提供的辐射能量太少或太多，就不会被吸收。被吸收的光子的能量或频率可以通过普朗克公式求得：

$$h\nu = E_f - E_i \tag{7-6}$$

式中，E_f、E_i 分别为物质高能态和低能态的能量。

常用的吸收光谱法有以下几种：

（1）原子吸收光谱法 基于基态原子外层电子对其共振发射的吸收进行定量测定的方法，可以定量测定周期表中 60 多种金属元素，检出限在 ng/mL 水平，是应用广泛的低含量元素的定量测定方法。

（2）紫外 - 可见吸收光谱法 利用分子吸收紫外 - 可见光产生分子外层电子能级跃迁所形成的吸收光谱，可用于定性和定量测定，其中定量分析是紫外 - 可见吸收光谱的重要用途。

（3）红外吸收光谱法 基于分子转动、振动能级跃迁的吸收光谱来测定物质的成分和结构，红外吸收光谱具有高度的特征性，是鉴别有机化合物的重要工具。

（4）核磁共振波谱法 在强磁场作用下，核自旋磁矩与外磁场相互作用分裂为能量不同的核磁能级，核磁能级之间的跃迁吸收射频区的电磁波。利用这种吸收光谱可进行有机化合物结构的鉴定，以及分子的动态效应、氢键的形成、互变异构反应等化学研究。

二、发射光谱法

发射光谱是指构成物质的原子、离子或分子受到辐射能、热能、电能或化学能的激发而产生的光谱，发射光谱的过程与吸收正好相反。利用物质的发射光谱进行定性定量的方法称为发射光谱法（表 7 - 3）。

表 7 - 3　发射光谱法

方法名称	辐射能	作用物质	检测信号
原子发射光谱法	电能、火焰	气态原子外层电子	紫外、可见光

方法名称	辐射能	作用物质	检测信号
X 射线荧光光谱法	X 射线	原子内层电子的逐出，外层能级电子跃入空位	特征 X 射线
原子荧光光谱法	高强度紫外、可见光	气态原子外层电子跃迁	原子荧光
荧光光谱法	紫外、可见光	分子	荧光（紫外、可见光）
磷光光谱法	紫外、可见光	分子	磷光（紫外、可见光）
化学发光法	化学能	分子	可见光

常用的发射光谱法有以下几种：

（1）原子发射光谱法　基于受激原子或离子外层电子发射特征光谱而回到较低能级的定量和定性分析方法。原子发射光谱法可以对周期表中约 70 种元素进行定性和定量分析，是多元素同时测定的有效方法。

（2）原子荧光光谱法　气态金属原子吸收特征波长的辐射后，原子外层电子从基态或低能态跃迁到高能态，约经 10^{-8} s，又跃迁至基态或低能态，同时发射出与原激发波长相同或不同的辐射，称为原子荧光。测量由原子发射的荧光的强度和波长建立的方法，称为原子荧光光谱法。

（3）分子荧光光谱法和分子磷光光谱法　当分子吸收电磁辐射后激发至激发单重态，并通过内转移和振动弛豫等非辐射弛豫释放部分能量而到达第一激发单重态的最低振动能层，然后通过发光的形式跃迁返回到基态，所发射的光即为荧光。当分子吸收电磁辐射后激发至激发单重态，并通过内转移、振动弛豫和系间窜越等非辐射弛豫释放部分能量而到达第一激发三重态的最低振动能层，然后通过发光的形式跃迁返回到基态，所发射的光即为磷光。测量由分子发射的荧光或磷光的强度和波长建立的方法，分别叫分子荧光光谱法和分子磷光光谱法。分子荧光和分子磷光区别在于：荧光是由单重态 – 单重态跃迁产生的，磷光是由三重态 – 单重态跃迁产生的。由于激发三重态的寿命比单重态长，在分子三重态寿命时间内更容易发生分子间碰撞导致磷光猝灭，所以测定磷光光谱需要用刚性介质"固定"三重态分子或特殊溶剂，以减少无辐射跃迁达到定量测定的目的。

三、散射光谱法

频率为 ν_0 的单色光照射到透明物质上，物质分子会发生散射现象。如果发生非弹性碰撞，与物质作用后，光子的能量增加或减少，这时将产生与入射光波长不同的散射光，这种散射称为拉曼（Raman）散射。其散射光的频率与入射光的频率不同，产生拉曼位移。拉曼位移的大小与分子的振动和转动能级有关，利用拉曼位移研究物质结构的方法称为拉曼光谱法。拉曼光谱法是一种应用于分子结构研究的分析方法。

四、非光谱法

（一）折射法

基于测量物质折射率而建立的方法，称为折射法。折射法可用于纯化合物的定性及纯度测定、二元混合物的定量分析，还可得到物质的基本性质和结构的某些信息。此方法虽简单，但应用范围有限。实验表明，被测量物质（气体或液体）折射率除与温度和压强有关，还与共存的其他物质的性质和浓度有关。在合适的条件下，通过测定折射率，可以确定混合物某一成分的浓度。

（二）衍射法

基于光的衍射现象而建立的方法，称为衍射法。包括 X 射线衍射法和电子衍射法（透射电子显微镜）。

当 X 射线照射晶体时，由于晶体的点阵常数与 X 射线的波长为同一数量级（约 10^{-8}cm），故可产生衍射现象，以此建立的分析方法称为 X 射线衍射法。X 射线衍射法可用来确定晶体化合物的结构。当电子束与晶体物质作用时也产生衍射现象，以此建立的分析方法称为电子衍射法。电子束的穿透能力小，所以电子衍射法只适用于研究薄晶体。电子衍射原理是透射电子显微技术的基础。目前，透射电子显微术已成为对物质的表面形貌和内部组织结构进行研究的强有力工具，它兼具显微观察和结构分析的性能。

（三）旋光法

溶液的旋光性与分子非对称结构有密切的关系，因此，旋光法可作为鉴定物质化学结构的一种手段。它对于研究某些天然产物及络合物的立体化学问题，更有特殊的效果。此外，它还可用于物质纯度的鉴定，例如"糖量计"就是专用于测定具有旋光性的糖含量。

（四）比浊法

本法是测量光线通过胶体溶液或悬浮液后的散射光强度来进行定量分析，主要适用于测定 $BaSO_4$，AgCl 及其他胶体沉淀溶液的浓度。

第四节　光谱分析仪器

分光光度计（ spectrophotometer）是研究吸收或发射的电磁辐射强度和波长关系的仪器，其基本结构如图 7 - 5 所示。其结构一般都有五个组成部分：①光源（source）；②波长选择系统；③试样引入系统；④检测器；⑤信号处理及读出系统。样品的位置会因方法不同而发生变化，可以如图 7 - 5 所示置于波长选择系统和检测器之间，也可置于光源中，或置于光源和波长选择系统之间。

图 7 - 5　分光光度计构建示意图

一、光源

在光谱仪器中，要求光源稳定并具有一定的强度，因此，对光源最主要的要求是必须有足够的输出功率和稳定性。一般来说，光源的辐射功率的波动与电源功率的变化呈指数关系，因此，通常采用稳压或稳流装置以保证光源输出的稳定性。光谱仪器常用的光源有连续光（continuous source）源和线光源（line source）。连续光源用于紫外 - 可见吸收光谱、分子荧光光谱、分子磷光光谱和红外吸收光谱中，线光源用于原子吸收光谱和原子荧光光谱中，发射光谱采用电弧、火花、等离子体光源。

（一）连续光源

理想的连续光源应在较宽的波长区域提供强度平稳的连续辐射。实际上光源输出强度随波长发生变化。

1. 紫外光源　主要采用氢灯和氘灯。它们是在低压下电激发方式产生的气体放电灯，光谱范围为 160～375nm。同样条件下，氘灯要比氢灯的光谱强度大 3～5 倍，寿命也比氢灯长。

2. 可见光源　常用钨灯、卤钨灯和氙灯。在大多数仪器中，钨丝的工作温度约为 2870K，光谱波长范围为 320～2500nm。卤钨灯比钨灯有更高的发光效率和更长的寿命。氙灯会产生较氢灯和卤钨灯更强的辐射，辐射波长范围在 250～700nm。

3. 红外光源　通常采用能斯特灯和硅碳棒。它们使用惰性固体，通过电加热来产生连续辐射。在 1500～2000K 的温度范围内，所产生的最大辐射区域在 6000～200cm^{-1}，其中能斯特灯发光强度大，硅碳棒坚固，寿命长。

（二）线光源

常见的线光源有金属蒸气灯和空心阴极灯。

1. 金属蒸气灯　常见的有汞蒸气灯和钠蒸气灯。它们是金属蒸汽在电极间电离、放电，激发出蒸气元素的特征线光谱。汞灯产生的线光谱的波长范围为 254～734nm，钠灯主要提供是 589.0nm 和 589.6nm 的线光谱。

2. 空心阴极灯　空心阴极灯通常是单一元素灯，也称为元素灯。在原子吸收和原子荧光光谱中应用时，与待测元素一一对应使用。

二、波长选择系统

波长选择系统的作用是将复合光分解成单色光或有一定波长范围的谱带。可分为滤光片（filter）和单色器（monochromator），如图 7-6 所示。滤光片是最简单的波长选择系统，它只能分离出一个波长带或只能保证消除给定波长以上或以下的所有辐射。当需要较高纯度的辐射束时，需使用单色器，单色器由入射狭缝和出射狭

图 7-6　波长选择系统示意图

缝、准直镜、聚焦透镜（或反射镜）和色散元件组成。色散元件是波长选择系统的心脏部分，其作用是使光发生色散，即使光按照波长顺序排列开来，常采用光栅或棱镜。

（一）滤光片

滤光片可分为吸收滤光片和干涉滤光片两种类型。

吸收滤光片是利用其吸收光谱滤去不需要的部分波长，以获得一定波长范围的辐射。它是由有色玻璃或夹在两片玻璃间的分散在明胶薄层中的吸光染料组成，因此只适用于可见光区的波带选择，而且其所选光波带的带宽较宽，透射效率低，所以只能用于较简单的以定量测定为主的光度计中。

干涉滤光片是根据光学干涉原理而制成的。通常由介电薄膜（常为氟化钙或氟化镁）夹在两块内侧镀有半透明金属膜的玻璃或石英片间而组成。介电薄膜的厚度决定了透射光的波长。干涉滤光片可用于紫外、可见及红外光区。

（二）单色器

单色器是一种将复合光色散，输出含有一定波长范围的单色光，并且其波长可在一个很宽的范围内改变的装置。在紫外、可见和红外光辐射区，单色器除采用的光学材料因所适用的光谱波段不同而有一定差异外，在结构和原理上完全相同。典型的单色器主要由五个部分组成：①入射狭缝；②准直镜，功能是使光束成为平行光，常采用透镜或反射镜；③色散元件，即棱镜（prism）或光栅（grating）；④聚焦透镜或反射镜，功能是使色散后的单色光束聚焦在单色器的焦面上；⑤出射狭缝，在焦面上使某一波长的光通过。典型的单色器是棱镜单色器和光栅单色器，图 7-7 为这两种单色器的光路示意图。

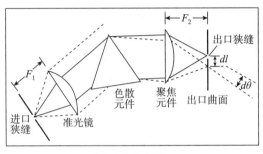
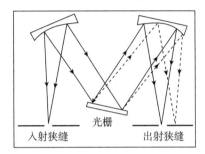

单色器的组成图　　　　　　　　　　单色器

图 7-7　棱镜单色器和光栅单色器光路示意图

1. 棱镜　棱镜的色散是基于不同波长的辐射在介质中具有不同的折射率。其色散特性决定于棱镜的材料和几何形状。构成棱镜的材料对不同波长的光具有不同的折射率，波长短的光折射率大，波长长的光折射率小。因此，当平行光经棱镜色散后，不同波长的光就按波长顺序分解开来，经聚集后可在焦面的不同位置上成像，得到按波长展开的光谱。常用的棱镜有考纽棱镜（Cornu prism）和立特鲁棱镜（Littrow prism）。前者是一个顶角 α 为 60°的棱镜，为了防止生成双像，该 60°棱镜由左旋和右旋的两个 30°顶角的直角三角形棱镜黏合而成。后者由左旋或右旋石英做成 30°的直角棱镜，并在其纵轴面上镀上铝或银膜来反光。棱镜材料有两种：石英和玻璃，玻璃棱镜比石英棱镜色散率大，但玻璃吸收紫外光，故只可用于可见光区；石英棱镜可用于紫外光区及可见光区。

2. 光栅　是一种在高度抛光的材料如金属表面上刻有许多等间隔、等宽度的平行条痕的色散元件。当复色光通过刻痕反射后，产生衍射和干涉作用，使不同波长的光有不同的投射方向而起到色散作用。光栅色散后的光谱与棱镜不同，从短波到长波各谱线间距离相等，是均匀分布的连续光谱。光栅光谱是多级的（包括一、二、三级等谱线），多级光谱均匀地分布在零级光谱两边，但这时出现光谱线的重叠，这样就产生了干扰。在实际应用时应设法消除各级光谱之间的部分重叠现象，如用滤光片滤去高级序光谱。

光栅分为透射光栅和反射光栅。近代光谱仪主要采用反射光栅作为色散元件。常用的反射光栅是闪耀光栅（blazed grating）（图 7-8），其刻痕是有一定角度（闪耀角 β）的斜面，刻痕的间距 d 称为光栅常数，d 愈小色散率愈大，但 d 不能小于辐射的波长。这种闪耀光栅可使特定波长的有效光强度集中于一级衍射光谱上。

光栅作为色散元件时可适用于紫外、可见及红外光谱区域。

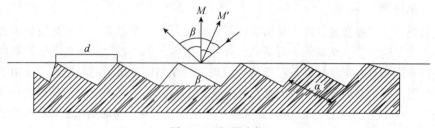

图 7-8　闪耀光栅

3. 狭缝　狭缝（slit）是由两片有锐利边缘且两边必须平行并在同一平面内的金属构成（图 7-9）。狭缝为光的进出口，入射狭缝的作用犹如一个表观光源，它的像被聚焦在出射狭缝上。狭缝宽度直接影响单色器的质量，一般情况下，入射狭缝和出射狭缝的宽度相同，在理论上入射狭缝的某一波长的像会刚好充满整个出射狭缝的宽度。狭缝宽度过宽，单色光不纯，将使吸光度变值；过窄，则光通量变小，将降低灵敏度。因此，应选择合适狭缝宽度。

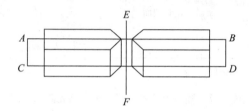

图 7-9　狭缝结构示意图

三、试样引入系统

不同的光谱方法，其试样引入系统可能不同。电弧原子发射光谱是将固体试样放置在放电体系的下电极（通常是碳电极）的凹槽内；高压火花原子发射光谱则直接将金属试样制成电极；而等离子体原子发射光谱通常是将溶液试样直接喷雾进样。

在分子的吸收光谱和荧光光谱、散射光谱研究中，对气体、液体试样需用容器盛放。试样容器必须用能够透过所需光谱区辐射的材料制成。普通的光学玻璃因吸收紫外线而不能用于紫外光谱段，石英玻璃因不吸收紫外线和可见光而适用于紫外 – 可见波段，但两者均不适用于红外光谱。由于难以找到合适材质的容器，红外光谱采用固体压片或液膜的试样形式。对于吸收池（absorption cell）的选择，研究紫外 – 可见区域吸收光谱，常用厚度为 1cm 的吸收池；研究红外光谱常用的吸收池一般光程小于 1mm，而且常常采用可拆式结构。

固体试样一般可制成溶液后测量。固体试样的直接测量，要根据不同类型仪器及测量方法的特点，采用不同的装置。

四、检测器

在光谱分析法中，检测器的功能是将光辐射信号转换为可量化输出的信号。在现代光谱仪器中，多采用光电检测器（photoelectric detector），即把辐射能转换成电信号输出。

光电检测器可分为光子检测器和热检测器两种类型。光子检测器是以辐射与受光表面的相互作用，产生电子（光发射）或使电子跃迁到导电状态（光导）为基础的检测器。所以，只有在紫外、可见和近红外区的辐射能量才足以使此过程发生。光子检测器主要有光电池、光电管、光电倍增管、光敏电阻、硅二极管、电荷耦合器件等。热检测器是对辐射产生吸收并根据吸收引起的热效应测定辐射强度的检测器。由于红外光的能量较低，很难引起光电子反应，热检测器可以应用于红外光谱区的测量，根据辐射吸收引起的热效应来测量入射辐射的平均功率。热检测器主要有真空热偶、辐射热测量计和热释电检测器等。

五、信号处理及读出系统

信号处理及读出系统主要由信号处理器和读出器件组成。

信号处理器通常是一种电子器件，它可以放大检测器的输出信号。此外，它也可以把信号从直流变成交流（或相反），改变信号的相位，滤掉不需要的成分。同时，信号处理器也可用来执行某些信号的数学运算，如微分、积分或转换成对数等。

常见的读出器件有数字表、记录仪、电位计标尺、阴极射线管等。

近年来的光学分析仪器，一般都将模拟信号经 A/D 转换器转换成数字信号输入计算机储存、处理和显示。

本 章 小 结

本章主要包括光学分析法的定义及其包含的三个主要过程、电磁辐射的性质、光学分析法的分类及光谱分析仪器的组成等内容。光学分析法分为光谱法（吸收光谱法、发射光谱法和散射光谱法等）和非光谱法（折射法、衍射法、旋光法和比浊法等）；光谱分析仪器包括光源、波长选择系统、试样引入系统、检测器、信号处理及读出系统。

练 习 题

1. 简述光谱分析法的定义。
2. 光谱分析法有哪些类型？
3. 简述光学仪器三个最基本的组成部分及其作用。
4. 光学法包括光谱法和非光谱法，它们的主要差别是什么？
5. 简述常用辐射源的种类，典型的光源及其应用范围。
6. 什么是分子光谱，什么是原子光谱？

（巩丽虹）

第八章　原子光谱

学习导引

　　1. **掌握**　原子吸收光谱分析的基本原理与特点，原子吸收分光光度计的重要部件及其作用；原子发射光谱法定性、定量方法与应用；原子荧光的产生过程及类型，原子荧光分析的特点与应用。

　　2. **熟悉**　仪器类型与基本结构，原子吸收光谱分析法的应用范围；原子光谱的产生条件。

　　3. **了解**　原子吸收光度计的结构、流程及类型；原子发射光谱仪器类型、特点与结构流程；原子荧光仪器类型和特点。

课堂互动

　　1. 讨论在哪些情况下需要知道物质的元素组成和含量？
　　2. 根据已有的知识，讨论可以通过哪些方法获得确定的元素信息？

　　原子光谱即原子核外电子在不同能级间跃迁而产生的光谱。原子光谱为线状光谱，由一条条明锐且分离的谱线构成，每一条谱线对应着一定的波长。原子光谱只能反映原子或离子的性质，不能提供原子或离子来源的分子信息。通过原子光谱，可以确定试样物质的元素组成及其含量，却无法得到物质分子的结构。波长和强度是研究原子光谱的特征物理量，光谱线的波长是定性分析的依据，光谱线的强度是定量分析的基础。

　　根据原子的激发方式和光的检测的不同，原子光谱可以分为原子吸收光谱、原子发射光谱、原子荧光光谱。室温下，物质的所有原子都处于基态。原子吸收光谱是在热气体介质中，如火焰，气态原子吸收特征辐射波长，电子从基态跃迁到激发态而产生的。原子发射光谱是利用火焰或电弧、火花、等离子体等热能，试样中的元素转化为气态原子或简单离子，被激发至高能级轨道，处于激发态的原子寿命很短，会迅速回到基态，伴随返回过程产生的发射光。原子荧光光谱是将一个能发射可被元素吸收波长的强辐射源，照射火焰中的原子或离子，原子外层从基态或低能态跃迁到高能态，约 10^{-8} s 内回到基态或低能态，同时发射出与照射光相同或不同的光，为避免来自光源的共振辐射光，通常在与光路成 90° 方向检测荧光。

第一节　原子吸收光谱法

原子吸收光谱法（atomic absorption spectrometry，AAS）又称为原子吸收分光光度法，是基于物质产生的原子蒸气对待测元素的特征谱线有吸收来进行定量分析的一种方法。1802年，沃拉斯顿（W. H. Wollaston）等就开始了对太阳连续光谱中暗线的观察，证实暗线是太阳大气圈中钠等金属原子对太阳光谱中同一元素原子辐射吸收的结果。1955年，瓦尔西（Walsh A）发表"原子吸收光谱在化学分析中的应用"一文。此后，该法得到迅速发展和普及，在分析化学、材料科学、环境科学、生命科学、医学研究等领域均有广泛的应用。

一、原子吸收光谱法的基本理论

1. 原子吸收过程　样品经过预处理后，进入原子化器，试样中的待测元素在原子化器的高温下转变成原子蒸气，基态原子吸收光源辐射的待测元素特征谱线，通过分光系统将待测元素的共振线与邻近谱线分开，由检测系统将光信号转换为电信号、放大、检测、显示（图8-1）。

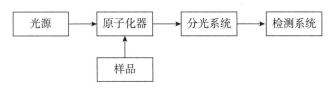

图 8-1　原子吸收过程

2. 原子吸收光谱法的基本原理　原子吸收光谱法是一种相对测量原子对特征光吸收的方法。其基本原理是：将不同频率的光（强度 I_0），通过待测元素的基态原子蒸气，有一部分光被吸收，未被吸收的部分透射过去。待测元素浓度 C 越大，光的吸收量越多，其透射光强 I 越弱。C、I_0 和 I 三者之间存在一定的关系。

假定频率为 v，强度为 I_0 的光束透过厚度为 L 的原子蒸气，K_v 为原子蒸气对频率为 v 的光的吸收系数，透过的光的强度 I 可用下式表示：

$$I = I_0 e^{-K_v L}$$

吸光度 $A = \lg I_0/I = K_v L \lg e$

采用锐线光源时，可用峰值吸收系数 K_0 代替吸收系数 K_v，

$$A = \lg I_0/I = 0.4343 K_0 L$$

峰值吸收系数 k_0 与待测元素原子浓度 N 呈线性关系，

$$A = KNL$$

在给定原子化条件下，L 是定值；当原子化条件一定时，气态原子浓度 N 与溶液中待测元素浓度 C 成正比，

$$A = KC$$

这是原子吸收光谱分析基本关系式，遵循朗伯-比尔定律。试样中待测元素的含量可通过测定已知待测元素的标准溶液与试样的吸光度求出。

3. 原子谱线轮廓　光谱线并不是严格单色的，而是具有一定宽度和轮廓的谱线，谱线轮廓即谱线强度 K_v 随频率 v 分布的曲线，如图8-2所示，中心频率 v_0 和半宽度 Δv 是描述谱线

轮廓特征的物理量。中心频率 v_0 是吸收或发射最大强度辐射对应的频率，由原子能级分布特征决定；半宽度 Δv 是峰值辐射强度 1/2 处的频率范围，代表谱线轮廓变宽的程度。

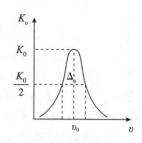

图 8-2　原子谱线的轮廓图

影响谱线变宽的因素，包括自然宽度、多普勒变宽、碰撞变宽、自吸效应及场致变宽等。

自然宽度即在无外界影响下，谱线具有的一定宽度，以 Δv_N 表示。与原子处于激发态时寿命有限相关，大多数情况下，Δv_N 相当于 10^{-5}nm 数量级。

多普勒变宽又称热变宽，是由于原子热运动引起的，以 Δv_D 表示。气态原子处于无序热运动中，对检测器而言，各发光原子有不同的运动分量，朝向检测器移动的原子，辐射的表观频率要增大，反之则要减小，即使每个原子发出的光是频率相同的单色光，但检测器所接受的光则是频率略有不同的光，因此引起谱线变宽。多普勒宽度与元素的原子量、温度和谱线频率有关。随温度升高和原子量减小，多普勒宽度增加。Δv_D 相当于 $10^{-4} \sim 10^{-3}$nm 数量级。

碰撞变宽分为两种，即赫鲁兹马克变宽和洛伦茨变宽。同种原子相互碰撞引起的变宽，称为共振变宽，又称赫鲁兹马克变宽；被测元素原子与其他元素的原子相互碰撞引起的变宽，称为洛伦茨变宽。原子之间相互碰撞导致激发态原子平均寿命缩短，引起谱线变宽。通常条件下，共振变宽效应可不考虑，而当蒸气压力达到 0.1mmHg 时，共振变宽效应则明显表现出来。洛伦茨变宽随原子蒸气压力增大和温度升高而增大。

影响谱线变宽的还有其他一些因素，例如场致变宽、自吸效应等。通常情况下，吸收线轮廓主要受多普勒变宽和洛伦茨变宽的影响。在 $2000 \sim 3000K$ 的温度范围内，原子吸收线的宽度约为 $10^{-3} \sim 10^{-2}$nm。

二、原子吸收光谱仪

（一）光源

光源是原子吸收光谱仪的重要组成部分，其性能指标直接影响分析的检出限、精密度及稳定性。光源要发射被测元素的特征共振辐射。其基本要求：发射的共振辐射的半宽度要明显小于吸收线的半宽度；辐射的强度要大；辐射光强要稳定，使用寿命要长等。空心阴极灯符合要求，最常见。

空心阴极灯（hollow cathode lamps，HCL）是由玻璃管制成的封闭着低压气体的放电管，如图 8-3 所示，由一个阳极和一个空心圆柱形阴极组成。阴极由待测元素的高纯金属或合金制成，阳极为钨棒，灯的光窗材料在可见波段用硬质玻璃，在紫外波段用石英玻璃。制作时先抽成真空，再充入压强约为 $267 \sim 1333Pa$ 的少量氖或氩等惰性气体。

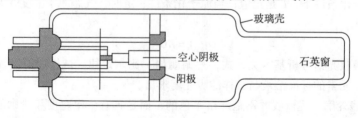

图 8-3　空心阴极灯示意图

当极间加上 300 ～ 500V 电压后，管内气体中存在极少量阳离子向阴极运动，轰击阴极表面，使阴极表面电子逸出。在电场作用下，电子向阳极作加速运动，与充气原子发生非弹性碰撞，使惰性气体原子电离产生二次电子和正离子。正离子在电场作用下向阴极运动并轰击阴极表面，使阴极表面的电子击出，还使阴极表面的原子获得能量逸出而进入空间，称为阴极的"溅射"。"溅射"的阴极元素原子，再与电子、惰性气体原子、离子等相互碰撞，获得能量被激发发射出阴极物质的线光谱。

空极阴极灯又称元素灯，若阴极物质只含一种元素，则为单元素灯。若含多种元素，则可制成多元素灯。多元素灯的发光强度较弱，寿命短，不常用。

（二）原子化器

原子化器将样品中的待测元素转化为基态原子。根据待测元素的含量及性质，原子化器有火焰原子化器、石墨炉原子化器、氢化物原子化装置及冷蒸气原子化装置。

1. 火焰原子化系统 由雾化器、雾化室、燃烧器、燃烧气和助燃气供给和气量调节装置组成，适用于 $\mu g/ml ～ ng/ml$ 级含量分析（图 8 - 4）。

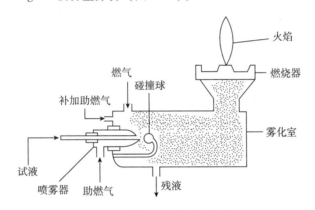

图 8 - 4 火焰原子化器的装置示意图

雾化器：用耐腐蚀金属材料或玻璃材料加工而成，使试样溶液雾化，性能好的雾化器，雾化效率高，雾滴细，喷雾稳定，有利于在火焰中生成基态原子，检出限就低。

雾化室：由耐腐蚀金属材料、塑料或玻璃制成。作用是：一使助燃气、燃气及雾滴均匀混合；二使雾滴均匀化，大雾滴下沉聚积由废液管排出。良好的雾化室应该雾化效率高，"记忆"效应小以及噪音低。

表观雾化率：

$$\varepsilon = \left[(10 - V)/10 \right] \times 100\% \tag{8 - 1}$$

式中，V 为提升 10ml 水测得废液管排出的废液体积。

燃烧器：作用是通过火焰燃烧使试样原子化。燃气、助燃气及试样雾状混合物由燃烧器喷出，燃烧形成火焰，在火焰温度和火焰气氛作用下，试液气溶胶经干燥、蒸发、离解等过程产生大量基态原子，及部分激发态原子、离子和分子。理想的燃烧器应该原子化效率高、噪声小、火焰稳定，以保证灵敏度和精密度较高。

2. 石墨炉原子化器 在石墨炉原子吸收光谱分析中，将一定重量或体积的试样加到石墨管中，经过程序升温或斜坡升温，尽量除去伴生元素，再快速升温，使待测元素原子化（图 8 - 5）。

石墨炉原子化器的特点：①检出限低，比火焰法低 2～3 个数量级，适于痕量分析和超痕量分析。注入的试样几乎可全部原子化，基态原子在光路中停留时间长，其检出限绝对检出限可达 $10^{-10}～10^{-14}$g；②可分析固体、液体及气体试样，样品用量少，液体为 5～100μl，固体试样为 0.1～10mg；③具有较高（可达 3400℃）且可调的原子化温度；④还原气氛强，有利于易形成氧化物的元素的原子化；⑤仪器操作较复杂，精密度和准确度均比火焰法差，存在记忆效应，背景吸收强。

3. 氢化物发生法　氢化物原子化法是将含 As、Sb、Bi、Se、Te、Ge、Sn、Pb、Tl、In 等的试样转变成气体后进入原子化器，可以提高这些元素的检测限 10～100 倍，目前普遍应用的是在较低温度（700～900℃）酸性介质中与强还原剂硼氢化钠（或钾）反应生成气态氢化物，然后 Ar 或 N_2 作载气将氢化物送入管式炉或火焰中已加热到几百度的石英吸收管中，进行原子化，通过吸收或发射光谱测定其浓度（图 8－6）。

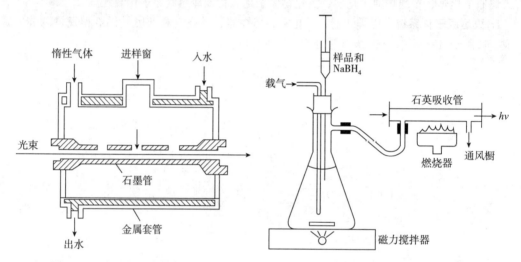

图 8－5　石墨炉原子化器的构造　　　　图 8－6　氢化物发生器和原子化系统

4. 冷蒸气原子化法　冷蒸气原子化法是一种低温原子化技术，仅适用于汞的测定。常温下，将试液中汞离子用 $SnCl_2$ 或盐酸羟胺还原为金属汞，然后由氩或氮等载气把汞蒸气带入具有石英窗的气体吸收管中，测量汞蒸汽对吸收线 Hg 253.72nm 的吸收。

由于环境中广泛分布着有毒的有机汞化合物，天然水中的汞为稳定的有机汞，其污染危害性远大于无机汞，测定时通常采用硫酸－高锰酸钾蒸煮法，先将有机汞转化为无机汞，反应过量的氧化剂用盐酸羟胺除去，本方法的检测限可达 ng/ml 级。

（三）光学系统

1. 单色器　通常利用单色器将待测元素的共振线与其邻近线分开。单色器是原子吸收光谱仪的核心部件，它应当具备亮度大，分辨率（或色散率）高，波长范围宽等特点。

色散率：单色器的色散元件可用棱镜或光栅，目前商用原子吸收仪大多采用光栅作为色散元件。原子吸收光谱仪所用的光栅，每毫米有 600～2880 条刻线，大多为一千多条。

分辨率：单色器的分辨率和光强度取决于狭缝宽度。

通带：通带指光线通过出射狭缝的谱带宽度。它由单色器的狭缝宽度和色散率决定。对于光栅单色器，其通带可用式（8－2）表示：

$$W = DS \tag{8-2}$$

式中，W 为单色器通带（nm），D 为倒线色散率（nm/mm），S 为狭缝宽度（mm），实际上，往往是通过实验来选择适宜的通带（即狭缝）。

2. 外光路系统 原子吸收的分光光度计的外光路系统，是保证光束能正确地通过原子蒸气并投射到单色器的狭缝上，而且光亮损失小，同时没有被原子蒸气吸收的光线不通过或尽可能少地通过单色器狭缝。

按光学系统分类，目前原子吸收分光光度计可分为单光束型、双光束型和双通道型三种，实际应用的主要是前两种类型。

单光束型：一般简易的原子吸收分光光度计基本上都是单光束型。它由空心阴极灯、反射镜、原子化器、光栅和光电倍增管组成。

双光束型：用一旋转镜把来自空心阴极灯的光束分为两束。其中一束通过火焰作为测量光束，另一束从火焰旁通过作为参比光束，然后用切光器把两个光束合并，交替进入单色器，到达检测器。

（四）检测系统

原子吸收分光光度计的检测系统一般包括检测器、放大器和读数装置。因为测量的光线很微弱，所以常用灵敏度很高的光电倍增管作为检测器，但现在商用仪器也有使用固态检测器的。

三、原子吸收光谱分析操作技术

（一）分析条件的选择

1. 原子化 原子化效率决定了基态原子数的多少，原子化是原子吸收中至关重要的环节。

（1）影响火焰原子化效率的因素

火焰的温度和组成：按照燃气和助燃气的不同比例，可将火焰分为三类：①中性火焰（燃气助燃气比例与化学反应计量关系相近），温度高、干扰小、背景低，适合多种元素测定；②富燃火焰（燃气与助燃气比例大于化学计量），燃烧不完全、温度低、背景高、干扰较多，不如中性火焰稳定，但还原性强，适于测定易形成难离解氧化物的元素，如镍、铁、钴等；③贫燃火焰（燃气与助燃气比例小于化学计量），氧化性较强、温度较低、有利于测定易解离、易电离的元素，如碱金属等。

化学干扰、电离效应、传输过程的影响：化学干扰是影响原子化效率的主要因素之一。元素的电离电位，火焰的温度、溶液的浓度及共存元素都影响电离效应，从而影响原子化效率。雾化器的提升率和雾化状态都影响原子化效率。

（2）石墨炉原子化器实验条件

石墨炉分析条件的选择：仪器参数如波长、光谱带宽和灯电流的选择，其原则和火焰原子吸收法相同。

①原子化升温程序：石墨炉分析技术常用的程序阶段是干燥—灰化—原子化—净化四个阶段（图 8 - 7）。

干燥：低温 105℃下蒸发试样中的溶剂。干燥温度取决于溶剂及样品中液态组分的沸点，一般略高于溶剂沸点。干燥时间取决样

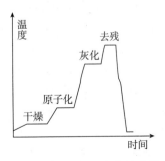

图 8 - 7　石墨炉原子化器的程序升温过程示意图

品体积，$10\mu l$ 试样大约用 $10s$。

灰化：通过挥发、热解尽可能除去基体成分，破坏试样中的有机基质。灰化温度为 $350 \sim 1200℃$，最高以不使被测元素挥发为准则。应通过实验来确定灰化温度和灰化时间。

原子化：使被测元素的化合物蒸发汽化、离解为基态原子。一般在 $1600 \sim 2600℃$，不同元素原子化温度不同。原子化时间应以待测元素原子化完全为准，应尽量短些。

去残阶段，亦称净化阶段。使用更高温度（$3000℃$ 以上）完全除去石墨管中的残留样品，消除记忆效应。

②冷却水：使石墨管温快降至室温，水温通常约为 $20℃$，流量为 $1 \sim 2L/min$。

③载气的选择：一般采用氩或氮惰性气体作载气，载气流量影响测定灵敏度和石墨管寿命。

知识拓展

1. 石墨炉平台技术　在石墨管中央放置一个石墨平台，将样品放在平台上。当石墨炉升温时，先管壁被加热，随后管壁的辐射再将平台加热，样品接受平台上的热量后发生干燥、灰化、原子化。有利于减轻或消除基体引起的化学干扰和背景吸收、物理干扰。

2. 基体改进技术　在待测样品溶液中加入某种化学试剂，使基体成分转变为较易挥发的化合物，或将待测元素转变为更稳定的化合物，以便允许较高的灰化温度和在灰化阶段能更有效除去干扰基体。包括：将石墨管焦化、金属碳化物涂层和在惰性气体中加入某些活性气体，无机化合物和有机化合物基体改进剂的应用等。

基体改进剂分为无机化合物改进剂、有机化合物改进剂和活性气体改进剂三种。

无机化合物改进剂包括许多铵盐、无机酸、金属化合物和金属盐类。如硝酸铵、硫酸铵、焦硫酸铵、磷酸二氢铵、硫化铵、硝酸、高氯酸、磷酸、盐酸、过氧化氢、过氧化钠、硫氰化钾、硝酸镁、硝酸锂、镍、铂、钯、镧、铜、钼、铑、银、钙等。

有机化合物改进剂有抗坏血酸、EDTA、硫脲、草酸、酒石酸、柠檬酸、蔗糖等。

活性气体改进剂即在灰化阶段，往石墨中通入一定量的活性气体（如在氮气或氩气中掺入一定量的氧气或氢气），可使基体在灰化过程中烧尽，改善待测元素的热稳定性，防止待测元素缔合，可提高多种元素测定的灵敏度和精密度。

2. 分析线的选择　通常选择元素的共振线作分析线，可使测定具有较高灵敏度。实际工作中，选用不受干扰且吸光度适度的谱线为分析线。

3. 灯电流的选择　空心阴极灯的发射特性取决于灯电流。就灵敏度而言，灯电流宜小些。但灯电流太小，放电不稳定，输出的光谱稳定性差。为保证必要的信号输出，增宽狭缝，或提高检测器增益，又会引起噪声增加，降低信噪比，导致精密度降低。就测定稳定性而言，常量和高含量分析，灯电流宜大些。

4. 狭缝宽度的选择　狭缝宽度的选择与一系列因素有关，合适的狭缝宽度应通过实验来确定。调窄狭缝，可改善分辨率，减少谱线干扰，但出射光强降低，相应需要提高灯电流或增加检测器增益，会使共振发射线变宽或检测器噪音增大，灵敏度下降。调宽狭缝，出射光强度增加，检测器增益减小，提高了稳定性和信噪比，但单色器分辨率下降，而靠近分析线的干扰谱线可能不被分离，同时火焰发射的连续背景也会进入检测器，导致灵敏度降低。在光源辐射较弱，或共振吸收线强度较弱时，选择宽的狭缝宽度；当火焰的连续背景发射较强，或吸收线附近有干扰谱线存在时，选择较窄的狭缝宽度。

5. 燃烧器高度的选择　不同元素，自由原子浓度随火焰高度的分布不同。

（1）大多数元素，特别是吸收线在紫外区的元素，适用于光束离燃烧器高度 6～12mm 之间。

（2）Be、Pb、Se、Sn、Cr 等元素，适用于光束离燃烧器高度 4～6mm 之间。

（3）长波长段元素，适用于光束离燃烧器高度 4mm 以下。

（二）技术指标

1. 灵敏度　原子吸收光谱分析的灵敏度，惯用 1% 吸收灵敏度来表示。其定义为在给定的实验条件下，某元素的水溶液能产生 1% 吸收（或吸光度为 0.0044）的浓度。通常用 $\mu g/ml/1\%$ 表示。可用式（8-3）计算：

$$S = C \cdot 0.0044/A \, (\mu g/ml/1\%) \tag{8-3}$$

式中，S 为灵敏度；C 为测试溶液的浓度；A 为测试溶液的吸光度。

用非火焰法（如高温石墨炉法等）测定中，常用绝对灵敏度表示。其定义为在给定的实验条件下，某元素能产生 1% 吸收时的质量。以 $g/1\%$ 表示。其计算公式为

$$S = C \cdot V \cdot 0.0044/A \tag{8-4}$$

式中，V 为溶液的体积 ml。

测试方法：配制一个适当浓度的某元素水溶液在选定的实验条件下，测定其吸光度，由公式便可算出其灵敏度。还可以配制一系列标准，在选定实验条件下，测定吸光度，绘制标准曲线，从标准曲线上查出吸光度为 0.044 时对应的浓度 C_0，则灵敏度 $S = C_0/10$。必须注意，在测定灵敏度时，应在最佳工作条件下进行，这种条件下测得的结果才有代表性。

灵敏度是原子吸收分光光度计的重要技术指标，主要用途是：检验仪器的固有性能；估算最适宜的测量浓度和取样量：因为不同元素灵敏度不同，所以其最适宜的测量浓度也不同。

影响灵敏度的因素有：吸收线的波长；光源；雾化系统；燃气和助燃气；在火焰中的测定位置；光程长度；单色器的分辨率；检测器；光学系统的排列等。

提高灵敏度的方法：选择最灵敏的吸收线；选择最灵敏的测定条件；提高喷雾器的雾化效率；非火焰法；化学浓缩；延长有效吸收光程；加入有机溶剂。

2. 检出限　检出限是原子吸收分光光度计最重要的技术指标。它说明仪器的稳定性和灵敏度。检出限好的仪器，其稳定性和灵敏度一般较好。检出限可定义为，在给定的实验条件下，某元素的水溶液，其信号等于空白溶液（或接近空白溶液）的测量标准偏差的 3 倍时的浓度，以 $\mu g/ml$ 表示。检出限可用下式计算：

$$D = C \cdot 3\sigma/A_m \tag{8-5}$$

式中，D 为元素的检出限，C 为测试溶液的浓度，A_m 为测试溶液的平均吸光度，σ 为吸光度的标准偏差。

测试方法：具体测量检出限时，可取一已知浓度的稀溶液，进行多次测量，按照公式求出检出限。有时也讨论绝对检出限。其定义是，在给定的实验条件下，某元素的水溶液，其信号等于空白溶液（或接近空白溶液）的测量标准偏差的 3 倍时的重量，用 g 表示。

3. 精密度　精密度反映测量结果的再现性。根据误差理论，标准偏差能较好地反映测量精密度。因此，在原子吸收分析中，测量结果的精密度是用相对标准偏差来表示。计算如下

$$R\% = \sigma/A \cdot 100 \tag{8-6}$$

式中，$R\%$ 为相对标准偏差，又称变异系数，它表示精密度，σ 为 n 次测量吸光度时的标准偏差，A 为测试溶液的吸光度的算术平均值。

四、干扰及消除方法

（一）物理干扰

1. 物理干扰　物理干扰指试样转移样、蒸发过程中任何物理因素变化而引起的干扰效应。干扰因素包括试液的黏度、表面张力、溶剂蒸气压、雾化气体压力等。物理干扰是非选择性的，对试样中各元素的影响基本上是相同的。

（1）试液的黏度直接改变试样喷入火焰的速率。

（2）试液表面张力，影响雾珠和气溶胶粒子大小与分布以及雾化效率。

（3）吸收毛细管的直径、长度和浸入试样溶液的深度，影响进样速率。

（4）溶剂蒸气压也会影响试液的蒸发速度和凝聚损失，使进入火焰待测元素的原子数发生变化。

（5）大量基体元素的存在，不仅在蒸发和解离时要消耗大量热量，而且蒸发时可能包裹待测元素，延缓待测元素蒸发，影响原子化效率。总盐含量超过 1%，影响雾化效率的同时，还可能造成燃烧器缝隙的堵塞，改变燃烧器的工作特性。

2. 物理干扰消除方法　配制与待测试液相似的标准溶液，消除基体干扰或标准加入法。

在石墨炉原子吸收法中，为了防止待测元素在灰化阶段的挥发和共挥发损失，可以使用基体改良剂。如硝酸溶液中的砷只能稳定在 600℃，加入镍之后，可加热到 1400℃。硝酸溶液中的镉，在 500℃ 开始损失，加入氟化铵、硫酸铵或磷酸铵后生成相应的盐类，灰化温度可提高到 900℃。磷酸可稳定铅，灰化温度高至 1000℃，而铅无损失。

（二）化学干扰

1. 化学干扰　化学干扰指试液转化为自由基态原子时，待测元素与其他组分之间的化学作用而引起的干扰，具有选择性，对试样中的各种元素影响不同。

（1）待测元素与共存物质作用形成难挥发化合物，使参与吸收的基态原子数减少。如氧化铝、硫酸根、磷酸根对 Ca、Mg 的干扰。

（2）自由基态原子自发地与环境中的其他原子或基团反应形成稳定氧化物、氮氧化物、碳化物或氮化物。Al、Si、B、Ti、Zr、Hf、V、Nb、Ta、U……

（3）电离干扰：电离电位 ≤ 6eV 的元素在火焰中容易电离。碱金属和碱土金属在空气 - 乙炔火焰中的电离度（%）：Li（5.2），Na（9.0），K（48.9），Rb（85.0），Cs（95.2），Be（<0.1），Ca（2.0），Sr（5.2），Ba（16.4）。

2. 化学干扰消除方法

（1）加入消电离剂，为克服电离干扰，可适当控制火焰温度，也可加入大量易电离元素，抑制/减少待测元素基态原子的电离。

（2）加入释放剂，能与干扰元素形成更稳定的化合物而使待测元素释放出来。加入的释放剂只有达到一定量时才能起作用。

（3）加入保护剂。常用的主要是络合剂，使待测元素形成稳定的、不易离解的络合物，从而防止与干扰阴离子形成盐，待测元素进入火焰时具有络合剂的"保护层"，在火焰温度下，络合物被破坏待测元素释放。Al 对 Mg 的干扰，可加 8 - 羟基喹啉消除。

（4）加入缓冲剂。在试样和标准溶液中均加入过量干扰元素，当加入量达到一定程度时，使干扰效应趋于饱和。

（5）化学分离法。

（三）背景干扰

1. 分子吸收　分子吸收干扰是指试样在原子化过程中形成的气体分子，氧化物，氢氧化物和盐类等分子对辐射吸收引起的干扰。

（1）碱金属的卤化物的分子吸收　碱金属的卤化物在紫外区有很强的分子吸收，它干扰紫外区吸收线元素的测定；

（2）无机酸分子的吸收　在 250nm 以下，硫酸、磷酸有很强的分子吸收并随浓度的增大而增大。硝酸、盐酸的分子吸收很小，故而在原子吸收盐析中，大多采用硝酸和盐酸，尽量少用硫酸、磷酸。

（3）火焰气体分子吸收　火焰中的半产物 OH，CN，CH，C 等可产生分子吸收，如 OH 出现在 308.9 ~ 330.0nm，干扰 Ba 306.77nm 测定，Ag 328.07nm；OH 281.13 ~ 306.3nm，干扰 Mg 285.21nm 测定。火焰气体分子吸收与波长有关，波长越短，火焰气体分子吸收越强，在空气 - 乙炔火焰中波长小于 230nm 开始有明显的吸收。在同类型火焰中，还原气氛浓的富燃火焰气体分子吸收干扰大。

2. 光散射　光散射是指原子化过程中产生的固体微粒对入射光产生散射作用，被散射的光偏离光路，使检测器接受的光强减小，测得的吸光度偏高，造成"假吸收"。

（1）扣除背景干扰的方法

1）用"空白溶液"扣除背景。配制不含待测元素的基体溶液进行"空白溶液"扣除背景，配制与试样基体组分近似的"空白溶液"，在相同的测定条件下，测定背景吸收值，从待测元素的总吸收值中扣除背景吸收，即得到待测元素的吸收值。

2）非吸收线扣除背景。

3）采用其他元素的吸收线扣除背景。

4）氘灯扣除背景。空心阴极灯辐射（主光源）和背景校正器发射的连续光，通过一个旋转带有扇形镜的节光器，分别交替地通过原子化器、单色器、并交替进入同一检测器，电子测量系统可从两种辐射光的强度求出其比值。被测元素的基态原子及背景吸收物对这两束光均产生吸收，而基态原子对连续辐射产生的吸收相对于连续光入射总强度可忽略不计。即校正器的连续辐射通过原子化器时，所产生的吸收仅代表背景吸收，而空心阴极灯辐射通过原子化器时，所产生的吸收为原子吸收和背景吸收的加和（图 8 - 8）。

5）自吸扣除背景。利用空心阴极灯的自吸变宽扣除背景。以双脉冲方式供电给空心阴极灯，低电流脉冲时空心阴极灯产生的发射线测得的吸收值是原子吸收和背景吸收的信号之和，大电流脉冲时空心阴极灯产生稍有自吸的变宽谱线，这时测得吸收值主要是背景吸收。

6）塞曼扣除背景。塞曼效应是指在强磁场中光源发射线或吸收线发生分裂的现象。当磁场加在辐射源时，称正向塞曼效应，这时发射原子的能级发生分裂。当磁场加在原子化器时称反向塞曼效应，此时吸收原子的能级发生分裂，由于辐射源仍然发射原来的共振线，其辐

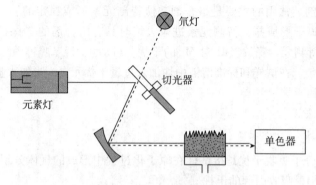

图 8 - 8　氘灯背景的装置

射只能被分析物的 π 成分吸收而不被 σ 成分吸收。当不加磁场时，测得的是待测元素原子和背景吸收值；当加磁场后，用一静止的偏振器只允许 σ 成分通过，所以只测得背景吸收值（图 8 - 9）。

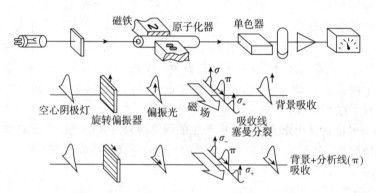

图 8 - 9　塞曼效应校正背景的原理示意

（四）光谱干扰

1. 光谱通带内有一条以上的吸收线产生的干扰

（1）产生原因　如果在光谱通带内有几条发射线，而且都参与吸收，这时便产生光谱干扰，如 Mn 吸收线 279.482nm，还发射次灵敏线 279.827nm 和 280.106nm，当这三条线都在光谱通带内时，后两条谱线将干扰第一条谱线的测定。多重吸收线的干扰以过渡元素较多，尤其是 Fe，Co，Ni 等多谱线元素。

（2）消除方法

1）如果多重吸收线和主吸收线的波长相差不是很小，则可通过减小狭缝宽度的方法来消除这种干扰，但过小的狭缝宽度会使信噪比降低，影响测定精密度。

2）多重吸收线与主吸收线之间波长差很小，通过减小狭缝宽度难以消除干扰，采用另选吸收线。

2. 在光谱通带内有非吸收线的干扰

（1）产生原因　非吸收线出现在光谱通带内，可以是待测元素的谱线，如测 Sb 时，217.6nm 共振吸收线附近还存在 Sb 217.9nm 和 217.0nm 两条非吸收线；也可能是其他元素的谱线，如 Pb 灯中的微量 Cu 发射 Cu 216.5nm。多元素空心阴极灯，由于发射较复杂，可能存在非吸收线的影响。在光谱通带内存在非吸收线时，要降低测定灵敏度和引起标准曲线弯曲。

（2）消除方法

1）减小狭缝宽度，使光谱通带小到足以分开非吸收线。

2）在火焰中喷入待测元素的浓溶液，使共振线完全被吸收，而透过的光则为非吸收光，然后将非吸收线引起的残留响应读数调零。

3）吸收线重叠干扰。几种元素的吸收线有相互重叠或十分接近的情况。如果试样溶液中有谱线重叠或接近的两种元素，无论测定其中的任何一种元素，另一种元素可能产生干扰。这种干扰使吸光度增加，造成正误差。如以 Fe 217.905nm 测定 Fe 的吸收时，由于 Pt 217.904nm 的干扰，造成吸光度增加。又如测 Co 时，Co 253.649nm 受 Hg 253.652nm 重叠线的严重干扰。谱线重叠干扰大小受吸收线和发射线轮廓、吸收线灵敏度，溶液浓度和两吸收线的波长差的影响。

五、分析方法

（一）标准曲线法

1. 理想的标准曲线：火焰中的自由基态原子从低浓度到高浓度始终保持相同的吸收能力；发射线除待测元素的原子吸收外，没有其他损失，全部进入检测系统。银的标准曲线接近这种理想情况。

2. 曲线在较宽浓度范围内呈直线，在高浓度时，曲线向浓度轴弯曲，这是实际工作中最常见的情况。

产生弯曲的原因可能是：

（1）非吸收线的影响。当共振吸收线和未被吸收的非吸收线同时进入检测器时，吸收线的吸收受非吸收线的影响。

（2）罗仑兹宽度的影响，当待测元素浓度增高时，原子蒸气的分压增大，罗伦兹变宽显著增加，吸收线加宽并发生位移，使吸光度降低。

（3）浓度范围增大，溶液的物理特性变化而引起实际雾化效率，雾珠大小及其分布的改变，使基态原子数不能随溶液浓度的增加而成正比例的增加。

3. 曲线在低浓度范围内呈直线，浓度高时，曲线向上弯曲。是由于某些元素电离度随浓度不同而引起的。在低含量时，电离度较大，基态原子数相对减少，吸光度下降较多；当含量增高时，电离度减小，基态原子数相对增多，吸光度相对增加。在空气－乙炔火焰中测定 Na、K 时，可能出现标准曲线"上弯"的情况。

4. 紧密内插法：这种方法是选取标准曲线上接近的两点作为标准，试样溶液的浓度应位于两点之间（即 $C_2 > C_x > C_1$），根据吸光度和标准溶液浓度，按式（8－7）计算溶液浓度：

$$C_x = C_1 + (A_x - A_1) \times (C_2 - C_1)/(A_2 - A_1) \qquad (8-7)$$

（二）标准加入法

当待测试样溶液的不完全确知时，则难以配制与待测试样溶液相似的标准溶液；或者试样溶液基体太复杂，以及试样溶液与标准溶液成分相差太大，为了减少差异（如溶液的成分、黏度等）而引起的误差，或者为了消除某些化学干扰，常用标准加入法。

（三）内标法

内标法是标准溶液和试样溶液中分别加入第三种元素（内标元素），同时测定待测元素和

内标元素的吸光度 A、A_0，并与吸光度之比 A/A_0 与标准溶液浓度 c 绘制标准曲线。

实例分析

　　实例：火焰原子吸收光谱法测定尿中镉。

　　方法提要：在火焰装置上加一双缝石英管，使原子蒸气在管内滞留，起富集作用，可使镉的吸光度提高一倍，增加了火焰原子吸收的检测灵敏度。

　　仪器与试剂：220 双光束原子吸收分光光度计（美国瓦里安公司），镉空心阴极灯，双缝石英管。硝酸（优级纯），镉标准溶液（国家标准物质中心）。

　　分析：

　　样品制备：空白人尿取不接触镉的正常人尿，按 100∶1 的比例加入硝酸。用具盖聚乙烯塑料瓶收集尿样，不少于 100ml，混匀后，按 100∶1 的比例加入硝酸，尽快测定。

　　测定条件：分析波长 Cd 228.8nm，光谱通带 0.5nm，空心阴极灯电流 5mA，氘灯扣除背景。乙炔流量 1.5L/min，压力 0.5kgf/cm²；空气流量 8.0L/min，压力 3.5kgf/cm²。标准曲线法定量。

　　方法评价：标准曲线的线性动态范围上限 50μg/L，检出限为 0.6μg/L，平均回收率为 8.7%～101.0%，RSD 为 2.1%～4.1%。

第二节　原子发射光谱法

一、概述

　　原子发射光谱（atomic emission spectrometry，AES），是利用物质在热激发或电激发下，每种元素的原子或离子发射特征光谱来判断物质的组成，而进行元素的定性与定量分析的。19 世纪 60 年代确定了光谱定性分析的基础，20 世纪 30 年代建立了光谱定量分析法，60 年代后，原子发射光谱因为各种新型光源和现代电子技术的发展而创立，现已成为一种重要的现代仪器分析方法。

　　原子发射光谱分析过程分为三步，即激发、发光和检测。第一步是利用激发光源使试样蒸发，解离成原子，或进一步解离成离子，最后使原子或离子得到激发，发射辐射；第二步是将被测物质发射的复合光经分光装置色散成光谱；第三步是利用检测系统记录光谱，测量谱线波长、强度，根据谱线波长进行定性分析，根据谱线强度进行定量分析。该法可对约 70 种元素（金属元素及碳、硅、硼、磷、砷等非金属元素）进行分析。

　　AES 的特点：

　　（1）准确度较高。原子发射光谱法的准确度受光源和被测组分含量不同而变化。被测组分含量在 0.1%～1% 时，准确度接近化学分析法；若被测组分含量低于 0.1%，采用新光源，准确度接近原子吸收光谱法。原子发射光谱法适合微量元素或痕量元素分析；

　　（2）灵敏度高（ng/ml～pg/ml）和选择性好。各元素同时发射各自的特征光谱，根据特征谱线可以准确无误地确定该元素是否存在。具有多元素同时分析能力，许多化学性质相近难以分别分析的元素，虽然其光谱性质有较大差异，但只要选择适宜的分析条件，一次摄谱可以同时测定多种元素。

（3）分析速度快，取样量少。可直接进行固体、液体、气体样品的分析，一般只需要几毫克至几十毫克。一份试样可进行多元素分析，多个试样连续分析。

该法的局限是不适用于部分非金属元素的分析，对高含量元素分析准确度较差，原子发射光谱法需要一套标准试样作对照，光谱仪价格较贵。

原子发射光谱法在地质、土壤、医药卫生、机械、冶金、半导体、原子能等领域都有广泛的应用。

二、原子发射光谱的原理

原子发射光谱分析法（AES）：是利用元素的原子或离子在热或电能的激发下，其外层电子在不同能级之间的跃迁，发射不同的特征谱线，根据发射的谱线波长进行定性分析，测量谱线的强度进行定量分析的方法。

原子发射光谱分析经历的过程：

试样——蒸发——原子（基态）——激发态——基态
↓
发射谱线——检测

原子发射光谱的产生：在正常状态下，元素处于基态，元素在受到热（火焰）或电（电火花）激发时，由基态跃迁到激发态，返回到基态时，发射出特征光谱（线状光谱）。

原子线：原子的外层电子跃迁产生的谱线

自吸（self - absorption）：处于光源中心部位原子或离子的辐射被光源边缘的同种基态原子吸收，使辐射强度降低的现象。元素含量很小时，原子密度低，谱线不呈现自吸现象；当原子密度增大，谱线产生自吸；当元素含量增加到一定程度时，自吸现象严重，谱线峰值强度完全被吸收，成为谱线的自蚀（图8-10）。

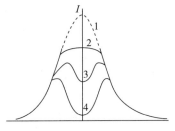

图8-10 谱线的自吸和自蚀
1. 无自吸；2. 有自吸；3. 自蚀；4. 严重自蚀

三、原子发射光谱仪

原子发射光谱法所用仪器通常包含三个部分：激发光源、光谱仪、谱线检测仪。

1. 激发光源 激发光源的作用是为试样提供气化、解离、原子化和激发所需的能量。

激发光源应该符合以下条件：分析的绝对灵敏度高；激发过程中，光源应有；良好的稳定性及再现性。要求获得的光谱没有背景或背景小。光源要有足够的亮度，曝光时间便可缩短，以加快分析速度。

目前常用的激发光源，按其特性分类可概括为：

（1）热激发光源

1）火焰：常用的火焰温度在2000~3000K，视火焰的组成而改变。用火焰作激发源的优点是设备简单，稳定性好，在测定谱线强度时可以读取瞬时强度，分析速度快。但火焰温度低，只能激发有低激发能谱线的元素，因此能够分析的元素有限，而且容易产生化学干扰和背景干扰（带状光谱）。

2）电弧：无论是低压或常压下的自激放电，当电路中功率比较大，能提供较大电流时，称为电弧放电。电弧放电分为直流电弧和交流电弧两种。电弧放电有以下特点：激发温度高，仅次于火花放电；蒸发能力强，检出限较低，因电极温度高，电弧不适宜低熔点的金属和合金试样；由于稳定性较差，故分析精度差。

3）火花放电：电极间部连续的气体放电叫火花放电，火花放电的电流是由周期性充电的电容供给。火花放电分为高压火花、控制火花、高频火花和低压火花四种。火花放电的特点是：与电弧相比有比较大的稳定性，其分析精度好；对于高含量的试样，其含量变化的灵敏度一般比电弧高；电流密度大，激发温度高，能激发具有高激发电位的谱线；电极头不容易发热，可以分析低熔点的轻金属及合金。但火花放电的检出限较差，不宜分析微量元素。

4）直流等离子体（DCP）：直流等离子体实际上是一种气体压缩的大电流电弧放电，其形状类似火焰。这种光源稳定性好，相对标准偏差可达2%以内，而且仪器设备费用简单，操作方便，也比较安全。

（2）非局部热力学平衡光源　包括一些低压气体放电管光源、空心阴极光源、辉光光源，以及一些射频等离子体光源等。

电感耦合射频等离子体（ICP）是目前原子发射光谱分析仪中最常用的光源，它是利用高频感应电流产生的类似火焰的激发光源。如图 8-11 所示，ICP 的主体是一个直径约为 25cm 的石英管，放在一个连接于高频发生器的线圈里。等离子体的形状和所用频率有关。如果在低频（约 50Hz）的条件下产生，则易形成泪滴，试样接近等离子体时，有环绕外表面的趋势，对分析不利；如果等离子体是在高频的条件下产生，则由于高频电流的趋肤效应，使涡流集中在等离子体的外表面，形成一个稳定的环状结构，配合适当的载气流速，可使试样进入等离子体的中心通道，使试样更有效地被激发。并且不因试样的引入而破坏等离子矩的稳定性。

ICP 分析系统由高频发生器、灯具和雾化器三部分组成。

高频功率发生器，作用是产生高频感应电流。一般有两种：电子管高频发生器，工作频率为 27.12MHz，振荡功率大于 2.5kW，缺点是振荡频率不稳定；石英晶体振荡器，利用石英晶体的压电效应，产生高频感应电流，固有频率是 13.56MHz，倍频输出后是 27.12MHz。

等离子体的灯具的主体是一个直径为 18～25cm 的石英管，放在高频发生器的感应线圈里。整个灯具由三个同心石英管组成。

试样的雾化可采用气动雾化器或超声雾化器。试样喷成细雾后采用去溶剂或不去溶剂两种方式将气溶胶引入等离子炬。

高频等离子体有以下特性：激发温度高，有利于难激发元素的激发，离子线强度大，有利于灵敏

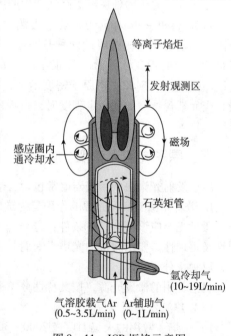

等离子焰炬

发射观测区

磁场

感应圈内
通冷却水

石英矩管

氩冷却气
(10~19L/min)

气溶胶载气Ar　Ar辅助气
(0.5~3.5L/min)　(0~1L/min)

图 8-11　ICP 炬焰示意图

线为离子线的元素测定；样品在中央通道受热而原子化，原子化温度高，原子在等离子体中停留的时间长，原子化完全，化学干扰小，谱线强度大，检出限低；因激发和原子化温度高，基体效应小；稳定性好，相对标准偏差 ±1% ~ 2%；样品集中在中间通道，外围没有低温的吸收层，因此自吸和自蚀效应小，分析校正曲线范围大，可达 4 ~ 6 个数量级；在惰性气氛中激发，光谱背景小。

（3）光子碰撞光源 主要是激光光源。

2. 光谱仪 经过激发光源激发后产生的特征发射光谱是一种复合光，检测器无法检测复合光的波长和强度，因此必须把复合光分解为单色光。

光谱仪的种类很多，根据其分光原理，常用的光谱仪可分为以下几类：

（1）棱镜光谱仪 它的分光原理是利用棱镜介质对不同波长光线的折射率不同而分光。按照制造棱镜的材质不同有玻璃、水晶、萤石、氯化钠和氯化钾等棱镜光谱仪。

（2）光栅光谱仪 它是利用光的衍射和干涉现象来分光的。常分为平面光栅光谱仪和凹面光栅光谱仪。

（3）晶体 X 衍射光谱仪 对于波长较短的 X 射线，普通光栅不能起衍射作用，须用晶体作为衍射光栅，因为晶体内的原子是等间隔排列的，而且某些晶体内的原子间隔和 X 射线在一个数量级。

（4）傅里叶干涉光谱仪 利用傅里叶展开，可将复杂的波表示为许多单色波之和。傅里叶干涉光谱仪是利用迈克尔干涉仪完成干涉调频得到干涉图，作出此干涉图函数的反傅立叶余弦变换，就得到了光源的光谱分布。

根据光谱仪的色散率的大小可将光谱仪分为小型、中型和大型光谱仪。

根据检测光谱的方式，光谱仪可分为单色仪（在光谱焦面上装有出射狭缝，能得到各种波长的单色光的仪器）、摄谱仪（以照相法摄取光谱）和光电直读光谱仪。

3. 检测系统 由光源发出的辐射，经过色散后得到的谱线要用检测器来测定其波长和强度。在光谱分析中，检测器所接受到的每一条谱线的能量是很小的，因此对检测系统的要求是：灵敏度高、噪音低、线性响应范围宽。

（1）照相检测法 照相检测法是用照相的方法来记录待测试样的光谱，然后用投影仪和黑度仪对照相记录进行定性和定量解释。

照相检测法有以下优点：相板可以同时记录许多不同波长的谱线，有利于多元素同时分析。并可根据谱线干扰情况来选用不同的分析线，应用起来比较灵活。照相乳剂可对谱线强度在一段时间内进行积分，可测得一段时间内的总辐射量或平均光强度，减少了分馏效应的影响。照相乳剂在紫外、可见光区，特别是可见光区灵敏度很高。照相检测法发射光谱仪价格低廉。

（2）光电检测器 光电检测器有以下优点：光电检测器免去了处理感光板和测量谱线强度等操作手续，直接读出分析结果，使光谱分析速度更加提高。光电转换和测量的误差比较小，精密度比较好。线性范围宽。

（3）固态检测器（Solid – state Integrating Multichannel Photon – detectors） 固态检测器是属于电荷转移检测器，是一定强度的光照射到某个检测单元（Detector Element）上后，产生一定量的电荷，并且储存在检测单元内，然后采用电荷移出的方式将其读出。固态检测器是由金属 – 氧化物半导体经过特殊加工制成，用于储存由于光子照射而产生的电荷。

四、原子发射光谱的分析方法

（一）光谱的定性分析

1. 定性依据　元素不同→电子结构不同→谱线不同→特征光谱元素的分析线、最后线、灵敏线。

2. 分析线　复杂元素的谱线可能多至数千条，只选择其中几条特征谱线检测，称其为分析线；最后线：浓度逐渐减小，谱线强度减小，最后消失的谱线；灵敏线：最易激发的能级所产生的谱线，每种元素都有一条或几条谱线最强的线，即灵敏线。最后线也是最灵敏线。共振线：由第一激发态回到基态所产生的谱线；通常也是最灵敏线、最后线。

3. 定性方法　①标准光谱比较法：以铁谱作为标准，将其他元素的分析线标记在铁谱上，铁谱起到标尺的作用。（波长标尺 210.0~660.0nm）谱线检查：将试样与纯铁在完全相同条件下摄谱，将谱片放在映谱仪（放大器）上（放大 20 倍），并与标准谱图对比，检查待测元素的分析线是否存在。②标样光谱比较法，方法：将纯物质、试样、铁并列摄谱。适合于欲鉴定少数几个元素且这几种元素的纯物质易得到。

4. 定性分析实验操作技术

（1）试样处理

1）金属或合金可以试样本身作为电极，当试样量很少时，将试样粉碎后放在电极的试样槽内；

2）固体试样研磨成均匀的粉末后放在电极的试样槽内；

3）糊状试样先蒸干，残渣研磨成均匀的粉末后放在电极的试样槽内。

4）有机物样品先消化。

5）液体试样可采用 ICP – AES 直接进行分析。

（2）摄谱过程　摄谱顺序：碳电极（空白）、铁谱、试样 1、试样 2、试样 3、铁谱。

5. 分段曝光法　先在小电流（5A）激发光源摄取易挥发元素光谱，然后调节光阑，改变曝光位置后，加大电流（10A），再次曝光摄取难挥发元素光谱。

（二）光谱的定量分析

1. 光谱定量分析　光谱半定量分析，与目视比色法相似；测量试样中元素的大致浓度范围。应用：用于钢材、合金等的分类、矿石品位分级等大批量试样的快速测定。1）谱线强度比较法；2）谱线呈现法；3）均称线对法。

2. 定量方法　标准曲线法（少用）；内标法（优点：不管光源蒸发、激发条件有什么变化，分析线对的相对强度是不变的。这就克服了光源条件变化对元素谱线强度的影响，提高了光谱分析的精密度和准确度）。

（1）标准曲线法　在选定的分析条件下，测定不少于三个不同浓度的待测元素的标准系列溶液（标准溶液的介质和酸度应与供试品溶液一致），以分析线的响应值为纵坐标，浓度为横坐标，绘制标准曲线，计算回归方程。除另有规定外，相关系数应不低于 0.99。测定供试品溶液，从标准曲线或回归方程中查得相应的浓度，计算样品中各待测元素的含量。在同样的分析条件下进行空白试验，根据仪器说明书的要求扣除空白干扰。

内标校正的标准曲线法　在每个样品（包括标准溶液、供试品溶液和试剂空白）中添加相同浓度的内标（ISTD）元素，以标准溶液待测元素分析线的响应值与内标元素参比线响应值的比值为纵坐标，浓度为横坐标，绘制标准曲线，计算回归方程。利用供试品中待测元素分析线的响应值和内标元素参比线响应值的比值，从标准曲线或回归方程中查得相应的浓度，计算样品中含待测元素的含量。

内标元素及参比线的选择原则如下：内标元素的选择：①外加内标元素在分析试样中应不存在或含量极微可忽略；如样品基体元素的含量较稳时，亦可用该基体元素作内标；②内标元素与待测元素应有相近的特性；③同族元素，具相近的电离能。参比线的选择：①激发能应尽量相近；②分析线与参比线的波长及强度接近；③无自吸现象且不受其他元素干扰；④背景应尽量小。

（2）标准加入法 取同体积的供试品溶液 4 份，分别置 4 个同体积的量瓶中，除第 1 个量瓶外，在其他 3 个量瓶中分别精密加入不同浓度的待测元素标准溶液，分别稀释至刻度，摇匀，制成系列待测溶液。在选定的分析条件下分别测定，以分析线的响应值为纵坐标，待测元素加入量为横坐标，绘制标准曲线，将标准曲线延长交于横坐标，交点与原点的距离所相应的含量，即为供试品取用量中待测元素的含量，再以此计算供试品中待测元素的含量。

（三）干扰和校正

原子发射光谱法测定中通常存在的干扰大致可分为两类：一类是光谱干扰，主要包括连续背景和谱线重叠干扰；另一类是非光谱干扰，主要包括化学干扰、电离干扰、物理干扰等。

因此，除应选择适宜的分析谱线外，干扰的消除和校正也是必需的，通常可采用空白校正、稀释校正、内标校正、背景扣除校正、干扰系数校正、标准加入等方法。

五、原子发射光谱法的应用

（一）原子发射光谱法在环境领域的应用

电感耦合等离子体发射光谱法（ICP－AES）在水环境分析中主要用于天然水体、饮用水、工业废水和城市废水中金属及非金属元素的测定。陈金忠等人采用 ICP－AES 法测定自来水中痕量铜、汞和铅。通过加入调节液，加入有机添加剂等措施提高被测元素的谱线强度及增大光谱的信背比。优化试验条件下，铜、汞和铅的方法检出限（3s）依次为 2.32、8.34、5.16μg/L。为研究自来水中重金属污染提供了一定的理论及实验依据。

徐红波等人应用电感耦合等离子体原子发射光谱法（ICP－AES）同时测定废水中的 Zn、Cr、Pb、Cd、Cu 和 As 6 种元素。对波长、入射功率、雾化压力、提升量等分析条件进行优化。样品中的干扰因子通过谱线的背景校正方法予以消除。测定各元素的线性关系良好，相关系数均在 0.9994 以上，各元素的检出限在 0.0007～0.0085μg/ml 之间，样品分析结果的相对标准偏差均小于 5.46%，加标回收率在 94.0%～105.0%。

（二）原子发射光谱法在冶炼过程的应用

在钢铁冶炼，特别是特种钢的冶炼过程中，控制钢材中添加元素的含量，是控制钢材质量的一个重要方法，用火花原子发射光谱法可以很好地完成任务。

曹吉祥等人用火花源原子发射光谱法测定铁素体不锈钢中低含量碳。采用试验优化的方法，并且为适应低含量碳的测定，制备了一套专用的光谱标样，来制作工作曲线用。所得碳的测定值与用高频燃烧红外吸收法的测定结果相符，测定值的相对标准偏差（$n=11$）均小于 8%。

陆军等人采用电感耦合等离子体原子发射光谱法测定铸铁中镧和铈。样品用硝酸和高氯酸溶解，蒸发冒烟至近干，盐酸溶解后，在 379. 478nm 或 408. 672nm 波长下，用 ICP – AES 测定镧，检出限为 0. 022μg/ml 或 0. 012μg/ml，测定下限为 0. 22μg/ml 或 0. 12μg/ml；在 413. 380nm 波长下测定铈，检出限和测定下限分别为 0. 010μg/ml 和 0. 10μg/ml。测定中的基体效应用基体匹配方法消除，共存元素的干扰应用仪器软件中谱线干扰校正程序克服。方法已成功地应用于球墨铸铁标准样品中镧和铈的测定，结果与认定值相吻合。

（三）原子发射光谱法在矿产开发中的应用

矿物中各种元素的分析是原子发射光谱法应用中的一个主要领域，全世界每年分析的地球化学样品超过一千万件。

靳芳等人采用电感耦合等离子体原子发射光谱法测定光卤石矿中钾、钠、钙、镁和硫酸根。选择波长为 766. 5、330. 2、317. 9、279. 8、181. 9nm 5 条谱线依次作为测定钾、钠、钙、镁和硫的分析线。钾、钠、钙、镁和硫的方法检出限（3s）依次为 0. 8、1. 6、0. 8、0. 8、2. 4mg/L。应用此法测定了光卤石样品中 5 种元素的含量，回收率在 97. 2% ~102. 1% 之间，相对标准偏差（$n = 10$）小于 3. 5%。

马生凤等人采用四酸溶样 – 电感耦合等离子体原子发射光谱法测定铁、铜、锌、铅等硫化物矿石中 22 个元素，应用四酸（硝酸、盐酸、氢氟酸、高氯酸）混合溶矿，电感耦合等离子体原子发射光谱法（ICP – AES）同时测定了铁矿石、铜矿石、铅矿石、锌矿石及多金属矿石样品中 Al、Fe、Cu、Pb、Zn、Ca、Mg、K、Na、Sb、Mn、Ti、Li、Be、Cd、Ag、Co、Ni、Sr、V、Mo 和 S 22 个元素量。实验确定了方法的分解条件以及测定元素的检出限及干扰条件。用国家一级标准物质 GBW07162（多金属贫矿石）和 GBW07163（多金属矿石）进行精密度实验，统计数据显示，结果精密度（RSD）和准确度（RE）都小于 10%，而且大多数元素的精密度和准确度在 5% 范围内。通过标准物质进行方法验证，非单矿物或精矿的一般硫化物矿石的检测结果基本都在标准值的范围内，符合地质矿产开发的要求。本方法具有同时测定元素多、线性范围宽、检出限低等优点，实际使用性强，结果满意。

（四）原子发射光谱法在材料分析中的应用

随着经济和科技发展，对材料分析的要求亦提出了越来越高的要求，由于原子发射光谱能够进行多元素同时测定，而且灵敏度也比较高，因此被广泛地应用于各种材料中多种杂质成分的测定。

余莉莉的 ICP – AES 测定金属材料中元素的研究现状及进展的论文根据 ICP – AES 分析金属材料的不同，分别综述了 ICP – AES 在新型金属材料钕铁合金、铝合金、锆合金、钢铁、高温合金等材料中的元素分析应用。此外，对 ICP – AES 技术在金属元素测定中的研究现状进行了总结和展望。

何志明采用电感耦合等离子体原子发射光谱法测定铝质耐火材料中钙、镁、铁、钛及钾的含量。样品用碳酸锂 – 硼酸（2 +1）混合熔剂熔融，盐酸（1 +1）溶液浸取，电感耦合等离子体原子发射光谱法直接测定铝质耐火材料中钙、镁、铁、钛、钾元素。优化了仪器参数和分析谱线，采用基体匹配法并应用仪器软件中的谱线干扰校正程序有效消除铝基体的干扰。对不同含量的 2 个试样进行精密度试验，测定结果的相对标准偏差（$n = 10$）小于 4. 0%，该方法的检出限（3S/N）为 0. 004 ~0. 06mg/L。对铝质耐火材料标准样品进行测定，结果与标准值相符。

第三节 原子荧光光谱法

一、概述

原子荧光光谱法（atomic fluorescence spectrometry，AFS）是原子光谱法中的一个重要分支，是介于原子发射（AES）和原子吸收（AAS）之间的光谱分析技术，它的基本原理是特定的基态原子（一般为蒸气状态）吸收合适的特定频率的辐射，其中部分受激发态原子在去激发过程中以光辐射的形式发射出特征波长的荧光，检测器测定原子发出的荧光而实现对元素测定的痕量分析方法。原子荧光光谱分析法具有很高的灵敏度，校正曲线的线性范围宽，能进行多元素同时测定。这些优点使得它在冶金、地质、石油、农业、生物医学、地球化学、材料科学、环境科学等各个领域内获得了相当广泛的应用。

二、原子荧光光谱法的基本原理

1. 原子荧光的类型 图 8 – 12。

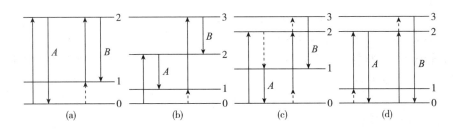

图 8 – 12 原子荧光的主要类型示意图

（a）共振荧光；（b）直跃荧光；（c）阶跃线荧光；（d）anti – Stokes 荧光

（1）共振荧光 当原子受到波长为 λ_A 的光能照射时，处于基态 E_0（或处于 E_0 邻近的亚稳态 E_1）的电子跃迁到激发态 E_2，被激发的原子由 E_2 回到基态 E_0（或亚稳态 E_1）时，它就放出波长 λ_F 的荧光。这一类荧光称为共振荧光。

（2）直跃线荧光 荧光辐射一般发生在二个激发态之间，处于基态 E_0 的电子被激发到 E_2 能级，当电子回到 E_1 能级时，放出直跃荧光。

（3）阶跃线荧光 当处于激发态 E_2 的电子在放出荧光之前，由于受激碰撞损失部分能量而至 E_1 回到基态时，放出阶跃线荧光。

（4）反 Stoke 效应荧光 原子通过吸收光辐射由基态 E_0 激发至 E_2 能级，由于受到热能的进一步激发，电子可能跃迁至 E_2 相近的较高能级 E_3，当其 E_3 跃迁至较低的能级 E_1（不是基态 E_0）时所发射的荧光称为热助阶跃荧光。小于光源波长称为反 Stoke 效应。

2. 荧光猝灭 某一元素的荧光光谱可包括具有不同波长的数条谱线。一般来说，共振线是最灵敏的谱线。处于激发态的原子寿命是十分短暂的。当它从高能级阶跃到低能级时原子将发出荧光。

$$M^* \rightarrow M + hr$$

除上述以外，处于激发态的原子也可能在原子化器中与其他分子、原子或电子发生非弹性碰撞而丧失其能量。在这种情况下，荧光将减弱或完全不产生，这种现象称为荧光的猝灭。

荧光猝灭有下列几类型：

（1）与自由原子碰撞

$$M^* + X = M + X$$

$M^* \rightarrow$ 激发原子；X、$M \rightarrow$ 中性原子。

（2）与分子碰撞

$$M^* + AB = M + AB$$

AB 可能是火焰的燃烧产物，这是形成荧光猝灭的主要原因。

（3）与电子碰撞

$$M^* + e^- = M + E^-$$

此反应主要发生在离子焰中。与自由原子碰撞后，形成不同激发态。

$$M^* + A = M^x + A$$

M^*、M^x 为原子 M 的不同激发态。

（4）与分子碰撞后，形成不同的激发态

$$M^* + AB = M^x + AB$$

（5）化学猝灭反应

$$M^* + AB = M + A + B$$

A、B 为火焰中存在的分子或稳定的游离基。

3. 荧光强度与分析物浓度间关系　原子荧光强度 I_f 与试样浓度 C 以及激发态光源的辐射强度 I_0 存在以下函数关系

$$I_f = \Phi I$$

根据朗伯 – 比尔定律

$$I_f = \Phi I_0 \left[I \cdot e^{-KLN} \right]$$

式中，Φ 为原子荧光量子效率，I 为被吸收的光强，I_0 为光源辐射强度，K 为峰值吸收系数，L 为吸收光程，N 为单位长度内基态原子数。

按泰勒级数展开，当 N 很小，则原子荧光强度 I_f 表达式可简化为：

$$I_f = \Phi I_0 KIN$$

当所有实验条件固定时，原子荧光强度与能吸收辐射线的原子密度成正比，当原子化效率固定时，I_f 与试样浓度 C 成正比，即

$$I_f = \alpha C$$

上式线性关系，只在浓度低时成立。当浓度高无论是连续光源或线光源，荧光强度会发生变化，由于自吸作用荧光信号引起变化，荧光谱线变宽，从而减少峰值强度。光源强度越高，测量线性工作范围越宽，线性的下端延至越来越低浓度值。因此，在痕量分析时，一般不会遇到曲线弯曲现象。

三、原子荧光光谱法的仪器装置

（一）原子荧光光谱仪器的基本结构

原子荧光光谱法仪器装置由三个主要部分组成；激发光源、原子化器以及检测部分（图 8 – 13）。

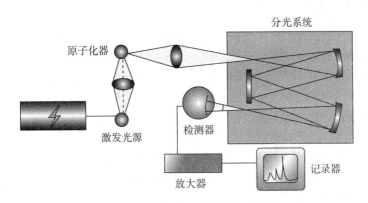

图 8 – 13　原子荧光光谱仪基本结构

1. 激发光源　激发光源是 AFS 仪器主要组成部分，一个合格光源应具有下列条件：强度高、无自吸；稳定性好、噪声小；辐射光谱重复性好；价格便宜、寿命长；发射的谱线要足够纯。

AFS 法中所用的各种光源有下列几种：

（1）蒸气放电灯　只适用于 Zn、Cd、Hg 等少数元素由于发射谱线有严重自吸效应。

（2）连续光源　高压汞氙灯，这种灯检出限差，光散射及光谱干扰比较严重。经改良后短弧高压氙灯，紫外波段能量还不够高。如果配合中阶梯光栅单色仪，检出限有改善，干扰相应减少。

（3）空心阴极灯　目前多采用以脉冲方式供电的空心阴极灯。一般 AAS 的 HCL 不能激发出足够强的荧光信号。不能用于 AFS；空心阴极灯要求：峰值电流不高，没有谱线自吸现象。当峰值电流足够大时，离子线强度增强，原子线的强度相应减弱。目前应用这种 HCL 较多。高强度空心阴极灯可以得到较强的荧光信号，适用于 AFS 测定。

（4）无极放电灯　是 AFS 分析中重要光源之一，这种灯结构简单。无电极，所用功率小，能激发足够强荧光信号。

（5）电感耦合等离子体　这种光源对某些元素（如 Zn、Cd……等）有较好检出限，但应用不广。

（6）温梯原子光谱灯　这是一种新光源，没有自吸，发射强度很高，但商品灯性能不够理想应用不广。

（7）可调谐染料激光　这是一种十分有希望的光源，对某些元素的检出限可达 fg 的数量级，目前，染料激光价格太贵，装置复杂。

2. 原子化器　适用于 AFS 法的理想的原子化器必须具有下列特点：原子化效率高；没有物理或化学干扰；背景发射低；稳定性好；不含高浓度的猝灭剂；在光路中原子有较长寿命。

电热原子化器：从理论上讲，它是 AFS 法中比较理想的原子化器，是一种较有前途的原子化器。目前因机理和方法未明朗，应用较少。

氢化物法原子化器：这是近年来，应用最多一种原子化器，加热方式有两种：石英炉电热原子化器、石英炉红外加热原子化器。

3. 电子检测线路　无色散系统，国内的双道 AFS 系列实际上是采用时间分辨——多路传输方案，安装在原子化器周围的 HCL 顺序点亮。依次对荧光信号进行检测。

四、氢化物发生进样方法

这种方法是利用某些能产生出生态还原剂或化学反应，将样品溶液中的分析元素还原为挥发性共价氢化物，然后借助载气流将其导入 AFS 分析系统进行测量方法。

该方法优点在于：①分析元素能够与可能引起干扰的样品基体分离，从而消除干扰。②与溶液直接喷雾进样相比它能将待测元素充分预富集，进样效率近于 100%；③连续氢化物发生装置宜于实现自动化（如与流动注射联用）。④同价态的元素氢化物在不同条件下，可进行价态分析。

氢化物发生法有各种各样方式。但概括归纳起来有三大体系；金属，酸还原体系；硼氢化钠（钾），酸还原体系；电解体系。金属，酸还原体系，由于适用元素不多，虽然不断改善仍存在许多缺点，应用不多。

硼氢化钠（钾），酸体系应用较广泛，适合于测定 As、Sb、Bi、Ge、Sn、Pb、Se、Hg、Zn、Cd、Te 等 11 种元素：

反应式如下：

$$NaBH_4 + 3H_2O + H^+ = H_3BO_3 + Na^+ + 8H^* + E_m^* = EHn + H_2 \uparrow$$

硼氢化物的形成决定于二个因素，一是被测定元素于氢化合的速度，二是硼氢化钠在酸性溶液中分解的速度，在进行氢化反应时，必须保持一定酸度，被测元素也要以一定价态存在（例如 Se^{+6}、Te^{+6} 完全不与硼氢化钠反应）。有时需要在某些价态元素中加入氧化剂，在样液中以锌粉、硼氢化钠作还原剂制备氢化物较好，在室温下，易生成氢化物气体，易从基体分离出来导入原子化器内，这种体系克服或减少了金属——酸还原体系的缺点。在还原能力，反应速度自动化操作，干扰程度以及适用性等方向有极大的优越性。用电化学方法产生氢化物是一种新方法：在 KOH 碱性介质中电解，在铂电极上还原 As 和 Sn，然后生成 AsH_3、SnH_4 导入原子化器中进行测定，只适用于 AAS 法，AFS 法未能推广应用。

1. 氢化物发生的操作　氢化物发生法可分两类：一是直接传输法；二是收集法（略），后者用于 AFS 较少，目前较常用是直接传输法（图 8 - 13）。

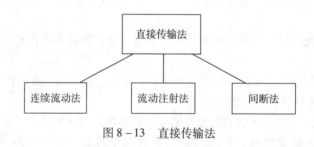

图 8 - 13　直接传输法

早期 AFS 和 XDY 系列均采用间断法，这种方法在发生器中先加入一定量的样品溶液，然后加入硼氢化钠（钾）溶液其优点是装置简单，但自动化程度差。目前 AFS 系列的仪器出口产品均用流动注射法。国内产品采用断续流动反应法。

2. 氢化物发生法中干扰

（1）干扰的分类　Dedina 曾对氢化物发生——原子吸收法中的干扰作了分类（图 8 - 14）：

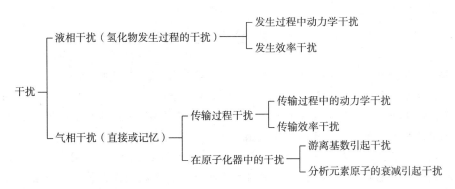

图 8 - 14　原子吸收法中的干扰

Dedina 提出的氢化物干扰是目前较为系统和细致分类，虽对 AAS 而言，但这类分类方法原则上也适用于氢化物发生——AFS 法。不论液相干扰或是气相干扰。近年来对其机理研究，国内外专家学者正争论和探索之中。没有比较统一完整说法，在这里不作详细介绍。请参阅有关资料。

（2）干扰的消除

1）液相干扰的消除　①对于某些干扰元素加入络合剂与干扰元素形成稳定的络合物。②适当增加酸度加大金属微粒溶解度防止金属物产生。③降低硼氢化钠（钾）的浓度。$NaBH_4$ 的浓度越大越易引起液相干扰。④某些情况下加入氧化还原电位高于干扰离子的元素，减慢干扰元素的生成速度。⑤改变氢化物发生的方式，采用连续流动或间断流动法取代间断法。⑥通过化学反应改变干扰元素的价态。⑦分离干扰元素。氢化物法中一些消除干扰实例见表 8 - 1。

表 8 - 1　氢化物法中一些消除干扰实例

测定元素	干扰元素	加入试剂	测定方法
As、Se	Cu、Co、Ni、Fe	EDTA	AAS/AFS
Bi	Ni	EDTA	AAS/AFS
As	Ni	KCNS	AAS/AFS
Te	Cu、Au	硫脲	AFS
Bi	Cu	硫脲	AFS
As	Cu	1,10 - 邻菲罗啉氨基硫脲	AAS/AFS
As	Cu、Co、Ni 等	8 - 羟基喹啉	AAS/AFS
As	Cu	$K_4 [Fe(CN)_6]$	AAS/AFS
Sn	Cu、Ni、Fe	硫脲 - 抗坏血酸	AFS

2）气相干扰的消除　①在干扰元素的氢化物产生之前除去干扰，阻止干扰元素生成气态化合物。②在传输过程应减小传输效率（用吸收法除干扰物）。③在进入原子化器时，应充分供给氢基（或提高温度）对热稳定性各种不同氢化物在传输管道加热使某些氢化物分解。④让氢化物通过一个气相色谱柱。将干扰元素分析元素分开。

本 章 小 结

本章主要包括原子光谱分析技术发展、原子吸收光谱、原子发射光谱和原子荧光光谱分析的原理、仪器、分析方法、干扰及其消除，原子光谱分析在多个行业领域的应用等内容。

原子光谱包括原子吸收光谱（AAS）、原子发射光谱（AES）和原子荧光光谱（AFS）。三种原子光谱的共同点是均为原子外层电子在能级之间跃迁的结果，但跃迁的方式不同，AES属于自发发射跃迁，光谱发射是各向同性的，AAS属于受激吸收跃迁，AFS的荧光激发属于受激吸收跃迁、荧光发射属于各向同性的自发发射跃迁，当激发光源停止辐照后，原子荧光发射立即停止。由于三种原子光谱产生的机理不同，因此基于 AAS、AES 和 AFS 建立的三种分析方法各有特点和所长，各有最适宜的应用范围，都得到了广泛应用，已成为现代分析检测实验室必备的测试手段。

练 习 题

1. 试比较原子发射光谱法、原子吸收光谱法、原子荧光光谱法有哪些异同点？
2. 在原子吸收分析中为什么要使用空心阴极灯光源？为什么光源要进行调制？
3. 原子荧光分光光度计的构造有何特点？为什么？
4. 原子吸收分光光度法所用仪器有哪几部分组成，每个主要部分的作用是什么？
5. 原子吸收分光光度法有哪些干扰，怎样减少或消除。
6. 原子吸收光谱线为什么是有一定宽度的谱线而不是波长准确等于某一值的无限窄谱线，试分析分析谱线宽度变宽的原因。
7. 原子吸收分析的灵敏度定义为能产生 1% 吸收（即 0.0044 吸光度）时，试样溶液中待测元素的浓度（单位：$\mu g/ml/1\%$ 或 $\mu g/g/1\%$）。若浓度为 $0.13\mu g/ml$ 的镁在某原子吸收光谱仪上的测定吸光度为 0.267。请计算该元素的测定灵敏度。
8. 用原子吸收法测定元素 M 时，由未知试样得到的吸光度为 0.435，若 9ml 试样中加入 1ml 100mg/L 的 M 标准溶液，测得该混合液吸光度为 0.835. 问未知试液中 M 的浓度是多少？
9. 原子发射光谱的分析过程。
10. 原子发射光谱仪由哪几大部件组成？各部件的主要作用是什么？
11. 在原子发射光谱分析法中，为什么要选用内标法？
12. 何谓分析线对？选择内标元素及分析线对的基本条件是什么？

（付钰洁）

第九章　紫外－可见分光光度法

紫外－可见分光光度法（ultraviolet and visible spectrophotometry）是溶液中的物质分子对紫外－可见光谱区光辐射的吸收特征和吸收程度来研究物质组成和结构的定性、定量分析方法。紫外－可见光区的波长范围是 $200 \sim 760nm$。根据波长的不同，紫外－可见分光光度法分为紫外分光光度法（波长范围是 $200 \sim 400nm$）和可见分光光度法（波长范围是 $400 \sim 760nm$）。紫外－可见分光光度法是在比色法的基础上发展起来的，但紫外－可见分光光度法采用了比比色法更为先进的分光系统和光检测系统，所以在方法的灵敏度、准确性、精密度以及应用范围等方面都大大优于比色法。

紫外－可见分光光度法有如下特点：

（1）灵敏度较高　一般可以检测到 $10^{-4} \sim 10^{-6}g/ml$ 的物质，可以用于微量组分的分析。

（2）准确度较高　相对误差通常为 $2\% \sim 5\%$。

（3）选择性较好　一般可在多种组分共存的溶液中，对某一物质进行测定。

（4）仪器设备简单、费用少、测定迅速、操作简便，易于掌握和推广。

（5）应用范围广　可应用于医药、环境检测、化工、冶金、地质等各个领域。

第一节　紫外－可见吸收光谱

一、分子吸收光谱的产生

物质对一定波长的光辐射进行选择性吸收。物质分子由原子组成，原子由电子和原子核组成。物质分子内部有三种运动状态和相对应的三种能级，一是电子围绕原子核做相对运动，对应电子能级 E_e，二是原子在其平衡位置上振动，对应振动能级 E_v，三是分子整体绕轴转动，对应转动能级 E_r。分子中的电子能量、振动能量和转动能量都是量子化的，当分子吸收电磁辐射后总能量 ΔE 会发生变化，其变化值等于电子能量变化 ΔE_e、振动能量变化 ΔE_v 和转动能量变化 ΔE_r 之和，即：$\Delta E = \Delta E_e + \Delta E_v + \Delta E_r$。

紫外－可见吸收光谱又称电子光谱，是由分子中的电子能级跃迁产生的吸收光谱，电子发生能级跃迁所需能量在 $1.6 \times 10^{-19} \sim 3.2 \times 10^{-18}$ J 之间。分子发生电子能级跃迁的同时，总是伴随着振转能级的跃迁，也就是每一个电子能级中有多个振动能级，每一个振动能级中有多个转动能级。所以，在分子的电子光谱中，包含振转能级跃迁产生的若干吸收谱带和吸收谱线。一般情况下，在观察时分辨不出电子光谱中振转能级跃迁所产生的吸收谱带和吸收谱线，而是看到这些谱线密集在一起合并而成的较宽的吸收带。因此分子的电子光谱属于带状光谱。

吸收光谱（absorption spectrum）又称吸收曲线，是指在测定某物质对不同波长单色光的吸收程度（吸光度），然后以吸光度为纵坐标，波长为横坐标作图所得到的图形，如图 9－1 所示。吸收峰就是吸收曲线上吸光度最大的地方，此处所对应的波长叫最大吸收波长（maximum absorption wavelength），用 λ_{max} 表示；吸收峰旁较弱的吸收峰称为肩峰（shoulder peak）；吸收峰与吸收峰间凹下去的部分称为吸收谷；在吸收曲线的短波处呈现强吸收但没有成峰的部分称为末端吸收（end absorption）。

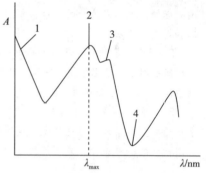

图 9－1　吸收曲线

1. 末端吸收；2. 吸收峰；3. 肩峰；4. 吸收谷

二、有机化合物的电子跃迁类型

有机化合物的紫外－可见吸收光谱取决于分子外层电子的性质。当有机化合物吸收紫外－可见光后，分子单键中的 σ 电子、双键中的 π 电子和杂原子（N、O、S、P 和卤素）中的未成键 n 电子都有可能发生能级跃迁，从低能态的成键轨道或非键轨道跃迁到高能态的反键轨道。如图 9－2 所示。

有机化合物分子中常见的跃迁类型有 $\sigma \rightarrow \sigma^*$、$n \rightarrow \sigma^*$、$n \rightarrow \pi^*$、$\pi \rightarrow \pi^*$ 四种，其相对能量由小到大的顺序为：$n \rightarrow \pi^* < \pi \rightarrow \pi^* < n \rightarrow \sigma^* < \sigma \rightarrow \sigma^*$。

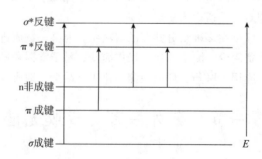

图 9－2　分子中价电子能级及跃迁示意图

1. $\sigma \rightarrow \sigma^*$ 跃迁 是分子中的 σ 成键电子吸收辐射能后跃迁至 σ^* 反键轨道上去，是所有有机化合物都可能发生的电子跃迁类型。它需要的辐射能量很大，吸收辐射波长一般小于 150nm，处于真空紫外区，如甲烷的最大吸收波长 λ_{max} 为 125nm，乙烷的最大吸收波长 λ_{max} 为 135nm。

2. $n \rightarrow \sigma^*$ 跃迁 是分子中未成键的 n 电子吸收辐射能后被激发到 σ^* 反键轨道上去，所有含有 N、O、S、P 和卤素等杂原子的饱和烃衍生物都可能发生这种跃迁。与 $\sigma \rightarrow \sigma^*$ 相比，它需要的能量较小，但大多处于波长小于 200nm 的区域内。

$\sigma \rightarrow \sigma^*$ 跃迁和 $n \rightarrow \sigma^*$ 跃迁产生的吸收光谱一般需要真空紫外技术才能观察到，所以实际应用的价值不大。

3. $\pi \rightarrow \pi^*$ 跃迁 是处于 π 成键轨道上的电子吸收辐射能后跃迁至 π^* 反键轨道上去，发生在不饱和有机化合物中。其特征是最大摩尔吸光系数（表示物质对光的吸收能力）ε_{max} 很大，$\varepsilon > 10^4$，属于强带（strong band）。孤立的 $\pi \rightarrow \pi^*$ 跃迁的最大吸收波长一般在 200nm 附近。表 9-1 列举了部分孤立 $\pi \rightarrow \pi^*$ 跃迁的吸收特征。

表 9-1 部分孤立 $\pi \rightarrow \pi^*$ 跃迁的吸收特性

生色团	物质	溶剂	λ_{max}（nm）	ε_{max}
烯烃	$C_6H_{13}-\overset{H}{C}=CH_2$	正庚烷	177	13000
炔烃	$C_5H_{11}-C\equiv C-CH_3$	正庚烷	178	10000
羰基	$H_3C-\overset{O}{\overset{\|}{C}}-CH_3$	正己烷	188	900

对于 $\pi \rightarrow \pi^*$ 跃迁，如果有共轭结构存在，分子能量降低，跃迁时所需的辐射能量变小，最大吸收波长 λ_{max} 变长，同时摩尔吸光系数 ε 增大。而且共轭链越多，跃迁时吸收能量越小，最大吸收波长 λ_{max} 越长，摩尔吸光系数 ε 越大。表 9-2 列举了部分共轭 $\pi \rightarrow \pi^*$ 跃迁的吸收特性。

表 9-2 一些有共轭结构化合物的吸收特性

物质	共轭双键的数目	λ_{max}（nm）	ε_{max}
$H_2C=CH_2$	1	195	5000
$H_2C=CH-CH=CH_2$	2	217	21000
$H_2C=CH-CH=CH-CH=CH_2$	3	258	35000

4. $n \rightarrow \pi^*$ 跃迁 是分子中未成键的 n 电子吸收辐射能后被激发到 π^* 反键轨道上去，发生在含有 N、O、S、P 和卤素等杂原子的不饱和有机化合物中，其最大摩尔吸光系数 ε_{max} 较小，一般在 10~100 之间，属于弱带（weak band），最大吸收波长 λ_{max} 在 200~400nm 之间。表 9-3 列举了部分 $n \rightarrow \pi^*$ 跃迁的吸收特性。

表 9-3 部分 $n \rightarrow \pi^*$ 跃迁的吸收特性

生色团	物质	溶剂	λ_{max}（nm）	ε_{max}
羧基	$H_3C-\overset{O}{\overset{\|}{C}}-OH$	乙醇	204	41

续表

生色团	物质	溶剂	λ_{max} (nm)	ε_{max}
羰基	$\overset{O}{\underset{\parallel}{H_3C-C-CH_3}}$	正己烷	279	16
硝基	CH_3NO_2	异辛烷	280	22
亚硝基	C_4H_9NO	乙醚	665	20

有机化合物最有用的吸收光谱是基于 $n\rightarrow\pi^*$、$\pi\rightarrow\pi^*$ 跃迁而产生的，这两类跃迁所需要的辐射能量较小，大多数化合物的最大吸收波长 λ_{max} 大于200nm。从结构上看，这两种跃迁要求分子中都含有不饱和键，像这种含有不饱和键的基团叫作生色团（chromophore）。—OH、—NH_2、—OR、—SH、—Cl 等一些含有非键电子的杂原子饱和基团称为助色团（auxochrome），助色团与生色团相连时，能使生色团的最大吸收波长 λ_{max} 向长波方向移动，并且最大摩尔吸光系数 ε_{max} 增大，如苯环上的一个氢原子被一些助色团取代后，苯环的 λ_{max} 和 ε_{max} 都会变大。表9-4列出了苯及其衍生物的吸收特性。

表9-4 苯及其衍生物的吸收特性

物质	取代基	溶剂	λ_{max} (nm)	ε_{max}
苯		环己烷	254	300
氯苯	—Cl	环己烷	264	320
溴苯	Br	环己烷	262	325
苯酚	—OH	环己烷	273	1780

在有机化合物中由于分子结构发生改变或受到溶剂影响，物质的最大吸收波长 λ_{max} 向长波方向移动称为红移，又叫长移；最大吸收波长 λ_{max} 向短波方向移动称为短移，又叫蓝移、紫移。

三、无机化合物中的主要电子跃迁类型

1. 配位场跃迁 是指配位化合物的配体在配位场作用下，过渡金属元素能量相等的5个d轨道和镧系、锕系元素7个能量相等的f轨道分裂成能量不等的d轨道和f轨道，它们吸收一定的光辐射能后由低能态的d轨道和f轨道跃迁到高能态的d轨道和f轨道，产生配位场吸收带。配位场跃迁吸收位于可见光区，摩尔吸光系数 ε 小于100。

2. 电荷迁移跃迁 金属配合物中的配位体是电子给予体，中心离子是电子接收体。当金属配合物吸收光辐射后，电子从配位体的轨道跃迁到中心离子的轨道上，产生电荷迁移光谱。电荷迁移跃迁的摩尔吸光系数 ε 一般大于 10^4，测量灵敏度很高，常用于定量分析。在实际的工作中，常将待测金属离子与某种配体（又叫显色剂）作用，使之生成具有电荷迁移的配合物，然后进行测定。

四、有机化合物的吸收带及其影响因素

（一）有机化合物的吸收带

吸收带是指有机化合物的吸收峰在紫外－可见光区吸收光谱的波带位置。常见的吸收带

有 R 带、K 带、E 带和 B 带四种。

1. R 带　由 n→π* 跃迁引起的吸收带，是杂原子的不饱和基团的特征吸收带。波长位置在 250 ~ 300nm 之间，ε 较小，通常小于 100，属于弱带。溶剂极性增大，R 带紫移。但是，当有强吸收峰在其附近时，R 带有时被掩盖，有时红移。

2. K 带　由 π→π* 跃迁引起，是不饱和基团的特征吸收带。波长位置大致 200 ~ 230nm 之间，ε 很大，通常大于 10^4，属于强带。当生色团与苯环共轭时在吸收光谱中会出现 K 带。

3. E 带　芳香族化合物的特征吸收带，由苯环中三个乙烯环状共轭结构的 π→π* 引起，包括 E_1 带（$\lambda_{max} = 180$ nm，$\varepsilon = 4.7 \times 10^4$）和 E_2 带（$\lambda_{max} = 200$nm，$\varepsilon \approx 7000$）。

4. B 带　芳香族化合物的特征吸收带，由 π→π* 与苯环振动重叠所致。在波长 230 ~ 270nm 处有精细结构，见图 9-3；含取代基时，B 带精细结构简化，波长红移，见图 9-4。

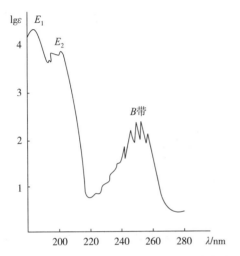

图 9-3　苯在异丙烷溶液中的吸收曲线

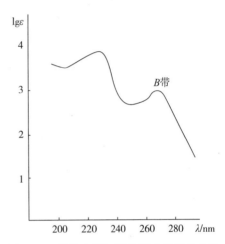

图 9-4　苯胺在异丙烷溶液中的吸收曲线

（二）影响吸收带的因素

物质的吸收带与测定条件关系密切，当测定条件发生变化，吸收光谱的形状、λ_{max}、ε_{max} 也会发生变化。测定条件包括溶剂、温度和 pH 等。

1. 溶剂效应　物质的紫外-可见吸收光谱的测定，大多数是在溶液中进行的，当使用的溶剂不同时，同一种物质得到的紫外-可见吸收光谱可能不一样。溶剂极性增大，使 n→π* 跃迁产生的吸收带发生短移，使 π→π* 跃迁产生的吸收带发生长移，所以在测定物质的吸收光谱时，一定要注明所用的溶剂。表 9-5 列出了溶剂对异丙叉丙酮两种跃迁紫外吸收光谱的影响。

表 9-5　溶剂极性对异丙叉丙酮两种跃迁紫外吸收光谱的影响

跃迁类型	正己烷	三氯甲烷	甲醇	水
π→π*	230nm	238nm	237nm	243nm
n→π*	329nm	315nm	309nm	305nm

溶剂极性对这两种跃迁影响明显不一致。在 n→π* 跃迁中，基态的极性比激发态的极性

大，n 电子与极性溶剂之间能形成较强的氢键，当溶剂极性增加，基态和激发态的能量都降低，但基态能量降低得更多，基态和激发态的能量差更大，跃迁所需能量更大，因而吸收波长短移。在 $\pi \rightarrow \pi^*$ 跃迁中，基态的极性比激发态的极性小，当溶剂极性增加，基态和激发态的能量都降低，但激发态能量降低得更多，基态和激发态的能量差变小，跃迁所需能量减小，因而吸收波长长移。溶剂极性对 $n \rightarrow \pi^*$ 跃迁和 $\pi \rightarrow \pi^*$ 跃迁能级差的影响见图 9 - 5。

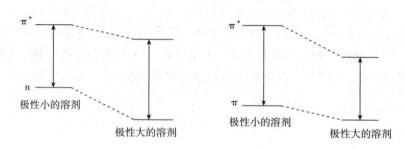

图 9 - 5　溶剂极性对 $n \rightarrow \pi^*$ 跃迁和 $\pi \rightarrow \pi^*$ 跃迁能级差的影响

课堂互动

　　某化合物在己烷中的最大吸收波长 λ_{max} 为 305nm，而在乙醇中的最大吸收波长 λ_{max} 为 307nm。那么该吸收是由 $n \rightarrow \pi^*$ 跃迁还是由 $\pi \rightarrow \pi^*$ 跃迁引起的，为什么？

　　2. 温度影响　物质的紫外 - 可见吸收光谱的测定，大多数是在室温下进行，所以温度对吸收光谱的影响不大。较高温度时，分子的碰撞机会增加，谱带变宽，谱带精细结构消失；较低温度时，由于分子的热运动降低，碰撞机会减少，与邻近分子间的能量交换减少，产生长移，吸收强度有所增大。

　　3. 溶液 pH 的影响　溶液的 pH 会影响紫外 - 可见吸收光谱的测定，在不同 pH 的溶液中，分子的离解形式可能不一样，导致吸收光谱的形状、λ_{max} 和吸收强度可能不一样。如苯酚在酸性条件以分子形式存在，而在碱性条件下以离子形式存在，其最大吸收波长随 pH 不同而发生变化。

λ_{max} 210.5nm，270nm　　　　　　　λ_{max} 235nm，287nm

　　4. 空间位阻的影响　共轭效应使分子体系能量降低，最大吸收波长红移。但是如果空间位阻不一样，分子共平面性也有差别，这种差别能够从吸收光谱图上反映出来。如顺式二苯乙烯和反式二苯乙烯，顺势二苯乙烯两个苯环在乙烯双键平面的同侧，空间位阻较大，共平面性差，其 K 带的最大吸收波长和摩尔吸光系数较小（$\lambda_{max} = 280nm$，$\varepsilon_{max} = 10500$）；反式二苯乙烯两个苯环在乙烯双键平面的异侧，空间位阻较小，共平面性好，其 K 带的最大吸收波长和摩尔吸光系数较大（$\lambda_{max} = 296nm$，$\varepsilon_{max} = 29000$）。

第二节　朗伯-比尔定律

朗伯-比尔定律（Lambert-Beer law）是分光光度法的基本定律，是描述物质对某一波长光吸收的强弱与吸光物质的浓度及其液层厚度间的关系。

一、透光率和吸光度

当一束平行单色光通过均匀的溶液时，一部分光被溶液吸收，一部分光透过溶液，还有一部分光被比色皿表面反射。设入射光强度为 I，被溶液吸收光强度为 I_a，透过溶液光强度为 I_t，反射光强度为 I_r，则：

$$I = I_a + I_t + I_r \tag{9-1}$$

在吸收光谱的分析中，通常将被测溶液和参比溶液放置于材料和厚度相同的比色皿中，让强度为 I 的单色光分别通过两个比色皿，再测量透射光的强度。因为，反射光强度基本一样，其影响可相互抵消，故上式可简化为

$$I = I_a + I_t \tag{9-2}$$

透光率（transmitance）用 T 表示，定义为透射光强度（I_t）与入射光强度（I）的比值，即：

$$T = I_t / I \tag{9-3}$$

溶液的透光率越小，表示它对光的吸收越大；反之，透光率越大，表示它对光的吸收越小。在实际工作中，采用吸光度（absorbance）来表示物质对光的吸收程度。吸光度为透光率的负对数，其数学表达式为：

$$A = -\lg T = \lg(I/I_t) \tag{9-4}$$

吸光度 A 值越大，表明物质对光的吸收能力越大；吸光度 A 值越小，表明物质对光的吸收能力越小。

二、朗伯-比尔定律

朗伯-比尔定律是朗伯定律和比尔定律的合称，朗伯定律讲述吸光度与溶液厚度间的关系；比尔定律讲述吸光度与溶液浓度间的关系。

朗伯定律的表述：当用某适当波长的单色光照射一定浓度的溶液时，其吸光度与光透过的溶液液层厚度成正比，其数学表达式为：

$$A = a'l \tag{9-5}$$

式中，l 为液层厚度；a' 为比例系数。

比尔定律的表述：当用某适当波长的单色光照射一定厚度的溶液时，吸光度与一定范围的溶液浓度成正比，其数学表达式为：

$$A = a''c \tag{9-6}$$

式中，c 为溶液浓度；a'' 为比例系数。

朗伯定律对所有的均匀吸收介质都适用，比尔定律适用于稀溶液。

如果同时考虑溶液的浓度（c）和液层厚度（l）对吸光度的影响，式（9-5）和式（9-6）可合并为：

$$A = acl \tag{9-7}$$

式中，a 为吸光系数，与吸光物质的性质、入射光波长、溶剂及温度等因素有关。

式（9-7）是朗伯-比尔定律的数学表达式，用文字描述为：当用一适当波长的单色光照射一溶液时，吸光度正比于溶液浓度和液层厚度的乘积。朗伯-比尔定律是分光光度法的基本定律，是分光光度法定量分析的依据。

朗伯-比尔定律适用于均匀、非散射介质，但不适用于非单色光和高浓度的溶液。

三、吸光系数

（一）吸光系数 a 的物理意义

吸光系数（absorptivity）是吸光物质在单位浓度及单位液层厚度的吸光度。在给定单色光、溶剂和温度等条件下，吸光系数是物质的特征常数，表明物质对某一特定波长光的吸收能力。不同物质对同一波长的单色光，可有不同的吸光系数，吸光系数越大，表明该物质的吸光能力越强，灵敏度越高，所以吸光系数是定性和定量的依据。

（二）吸光系数的表示方法

1. 摩尔吸光系数（molar absorptivity） 在一定波长时，当液层厚度 l 以 cm 为单位，溶液浓度 c 以 mol/L 为单位时的吸光系数称为摩尔吸光系数，用 ε 表示，其单位为 L/(mol·cm)，它表示物质的浓度为 1mol/L，液层厚度为 1cm 时溶液的吸光度。此时式(9-7)变为：

$$A = \varepsilon c l \tag{9-8}$$

2. 百分吸光系数 也称比吸光系数，在一定波长时，当液层厚度 l 以 cm 为单位，溶液浓度 c 为 g/(100ml) 时的吸光系数称为百分吸光系数，用 E 表示，其单位为 100ml/(g·cm)。此时式（9-7）变为：

$$A = E c l \tag{9-8}$$

E 与 ε 间的关系为：

$$\varepsilon = \frac{M}{10} E \tag{9-9}$$

式中，M 为吸光物质的摩尔质量。

摩尔吸光系数一般小于 10^5。E 和 ε 不能直接测得，需用已知准确浓度的稀溶液测得吸光度换算而得到。如摩尔质量为 323.15 的 0.002g/100ml 的氯霉素水溶液在 278nm 处用 1cm 吸收池测得吸光度为 0.614，它的 E 和 ε 分别为：

$$E = \frac{A}{c \cdot l} = \frac{0.614}{0.002 \cdot 1} = 307 \; [100ml/(g \cdot cm)]$$

$$\varepsilon = \frac{M}{10} E = \frac{323.15}{10} \times 307 = 9920 \; [L/(mol \cdot cm)]$$

（三）吸光系数的影响因素

吸光系数与溶质、溶剂的本性、温度和单色光的波长有关。

（1）不同物质，有不同的吸光系数，吸光系数为物质的特征常数。

（2）同一物质在不同溶剂中，吸光系数亦不同。所以在说明吸光系数时，应标明溶剂。

（3）单色光的波长不同，其吸光系数也不同，如图 9-1 的吸收曲线。

四、吸光度的加和性

当溶液中有多种吸光物质时，总吸光度等于溶液中各吸光物质吸光度之和，即吸光度具有加和性，这是进行混合组分光谱分析的理论基础。

$$A = A_1 + A_2 + A_3 \tag{9-10}$$

五、偏离比尔定律的因素

根据 Beer 定律，当吸收池厚度 l 不变，以吸光度为纵坐标，浓度为横坐标作图时，应得到一条通过原点的直线。事实上，吸光度与浓度间的线性关系常常发生偏离，偏离有正偏离和负偏离，如图 9-6 所示。

朗伯-比尔定律成立的前提是吸光溶液为稀溶液以及入射光为单色光，所以引起偏离比尔定律的主要因素就是化学相关因素和光学相关因素。

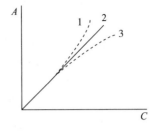

图 9-6 吸光度与浓度间的关系
1. 正偏离；2. 遵循比尔定律；3. 负偏离

1. 化学相关因素 所谓吸光物质为稀溶液是指溶液中的吸光粒子是独立的，相互间无任何作用，它们独立吸收相应的光子。但吸光溶液浓度增加，吸光粒子间平均距离减小，粒子间的相互作用不能忽略，每个粒子会影响其周围粒子独立吸收光的能力，粒子的电荷分布也可能发生变化，导致偏离比尔定律。同时，吸光物质浓度增加会引起被测物质在溶液中发生离解、缔合、配合物组成改变以及光化或互变异构等，使被测组分的浓度发生变化，导致对比尔定律的偏离。例如，在重铬酸钾水溶液中的 Cr 元素有两种形式，即橙色的 $Cr_2O_7^{2-}$ 和黄色的 CrO_4^{2-}，它们之间有如下平衡：

$$Cr_2O_7^{2-} + H_2O \rightleftharpoons 2H^+ + 2CrO_4^{2-}$$

这两种离子的吸光系数和吸收光谱不一样，溶液的吸光度是这两种离子吸光度之和。当溶液浓度发生变化，平衡也会发生移动，此两种离子浓度相应发生变化，结果导致偏离比尔定律。

为了防止化学相关因素的偏离，必须控制溶液条件，充分熟悉化学平衡知识，使吸光物质尽量保持相同的吸光能力。

2. 光学相关因素

（1）非单色光 朗伯-比尔定律是以单色入射光为前提。实际上，真正的单色光并不存在，经过单色器分离出来的光是一小段波长范围内的复合光，由于吸光物质对不同波长光的吸收能力不同，导致对比尔定律的偏离。在所使用的波长范围内，吸光物质的吸收能力变化越大，这种偏离就越显著。

假设入射光由波长 λ_1 和 λ_2 组成。吸光物质在这两波长处的吸光系数分别为 E_1 和 E_2，两波长入射光的强度分别为 I_1 和 I_2，透射光的强度分别为 I_{t1} 和 I_{t2}。由于有 $I_t = I_0 10^{-Ecl}$，所以混合光的透光率为：

$$T = \frac{I_{t1} + I_{t2}}{I_1 + I_2} = \frac{I_1 10^{-E_1cl} + I_2 10^{-E_2cl}}{I_1 + I_2} = 10^{-E_1cl} \frac{I_1 + I_2 10^{(E_1-E_2)cl}}{I_1 + I_2}，则$$

$$A = -\lg T = E_1 cl - \lg \frac{I_1 + I_2 10^{(E_1-E_2)cl}}{I_1 + I_2} \tag{9-11}$$

由式可知，只有当 $E_1 = E_2$ 时，$A = Ecl$ 的线性关系才成立；若 $E_1 \neq E_2$，吸光度 A 与浓度 c 的线性关系不成立，也就是偏离定律，E_1 和 E_2 相差越大，这种偏离越显著。

（2）杂散光 用单色器分离得到的单色光中，还有一些不在谱带范围内的与所需波长相隔较远的光叫杂散光（stray light）。杂散光能使光谱变形、变值，尤其是在透射光较弱情况下，这种影响更加明显，杂散光是光学仪器生产制造过程中带来的瑕疵，随着技术的发展，现代仪器可将杂散光的影响减小到忽略不计。但在末端吸收附近，有时因杂散光的影响而出现假峰。

（3）散射光和反射光 吸光质点对入射光有散射作用，吸收池对入射光又有反射作用。不管是散射光还是反射光，都是入射光谱带范围内的光，它们直接影响透射光的强度。光的散射可使透射光减弱。真溶液质点小，散射光弱，可用空白对比补偿；浑浊液、胶体溶液质点大，散射光强，一般不易制备相同空白补偿，常导致吸光度偏高，分析中应当重视。

光的反射也会减弱透射光强度，同样导致吸光度偏高，可用空白补偿。

（4）非平行光 通过吸收池的光不是真正的平行光，倾斜光透过吸收池的实际光程比垂直照射的平行光的光程长，使朗伯－比尔定律公式中的液层厚度增大，从而使吸光度增大。

第三节　分析条件的建立

在分析工作中，为使分析方法有较高的灵敏度和准确度，就要选择最佳的测定条件，这些条件包括吸光度范围的选择、入射光波长的选择、参比溶液的选择以及显色条件的选择等。

一、吸光度范围的选择

吸光度在不同的读数范围内，可引入不同程度的误差，这种误差常以百分透光率引起的浓度相对误差来表示，称为光度误差。为减少这种误差，应将吸光度控制在适当的范围内。根据朗伯－比尔定律

$$A = -\lg T = \varepsilon l c$$

微分后得：

$$d\lg T = 0.4343\frac{dT}{T} = -\varepsilon l d c \tag{9-12}$$

当增量较大时，有：

$$0.4343\frac{\Delta T}{T} = -l\varepsilon\Delta c \tag{9-13}$$

将式（9-13）代入式（9-8）得：

$$\frac{\Delta c}{c} = \frac{0.4343\Delta T}{T\lg T} \tag{9-14}$$

式中，$\frac{\Delta c}{c}$ 为浓度的相对误差；ΔT 为透光率的测量误差。

从式（9-14）可以看出，浓度相对误差与透光率 T 和透光率的测量误差 ΔT 有关。

1. 暗噪音 暗噪音（dark noise）是由检测器和放大电路等各部件的不确定性引起的，其强弱取决于线路结构和电子元件的质量、工作状态等条件，不论有光照还是没有光照，ΔT 都可看作常量。随着仪器生产工艺的改进，分光光度计产生的暗噪音已经非常低。高精度仪器的暗噪音 ΔT 可达 0.01%，一般在 ±0.02% ~ ±1% 之间。测定结果的相对误差与吸光度值间的关系如图 9-7 中的实线。

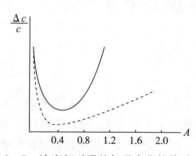

图 9-7　浓度相对误差与吸光度的关系

从图9-7可知,吸光度太大或太小,浓度的相对误差均较大;当吸光度在0.2~0.7时,浓度的相对误差较小;误差最小的一点,吸光度为0.4343,此时透光率为0.368。

2. 讯号噪音　讯号噪音(signal noise)也称讯号散粒噪音,是光敏元件受光照时的电子迁移,如电子从阴极飞向阳极。用很小的单位来衡量,每一单位时间中电子迁移的数量不等,而是某一均值周围的随机数,从而形成测定光强的不确定性。随机变动的幅度随光照强度的增大而增大,讯号噪音正比于被测光强的方根,其比值K与光的波长和光敏元件的品质有关。讯号噪音产生的ΔT可表示为:

$$\Delta T = TK \sqrt{1 + \frac{1}{T}} \tag{9-15}$$

代入式得:

$$\frac{\Delta c}{c} = \frac{0.4343K}{\lg T} \sqrt{1 + \frac{1}{T}} \tag{9-16}$$

测定结果的相对误差与吸光度值间的关系如图9-7中的虚线。

从图9-7可知,由讯号噪音产生的测量误差在较大的吸光度范围内都比较小,这对测定是个有利因素。

二、入射光波长的选择

通常是根据被测组分的吸收光谱,选择最大吸收波长λ_{max}作测定波长,即入射光波长,因为在最大吸收波长处测量的灵敏度最大,称为最大吸收原则(maximum absorption principle)。同时在最大吸收波长处吸收曲线较平坦,吸光系数差别不大,对Beer定律的偏离小,见图9-8。如果在谱带a处进行测量,吸光系数变化较大,从而引起较大的误差;如果在b处测量,峰形平坦,吸光系数变化较小,从而引起误差较小。但是当最大吸收波长的峰形比较尖锐时,往往选用吸收稍小、峰形稍平缓的次强峰或者肩峰进行测定,以减小误差。

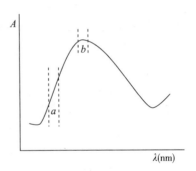

图9-8　测定波长的选择

课堂互动

某物质的吸收光谱如右图,图中有两个吸收峰a和b,在吸光度定量分析中选择哪一处波长进行测定比较合适,为什么?

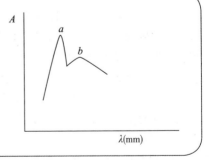

三、参比溶液的选择

测量样品溶液的吸光度时,先要用参比溶液调节透光率为100%,从而消除溶液中其他成分以及比色皿和溶剂对光的吸收和反射所带来的测定误差。参比溶液的组成视样品溶液的性质而定，合理地选择参比溶液非常重要。

（1）溶剂参比　溶剂作为参比溶液适用于当样品溶液的组成较为简单、共存的其他组分很少且对测定波长光几乎无吸收的情况，以消除溶剂、吸收池等因素的影响。

（2）试剂参比　试剂参比溶液就是按显色反应相同的条件，不加入试样，同样加入试剂和溶剂作为参比的溶液。试剂参比溶液可消除试剂产生吸收的影响。

（3）试样参比　试样作为参比溶液适用于试样中的共存成分较多，显色剂用量不大，且显色剂在测定波长无吸收的情况。如果试样基体溶液在测定波长有吸收，而显色剂不与试样基体显色时，可按与显色反应相同的条件处理试样，只是不加入显色剂。

（4）平行操作参比　用不含被测组分的样品，在相同条件下与被测试样同时进行处理，由此得到平行操作参比溶液。例如在进行某种临床药物浓度监测时，可取正常人的血样与待测血药浓度的血样进行平行操作处理，前者得到的溶液即为平行操作参比溶液。

四、显色反应条件的选择

常见的显色反应有氧化还原反应、配位反应及增加生色基团的衍生化反应。这些反应应满足：①反应的生成物必须在紫外－可见光区有较大摩尔吸光系数，以保证较高的测量灵敏度；②反应有较高的选择性，被测组分经反应生成的化合物的吸收曲线与其他共存组分的吸收曲线有明显的差别；③反应生成物有足够的稳定性，以保证测量过程中溶液的吸光度不改变；④反应生成物的组成恒定。要使显色反应达到以上要求，就需要控制显色反应的条件，以保证被测组分最有效地转变为适宜测定的化合物。

显色条件的选择包括显色剂的用量、显色反应的时间、显色反应的温度等，这些条件的选择往往都是通过实验来确定。

1. 显色剂的用量　显色剂的用量直接影响配合物的生成，也影响测量灵敏度。加入较少的显色剂，显色反应可能不完全；加入过多的显色剂，则可能生成另一种物质。因此显色剂的用量一般遵循过量、适量、定量的原则，如测定钼用 SCN^- 作为显色剂，SCN^- 的用量不同，生成的配合物的颜色也不一样。

$$Mo(SCN)_3^{2+} \rightleftharpoons Mo(SCN)_5 \rightleftharpoons Mo(SCN)_6^-$$

浅红　　　　　橘红　　　　　浅红

在实际工作中，一般通过实验确定显色剂的用量，也就是保持被测物质的浓度、溶液的酸度及温度等条件不变，加入不同量的显色剂，测定吸光度，用吸光度对显色剂用量作图，根据图形选择显色剂用量。

2. 显色反应的时间　一些显色反应较快，在短时间内能生成稳定的配合物，但部分显色反应较慢，需要较长时间才能达到稳定。在实际工作中，一般通过实验确定显色反应的时间，也就是在一定波长下，测定溶液的吸光度随时间变化的曲线，根据曲线选择显色反应的时间。

3. 显色反应的温度　绝大多数显色反应在常温下完成，少数显色反应很慢，需要在较高温度下进行，也有少数配合物在低温稳定，其显色反应需要在低温下进行。在实际工作中，也是通过实验确定显色反应的温度。由于配合物的吸光系数与温度有关，故要求待测溶液与标准溶液的温度相同。

第四节　紫外－可见分光光度法的分析方法

一、定性分析方法

每一个化合物都有自己的特征吸收光谱，如吸收光谱的形状、吸收峰的波长位置、吸收峰的数目、吸收峰的强度以及相对应的吸光系数，这些是紫外－可见吸收光谱进行物质定性的主要依据。结构完全相同的有机化合物有完全相同的吸收光谱；但吸收光谱相同的有机化合物却不一定是同一化合物；如果两种化合物的吸收光谱有明显差别，却可以断定它们不是同种物质。紫外－可见吸收光谱中的精细结构一般不易观察到，对于复杂有机化合物定性分析也存在困难，应该结合其他分析方法进行定性。

1. 比较吸收光谱的一致性　在相同条件下，两个相同化合物的吸收光谱完全一致。在鉴别时，用相同溶剂配制相同浓度的被测物质和对照品，测定它们的吸收光谱，比较图谱是否一致。此外，如果没有对照品，也可将被测物质的吸收光谱与 Sadtler 标准光谱图比较。利用吸收光谱进行鉴别，具有一定的局限性。主要原因是紫外吸收光谱的吸收带较少，一般只有一个或几个吸收带，在成千上万种有机化合物中，不同物质可能有相似或相同的吸收光谱。因此吸收光谱相同的两种物质并不一定是同种物质，但可以肯定的是，如果它们吸收光谱有明显差别，则一定不是同种物质。

2. 比较吸光度比值的一致性　在吸收光谱中有多个吸收峰，可测定几个吸收峰处的吸光度或吸光系数，利用它们的比值作为鉴别的依据，如维生素 B_{12} 在 278nm、361nm 和 550nm 处有三个吸收峰，《中国药典》（2015 年版）规定在 361nm 与 278nm 波长处吸光度的比值应在 1.70～1.88 之间；在 361nm 与 550nm 波长处吸光度的比值应在 3.15～3.45 之间。

3. 比较吸收光谱特征数据的一致性　最大吸收波长 λ_{max} 和最大摩尔吸光系数 ε_{max} 是吸收光谱的特征数据。最大吸收波长处吸光系数较大，测量灵敏度高，且此处吸光系数变化较小，吸光度受波长变化影响较小，因此可以减小测定误差。有多个吸收峰的化合物，可同时用多个峰值作为鉴别依据；此外也可用峰值与谷值、肩峰值同时作为鉴别依据。

二、纯度鉴定

1. 杂质检查　如果某化合物在紫外－可见光区没有明显的吸收峰，而所含杂质有较强的吸收峰，那么含有少量杂质就能被检查出来，如环己烷中含有少量杂质苯，在256nm处苯有吸收峰，而环己烷在此波长处无吸收峰，此法可以检测出环己烷中0.001%的含苯量。

如果化合物在某波长处有强的吸收峰，而杂质在此波长处有很弱的吸收或没有吸收，则化合物的吸光系数减小；如果杂质在此波长处的吸收比化合物更强，那么化合物的吸光系数增大，吸收光谱变形。

2. 杂质限量检测　对于药品中的杂质，需要制定一个允许其存在的限量。如在合成肾上腺素过程中有一中间体肾上腺酮，肾上腺酮还原成肾上腺素时，因反应不完全被带入产品中，成为肾上腺素的杂质，影响肾上腺素的疗效，并增加其毒性。因此肾上腺酮的量必须规定在某一限度内。由于肾上腺酮与肾上腺素结构差异，因此吸收曲线也不同，如图 9 - 9，在310nm 处肾上腺酮有吸收峰，肾上腺素没有吸收，所以可在310nm 波长处测定杂质肾上腺酮的含量。用 0.05mol/L 的 HCl 溶液溶解肾上腺素，制成每 1ml 中含 2mg 的肾上腺素，在 1cm

吸收池中，于 310nm 波长处测定吸光度 A，规定吸光度 $A \leq 0.05$，以肾上腺酮在 310nm 处的百分吸光系数为值 435 计算，肾上腺酮含量 $\leq 0.06\%$。

此外，有时也采用峰谷吸光度的比值控制杂质含量，如胆碱酯酶复活剂碘解磷定有顺式异构体和中间体等杂质，在碘解磷定的最大吸收波长 294nm 处，这些杂质无吸收，但在碘解磷定的吸收谷 262nm 处有吸收，所以可利用碘解磷定的峰谷吸光度的比值作为杂质限量检查指标。已知纯品碘解磷定在这两个波长处吸光度的比值 $A_{294}/A_{262} = 3.39$，如果含有杂质，则在 262nm 波长处吸光度值增大，使峰谷吸光度比值小于 3.39。因此，可以规定一个峰谷吸光度比值的最小允许值，作为杂质含量的限度。

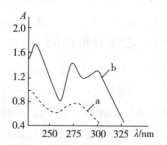

图 9 – 9　肾上腺素和肾上腺酮的吸收光谱
a. 肾上腺素；b. 肾上腺酮

肾上腺酮　　→还原→　　肾上腺素

三、定量分析方法

（一）单组分的定量分析方法

根据朗伯－比尔定律，物质在一定条件下的吸光度与浓度呈线性关系。故只要选择一定波长测定溶液的吸光度，即可求出浓度。为了提高灵敏度和减小测定误差，通常应选择被测物质吸收光谱的吸收峰进行测定。

单组分定量分析方法包括标准曲线法、标准对比法和吸光系数法，其中标准曲线法是实际工作中应用得最多的方法。

1. 标准曲线法（又叫校正曲线法、工作曲线法）　用吸光系数 E 作为换算浓度的因数进行定量的方法，不是任何情况下都适用。尤其是在单色光不纯的情况下，测得的吸光度值可以随使用的仪器不同而在一个相当大的幅度内变化不定，如果用吸光系数计算浓度，将产生较大的误差。但如果采用同一台仪器，固定工作状态和测定条件，吸光度和浓度间的关系在绝大多数情况下仍是线性或近线性关系。即：$A = kc$

此时，k 不再是物质的特征常数，只是某一具体条件下的比例常数，不能相互通用，也不能作为定性依据

在实际工作中，先配制一系列不同浓度的标准溶液，以空白溶液作为参比，在相同条件下测定标准溶液的吸光度，以吸光度对浓度作图得到标准曲线，见图 9 – 10。然后在相同条件下测定未知试样的吸光度，再从标准曲线上找出与之对应的未知试样的浓度。

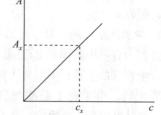

图 9 – 10 标准曲线法确定未知试样浓度

标准曲线法求物质浓度时应注意以下四点：

（1）按选定浓度，至少配制五个不同浓度的标准溶液，未知试样浓度应在系列标准溶液浓度之间。

（2）测定时每一浓度至少应同时测定两次，当吸光度基本相同时，取其平均值。

（3）用坐标纸绘制标准曲线。也可用最小二乘法处理，由一系列的吸光度－浓度数据求出直线回归方程。

（4）绘制完后应注明测试的条件，如吸收池厚度、测定波长、所采用的溶剂等。

2. 标准对比法　标准对比法就是在相同条件下测定试样溶液吸光度（A_x）和与试样溶液浓度接近的标准溶液的吸光度（A_s），利用相同物质在相同条件下吸光系数相同，由标准溶液的浓度（c_s）计算出试样中的被测物浓度（c_x）。

根据朗伯－比尔定律，未知试样与标准样品的吸光度分别为：

$$A_x = Ec_x l \qquad A_s = Ec_s l$$

两式相比整理得：

$$c_x = \frac{A_x}{A_s} \cdot c_s \tag{9-17}$$

标准对比法只需要一个标准溶液，所以该法比较简便，但误差较大，只有在测定的浓度区间内溶液完全遵守朗伯－比尔定律，并且试样溶液的浓度接近标准溶液的浓度时，结果才较为准确。

3. 吸光系数法　根据朗伯－比尔定律 $A = Ecl$，如果液层厚度和吸光系数已知，即可根据测得的吸光度 A 求出未知物的浓度。

实例分析

已知维生素C在245nm波长处的百分吸光系数 E 为560 [100ml/（g·cm）]。现称取 V－C 0.05g 溶于 100ml 的 0.005mol/L 硫酸溶液中，再准确取液 2.00ml 稀释到 100ml，取此液于1cm吸收池中在245nm处测得吸光度 A 为 0.551，求其百分含量。

解：已知 $E = 560$ [100ml/（g·cm）]，$A = 0.551$，$l = 1$cm。根据朗伯－比尔定律 $A = Ecl$ 得：

$$c = \frac{A}{E \cdot l} = \frac{0.551}{560 \cdot 1} = 9.839 \times 10^{-4} \text{g/（100ml）} = 9.839 \times 10^{-6} \text{g/ml}$$

维生素C稀释前的浓度为：$c' = 9.839 \times 10^{-6} \times 50 = 4.920 \times 10^{-4}$ g/ml

试样中维生素C的质量为：$m = c' \times 100\text{ml} = 4.920 \times 10^{-4}\text{g/ml} \times 100\text{ml} = 0.0492\text{g}$

试样中维生素C的百分含量为：$\omega = \frac{0.0492}{0.05} \times 100\% = 98.4\%$

（二）混合组分的定量分析方法

在很多情况下，溶液中含有两个（或两个以上）不同的组分，它们的吸收光谱有三种情况，如图 9-11 所示。

对于图 9-11（a）：在各组分的吸收峰所在的波长处，其他组分没有吸收，这种情况最简单，可以按单组分测定方法分别在 λ_1 和 λ_2 波长处测定 m 组分和 n 组分的浓度。即根据朗伯-比尔定律，得式（9-18）和式（9-19）：

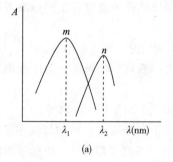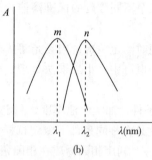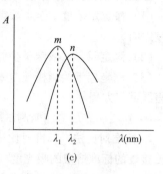

图9-11 混合物的吸收光谱

$$A_m = \varepsilon_m c_m l \tag{9-18}$$

$$A_n = \varepsilon_n c_n l \tag{9-19}$$

由式（9-18）和式（9-19）分别得式（9-20）和式（9-21）。

$$c_m = \frac{A_m}{\varepsilon_m l} \tag{9-20}$$

$$c_n = \frac{A_n}{\varepsilon_n l} \tag{9-21}$$

对于图9-11（b）：在 m 组分的吸收峰 λ_1 波长处 n 组分无吸收，而在 n 组分的吸收峰 λ_2 波长处 m 组分有吸收，这种情况可先在 λ_1 波长处按单组分测定法得混合溶液中 m 组分的浓度，再根据吸光度的加和性，在 λ_2 波长处测定混合溶液的吸光度 A_2^{m+n}，然后用 m 组分的浓度求出 n 组分的浓度。见式（9-22）和式（9-23）：

$$A_m = \varepsilon_m c_m l \tag{9-22}$$

$$A_2^{m+n} = A_2^m + A_2^n = \varepsilon_2^m c_m l + \varepsilon_2^n c_n l \tag{9-23}$$

联立式（9-22）和式（9-23）得式（9-24）和式（9-25）。

$$c_m = \frac{A_m}{\varepsilon_m l} \tag{9-24}$$

$$c_n = \frac{A_2^{m+n} - \varepsilon_2^m c_m l}{l\varepsilon_2^n} \tag{9-25}$$

对于图9-11（c）：两组分在各自的最大吸收波长处互相均有吸收，这种情况较复杂，这也是工作中遇到最多的情况。下面介绍几种光谱相互干扰的混合组分的定量方法。

1. 解线性方程组法 可以根据吸光度的加和性，在 λ_1，λ_2 处测定混合溶液的吸光度 A_1^{m+n} 和 A_2^{m+n}，然后解方程组，见式（9-26）和式（9-27）（假定液层厚度为 1cm）：

$$A_1^{m+n} = A_1^m + A_1^n = \varepsilon_1^m c_m + \varepsilon_1^n c_n \tag{9-26}$$

$$A_2^{m+n} = A_2^m + A_2^n = \varepsilon_2^m c_m + \varepsilon_2^n c_n \tag{9-27}$$

联立式（9-26）和式（9-27）得式（9-28）和式（9-29）。

$$c_m = \frac{A_1^{m+n} \cdot \varepsilon_2^n - A_2^{m+n} \cdot \varepsilon_1^n}{\varepsilon_1^m \cdot \varepsilon_2^n - \varepsilon_2^m \cdot \varepsilon_1^n} \tag{9-28}$$

$$c_n = \frac{A_1^{m+n} \cdot \varepsilon_1^m - A_2^{m+n} \cdot \varepsilon_2^m}{\varepsilon_1^m \cdot \varepsilon_2^n - \varepsilon_2^m \cdot \varepsilon_1^n} \tag{9-29}$$

2. 等吸收双波长法 吸收光谱重叠的 m、n 两组分混合物中，利用双波长法可对其中一个组分的浓度进行测定，也可以同时对两个组分的浓度进行测定。如图 9 - 12 所示，如果测定 m 组分的浓度，可以选择 λ_1 和 λ_2 两个波长，使得 n 组分在这两个波长处的吸光度相等，然后测定混合物在这两个波长处吸光度差值 ΔA，根据 ΔA 值来计算组分 m 的浓度。同样，如果测定 n 组分的浓度，也可以选择 $\lambda_1{}'$ 和 $\lambda_2{}'$ 两个波长，使得 m 组分在这两个波长处的吸光度相等，然后测定混合物在这两个波长处吸光度差值 $\Delta A'$，根据 $\Delta A'$ 值来计算组分 n 的浓度。通常选择待测组分的最大吸收波长作为 λ_1 或 $\lambda_1{}'$，然后在这一波长位置作垂直于横轴的直线，此直线与另一组分的吸收光谱相交于一点，再从这一点作垂直于纵轴的直线，此直线又与另一组分的吸收光谱相交于一点或数点，选择与这些交点所对应的波长作为 λ_2 或 $\lambda_2{}'$。采用等吸收双波长法时要求干扰组分至少有一个吸收峰或者吸收谷，这样才能保证干扰组分在所选两个波长处的吸光度相等；为了减小测定误差，要求被测组分在所选两个波长处吸光度的差值 ΔA 足够大。

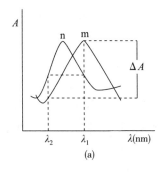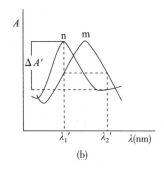

图 9 - 12　等吸收双波长法示意图

$$A_1^{m+n} = A_1^m + A_1^n \qquad A_2^{m+n} = A_2^m + A_2^n$$

$$\begin{aligned}
\Delta A &= A_1^{m+n} - A_2^{m+n} = (A_1^m + A_1^n) - (A_2^m + A_2^n)\\
&= A_1^m - A_2^m \quad (\because A_2^n = A_1^n)\\
&= (E_1^m - E_2^m)c_m l = kc_m
\end{aligned} \tag{9-30}$$

知 识 链 接

三波长分光光度法：在任一吸收光谱上任意选择三个波长，并测定它们的吸光度，利用相似三角形推导出吸光度的差值与待测组分的浓度成正比，从而测定待测组分的浓度。双波长法需要找到干扰组分中吸光度相等的两个波长，使整个吸收光谱上下平移来消除干扰组分的影响，三波长法除了能将吸收光谱上下平移外，还能校正其倾斜度，不需要在干扰组分的吸收光谱上找到等吸光度的波长。三波长分光光度法尤其适用于浑浊所产生的干扰。

3. 系数倍率法 如果干扰组分没有吸收峰或吸收谷，则不能采用等吸收双波长法，如图 9 - 13 所示，m 为待测组分，n 为干扰组分。由于干扰组分 n 没有吸收峰，也没有吸收谷，找不到两个波长使得干扰组分 n 在这两个波长处的吸光度值相等，所以不能采用等吸收双波长法。此时，可采用系数倍率法。

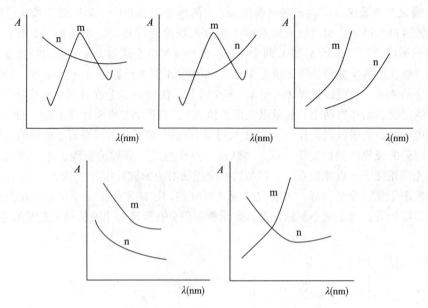

图 9 – 13　种吸收光谱的组合

设干扰组分在选定两个波长 λ_1 和 λ_2 处测得吸光度分别为 A_1 和 A_2（设 $A_1 > A_2$），它们的比值为 K，K 为掩蔽系数，即 $A_1/A_2 = K$（$K > 1$）。将 λ_2 波长处的吸光度放大 K 倍，则 $KA_2 = A_1$，即 $\Delta A = KA_2 - A_1 = 0$。如图 9 – 14 所示，m 为待测组分，n 为干扰组分，测定波长为 λ_1 和 λ_2，干扰组分 n 在 λ_2 波长处的吸光度小于 λ_1 波长处的吸光度，即 $A_1^n > A_2^n$，令 $A_1^n = KA_2^n$，则：

$$A_2 = K\left(A_2^m + A_2^n\right)$$

$$A_1 = A_1^m + A_1^n$$

$$\Delta A = A_2 - A_1$$

$$= K\left(A_2^m + A_2^n\right) - \left(A_1^m + A_1^n\right)$$

$$= KA_2^m - A_1^m = \left(KE_2^m - E_1^m\right)c_m = kc_m \qquad (9-31)$$

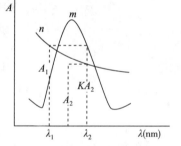

图 9 – 14　系数倍率法

从式（9 – 31）可以看出，吸光度的差值 ΔA 与待测组分的浓度 c_m 成正比，不受干扰组分 n 的影响。

4. 导数光谱法　又称微分光谱法，是对吸收光谱进行微分，即可得到吸收光谱关于波长的微分对应于波长 λ 的函数曲线，即（$\mathrm{d}A/\mathrm{d}\lambda$）– λ 曲线。导数光谱法可以解决干扰物质与被测组分的吸收光谱相互重叠、消除悬浮物和胶体散射影响和背景吸收，并提高光谱分辨率。

（1）导数光谱法定量分析的依据　根据朗伯－比尔 $A = Ecl$ 可知，吸光度 A 和吸光系数 E 都是波长的函数，将此式对波长 λ 求导，得：

$$\frac{\mathrm{d}A}{\mathrm{d}\lambda} = \frac{\mathrm{d}E}{\mathrm{d}\lambda} \cdot lc$$

$$\frac{\mathrm{d}^2 A}{\mathrm{d}\lambda^2} = \frac{\mathrm{d}^2 E}{\mathrm{d}\lambda^2} \cdot lc$$

$$\frac{\mathrm{d}^3 A}{\mathrm{d}\lambda^3} = \frac{\mathrm{d}^3 E}{\mathrm{d}\lambda^3} \cdot lc$$

·········

$$\frac{d^n A}{d\lambda^n} = \frac{d^n E}{d\lambda^n} \cdot lc \qquad (9-32)$$

在一定条件下，物质在某一波长处的百分吸光系数 E 是定值，它随波长 λ 而变化的函数关系 $E = f(\lambda)$ 也应是确定的，其导数函数 $\frac{dE}{d\lambda}$、$\frac{d^2E}{d\lambda^2}$、$\frac{d^3E}{d\lambda^3}\cdots\frac{d^nE}{d\lambda^n}$ 也是确定的。所以从式（9-32）可知，在任意波长处，导数光谱值与试样浓度成正比，所以导数光谱可用于定量分析。导数光谱曲线的斜率 $\frac{d^n E}{d\lambda^n}$ 越大，灵敏度越高。

（2）导数光谱法对干扰吸收的消除　导数光谱可以消除共存干扰组分的吸收。假设在一定波长范围内，各干扰组分的吸收曲线可以表达为一个幂函数，即：

$$A_{干扰} = m_0 + m_1\lambda + m_2\lambda^2 + m_3\lambda^3 + \cdots + m_n\lambda^n$$

求一阶导数后：

$$\frac{dA}{d\lambda} = m_1 + 2m_2\lambda + 3m_3\lambda^2 + \cdots + nm_n\lambda^{n-1}$$

求二阶导数后：

$$\frac{d^2A}{d\lambda^2} = 2m_2 + 6m_3\lambda + \cdots + n(n-1)m_n\lambda^{n-2}$$

求 n 阶导数为：

$$\frac{d^n A}{d\lambda^n} = n!\ m_n \qquad (9-33)$$

以上推导可知，待测组分的较高阶导数可以消除干扰组分较低阶的干扰吸收。从公式（9-33）可以看出，干扰组分的 n 阶导数值为一常数，当用待测组分的 n 阶导数光谱法测定待测组分的含量时，干扰组分的干扰吸收被消除。

（3）导数光谱法定量数据的测量　几何法是常用的测量定量数据的方法，它是选用导数光谱上适宜的振幅作为定量信息的方法。测量振幅的常用方法有正切法、峰谷法和峰零法，如图9-15所示。

①正切法：相邻两峰极值处作一切线，然后在中间极值处作一平行纵轴的直线，测量中间极值到切线的距离 D 为定量数据。

②峰谷法：又称全波振幅法，是测量相邻峰谷两极值之间的距离 P_1 或 P_2 作为定量测定值。

③峰零法：又称半波振幅法，是测量极值到零线之间的垂直距离 M 作为定量测定值。

（4）导数光谱的波形特征　如果原吸收光谱（零阶导数光谱）近似于高斯曲线时，其一阶到四阶导数光谱见图9-16所示，并具有以下特征：

①零阶导数光谱的极大值对应于奇数阶导数光谱（ n = 1，3…）的零，对应于偶数阶导数光谱（ n = 2，4…）的极

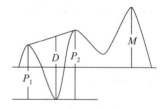

图9-15　导数光谱法的求值

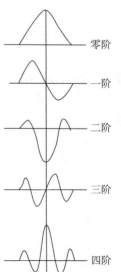

图9-16　高斯曲线与其导数曲线

值（极大或极小）。

②零阶导数光谱的拐点对应于奇数阶导数光谱的极值，对应于偶数阶导数光谱的零。这有助于肩峰的分离与鉴别。

③随着导数光谱阶数增加，极值数目增加，吸收谱带变窄，峰形变尖锐，分辨率提高，可分离两个或两个以上的重叠峰。

小波变换

小波变换是空间（或时间）和频率的局域变换，能有效地从原始含噪声信号中提取有用信息，并通过伸缩和平移等运算功能对信号进行多尺度细化分析。在紫外 – 可见分光光度法中原始吸光度测量数据中包含被测物质分析信号和噪声，经小波变换后，两者具有明显的差异，噪声聚集在低尺度小波基空间上，而被测物质信号多分布在高尺度小波基空间中。经多尺度小波变换，可弃除噪声分量，得到被测物质信息。近年来，小波变换技术作为一种有效的噪声滤除方法得到广泛的关注，现已发展形成一类新的多组分药物计算光度分析方法，有学者将其用于氯霉素、醋酸地塞米松以及尼泊金乙酯药物休系分析，与主成分回归法相比大大减小了相对误差。

四、紫外光谱在有机化合物结构研究中的应用

物质分子的结构决定了紫外光谱的特征，反过来，用紫外光谱可推断分子的骨架、判断生色团之间的共轭关系和估计助色团的种类、位置和数目。

1. 从吸收光谱中初步推断官能团 如果某化合物在 200 ~ 800nm 范围内没有吸收，它可能是脂肪族饱和碳氢化合物、腈、胺、醇、醚、氟代烃、氯代烃，不含直连或环状共轭体系，无醛酮等基团。如果在 210 ~ 250nm 有吸收，可能含有两个双键的共轭体系；在 260 ~ 300nm 有强吸收，可能含有 3 ~ 5 个共轭体系；在 250 ~ 300nm 有弱吸收，可能含有羰基；在 250 ~ 300nm 有中等吸收，可能含有苯环；如果化合物有颜色，分子结构中含有 5 个以上的共轭生色团。

2. 化合物骨架的推断 当未知化合物与已知化合物的紫外光谱一致时，可以认为两者具有相同的发色团，借此原理可以推断未知化合物的骨架。例如，维生素 K_1 有吸收带 λ_{max} 249nm（$lg\varepsilon4.28$），260nm（$lg\varepsilon4.26$），325nm（$lg\varepsilon3.28$），这与文献报道 1,4 – 萘醌的吸收带 λ_{max} 250nm（$lg\varepsilon4.6$），λ_{max}330nm（$lg\varepsilon3.8$）相似，因此把维生素 K_1 与几种已知 1,4 – 萘醌的光谱比较，分析结果与 2,3 – 二烷基 – 1,4 – 萘醌的吸收带非常接近，这样就推断了维生素 K_1 的骨架。

维生素K_1 2,3-二烷基-1,4-萘醌

3. 异构体的推断

（1）顺反异构体的推断　如顺式二苯乙烯和反式二苯乙烯：

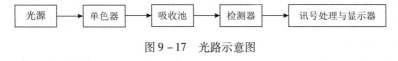

反式二苯乙烯

$\lambda_{max}=296nm$，$\varepsilon_{max}=29000$

顺式二苯乙烯

$\lambda_{max}=280nm$，$\varepsilon_{max}=10500$

顺式二苯乙烯分子中两个苯环在乙烯双键平面的同侧，空间位阻较大，共平面性差，其最大吸收波长和摩尔吸光系数较小；反式二苯乙烯分子中两个苯环在乙烯双键平面的异侧，空间位阻较小，共平面性好，其最大吸收波长和摩尔吸光系数较大。

（2）结构异构体的推断　如左旋松香酸和松香酸：

左旋松香酸

$\lambda_{max}=273nm$，$\varepsilon_{max}=7100$

松香酸

$\lambda_{max}=238nm$，$\varepsilon_{max}=15100$

左旋松香酸为同环双烯，共轭效果好，其最大吸收波长比松香酸长，但立体位阻较大，摩尔吸光系数比松香酸小。

第五节　紫外-可见分光光度计

紫外-可见分光光度计是在紫外-可见光区任意选择不同波长的光来测定物质吸光度的仪器，其光路示意图见图9-17。

光源 → 单色器 → 吸收池 → 检测器 → 讯号处理与显示器

图9-17　光路示意图

一、主要部件

（一）光源

光源的作用是提供能量激发溶液中被测物质分子，从而产生吸收光谱。紫外-可见分光光度计对光源的要求是稳定性好，强度足够，光谱连续，使用寿命较长。

1. 钨灯和卤钨灯　钨灯又称白炽灯，是炽热固体发光光源，其发射光的强度与供电电压的3~4次方成正比，故供电电压要稳定。适用波长范围为350~1000nm。卤钨灯是钨灯内充低压溴蒸气和碘蒸汽，使用寿命长，发光强度高。钨灯和卤钨灯属于可见光源，用于可见光区。

2. 氢灯和氘灯 是气体放电光源，可以发射 150 ~ 400nm 的连续光谱，适用范围 200 ~ 360nm。灯泡须有石英窗或用石英灯管制成，不能用玻璃，因为玻璃会吸收紫外光。氘灯与氢灯相比，发光强度较大，使用寿命较长，但价格也昂贵。气体放电光源需要先激发，同时应控制稳定的电源，故需配置专用电源装置。氢灯和氘灯属于紫外光源，用于紫外光区。

（二）单色器

单色器（nochromator）是把复合光分解为单色光，并分离出所需波段光束的装置，是分光光度计的关键部件。它包括入射狭缝，出射狭缝、色散元件和准直镜等部分。入射狭缝的作用是限制杂散光进入；准直镜的作用是把来自入射狭缝的光束转化为平行光，然后投向色散元件，并把色散后的平行光束聚焦于出射狭缝上；出射狭缝的作用是将额定波长的光波射出单色器；色散元件包括棱镜和光栅，现在多用光栅，它是密刻平行条纹的光学元件，每毫米刻槽一般为 600 ~ 1200 条，近年来已普遍采用激光全息技术生产的全息光栅。

（三）吸收池

吸收池（absorption cell）又称比色皿或比色杯，是分光光度分析中盛放样品液的容器。吸收池的材料有玻璃和石英两种，玻璃吸收池只能用于可见光区，石英吸收池可用于紫外光区和可见光区。为了保证吸光度测量的准确性，盛装空白溶液的吸收池和试样溶液的吸收池应匹配，应有相同的透光性和光程长度，透光率之差应小于 0.5%。在测定吸光系数或利用吸光系数进行定量测定时，尽可能采用同一吸收池。在使用时，要保证吸收池透光面干净、无沾污、无磨损。

（四）检测器

检测器的作用是检测光信号，即将光信号转变为电信号，包括光电池、光电管、光电倍增管和光电二极管阵列检测器。

1. 光电池 光电池（photoelectric cell）是一种光敏半导体，光照使其产生电流，在一定范围内光电流与照射光强度成正比，可直接用微电流计测量。光电池包括硅光电池和硒光电池，硅光电池可用于可见光区和紫外光区，硒光电池只能用于可见光区。

2. 光电管 光电管（photoelectric tube）由金属阳极和光敏阴极组成，阴极内涂有碱金属或其氧化物等光敏物质。当足够能量的光照射时，光敏物质就发射出电子，如果两电极间存在电压差，电子会冲向阳极形成微弱的光电流，光电流的大小与照射光的强度和外加电压有关。光电管内阻很高，产生的光电流很容易被放大。目前国产光电管有两种，一种是紫敏光电管，阴极为金属铯，适用波长为 200 ~ 625nm；另一种为红敏光电管，阴极为银或氧化铯，适用波长为 625 ~ 1000nm。

3. 光电倍增管 光电倍增管（photoelectric multiplier tube）的原理与光电管相似，主要差别是光电管的阴极和阳极之间增加几个倍增极（一般为 9 个），如图 9 - 18 所示。光电倍增管可以检测 10^{-9}s 的脉冲光，放大倍数高，大大提高了检测灵敏度。

4. 光电二极管阵列检测器 光电二极管阵列是在晶体硅上紧密排列一系列光二极管检测器，每一个二极管相当于一个单色器的出射狭缝，二极管数目越多，分辨率越高。二极管检测器可以快速采集，并获得全光光谱。

（五）讯号处理与显示器

光电管输出的讯号较弱，需要经过放大才能以某种方式将测定结果显示出来。信号显示系统有直读检流计、电位调节指零装置，以及自动记录和数字显示装置等。

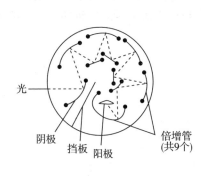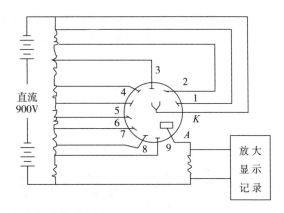

图 9-18　光电倍增管示意图

二、紫外–可见分光光度计的类型

分光光度计的型号很多，按其光学系统可分为单波长分光光度计和双波长分光光度计，其中单波长分光光度计又包括单光束和双光束分光光度计两种。

1. 单光束分光光度计　用钨灯作为可见光源，氢灯作为紫外光源，光栅为色散元件，光电管为检测器。从光源到检测器只有一束单色光，如图 9-19。仪器结构简单，精密可靠，但对光源发光强度的稳定性要求高。

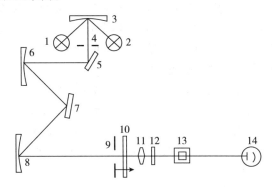

图 9-19　单光束分光光度计光路示意图

1. 钨灯；2. 氢灯；3. 凹面镜；4. 入射狭缝；5. 平面镜；6、8. 准直镜；7. 光栅；
9. 出射狭缝；10. 调制器；11. 聚光镜；12. 滤色片；13. 样品池；14. 光电倍增管

2. 双光束分光光度计　双光束光路是被普遍采用的光路，其光路原理如图 9-20 所示。从单色器分解出来的单色光，用一个斩光器将其分成两束光，分别通过参比溶液和样品溶液，再经与其同步的斩光器将这两束光交替照射到光电倍增管上，使光电管产生一个交变脉冲信号，经比较放大后，由显示器显示出吸光度、透光率、浓度或进行波长扫描，记录吸收光谱。斩光器以每秒数十转到数百转的速度均匀旋转，使两束单色光能在很短时间内交替通过参比溶液和样品溶液，可以减小因光源强度不稳而引入的误差。测量过程中不需要移动吸收池，可随时在任何波长下记录所测量的吸光度，方便扫描吸收光谱。

3. 双波长分光光度计　双波长分光光度计是具有两个并列单色器的仪器。两个单色器分别产生两束不同波长的单色光，通过斩光器交替照射同一个样品溶液，得到的结果是样品溶液对两束单色光的吸光度值之差或透光率之差，利用吸光度差值与样品溶液浓度成正比的关系来测定物质含量。双波长分光光度计可以消除背景干扰和吸收池不匹配导致的误差，能提高方法的灵敏度和选择性。

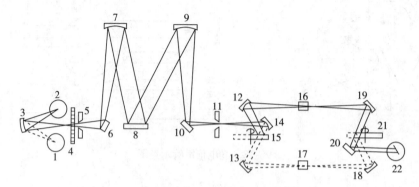

图 9-20　双光束分光光度计光路示意图

1. 卤钨灯；2. 氘灯；3. 凹面镜；4. 滤色片；5. 入射狭缝；6、10、20. 平面镜；7、9. 准直镜；8. 光栅；11. 出射狭缝；12、13、14、18、19. 凹面镜；15、21. 扇面镜；16. 参比池；17. 样品池；22. 光电倍增管

三、分光光度计的光学性能

1. **测量波长范围**　仪器一般能测量的波长范围为 195～1000nm。

2. **波长准确度**　仪器显示的波长数值与实际单色光波长值间的误差，≤ ±0.5nm。

3. **波长重复性**　重复使用同一波长，单色光实际波长的变动值，≤0.5nm。

4. **透光率测量范围**　仪器能测量透光率的范围为 0～300%（T）。

5. **吸光度测量范围**　仪器能测量吸光度的范围为 -0.4470～+3.00（A）。

6. **光度准确度**　以透光率测量值的误差表示，一般 ≤ ±0.3%。

7. **光度重复性**　同样情况下重复测量透光率的变动性：≤ ±0.3%。

8. **分辨率**　单色器分辨两条靠近谱线的能力，用 $\Delta\lambda$ 表示，$\Delta\lambda$ 越小，分辨率越高。

9. **杂散光**　通常以测光讯号较弱的波长处所含杂散光的强度百分比为指标。

四、仪器校正

仪器在放置过程中由于温度、湿度等因素的影响，仪器的波长和其他性能会略有变化，因此，应定期对仪器进行全面校正，包括波长的校正、吸光度的校正和吸收池的校正。

1. **波长的校正**　常用仪器中氢灯谱线 379.79nm、486.13nm、656.28nm，氘灯谱线 486.02nm、516.10nm，以及汞灯谱线 237.83nm、546.1nm、576.96nm 等进行校正。此外，钬玻璃、镨钕玻璃在较宽的波长范围内有特征吸收峰，也可以作为波长校正用。

2. **吸光度的校正**　常用重铬酸钾、铬酸钾、硫酸铜、硫酸钴铵的标准溶液可用来校正分光光度计吸光度的准确性。《中国药典》（2015 版）采用 0.05mol/L 重铬酸钾的硫酸溶液来校正分光光度计的吸光度。

3. **吸收池的匹配**　选择甲、乙两个吸收池，在甲吸收池内装入参比溶液，乙吸收池内装入样品溶液，测定样品溶液的吸光度，然后倒出吸收池内的溶液，并将吸收池洗干净。在甲吸收池内装入样品溶液，乙吸收池内装入参比溶液，测定样品溶液的吸光度。要求两次吸光度的差值 <1%。

┌─ 本 章 小 结 ─┐

本章主要包括紫外－可见吸收光谱、朗伯－比尔定律、分析条件的建立、紫外－可见分光光度法的分析方法、紫外－可见分光光度计等内容。

紫外－可见吸收光谱，包括分子吸收光谱的产生、有机化合物的电子跃迁类型、无机化合物中的主要电子跃迁类型、有机化合物的吸收带及其影响因素；朗伯－比尔定律，包括透光率和吸光度、朗伯－比尔定律、吸光系数、吸光度的加和性、偏离比尔定律的因素；分析条件的建立，包括吸光度范围的选择、入射光波长的选择、参比溶液的选择、显色反应条件的选择等；紫外－可见分光光度法的分析方法，包括定性分析方法、纯度鉴定、定量分析方法等；紫外－可见分光光度计，包括主要部件、紫外－可见分光光度计的类型、分光光度计的光学性能和仪器校正。

练 习 题

一、选择题

1. 使用紫外－可见分光光度计在 580nm 波长下测定某物质含量时，应选用（　　）
   A. 氢灯，石英吸收池　　　　　　　　　B. 钨灯，玻璃吸收池
   C. 氢灯，玻璃吸收池　　　　　　　　　D. 钨灯，石英吸收池

2. 某有色溶液，当用 1cm 的吸收池时，其透光率为 T，若改用 2cm 的吸收池，则透光率为（　　）

   A. $2T$　　　　　　B. $21gT$　　　　　　C. $\sqrt{T}$　　　　　　D. T^2

3. 有一符合比尔定律的溶液，吸收池厚度不变，当浓度为 C 时，透光率为 T，当浓度为 $\frac{1}{2}C$ 时，则透光率为（　　）

   A. $\sqrt{T}$　　　　　　B. T　　　　　　C. $\frac{1}{2}T$　　　　　　D. $2T$

4. 紫外－可见分光光度法的合适检测波长范围是（　　）
   A. $200\sim400$nm　　B. $400\sim760$nm　　C. $760\sim1000$nm　　D. $200\sim760$nm

5. 用双波长分光光度法测定样品含量时，若根据等吸收点法确定波长 λ_1 和 λ_2，则下列说法正确的是（　　）
   A. 被测组分在 λ_1 和 λ_2 处吸光度相等
   B. 被测组分在 λ_1 和 λ_2 处吸光度差值应足够小
   C. 干扰组分在 λ_1 和 λ_2 处吸光度相等
   D. 干扰组分在 λ_1 和 λ_2 处吸光度差值应足够大

二、简答题

1. 有机化合物常见的电子跃迁有哪几种类型？跃迁所需的能量大小顺序如何？
2. 在紫外－可见分光光度法中，测定化合物的含量时为什么通常选择最大吸收波长 λ_{max} 作为工作波长？

3. 紫外－可见分光光度计由哪几部分组成？它们的作用分别是什么？

4. 简述在紫外－可见分光光度法中，溶剂极性改变对 $n \rightarrow \pi^*$ 和 $\pi \rightarrow \pi^*$ 跃迁产生的吸收带有何影响，并说明原因。

5. 等吸收双波长法的原理是什么？怎样选择相应的两个波长？

三、计算题

1. 某溶液用 2cm 的吸收池测量时，$T = 60\%$，若改用 1cm 和 3cm 吸收池测定时，吸收度各是多少？

2. 浓度为 0.51mg/L 的 Cu^{2+} 溶液，用环己酮草酰二腙显色后，于波长 600nm 处用 2cm 吸收池测量，测得透光率 $T = 50.5\%$，求摩尔吸光系数 ε 和百分吸光系数 E。（已知 Cu 的分子量为 63.55）

3. 精密称取维生素 B_{12} 对照品 20mg，加水准确稀释至 1000ml，将此溶液置厚度为 1cm 的吸收池中，在 361nm 波长处测得其吸光度为 0.414，现有维生素 B_{12} 的原料药，精密称取 20mg，加水准确稀释至 1000ml，同样用 1cm 厚吸收池在 361nm 波长处测得其吸光度为 0.400。试计算维生素 B_{12} 原料药的含量。

4. 有甲和乙两化合物混合溶液，已知甲在波长 282nm 和 238nm 处的百分吸光系数 E 分别为 720 和 270；而乙在上述两波长处吸光度相等。现把甲和乙混合液盛于 1.0cm 吸收池中，测得在 282nm 处的吸光度为 0.442；在 238nm 处的吸光度为 0.278，求甲化合物的浓度（mg/100ml）。

5. 有一标准 Fe^{3+} 溶液，浓度为 6μg/ml，其吸光度为 0.304，而试样溶液在同一条件下测得吸光度为 0.320，求试样溶液中 Fe^{3+} 的含量（mg/L）。

6. 含有 Fe^{3+} 的某药物溶解后，加入显色剂 KSCN 溶液，生成红色配合物，用 1.00cm 吸收池在分光光度计 420nm 波长处测定，已知该配合物在上述条件下 ε 值为 1.8×10^4，如该药物含 Fe^{3+} 约为 0.5%，现欲配制 50ml 试液，为使测定相对误差最小，应称取该药多少克？

（余邦良）

第十章 分子发光光谱法

某些物质的分子吸收一定能量后，其电子能级由基态跃迁到激发态，当激发态分子以辐射跃迁形式将其能量释放返回基态时，便产生分子发光，依据此种现象为基础建立起来的分析方法称为分子发光分析法。

按照物质分子所吸收的能量形式不同，分子发光可分为光致发光、电致发光、化学发光和生物发光四种。光致发光（photoluminescence）是指物质因吸收光能而被激发发光的现象，可按照发光时所涉及的激发态的类型不同分为荧光（fluorescence）和磷光（phosphorescence）；电致发光（electroluminescence）是指因吸收电能而被激发发光的现象；化学发光（chemiluminescence）是指因吸收化学能而被激发发光的现象；生物发光（bioluminescence）是指在生物体内有酶类物质参与的化学发光。本章主要讨论分子荧光分析法、分子磷光分析法和化学发光分析法。

第一节 荧光分析法

光致发光中最重要及最常见的是荧光。荧光是物质分子接受光子能量被激发后，从激发态的最低振动能级返回基态时发射出的光。荧光分析法（fluorimetry）是根据物质的荧光谱线位置及其强度进行物质鉴定和含量测定的方法。与一般的分光光度法相比，荧光分析法具有灵敏度高、选择性强、所需试样量少等特点，所以被广泛用于痕量分析，特别适用于生物体液或代谢产物分析。

一、荧光分析法基本原理

（一）分子荧光的产生

每个分子都具有一系列严格分裂的电子能级。在室温时，大多数分子处于电子基态的最低振动能级。处于基态的分子吸收能量后，会发生能级之间的跃迁，根据电子跃迁时吸收光子的能量和电子自旋状态的不同，可产生各种电子激发态。

电子能级的多重性用 M 表示，$M = 2s + 1$，其中 s 为电子自旋量子数的代数和。根据 Pauli 不相容原理，基态分子的每一个轨道中两个电子的自旋方向总是相反的，其总自旋量子数 $s = 0$，分子的多重性 $M = 1$，此时分子所处的电子能态称为单重态，用符号 S 表示。当分子吸收能量后，电子由基态跃迁至较高电子能态时，通常不发生自旋方向的改变，此时分子处于激发单重态。在某些情况下，电子在跃迁过程中还伴随着自旋方向的改变，这时分子的两个电子自旋方向相同，其总自旋量子数 $s = 1$，分子的多重性 $M = 3$，分子处于激发三重态，用符号 T 表示。激发三重态的能级比相应的激发单重态的能级稍低一些。

处于激发态的分子是不稳定的，通常会通过辐射跃迁或无辐射跃迁等方式释放多余的能量而返回基态，发射荧光是其中的一种辐射跃迁途径。具体过程如图 10 − 1 所示，图中 S_0 表示基态，S_1^*、S_2^* 表示第一电子激发单重态和第二电子激发单重态，T_1^* 表示第一电子激发三重态。

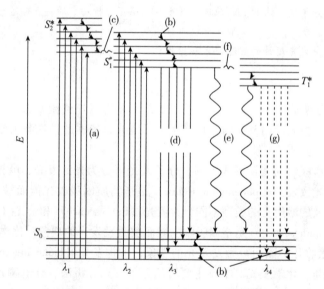

图 10 − 1　分子荧光和磷光产生示意图

a. 吸收；b. 振动弛豫；c. 内转换；d. 荧光；e. 外转换；f. 体系间跨越；g. 磷光

1. 振动弛豫（vibrational relexation）　处于激发态的分子通过与溶剂分子碰撞而将部分振动能量以热能的形式传递给溶剂分子，分子自身从电子激发态的高振动能级返回到同一电子激发态的最低振动能级，这一过程称为振动弛豫。振动弛豫属于无辐射跃迁，只能在同一电子能级内进行，发生时间很短（$10^{-14} \sim 10^{-12}$ s）。

2. 内转换（internal conversion） 一个低电子激发态的较高振动能级与另一个高电子激发态的较低振动能级间能量重迭或能量差较小时，受激分子常由高电子能级以无辐射跃迁方式转移到较低的电子能级，这一过程称为内转换。如图 10-1 中 S_1^* 的较高振动能级与 S_2^* 的较低振动能级能量重叠，内转换过程 $S_2^* \rightarrow S_1^*$ 非常容易发生。内转换过程一般在 $10^{-13} \sim 10^{-11}$ s 内发生。

3. 荧光发射（fluorescence emission） 无论分子最初在哪一个激发单重态上，都可以通过振动弛豫或内转换到达第一激发单重态 S_1^* 的最低振动能级上，然后再以辐射的形式发射光量子而返回至基态 S_0 任一振动能级上，这一过程称为荧光发射，发射的光量子即为荧光。由于振动弛豫或内转换损失了部分能量，因此荧光的波长总比激发光波长要长。发射荧光的过程一般为 $10^{-9} \sim 10^{-7}$ s。由于电子回到基态时可以停留在任一振动能级上，因此得到的荧光光谱有时出现几个非常靠近的峰。这些电子通过进一步的振动弛豫，会很快回到基态的最低振动能级上。

4. 体系间跨越（intersystem crossing） 处于激发态分子的电子发生自旋反转而使分子的多重性发生变化的过程，称为体系间跨越。这是一种不同多重态间的无辐射跃迁。如图 10-1 所示，激发单重态 S_1^* 的最低振动能级与激发三重态 T_1^* 较高振动能级重叠，则有可能发生体系间跨越 $S_1^* \rightarrow T_1^*$。分子由激发态跨越到激发三重态后，荧光强度减弱甚至熄灭。含有重原子如溴、碘等的分子体系间跨越最为常见。如在溶液中存在氧分子等顺磁性物质也容易发生体系间跨越。

5. 外转换（external conversion） 激发态的分子与溶剂分子或其他溶质分子之间相互碰撞而失去能量，并以热能的形式释放，这一过程称为外转换。该过程常发生在第一激发单重态 S_1^* 或激发三重态 T_1^* 的最低振动能级向基态 S_0 转移的过程中。外转换会使荧光或磷光强度减弱甚至消失，此现象称为"熄灭"或"猝灭"。

6. 磷光发射（phosphorescence emission） 电子由第一激发单重态 S_1^* 的最低振动能级通过体系间跨越可转移至第一激发三重态 T_1^*，再经过振动弛豫到达 T_1^* 的最低振动能级，然后返回至基态 S_0 的各个振动能级而发射出光辐射，这种光辐射称为磷光。因为 T_1^* 比 S_1^* 的最低振动能级能量低，所以磷光比荧光辐射的能量更小，波长更长。而分子在激发三重态的寿命较长，所以磷光发生比荧光更迟（$10^{-4} \sim 10$ s）。

（二）激发光谱和发射光谱

荧光物质分子都具有两个特征光谱：激发光谱（excitation spectrum）和发射光谱（emission spectrum）或称荧光光谱（fluorescence spectrum），它们是用荧光分析法进行定性定量分析的基本参数和依据。

1. 激发光谱 表示不同激发波长的辐射引起物质发射某一波长荧光的相对效率。把荧光样品放入光路中以后，选择合适的发射波长与狭缝宽度，并使之固定不变，然后以不同波长的入射光激发荧光物质，用激发单色器扫描，记录荧光强度（F）对激发波长（λ_{ex}）的关系曲线，即激发光谱。其形状与吸收光谱极为相似。

2. 荧光光谱 表示在所发射的荧光中各种波长组分的相对强度。把荧光样品放入光路中后，选择合适的激发波长和狭缝，使之固定不变，然后扫描发射波长，记录荧光强度（F）对发射波长（λ_{em}）的曲线关系，即荧光光谱。

激发光谱和荧光光谱可用来鉴别荧光物质，是选择测定波长的依据。图 10-2 是硫酸奎宁的激发光谱和荧光光谱。荧光物质的激发光谱和荧光光谱通常具有如下特征：

1. 斯托克斯位移（stokes shift） 在溶液中，分子荧光的发射峰位相对于吸收峰位移到较长的波长，这种现象称为斯托克斯位移。激发态分子通过内转换和振动弛豫而迅速回到第一激发单重态 S_1^* 的最低振动能级，是产生斯托克斯位移的主要原因。荧光发射可能使激发态分子返回到基态的各个不同振动能级，然后进一步损失能量，这也产生斯托克斯位移。此外，激发态分子与溶剂分子的碰撞，也会有能量的损失，会加大斯托克斯位移。

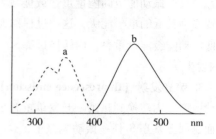

图 10 - 2　硫酸奎宁的激发光谱（a）及荧光光谱（b）

2. 荧光光谱形状与激发波长无关 分子吸收不同能量的光子后可由基态跃迁至几个不同的电子激发态，而具有几个吸收带。但是由于内转换和振动弛豫的速度很快，即使分子被激发到其他电子激发态，都会回到第一激发态 S_1^* 的最低振动能级，然后才返回基态而发射荧光。所以荧光光谱只有一个发射带，而且其形状与激发波长无关。

3. 荧光光谱与激发光谱呈镜像关系 通常荧光物质的激发光谱和荧光光谱形状相似且互为镜像关系。激发光谱所反映的是电子跃迁到第一激发态的情形，而荧光光谱所反映的是电子从第一激发态的最低振动能级跃迁回基态的情形。图 10 - 3 为蒽的激发光谱和荧光光谱，图 10 - 4 为蒽的能级跃迁图。从图上可以看到，蒽的激发光谱有两个吸收峰，a 峰为分子从 S_0 跃迁至 S_2^* 而形成，b 峰（$b_0 \sim b_4$）为分子从 S_0 最低振动能级跃迁至 S_1^* 的各个不同振动能级而形成；蒽的荧光光谱上 c 峰（$c_0 \sim c_4$）为分子从 S_1^* 的最低振动能级跃迁至 S_0 的各个不同振动能级而发射的光辐射。能量在基态 S_0 的振动能级上的分布情形和第一电子激发态 S_1^* 中的振动能级上的分布情况相类似，所以激发光谱中跃迁能量最小的波长与荧光光谱中发射能量最大的波长相对应，形成了激发光谱与荧光光谱的镜像对称现象。

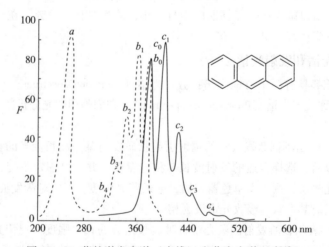

图 10 - 3　蒽的激发光谱（虚线）和荧光光谱（实线）

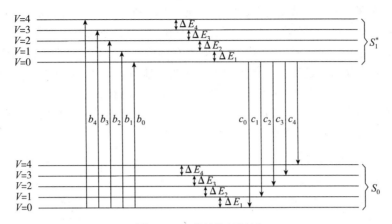

图 10 - 4 蒽的能级跃迁

（三）荧光与分子结构的关系

1. 荧光寿命和荧光效率 荧光发射中有两个重要的参数，即荧光寿命和荧光效率。

（1）荧光寿命（fluorescence life time） 在返回基态之前分子停留在激发单重态的平均时间，或处在激发单重态的分子数目衰减到原来的 $1/e$ 所经历的时间，称为荧光寿命，常用 τ_f 表示。当荧光物质受到一个极其短时间的光脉冲激发后，它从激发态到基态的变化可以用指数衰减定律来表示：

$$F_t = F_0 e^{-Kt} \tag{10-1}$$

式中，F_t 为在时间 t 时的荧光强度；F_0 为在激发时的荧光强度；K 为衰减比例常数。

假定在时间 τ_f 时测得的 F_t 为 F_0 的 $1/e$，经推算可得：

$$F_t = F_0 e^{-t/\tau_t} \tag{10-2}$$

两边取自然对数得：

$$\ln F_0 - \ln F_t = t/\tau_f \tag{10-3}$$

如果以 $\ln F_t$ 对 t 作图，可以由斜率求得荧光分子的平均寿命 τ_f。荧光寿命是一个重要的参数。利用分子荧光寿命的不同，可进行混合荧光物质的分析；荧光寿命在分子之间相互作用的动力学方面也能给出许多重要的信息。

（2）荧光效率（fluorescence efficiency） 又称荧光量子产率，是指发射荧光的光子数与基态分子吸收激发光的光子数之比，常用符号 φ_f 表示。

$$\varphi_f = \frac{\text{发射荧光的光子数}}{\text{吸收激发光的光子数}}$$

物质在吸收能量后激发态分子是以辐射跃迁还是非辐射跃迁回至基态，决定了物质是否能够发射荧光。荧光效率表示辐射跃迁概率的大小。荧光效率越高，辐射跃迁概率就越大，物质发射的荧光也就越强。荧光效率可用数学式表示：

$$\varphi_f = \frac{k_f}{k_f + \sum k_i} \tag{10-4}$$

式中，k_f 为荧光发射过程的速率常数，$\sum k_i$ 为非辐射跃迁的速率常数之和。一般说来，k_f 主要取决于物质的化学结构，$\sum k_i$ 主要取决于化学环境，同时与化学结构也有关。一般物质的荧光效率在 $0 \sim 1$ 之间，而具有分析应用价值的荧光化合物，其荧光效率在 $0.1 \sim 1$ 之间。

2. 荧光与分子结构　能够发射荧光的物质应同时具备两个条件：有强的紫外 – 可见吸收和一定的荧光效率。判断化合物能否产生荧光，一般可以从以下几方面分析：

（1）长共轭结构　荧光通常发生于具有共轭双键体系的分子。绝大多数能产生荧光的物质都含有芳香环或杂环。这种分子体系中 π 电子的共轭程度越大，离域 π 电子越容易激发，荧光效率越高，而且荧光波长向长波移动。除芳香烃外，还有少量含有长共轭双键的脂肪烃也可能有荧光（如维生素 A）。如下所示，苯、萘、蒽、并四苯四个化合物，随着共轭程度的增大，荧光波长增大，荧光效率也随之增大。

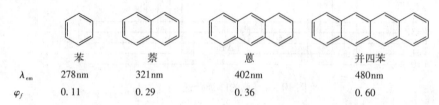

	苯	萘	蒽	并四苯
λ_{em}	278nm	321nm	402nm	480nm
φ_f	0.11	0.29	0.36	0.60

（2）刚性平面结构　分子的刚性平面结构有利于荧光发射。分子的共平面性愈大，其有效的 π 电子离域性也愈大，荧光的量子产率也将愈大，荧光波长也向长波方向移动。如荧光素和酚酞结构相似（如下所示），荧光素在溶液中有很强的荧光，而酚酞却无荧光。这主要是由于荧光素分子具有刚性平面结构，减少了分子振动，减少了体系间跨越跃迁到三重态及碰撞去活化的可能性。

荧光素	酚酞
φ_f　0.97	0.00

某些有机物与金属离子形成配合物后荧光增强的现象也是由于刚性结构的形成。例如，8 – 羟基喹啉 –5 – 磺酸在弱碱性介质中无荧光，与 Zn（Ⅱ）、Cd（Ⅱ）、Ga（Ⅲ）等离子配位后，喹啉上的羟基及氮杂原子与金属离子配位形成刚性共平面大共轭体系，使生成了的配合物具有强荧光。

（3）取代基效应　根据取代基对分子 π 电子共轭程度的影响可把取代基可以分为三类：第一类为给电子取代基，其能增强共轭体系，可使荧光效率提高，荧光波长长移，如—NH_2、—NR_2、—NHR、—OH、—OR（R = —CH_3、—C_2H_5 等）；第二类为吸电子基团，它们减弱分子的 π 电子共轭程度，可使荧光减弱甚至熄灭，如—COOH、—CHO、—NO_2、—N＝N—、—COR、＞C＝O、卤素（—F、—Cl、—Br、—I）等；第三类取代基对 π 电子共轭体系作用较小，如—R、—SO_3H、—NH_3^+ 等，对荧光的影响不明显。

如果将一个重原子取代基引入到发光分子的 π 电子共轭体系中，会使荧光减弱，磷光增强，这个效应称为内部重原子效应（internal heavy – atom effect）。如卤代苯，氟苯的荧光效率为 0.16，氯苯为 0.05，溴苯为 0.01，而碘苯无荧光。这是由于重原子的存在，使荧光体的电子自旋 – 轨道耦合作用加强，$S_1^* \rightarrow T_1^*$ 间的跨越显著增强。除卤素原子外，能产生加重效应的原子和基团还有：—CH_3、—C＝N—、—N＝N—、—S—、—NO、—NO_2 等。

3. 影响荧光强度的外部因素 影响荧光强度的因素除了荧光物质的分子结构及浓度外，还有分子所处的外界环境也是重要的因素，如溶剂、温度、酸度、荧光熄灭剂等。了解和利用这些因素，选择合适的测定条件，可以提高荧光分析的选择性和灵敏度。

（1）温度 温度对荧光强度有显著的影响。一般情况下，温度升高，溶液中荧光物质的荧光效率和荧光强度均下降。其主要原因为，辐射跃迁的速率基本不随温度而变化，而非辐射跃迁的速率会随温度升高而显著增加。其次是在温度升高时，溶液介质黏度下降，增加了荧光分子和溶剂分子之间的碰撞淬灭的机会，而导致 φ_f 下降。如荧光素钠的乙醇溶液，在 $0℃$ 以下，温度每降低 $10℃$，φ_f 增加 3%。

（2）溶剂 不同溶剂对同一荧光物质的波长和强度都会有影响。一般情况下，电子激发态比基态具有更大的极性。溶剂的极性增加，对激发态会产生更大的稳定作用，结果会使物质的荧光波长长移，荧光强度也增大。以 8 - 羟基喹啉为例，其在不同极性的溶剂中荧光波长及荧光效率 φ_f 的变化情况见表 10 - 1。同时溶剂黏度对荧光强度也有影响，溶剂黏度降低，无辐射跃迁增加，荧光强度减弱。

表 10 - 1　8 - 羟基喹啉在不同溶剂中荧光波长及荧光效率 φ_f

溶　　剂	介电常数 D	荧光波长 λ_{em}/nm	荧光效率 φ_f
CCl_4	2.24	390	0.002
$CHCl_3$	5.2	398	0.041
CH_3COCH_3	21.5	405	0.055
CH_3CN	38.8	410	0.064

（3）酸度 当荧光物质本身是一种弱酸或弱碱时，溶液的酸度对其荧光强度有较大影响。这是因为在不同的酸度时，物质的分子形式和离子形式之间会发生平衡改变，而分子形式和离子形式的电子构型有所不同，因此它们的荧光强度等会有所差别。每一种荧光物质都有它最适宜的发射荧光的存在形式，也就是有它发射荧光的最适宜的 pH 范围。例如苯胺在 pH = 7～12 的溶液中主要以分子形式存在，由于—NH_2 是提高荧光效率的取代基，故苯胺分子会发生蓝色荧光。但在 pH < 2 和 pH > 13 的溶液中均以离子形式存在，故不能发射荧光。

（4）荧光熄灭剂 荧光物质分子与溶剂分子或溶质分子之间的相互作用，导致荧光强度下降的现象称为荧光熄灭（fluorescence quenching），也称荧光猝灭。荧光熄灭过程的实质是熄灭过程与发光过程相互竞争，缩短了发光分子激发态寿命的过程。引起荧光熄灭的物质称为荧光熄灭剂，常见的荧光熄灭剂有卤素离子、重金属离子、氧分子、硝基化合物、重氮化合物、羰基以及羧基化合物等。荧光熄灭的具体形式很多，机理也各不相同，主要类型有：①碰撞熄灭，指因荧光物质的分子与熄灭剂分子碰撞而损失能量，这是荧光熄灭的主要类型之一；②静态熄灭，指荧光物质的分子与熄灭剂分子作用而生成本身不发光的配位化合物；③转入三重态的熄灭，指溶解氧的存在使荧光物质氧化，或是由于氧分子的顺磁性促进了体系间跨越，使激发单重态转变至三重态；④自熄灭，当荧光物质浓度较大时（超过 $1g/L$），由于荧光物质分子间碰撞概率增加，引起非辐射能量的转移。

（5）散射光 当一束平行单色光照射在液体样品上时，大部分光线透过溶液，小部分由于光子和物质分子相碰撞，使光子的运动方向发生改变而向不同角度散射，这种光称为散射光（scattering light）。散射光主要包括瑞利光（Reyleigh scattering light）和拉曼光（Raman scattering light）等。瑞利光是指光子和物质分子发生弹性碰撞，不发生能量的交换，仅仅是光子运动方向发生改变，其波长与入射光波长相同。拉曼光是指光子与物质分子发生非弹性碰撞，在光子运动方向改变的同时，光子与物质分子发生能量的交换，光子把部分能量转移给物质分子或从物质分子获得部分能量，而发射出比入射光稍长或稍短的光。散射光对荧光测定有干扰，尤其是波长比入射光波长更长的拉曼光，因其波长与荧光波长接近，对荧光测定的干扰更大，必须采取措施消除。选择适当的激发波长可消除拉曼光的干扰。

二、荧光定量分析方法

（一）溶液荧光强度与物质浓度的关系

荧光物质吸收光能后被激发而发射荧光，因此溶液的荧光强度（F）与该溶液中吸收光能的强度和荧光效率有关。由于入射光（I_0）与透射光（I）是在同一个方向的，而荧光物质受激发后所产生的荧光是在各个方向都可以观察得到，所以为了避免入射光对荧光检测的干扰，一般在与激发光源垂直的方向上观测荧光，如图 10-5 所示。设溶液中荧光物质的浓度为 c，溶液厚度为 l。

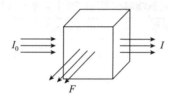

图 10-5　溶液荧光的测定

荧光强度（F）正比于吸收的光量子数（$I_0 - I$）和荧光量子产率（φ_f）：

$$F = K\varphi_f(I_0 - I) \tag{10-5}$$

根据朗伯-比尔定律：

$$I = I_0 10^{-Ecl}$$

综合上两式，可得：

$$F = K\varphi_f I_0(1 - 10^{-Ecl}) = K\varphi_f I_0(1 - e^{-2.3Ecl})$$

式中指数项可以展开成无穷级数：

$$e^{-2.3Ecl} = 1 - 2.3Ecl + \frac{(-2.3Ecl)^2}{2!} + \frac{(-2.3Ecl)^3}{3!} + \cdots$$

$$F = K\varphi_f I_0\left[2.3Ecl - \frac{(2.3Ecl)^2}{2!} + \frac{(2.3Ecl)^3}{3!} - \cdots\right] \tag{10-6}$$

当溶液很稀时，Ecl 值会很小，若 $Ecl \leqslant 0.05$ 时，上式的第二项及以后的各项可以忽略，则上式可简化为：

$$F = K2.3\varphi_f I_0 Ecl = Kc \tag{10-7}$$

因此，在稀溶液中荧光强度与荧光物质溶液浓度成线性关系，式（10-7）就是荧光定量分析的基本关系式。但是当 $Ecl > 0.05$，即吸光度较大时，式（10-6）括号中第二项以后的数值就不能忽略，此时荧光强度与荧光物质浓度就不呈线性关系。

（二）荧光定量分析方法

1. 标准曲线法　根据式（10-7）可知在一定条件下，荧光的发射强度与荧光物质的浓度成正比。因此与紫外-可见分光光度法相似，可采用标准曲线法进行定量分析。用已知量的标准荧光物质经过与试样相同的处理后，配成系列标准溶液，在一定的仪器条件下，测量标准溶液的荧光强度。以荧光强度为纵坐标，标准溶液的浓度为横坐标绘制标准曲线。然后在相同条件下测定试样溶液的荧光强度，由标准曲线求出试样中荧光物质的浓度。标准曲线法适用于大批量样品的测定。

课堂互动

根据式（10－7）和紫外－可见分光光度法的定量分析方法，试设想荧光定量分析方法可能有哪些？

---

2. 比例法　如果荧光分析的标准曲线经过原点，就可在其线性范围内，用比例法进行测定。用已知量的对照品，配制一对照品溶液（c_s），使其浓度在线性范围之内，测得荧光强度（F_s），然后在同样条件下测定试样溶液的荧光强度（F_x），按比例关系计算试样中荧光物质的含量（c_x）。若空白溶液的荧光强度调不到 0 时，必须从 F_s 及 F_x 值中扣除空白溶液的荧光强度（F_0），然后再进行计算。比例法适用于数量不多的样品的分析。

$$\frac{F_s - F_0}{F_x - F_0} = \frac{c_s}{c_x} \qquad c_x = \frac{F_x - F_0}{F_s - F_0} \times c_s \tag{10－8}$$

3. 多组分混合物的荧光定量分析　如果混合物中各组分的荧光峰互不干扰，则可以分别在各自的荧光发射波长（λ_{em}）处进行测定，直接求出各组分的浓度；如果荧光峰互相干扰，但激发光谱有显著差别，则可以选择不同的激发波长进行测定。例如铝离子和钙离子的8－羟基喹啉配合物的三氯甲烷溶液，荧光发射波长均在 520nm，但激发波长分别为 365nm 和 436nm，则可以分别用 365nm 及 436nm 激发，在 520nm 进行测定；如果在同一激发波长下荧光光谱互相干扰，则可以与紫外－可见分光光度法一样，利用荧光强度的加和性，利用联立方程法进行求解。

实例分析

实例：利血平片中利血平含量的测定

分析：2010 版《中国药典》采用荧光分光光度法测定利血平片中利血平的含量，其方法为比例法。

含量测定：避光操作。取本品 20 片，精密称定，研细，精密称取适量（约相当于利血平 0.5mg），置于 100ml 棕色量瓶中，加热水 10ml，摇匀后，加三氯甲烷 10ml，振摇，用乙醇定量稀释成每 1ml 约含利血平 2μg 的溶液，作为供试品溶液；另精密称取利血平对照品 10mg，置于 100ml 棕色量瓶中，加三氯甲烷 10ml 溶解后，再用乙醇稀释至刻度，摇匀；精密量取 2ml，置 100ml 棕色量瓶中，用乙醇稀释至刻度，摇匀，作为对照品溶液。精密量取对照品溶液与供试品溶液各 5ml，分别置具塞试管中，加五氧化二钒试液 2ml，激烈振摇后，在 30℃ 放置 1h，在激发光波长 400nm、发射波长 500nm 处测定荧光强度，计算，即得。

三、荧光分光光度计

（一）荧光分光光度计的组成

荧光分光光度计主要由激发光源、激发单色器（置于样品池前，用于选择激发光波长）、样品池、发射单色器（置于样品池后，用于选择荧光波长）和检测系统五部分组成，结构如图 10 -6 所示。荧光分光光度计基本部件和紫外 - 可见分光光度计大致相同。一般采用氙灯作激发光源，因为氙灯是连续光源，发射谱线强度大，连续分布在 250 ~ 700nm 波长范围内，并且在 300 ~ 400nm 波段内，光谱强度几乎相等。激发光通过入射狭缝，经激发单色器分光后照射到测定样品上，样品发射的荧光再经发射单色器分光后用光电倍增管检测，并经信号放大系统放大后记录。为了消除入射光和散射光的影响，荧光检测器与激发光方向呈直角。

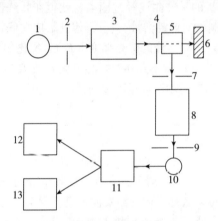

图 10 - 6　荧光分光光度计结构示意图

1. 光源；2、4、7、9. 狭缝；3. 激发单色器；5. 样品池 6. 表面吸光物质
8. 发射单色器；10. 检测器；11. 放大器；12. 指示器；13. 记录器

荧光分析法比紫外 - 可见分光光度法灵敏度高许多。荧光分析法是在很弱的背景下测定发射光强度，其测定灵敏度主要取决于检测器的灵敏度。只要改进光电倍增管和放大系统，样品发射的很弱的荧光也能被检测到，即可实现低浓度样品的测定，因此荧光分析法的灵敏度很高。而紫外 - 可见分光光度法测定的是透射光与入射光光强之比（I/I_0）。当样品浓度很低时，检测器难以检测到两个大信号 I 与 I_0 之间的微小差别。即使提高检测器的灵敏度，I 与 I_0 同时都被放大，其比值 I/I_0 仍不变，对提高检测灵敏度不起作用。

（二）仪器的校正

1. 灵敏度校正　影响荧光分光光度计的因素很多，如光源强度、单色器性能、放大系统的特征和光电倍增管的灵敏度等，因此同一型号的仪器，甚至同一台仪器在不同时间操作，其测定结果也有可能不同。因此每次测定时，在选定波长及狭缝宽度的条件下，先用一种稳定的荧光物质，配成一定浓度的对照品溶液对仪器进行校正，把每次所测得的荧光强度调节到相同数值（50% 或 100%）。如果测定物质所产生的荧光很稳定，则其自身就可以作为对照品溶液。紫外 - 可见光范围内最常用的是硫酸奎宁对照品溶液（浓度为 1μg/ml，溶剂为 0.05mol/L 硫酸）。

2. 波长校正　若仪器的光学系统或检测器有所变动，或使用较长时间以后，或更换重要部件之后，有必要用汞灯的标准谱线对单色器波长刻度进行重新校正，在测定要求较高时这一点必须注意。

3. 激发光谱和荧光光谱的校正　用荧光分光光度计所测得的激发光谱或荧光光谱往往与实际光谱有一定差别。产生这种差别的原因主要是光源的强度随波长不同而发生变化，检测器对不同波长的光的接受敏感程度不同，以及检测器的感应与波长不呈线性等。尤其当波长位于检测器灵敏度曲线的陡坡时，误差最为显著。因此在使用单光束荧光分光光度计时，必须进行校正。先用仪器上的校正装置将每一波长的光源强度调整到一致，然后用表观光谱上每一波长的强度除以检测器对每一波长的感应强度进行校正，以消除这种误差。如采用双光束荧光分光光度计，则可用参比光束抵消光学误差。

四、荧光分析法的应用

课堂互动

荧光分析法与紫外 – 可见分光光度法有哪些区别？

（一）荧光分析法的特点

1. 灵敏度高　灵敏度高是荧光分析的最大特点，其灵敏度一般要比分光光度法高 2 ~ 3 个数量级，检测限可达 $10^{-10} \sim 10^{-12}$ g/ml。

2. 选择性强　荧光光谱包括激发光谱和发射光谱两种特征光谱，因此选择性更强。如果某几个物质的发射光谱相似，可以根据激发光谱的差异将他们区分；而如果他们的吸收光谱相同，则可以根据发射光谱将他们区分。

3. 试样用量少　由于荧光分析法灵敏度高，因而为少量试样的测定提供了可能性。特别在使用微量池时，样品用量可以大大减少。

4. 提供较多的物理参数　荧光光谱法可以提供包括激发光谱和发射光谱以及荧光强度、量子产率、荧光寿命等许多物理参数。这些参数反映了分子的各种特性，能从不同角度提供被研究的分子的信息。

荧光分析法虽然优点甚多，但也有它的弱点。由于它对环境因素敏感，所以在荧光测定时，干扰因素也比较多，如光分解、氧猝灭、容易污染等。

（二）荧光分析法的应用

1. 无机化合物的分析　无机离子一般不产生荧光，然而许多无机离子可以与一些具有 π 电子共轭结构的有机化合物形成有荧光的配合物，因此可用荧光法进行测定。例如，镁离子与 8 – 羟基喹啉在 pH = 6.5 的醋酸盐缓冲溶液中生成强荧光性络合物（λ_{Ex}380nm，λ_{Em} 510nm），荧光镓在 pH = 5.0 时与 Al^{3+} 可以形成发射黄绿色荧光的络合物，桑色素在碱性溶液中与 Be^{2+} 可以形成发射黄绿色荧光的络合物。目前利用荧光试剂可以对 60 多种无机元素进行荧光测定。还有一些无机阴离子，如 CN^-、F^- 等，可以与 Al、Zr 等离子发生强烈的配合作用使得原有荧光配合物的荧光减弱或熄灭，从而可以间接测定 CN^-、F^- 等离子的浓度。

2. 有机化合物的分析　脂肪族化合物本身能产生荧光的较少，一般需要与某些试剂反应后生成荧光产物才能进行荧光分析。如丙三醇本身不发射荧光，利用其与苯胺在浓硫酸介质中反应生成发射蓝色荧光的喹啉，从而实现丙三醇的测定。芳香族化合物因具有共轭体系，多数能产生荧光，可以用直接荧光法进行测定。但是有时为了提高荧光分析的灵敏度和选择性，需与适当试剂反应后再进行测定。如四氧嘧啶与苯二胺反应后，荧光增强，检测限可达 10^{-10} mol。

知识拓展

荧光分析新技术

随着物理学、计算机科学等学科的新发展，荧光分析法的技术和仪器也日益拓展，多种荧光新技术被研制和应用，使得测定的灵敏度和选择性等都得到很大改善。①激光诱导荧光分析：采用单色性极好、发射强度更大的激光作为光源的荧光分析方法。与一般光源荧光测定法相对，其灵敏度可提高 2～10 倍，甚至可以进行单分子检测；②时间分辨荧光分析：利用不同物质的荧光寿命不同，在激发和检测之间延缓时间的不同，以实现选择性检测。将该方法应用于免疫分析，已发展成为时间分辨荧光免疫分析法。③同步荧光分析：在荧光物质的激发光谱和荧光光谱中选择一适宜的波长差值 $\Delta\lambda$，同时扫描发射波长和激发波长，得到同步荧光光谱。荧光物质的浓度与同步荧光光谱中的峰高呈线性关系，可用于定量分析。该方法选择性好。④胶束增敏荧光分析：利用胶束溶液对荧光物质有增溶、增敏和增稳的作用，将其应用于荧光分析，大大提高了荧光分析法的灵敏度和稳定性。⑤荧光探针分析：荧光探针是与蛋白质或其他大分子结构非共价相互作用而使其荧光性质发生改变的物质。通过测定体系中这些物质的浓度变化所引起的荧光参数的改变可探测并研究大分子物质的结构、性质和功能。

第二节　磷光分析法

磷光是从激发三重态的最低振动能级返回基态时所产生的辐射。磷光分析法是以分子磷光光谱来鉴别有机化合物和进行定量分析的一种方法。1974 年之前，磷光分析工作主要是在低温条件下进行的。之后相继出现了一些室温磷光分析法，使得磷光分析法在药物分析、临床分析等领域的应用日益发展。

课堂互动

磷光与荧光均属于光致发光，二者在成因及性质等方面有何区别？

一、磷光定量分析方法

（一）磷光效率（phosphorescence efficiency）

磷光效率又称磷光量子产率，用符号 φ_p 表示。与荧光效率相似，如果处于激发三重态 T_1 的分子主要来自激发单重态 S_1 的体系间跨越，则 φ_p 可以表达为：

$$\varphi_p = \varphi_{ST}\frac{k_p}{k_p + \sum k_j} \tag{10-9}$$

式中，k_p 为磷光发射过程的速率常数，$\sum k_j$ 为与磷光过程相竞争的，从 T_1 态发生的全部非辐射跃迁的速率常数之和，φ_{ST} 为 $S_1 \rightarrow T_1$ 体系间跨越的效率。

（二）溶液磷光强度与物质浓度的关系

与荧光分析法相似，在溶液中，当磷光物质浓度很小时，磷光强度 I_p 与浓度 c 成线性关系：

$$I_p = 2.3\varphi_p\, I_0\, Ecl = Kc \tag{10-10}$$

式中，φ_p 为磷光效率，I_0 为激发光的强度，E 为磷光物质的摩尔吸光系数，l 为溶液厚度。式（10-10）是磷光分析法定量分析的基本关系式。根据该式可以使用标准曲线法等方法对磷光物质进行定量分析。

二、影响磷光强度的因素

（一）温度

溶液中物质的磷光强度与温度关系密切。在室温条件下，溶剂分子热运动比较剧烈，处于激发三重态的物质分子绝大部分都会与溶剂分子碰撞而失活，很难产生磷光。随着温度降低，分子热运动速率减慢，物质产生的磷光会逐渐增强。当溶液在液氮中冷冻至玻璃状时，某些物质可以产生很强的磷光。低温磷光分析就是基于这一原理建立起来的。对于一些物质如吲哚、色氨酸和利血平等，其低温磷光分析法比相应的荧光分析法灵敏度更高。

（二）重原子效应

使用含有重原子的溶剂（如碘乙烷、溴乙烷）或在磷光物质中引入重原子取代基，都可以提高磷光物质的磷光强度，这种效应称为重原子效应。前者称为外部重原子效应，后者称为内部重原子效应。重原子效应的机理是重原子的高核电荷使得磷光分子的电子能级交错，容易引起或增强磷光分子的自旋轨道偶合作用，从而使 $S_1 \rightarrow T_1$ 体系间跨越的概率增大，有利于增大磷光效率。重原子效应是提高磷光法测定灵敏度简单而有效的手段。目前应用较多的有碘化物、Ag^+ 盐、Pb^{2+} 盐、Ti^+ 盐、二甲基汞以及顺磁性离子等。此外，重原子效应对不同化合物的磷光强度有选择性的增强作用，对磷光寿命的影响也不同，以此可以提高磷光法的选择性。但是过度的重原子效应也有可能使磷光猝灭。

三、磷光测定方法

（一）低温磷光法（low temperature phosphorescence，LTP）

由于磷光发射前要经历很多去活化过程，为了减少这些去活化过程而引起的磷光减弱，通常在低温下测定磷光。在低温磷光法分析中多采用液氮作为冷却剂，所以要求测定过程中使用的溶剂，既要对所分析的试样有良好的溶解性，还要在液氮温度（77K）下有足够的黏度并能形成透明的刚性玻璃体。常用的溶剂有乙醇、异戊烷和二乙醚组成的混合液（体积比为 2：2：5，简称 EPA），CH_3I 和 EPA 的混合液（体积比为 1：10，简称 IEPA）。测定时首先将分析试样溶于溶剂中，然后置于液氮里使其冷冻至玻璃状，即可进行磷光测定。

（二）室温磷光法（room temperature phosphorescence，RTP）

在一般情况下，溶液中磷光物质的室温磷光太弱，不能用于分析。在低温下测量磷光要选择合适的溶剂，测量仪器也较为复杂。于是人们开始研究在室温下进行磷光测量，近年来建立了多种室温磷光法。

1. 固体基质室温磷光法 此方法是在室温下测量吸附于固相载体表面的有机化合物所发射的磷光。理想的载体要求既能将分析物牢固的束缚在表面或基质中以增强样品的刚性，减小三重态的非辐射去活化过程，而且要求载体本身不产生磷光背景。使用的载体较多，有纤维素载体（如滤纸、玻璃纤维）、无机载体（如硅胶、氧化铝）和有机载体（如乙酸钠、高分子聚合物、纤维素膜）等，其中以滤纸使用较为广泛。

2. 胶束增稳的溶液室温磷光法 是基于在室温下将磷光团结合入胶束溶液中，使磷光发射增强而建立起来的方法。当溶液中表面活性剂聚集成胶束后，胶束具有多相性，改变了磷光团的微环境和定向的约束力，减少了磷光分子激发三重态的非辐射去活化过程的趋势，显著增加了三重态的稳定性，从而使磷光发射增强。该方法利用胶束的稳定特性，结合重原子效应，并对溶液进行除氧，可以得到强烈的室温磷光。例如，在含有表面活性剂十二烷基磺酸盐的溶液中，掺入重原子离子 Tl^+ 或 Pb^{2+}，化学法除氧，可以观察到水溶液中萘、芘及联苯的强烈室温磷光，检出限可达 $10^{-6} \sim 10^{-7}$ mol/L。还有一些大的有机环状化合物，如环糊精类化合物，可以与小分子形成主–客体复合物，从而使溶液中磷光物质的激发三重态得到保护，能在室温下测定磷光。

3. 敏化溶液室温磷光法 是指在没有表面活性剂存在的情况下获得溶液的室温磷光。分析物质被激发后，并不发射荧光，而是经过体系间跨越至其第一电子激发三重态。当有某种合适的能量受体存在时，分析物质的激发三重态将能量转移到受体的激发三重态，最后受体从激发三重态跃迁回基态时，发射出磷光。通过测量受体发射的室温磷光强度而间接测定被测物质。在这种方法中，分析物质本身并不发射磷光，而是引发受体发射磷光。敏化室温磷光的强度与受体的选择有很大关系，因此在选择时应考虑：①在分析物质的激发波长内，受体的摩尔吸光系数要低；②受体的三重态能量应低于供体的三重态能量；③在所使用的溶剂中，受体的磷光量子产率要大。常用的受体有 1，4 – 二溴苯、联乙酰等。

四、磷光分光光度计

磷光分光光度计与荧光分光光度计结构相似，也是由激发光源、激发单色器、样品池、发射单色器和检测系统五部分组成。但是由于分析原理上的差别，磷光分光光度计有一些特殊部件。

1. 样品室 低温磷光分析法采用液氮作为冷却剂，因此盛放样品溶液的样品池需要放置在盛有液氮的杜瓦瓶中。固体基质室温磷光法则需要特制的样品室。

2. 磷光镜 有些物质同时会产生荧光和磷光。为了能在有荧光现象的体系中测定磷光，须在激发光单色器和样品池之间以及在样品池和发射光单色器之间各装一个斩波片，并由一个同步马达带动，这种装置叫作磷光镜，利用荧光与磷光寿命的差异消除荧光干扰，实现磷光测定。现代的磷光分光光度计多采用脉冲光源与程控检测相结合的时间分辨技术。

五、磷光分析法应用

磷光分析法已应用于萘、蒽、菲、芘、苯并芘等多环芳烃以及含氮、硫、氧的杂环化合物的分析，还可以测定可卡因、吗啡、罂粟碱等生物碱，以及体液中阿司匹林、普鲁卡因、苯巴比妥、可卡因、磺胺类和维生素药物的测定，在生物活性物质分析、表征细胞核组分、研究蛋白质结构等方面也有着广阔的应用前景。但是磷光分析法在无机物测定中应用很少。

第三节 化学发光分析法

化学反应体系中的某些物质分子，吸收了反应所释放的能量，由基态跃迁到激发态，然后再由激发态回到基态时，将能量以光辐射的形式释放出来，即化学发光。基于化学发光现象建立起来的分析方法称为化学发光分析（chemiluminescence analysis）。该方法具有灵敏度高（纳克级或皮克级）、线性范围宽、设备简单、分析速度快且易实现自动化等特点，已广泛应用于环境分析、食品分析、药物分析、免疫分析、核杂交分析等领域。

一、化学发光分析法的基本原理

（一）发光原理

化学发光是吸收化学反应过程中产生的化学能而使分子激发所发射的光。任何一个发光反应都包括化学激活和发光两个步骤。其基本原理可描述如下：物质 R 在进行化学反应时，吸收了化学反应的化学能，使反应产物 P 处于激发态 P*，这个激发态 P* 也可能把能量传递给另一个化学受体 A，使之成为激发态 A*，P* 或 A* 从激发态回到基态时，发射出光辐射，可表示为：

$$R \longrightarrow P^* \longrightarrow P + h\upsilon$$
$$R \longrightarrow P^* \xrightarrow{+A} A^* \longrightarrow A + h\upsilon$$

在大多数情况下，物质由激发单重态 S_1^* 回到基态 S_0。个别情况下，通过体系间跨越由激发单重态 S_1^* 到激发三重态 T_1^*，然后再回到基态 S_0 的各个振动能级上，这两种方式产生的辐射都称化学发光。因此化学发光与对应物质的荧光光谱和磷光光谱十分相似。

（二）化学发光反应的条件

能够产生化学发光的反应必须满足以下条件：①能快速地释放出足够的激发能。激发能的主要来源是反应焓，若要在可见光区观察到化学发光，要求反应的热焓变在 170～300kJ/mol 之间，氧化还原反应和裂解反应能满足这一要求。②要有有利的化学反应历程，使化学反应的能量至少能被一种物质分子所接受并生成激发态。③激发态分子能够以辐射跃迁的方式返回基态，或能够将其能量转移给可以产生辐射跃迁的其他分子。

（三）化学发光效率和发光强度

1. 化学发光效率 对于每一个化学发光反应，都具有其特征的化学发光光谱和化学发光效率。化学发光效率 φ_{CL}，又称化学发光的总量子产率，定义为：

$$\varphi_{CL} = \frac{\text{发射光子的分子数}}{\text{参加反应的光子数}} = \varphi_{CE} \cdot \varphi_{EM} \tag{10-11}$$

式中，φ_{CE} 为生成激发态产物分子的化学激发效率；φ_{EM} 为激发态分子的发光效率。

2. 化学发光强度 化学发光反应的发光强度 I_{CL}，可以用单位时间内发射的光子数表示，它与化学发光分子浓度有关，可表示为：

$$I_{CL}(t) = \varphi_{CL} \times \frac{dc}{dt} \tag{10-12}$$

式中，$I_{CL}(t)$ 为 t 时刻的化学发光强度；φ_{CL} 为与分析物有关的化学发光效率；dc/dt 为分析物参加反应的速率。

化学发光强度的积分值与反应物浓度成正比，因此，可以测定已知时间范围内发光总量实现对反应物的定量分析。

$$\int I_{CL}(t)\,dt = \varphi_{CL}c \qquad (10-13)$$

二、化学发光反应的类型和应用

化学发光反应一般按照反应体系的状态可分为气相化学发光反应和液相化学发光反应等，其中液相发光应用更为广泛。

1. 气相化学发光 气相化学发光发展较为成熟，主要有 O_3、NO、S 等的化学发光反应，可以用于监测空气中的 O_3、NO、NO_2、H_2S、SO_2 和 CO 等，目前已广泛应用于大气污染监测。例如 NO 与 O_3 的气相化学发光反应有较高的化学发光效率，在室温下就能实现化学发光，其反应历程为：

$$NO + O_3 \longrightarrow NO_2^* + O_2$$
$$NO_2^* \longrightarrow NO_2 + h\upsilon$$

此反应的发射光谱范围为 600~875nm，对 NO 的检出限可达 1ng/ml。借助还原反应将 NO_2 转化为 NO 也可实现对大气中 NO_2 的测定。

2. 液相化学发光 液相化学发光反应体系较多，应用也最为广泛。其中常用的发光体系主要有鲁米诺、光泽精和过氧草酸酯体系等。

（1）**鲁米诺体系** 鲁米诺（3 - 氨基苯二甲酰肼）是研究最早、最多、应用最广泛的化学发光试剂。鲁米诺在碱性条件下能被许多氧化剂氧化而发出蓝色的光，发光反应的量子产率介于 0.01~0.05 之间，在水介质中，最大发射波长是 425nm。鲁米诺在碱性条件下被过氧化氢氧化的化学发光反应过程如下：

O_2、ClO_4^-、I_2、MnO_4^-、KIO_4、$K_2S_2O_8$ 等氧化剂都可以发生类似 H_2O_2 的反应，据此可以测定这些氧化剂。

应用鲁米诺体系还可以测定许多金属离子。鲁米诺被 H_2O_2 氧化的反应速度很慢，许多金属离子可以加速该发光反应的速度。在一定的浓度范围内，金属离子浓度与发光强度成线性关系，因此可实现痕量金属离子的定量分析。

鲁米诺及其衍生物的发光反应还可以应用于有机物、药物、生物体液中的低含量激素或新陈代谢物的测定。如机体中的超氧阴离子·O_2^- 可以直接与鲁米诺作用产生化学发光而被检测；机体中的超氧化物歧化酶 SOD 可以使·O_2^- 发生歧化反应而对·O_2^- 有清除作用。而 SOD 的存在会使鲁米诺—·O_2^- 体系的化学发光受到抑制，从而可以间接测定 SOD。

实例分析

实例： 环境水样、土样、生物等样品中痕量 Cr 离子的测定

分析： 利用 Cr^{3+} 对碱性鲁米诺—H_2O_2 发光体系的线性催化作用定量测定 Cr^{3+}。

分析测定：将试样用混酸微波压力消解，用 H_2SO_3 将 Cr（Ⅵ）还原为 Cr^{3+}；用 EDTA 和 PAN 联合配位掩蔽 Ca^{2+}，Mg^{2+}，Cu^{2+}，Zn^{2+}，Fe^{2+}，Fe^{3+} 和 Co^{2+} 等离子；平行操作，配置标准系列溶液；固定 H_2O_2 和鲁米诺（pH≥12.0）的浓度和用量，在最大化学发光波长 $\lambda_{max} = 425$ nm 处，测定标准溶液和待测溶液的化学发光强度；在一定浓度范围内（$10^{-10} \sim 10^{-5}$ g/ml），溶液的化学发光强度与 Cr^{3+} 的浓度满足线性关系。采用标准曲线法，计算求得试样中痕量铬的含量。

（2）光泽精体系　光泽精（N，N–二甲基二吖啶硝酸盐）也是最常见的化学发光试剂之一。在碱性条件下它可被氧化而发出波长为 470nm 的光，与鲁米诺一样具有较高的化学发光效率，量子产率介于 $0.01 \sim 0.02$ 之间，化学发光反应过程如下：

多种金属离子对光泽精与 H_2O_2 的反应起到强烈的催化或抑制作用，因此可以据此测定痕量金属。如利用该体系对 Fe（Ⅱ）的检测限为 6ng/ml，对 Os（Ⅳ，Ⅴ，Ⅵ）的检测限可达 0.02ng/ml。同时利用该体系还可以测定抗坏血酸、甾族硫酸盐和葡萄糖醛酸衍射物等，其检测限分别为 500ng/ml，3×10^{-15} mol/L 和 $5 \sim 10 \times 10^{-15}$ mol/L。

（3）过氧草酸酯体系　该体系是近十多年来使用的新的发光体系，其化学发光效率较高，有时可达 0.2，化学发光反应过程如下：

$$C_2O_4Ar_2 + H_2O_2 \longrightarrow \begin{bmatrix} O & & O \\ \| & & \| \\ C & — & C \\ | & & | \\ O & — & O \end{bmatrix}^* + 2ArOH$$

$$\begin{bmatrix} \begin{array}{cc} O & O \\ \parallel & \parallel \\ C & \!\!\!-\!\!\!-C \\ \mid & \mid \\ O & \!\!\!-\!\!\!-O \end{array} \end{bmatrix}^* + 荧光物质 \longrightarrow 激发态荧光物质 + 2CO_2$$

$$激发态荧光物质 \longrightarrow 基态荧光物质 + h\upsilon$$

利用过氧草酸酯体系可以测定卤素离子、H_2O_2、芳香族胺、雌二醇和乙酰胆碱等，其测定灵敏度较高，有的可达 pg 级。

三、化学发光检测仪器

化学发光分析的检测仪器比较简单。一般的化学发光检测仪器主要由样品室、光检测器、放大器及信号输出装置四个部分组成，如图 10 – 7 所示。

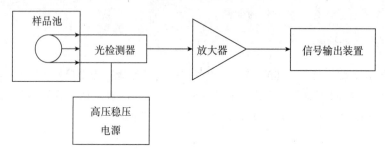

图 10 – 7　化学发光检测仪示意图

化学发光反应须在样品室的样品池中进行。多数化学发光反应具有较快的动力学速度，反应剂和样品一经混合，反应立即发生。如果不在混合后甚至混合过程中立即测定，就会造成信号部分乃至全部损失，这就要求化学发光分析的样品和反应剂的混合与测定均在光电倍增管窗口前进行。由于化学发光反应的上述特点，反应剂和样品混合方式的重复性就成为分析结果精密度好坏的关键。因此，不同类型的化学发光检测仪的检测系统大致相同，而混合方式则随仪器类型的不同而具有各自的特点。

目前按照进样方式的不同可将化学发光分析仪分为分立取样式和流动注射式两类。分立取样式化学发光分析仪是利用移液管或注射器将样品和试剂加入反应室中，通过搅动或注射时的冲击作用使其混合均匀，然后根据发光峰的峰高或峰面积的积分值进行定量分析。流动注射式化学发光分析仪是把一定体积的液体试样注入一个运动着的连续载流中，然后将之带到检测器，记录其发光信号。利用此法检测到的发光信号一般只是整个发光动力学曲线的一部分，因此通常以峰高来进行定量分析。

知识拓展

化学发光免疫分析（chemiluminescence immune assay，CLIA）是借助于化学发光反应的高灵敏性和免疫反应的高特异性而建立的一种测定方法，是继荧光免疫分析法、酶免疫分析法和放射免疫分析法之后，近年来迅速发展起来的一种新型免疫分析技术，其测定灵敏度超过放射免疫分析。

化学发光免疫分析需要用发光剂或酶催化剂标记抗原或抗体。在分析时，可使用一定量的特异性抗体进行竞争性结合，也可使用过量的标记抗体做非竞争性结合。前者用发光物质作为抗原的标记物，经竞争结合反应后，将结合的和游离的标记物分开；后者则主要利用发光物质作为抗体的标记物。

化学发光免疫分析目前的研究非常活跃，在研究激素、红细胞、铁代谢、药物浓度、蛋白质、微生物、抗原、抗体、肿瘤标志和酶等方面都有广泛应用，未来的发展趋势是合成新的发光标记物，改善测定方法，进一步拓宽应用领域。

本 章 小 结

本章介绍了三种分子发光分析方法，分子荧光、分子磷光和化学发光。

1. 基本概念　振动弛豫；内转换；荧光发射；体系间跨越；外转换；磷光发射；激发光谱；荧光光谱；斯托克斯位移；化学发光；荧光寿命；荧光效率；荧光熄灭；磷光效率；重原子效应。

2. 基本理论　影响荧光和磷光强度的因素；荧光定量分析方法：①标准曲线法②比例法③多组分混合物的荧光定量分析法；几种磷光分析法；化学发光反应的类型。

3. 计算公式

荧光定量分析的基本关系式：　　$F = K2.3\varphi_f I_0 Ecl = Kc$

比例定量法公式：　　$c_x = \dfrac{F_x - F_0}{F_s - F_0} \times c_s$

磷光定量分析的基本关系式：　　$I_p = 2.3\varphi_p I_0 Ecl = Kc$

练 习 题

一、简答题

1. 荧光分析法与紫外 – 可见分光光度法在原理和仪器方面有哪些异同？为什么荧光分析法的灵敏度高于紫外 – 可见分光光度法？

2. 影响荧光效率的因素主要有哪些？

3. 有哪些方法可以提高物质的磷光效率？常用的室温磷光法有哪些？

4. 化学发光反应需要满足哪些条件？

5. 试从原理和仪器两方面比较荧光分析法、磷光分析法和化学发光分析法。

二、计算题

用荧光法测定复方炔诺酮片中炔雌醇的含量时，取本品 20 片（每片含炔诺酮 0.54 ~ 0.66mg，含炔雌醇为 31.5 ~ 38.5μg），研细溶于无水乙醇中，稀释至 250ml，过滤，取滤液 5ml，稀释至 10ml，在激发波长 285nm 和发射波长 307nm 处测定荧光强度。若炔雌醇对照品的乙醇溶液（1.4μg/ml）在同样测定条件下荧光计读数为 65，那么合格片的荧光计读数应该在什么范围？

（崔　艳）

第十一章 红外吸收光谱法

学习导引

知识要求

1. **掌握** 红外吸收光谱法的基本原理；红外吸收光谱产生的条件及分子振动形式；基频峰分布规律；影响吸收峰位置的因素；各类有机化合物的特征吸收；依据红外谱图确定有机化合物结构，推断未知物的结构方法。

2. **熟悉** 分子振动能级和振动自由度；特征区；指纹区；红外光谱仪的结构组成与应用。

3. **了解** 红外光谱仪固体样品和液体样品的制备方法；拉曼光谱的原理及应用。

能力要求

1. 熟练掌握红外吸收光谱法中样品制备技能。

2. 通过对红外光谱的解析学会对未知化合物进行结构分析。

红外吸收光谱法（infrared absorption spectroscopy，IR）是利用物质分子对红外光的吸收及产生的红外吸收光谱来鉴别分子的组成和结构或定量的方法。当样品受到频率连续变化的红外光照射时，分子吸收某些频率的辐射，并由其振动运动或转动运动引起偶极矩的净变化，产生的分子振动和转动能级从基态到各激发态的跃迁，从而形成的分子吸收光谱称为红外光谱。在引起分子振动能级跃迁的同时不可避免地要引起分子转动能级之间的跃迁，故红外吸收光谱又称振-转光谱。

IR 主要用于分子结构的基础研究以及化学组成的分析，其中应用最广泛的是通过图谱解析可以获得分子结构的信息。由于每种化合物均有红外吸收，且任何气态、液态、固态样品均可进行红外吸收光谱测定，因此红外光谱是有机化合物结构解析的重要手段之一，这是其他仪器分析方法难以做到的。近年来，近红外和远红外光区的定量分析应用也有不少报道。本章主要讨论中红外吸收光谱法。

第一节 红外吸收法概述

一、红外光谱区的划分

红外光谱在可见光区和微波光区之间，其波数范围约为 $12800 \sim 10\text{cm}^{-1}$（$0.75 \sim 1000\mu\text{m}$）。由于实验技术及应用的不同，将红外光区分为三个区：近红外光谱区、中红外光谱区和远红外光谱区。其中中红外区是药物分析中最常用的区域。红外吸收与物质浓度的关系在一定范围内符合朗伯－比尔定律，因而它也是红外分光光度法定量的基础。红外光谱区的划分见表11－1。

近红外光区（泛频区）：它处于可见光区到中红外光区之间，波长$0.8 \sim 2.5 \mu m$，该光区的吸收带主要是由低能电子跃迁产生，用于研究O—H、N—H、C—H键的倍频吸收。

中红外光区（基本振动－转动区）：波长$2.5 \sim 25 \mu m$，该区的吸收主要由分子的振动和转动能级跃迁引起，而且绝大多数有机化合物和无机离子的基频吸收带出现在中红外光区，因此是研究应用最多的区域。由于基频振动是红外光谱中吸收最强的振动，所以该区最适于进行定性分析。

远红外光区（转动区）：波长$25 \sim 1000 \mu m$，该区的吸收主要由分子的纯转动能级跃迁引起，由于该光区能量弱，而在使用上受到限制。

表 11 -1 红外光谱区的划分

范围	波长范围 $\lambda / \mu m$	波数范围/cm^{-1}	能级跃迁类型
近红外	$0.78 \sim 2.5$	$12800 \sim 4000$	O—H、N—H、C—H键的伸缩振动倍频吸收
中红外	$2.5 \sim 25$	$4000 \sim 400$	分子振动、转动
远红外	$25 \sim 1000$	$400 \sim 10$	分子骨架振动、转动

二、红外吸收光谱图的表示方法

红外吸收光谱图一般用 $T - \lambda$ 曲线或以 $T - \bar{\gamma}$ 曲线表示。横坐标是波长 λ（μm）或波数 $\bar{\gamma}$（cm^{-1}），纵坐标是百分透射比 $T\%$。如图 11 - 1 所示，为乙酰水杨酸（阿司匹林）的红外光谱图。

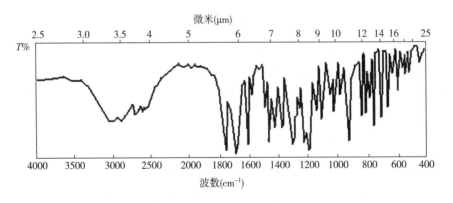

图 11 - 1 乙酰水杨酸（阿司匹林）的红外光谱图

紫外、可见吸收光谱常用于研究不饱和有机化物，特别是具有共轭体系的有机化合物，而红外吸收光谱法主要研究在振动中伴随有偶极矩变化的化合物，且几乎所有的。红外吸收光谱法与其他仪器分析方法比较有特征性强、不破坏样品以及分析时间段等特点。

第二节　红外吸收基本原理

一、分子的振动

原子与原子之间通过化学键连接组成分子。分子是有柔性的，因而可以发生振动。我们把不同原子组成的双原子分子的振动模拟为不同质量小球组成的谐振子振动，即把双原子分子的化学键看成是质量可以忽略不计的弹簧，把两个原子看成是各自在其平衡位置附近作伸缩振动的小球 m_1 和 m_2（见图 11 – 2）。振动势能 E 与原子间的距离 r 及平衡距离 r_e 间关系：

$$U = \frac{1}{2}K(r - r_e)^2 \tag{11-1}$$

式（11 – 1）中，K 为力常数（N/cm），U 为振动过程中的位能。由于振动过程两原子之间的不同距离，振动过程位能的变化，可用位能曲线 1 描述（见图 11 – 3）。当 $r = r_e$ 时，$U = 0$，$r > r_e$ 或 $r < r_e$ 时，$U > 0$。

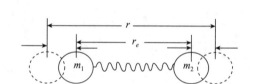

图 11 – 2　双原子分子伸缩振动示意图

r_e—平衡位置原子间距离；r—振动某瞬间原子间距离

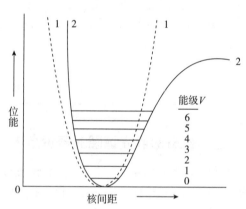

图 11 – 3　双原子分子振动位能曲线

由图 11 – 3 的势能曲线可知：在常态下，处于较低振动能级的分子与谐振子振动模型极为相似。只有当 $V \geq 3$ 时，分子振动位能曲线才显著偏离谐振子位能曲线。

分子在振动过程中的总能量 $E_V = U + T$，T 为动能，当 $r = r_e$ 时，$U = 0$，则 $E_V = T$。在 m_1、m_2 两原子距平衡位置最远时，$T = 0$，$E_V = U$。根据量子力学，分子振动过程中的总能量为：

$$E_V = \left(V + \frac{1}{2}\right)h\upsilon \tag{11-2}$$

式中，υ 是分子振动频率，V 是振动量子数，$V = 0, 1, 2, 3, \cdots$。当分子处于基态时，$V = 0$，$E_V = \frac{1}{2}h\upsilon$，此时振动的振幅很小。当分子受到电磁辐射照射时，若电磁辐射的光子所具有的能量等于分子振动能级差时，则分子将吸收电磁辐射由基态跃迁至各激发态，振动的振幅也随之增大。由于振动能级是量子化的，因此

$$h\upsilon_L = \Delta E_V \tag{11-3}$$

式中，υ_L 是光子频率，由此可得分子振动能级差为

$$\Delta E_V = \Delta V \cdot h\upsilon \tag{11-4}$$

质量为 m_1 和 m_2 的原子之间的伸缩振动可以近似地看成沿轴线方向的简谐振动。因此可以把双原子分子称为谐振子。由经典力学（虎克定律）可导出该体系的基本振动频率计算公式：

$$\bar{\nu} = \frac{1}{2\pi c}\sqrt{\frac{k}{\mu}} \tag{11-5}$$

$$\mu = \frac{m_1 \cdot m_2}{m_1 + m_2} \tag{11-6}$$

$$\sigma = 1302\sqrt{\frac{K}{u'}} \tag{11-7}$$

式中，c 为光速，2.998×10^{10} cm/s；k 为化学键力常数，定义为将两原子由平衡位置伸长单位长度时的恢复力，N/cm；μ 为原子的折合质量，单位为 g。

由虎克定律可知，双原子分子的振动频率取决于原子的质量和化学键力常数，即取决于分子的结构特征。化学键越弱，相对原子质量越大，振动频率越低，吸收峰将出现在低波数区。

二、分子的振动与红外光谱

（一）振动类型

在红外光谱中分子的基本振动形式可分为两大类，一类是伸缩振动（v），另一类为弯曲振动（δ）。伸缩振动是原子沿键轴方向振动，键长发生变化而键角不变的振动，用符号 v 表示。伸缩振动按振动的对称性分为对称伸缩振动和不对称伸缩振动，分别用符号 v_s 和 v_{as} 表示。弯曲振动又叫变形振动或变角振动，用符号 δ 表示。弯曲振动分为面内弯曲振动和面外弯曲振动。面内弯曲振动又分为剪式振动 δ 和面内摇摆 ρ；面外弯曲振动又分为面外摇摆 ω 和扭曲振动 τ。现以亚甲基为例说明亚甲基的振动形式，如图 11-4 所示。

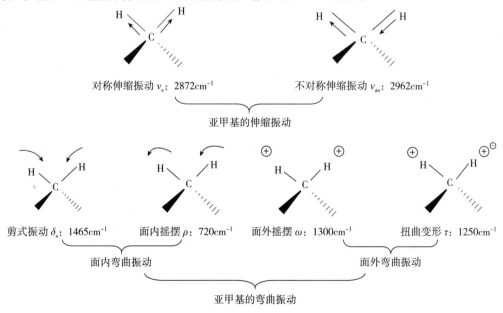

图 11-4　亚甲基的基本振动形式

（+、-分别表示运动方向垂直纸面向里和向外）

（二）振动自由度

双原子分子的振动是沿化学键的轴线振动，振动形式简单。而多原子分子随着原子数目的增加，振动形式也复杂多样，因此出现的峰也相应增多，而这些峰的数目与分子的振动自由度有关。分子的总自由度又等于确定分子中各原子在空间的位置所需坐标的总数。在空间可用3个坐标（x、y 和 z）确定一个原子的位置，当分子由 n 个原子组成时，分子有 $3n$ 个运动自由度。而分子作为整体所有的自由度的总数，应该等于平动、转动和振动自由度的总和，即

$$3n = 平动自由度 ＋ 转动自由度 ＋ 振动自由度$$

分子作为一个整体有3个平动自由度和3个转动自由度（线性分子有2个转动自由度），因此分子的振动自由度应为 $3n-6$，线性分子的振动自由度为 $3n-5$。分子振动自由度的数目越大，在红外吸收光谱中出现的峰就越多。

三、红外吸收光谱产生的条件

（一）发生振动跃迁所需的跃迁能量与所吸收电磁辐射的能量相等

由分子振动总能量 E_V 公式可知当有红外辐射照射到分子，其吸收的红外辐射的能量恰好等于分子振动能级的能量差（$\Delta E_v = \Delta V \cdot h\upsilon$）时，则分子将吸收红外辐射而跃迁至激发态，导致振幅增大。于是可得产生红外吸收光谱的第一条件为：

$$E_L = \Delta E_V$$

（二）辐射与物质之间有耦合作用

分子由于构成它的各原子的电负性的不同，也显示不同的极性，称为偶极子。通常用分子的偶极矩（μ）来描述分子极性的大小。当偶极子处在电磁辐射电场时，该电场作周期性反转，偶极子将经受交替的作用力而使偶极矩增加或减少。只有当辐射频率与偶极子频率相匹时，分子才与辐射相互作用（振动耦合）而增加它的振动能，使振幅增大，即分子由原来的基态振动跃迁到较高振动能级。因此，并非所有的振动都会产生红外吸收，只有发生偶极矩变化（$\Delta\mu \neq 0$）的振动才能引起可观测的红外吸收光谱，该种振动称之为红外活性振动；$\Delta\mu = 0$ 的分子振动称为非红外活性振动。

实际上，绝大多数化合物在红外光谱图上出现的峰数，远小于理论上计算的振动数，这是由如下原因引起的：

1. 没有偶极矩变化的振动，不产生红外吸收，即非红外活性。

2. 相同频率的振动吸收重叠，简并为一个吸收峰。

3. 倍频峰和合频峰的产生。

4. 某些振动吸收强度太弱，或者某些振动吸收频率十分接近，仪器不能检测或不能分辨；某些振动吸收频率，超出了仪器的检测范围。

实例解析：线性分子 CO_2，理论上计算其基本振动数为：$3n-5=4$。其具体振动形式如下：

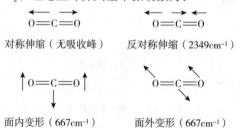

对称伸缩（无吸收峰）　　　反对称伸缩（2349cm⁻¹）

面内变形（667cm⁻¹）　　　面外变形（667cm⁻¹）

由图可知二氧化碳对称伸缩振动偶极矩变化为零，不产生共振吸收，而二氧化碳的面内变形和面外变形振动的吸收频率完全一样，发生简并。因此在红外图谱上，只出现 $667cm^{-1}$ 和 $2349cm^{-1}$ 两个基频吸收峰。

四、影响吸收峰强度的因素

振动能级的跃迁概率和振动过程中偶极矩的变化是影响谱峰强弱的两个主要因素。跃迁的概率大，吸收峰也越强；瞬间偶极矩变化越大，吸收峰越强。

基频跃迁概率大，吸收带一般较强。倍频虽然偶极矩的变化较大，但能级的跃迁概率小，相应的倍频吸收带较弱。偶极矩变化的大小与下面三个因素有关。

（一）原子的电负性

化学键两端连接的原子的电负性相差越大，伸缩振动时，其偶极矩的变化越大，产生的吸收峰也越强。

（二）分子的对称性

分子结构对称，若振动也以中心对称，则振动的偶极矩为零。而分子的对称性越差，振动时，其偶极矩的变化越大，产生的吸收峰也越强。

（三）振动方式

相同基团的各种振动，由于振动方式不同引起的偶极矩变化也不同。反对称伸缩振动的强度大于对称伸缩振动的强度，伸缩振动的强度大于变形振动的强度。

红外光谱的吸收强度一般定性地用很强（vs）、强（s）、中（m）、弱（w）和很弱（vw）等表示。按摩尔吸光系数 ε 的大小划分吸收峰的强弱等级。通常 $\varepsilon > 100$，非常强峰（vs）；$20 < \varepsilon < 100$ 为强峰（s）；$10 < \varepsilon < 20$ 为中强峰（m）；$1 < \varepsilon < 10$ 为弱峰（w）。

五、基团频率和特征吸收峰

分子吸收红外辐射后，由基态振动能级（$V = 0$）跃迁至第一振动激发态（$V = 1$）时，所产生的吸收峰称为基频峰，是强峰。在红外吸收光谱上除基频峰外，还有振动能级由基态（$V_0 = 0$）跃迁至第二激发态（$V_2 = 2$）、第三激发态（$V_3 = 3$）…等所产生的吸收峰称为倍频峰。如以 H – Cl 为例：基频峰（$\nu_0 \rightarrow \nu_1$）$2886cm^{-1}$，吸收最强，二倍频峰（$\nu_0 \rightarrow \nu_2$）$5668cm^{-1}$，吸收较弱，三倍频峰（$\nu_0 \rightarrow \nu_3$）$8347cm^{-1}$，吸收很弱。除此之外，还有合频峰（$\nu_1 + \nu_2, 2\nu_1 + \nu_2, \ldots$），差频峰（$\nu_1 - \nu_2, 2\nu_1 - \nu_2, \ldots$）等，这些峰多数很弱，一般不容易辨认。倍频峰、合频峰和差频峰统称为泛频峰。

在红外光谱中吸收峰的位置和强度取决于分子中各基团的振动形式和所处的化学环境。只要掌握了各种基团的振动频率及其位移规律，就可应用红外光谱来鉴定化合物中存在的基团及其在分子中的相对位置。常见的基团在波数 $4000 \sim 400cm^{-1}$ 范围内都有各自的特征吸收，这个红外范围又是一般红外分光光度计的工作测定范围。在实际应用时，为了便于对红外光谱进行解析，通常将这个波数范围划分为以下几个重要的区段，参考此划分，可推测化合物的红外光谱吸收特征；或根据红外光谱特征，初步推测化合物中可能存在的基团。根据化学键的性质，结合波数与力常数、折合质量之间的关系，可将红外 $4000 \sim 400cm^{-1}$ 划分为八个重要区段，如表 11 – 2 所示。

表 11-2 红外光谱的八个重要区段

波数（cm^{-1}）	波长（μm）	振动类型
3750 ~ 3000	2.7 ~ 3.3	v（OH）、v（NH）
3300 ~ 2900	3.0 ~ 3.4	v（≡C—H）$>v$（=C—H）$\approx v$（Ar—H）
3000 ~ 2700	3.3 ~ 3.7	v（C—H）（—CH$_3$、—CH$_2$、≡C—H、O—C—H）
2400 ~ 2100	4.2 ~ 4.9	v（C≡C）、v（C≡N）、
1900 ~ 1650	5.3 ~ 6.1	v（C=O）（酸、醛、酮、胺、酯、羧酸、酸酐、酰胺）
1675 ~ 1500	5.9 ~ 6.2	v（C=C）、v（C=N）
1475 ~ 1300	6.8 ~ 7.7	δ（CH）
1000 ~ 650	10.0 ~ 15.4	γ（CH）（=C—H，Ar—H）

按吸收的特征，中红外光谱可划分成 4000cm^{-1} ~ 1300（1800）cm^{-1} 高波数段基团频率区（官能团区）和 1800（1300）~ 600cm^{-1} 低波数段指纹区两个重要区域。下面进行重点讨论。

（一）基团频率区

有机化合物种类很多，大部分是由 C、H、O、N 四种元素构成，大部分有机化合物的红外吸收光谱图基本上都是由这四种元素所组成的不同化学键的各种振动引起的吸收。吸收峰的位置和强度会受到各基团振动形式和所处的化学环境的影响，常见的官能团在中红外区都有各自特征的吸收峰，下面介绍各波段区域与分子结构中各基团的关系。

红外吸收光谱图中 4000 ~ 1300cm^{-1} 之间称为基团频率区、官能团区或特征区。该区域内的峰是由伸缩振动产生的吸收带，吸收强，较稀疏，容易辨认，常用于鉴定官能团。

基团频率区可分为三个区域：

1. 4000 ~ 2500cm^{-1} 为 X—H 伸缩振动区，X 可以是 O、N、C 或 S 等原子。

O—H 基的伸缩振动出现在 3650 ~ 3200cm^{-1} 范围内，它可以作为判断有无醇类、酚类和有机酸类的重要依据。当醇和酚溶于非极性溶剂（如 CCl$_4$），浓度于 0.01mol/L 时，在 3650 ~ 3580cm^{-1} 处出现游离 O—H 基的伸缩振动吸收，峰形尖锐，且没有其他吸收峰干扰，易于识别。当试样浓度增加时，羟基化合物产生缔合现象，O—H 基的伸缩振动吸收峰向低波数方向位移，在 3400 ~ 3200cm^{-1} 出现一个宽而强的吸收峰。

胺和酰胺的 N—H 伸缩振动也出现在 3500 ~ 3100cm^{-1}，因此，可能会对 O—H 伸缩振动有干扰。

C—H 的伸缩振动可分为饱和和不饱和的两种。饱和的 C—H 伸缩振动出现在 3000cm^{-1} 以下，约 3000 ~ 2800cm^{-1}，取代基对它们影响很小。如—CH$_3$ 基的伸缩吸收出现在 2960cm^{-1} 和 2876cm^{-1} 附近；R$_2$CH$_2$ 基的吸收在 2930cm^{-1} 和 2850cm^{-1} 附近；R$_3$CH 基的吸收基出现在 2890cm^{-1} 附近，但强度很弱。不饱和的 C—H 伸缩振动出现在 3000cm^{-1} 以上，以此来判别化合物中是否含有不饱和的 C—H 键。苯环的 C—H 键伸缩振动出现在 3030cm^{-1} 附近，它的特征是强度比饱和的 C—H 键稍弱，但谱带比较尖锐。不饱和的双键=C—H 的吸收出现在 3010 ~ 3040cm^{-1} 范围内，末端=CH$_2$ 的吸收出现在 3085cm^{-1} 附近。叁键≡CH 上的 C—H 伸缩振动出现在更高的区域（3300cm^{-1}）附近。

2. 2500～1900cm⁻¹为三键和累积双键区。

主要包括—C≡C、—C≡N 等三键的伸缩振动，以及—C＝C＝C、—C＝C＝O 等累积双键的不对称性伸缩振动。对于炔烃类化合物，可以分成 R—C≡CH 和 R′—C≡C—R 两种类型。R—C≡CH 的伸缩振动出现在 2100～2140cm⁻¹附近；R′—C≡C—R 出现在 2190～2260cm⁻¹附近；R—C≡C—R 分子是对称，则为非红外活性。—C≡N 基的伸缩振动在非共轭的情况下出现 2240～2260cm⁻¹附近。当与不饱和键或芳香核共轭时，该峰位移到 2220～2230cm⁻¹附近。若分子中含有 C、H、N 原子，—C≡N 基吸收比较强而尖锐。若分子中含有 O 原子，且 O 原子离—C≡N 基越近，—C≡N 基的吸收越弱，甚至观察不到。

3. 1900～1200cm⁻¹为双键伸缩振动区。 该区域主要包括三种伸缩振动：

（1）C＝O 伸缩振动出现在 1900～1650cm⁻¹，是红外光谱中特征的且往往是最强的吸收，以此很容易判断酮类、醛类、酸类、酯类以及酸酐等有机化合物。酸酐的羰基吸收带由于振动耦合而呈双峰。

（2）C＝C 伸缩振动。烯烃的 C＝C 伸缩振动出现在 1680～1620cm⁻¹，一般很弱。单核芳烃的 C＝C 伸缩振动出现在 1600cm⁻¹ 和 1500cm⁻¹附近，有两个峰，是芳环的骨架结构，用于确认有无芳核的存在。

（3）苯的衍生物的泛频谱带，出现在 2000～1650cm⁻¹ 范围，是 C—H 面外和 C＝C 面内变形振动的泛频吸收，虽然强度很弱，但它们的吸收面貌在表征芳核取代类型上有一定的作用。

（二）指纹区

红外吸收光谱图中 1800（1300）～600cm⁻¹区域内，除单键的伸缩振动外，还有因变形振动产生的谱带。这种振动与整个分子的结构有关。当分子结构稍有不同时，该区的吸收就有细微的差异，并显示出分子特征。这种情况就像人的指纹一样，因此称为指纹区。指纹区对于指认结构类似的化合物很有帮助，而且可以作为化合物存在某种基团的辅助。

1. 1800～900cm⁻¹这一区域包括 C—O、C—N、C—F、C—P、C—S、P—O、Si—O 等单键的伸缩振动和 C＝S、S＝O、P＝O 等双键的伸缩振动吸收。其中 1375cm⁻¹的谱带为甲基的 δ_{C-H} 对称弯曲振动，对识别甲基十分有用，C—O 的伸缩振动在 1300～1000cm⁻¹，是该区域最强的峰，也较易识别。

2. 900～600cm⁻¹这一区域的吸收峰是很有用的。例如，此区域的某些吸收峰可用来确认化合物的顺反构型。利用上区域中苯环的 C—H 面外变形振动吸收峰和 2000～1667cm⁻¹区域苯的倍频或组合频吸收峰，可以共同配合确定苯环的取代类型。

第三节 红外吸收光谱与分子结构

在红外光谱中，每种红外活性的振动都相应产生一个吸收峰，所以情况十分复杂。例如，基团除在 3700～3600cm⁻¹ 有 O—H 的伸缩振动吸收外，还应在 1450～1300cm⁻¹和 1160～1000cm⁻¹分别有 O—H 的面内变形振动和 C—O 的伸缩振动。后面的两个峰的出现，能进一步证明它的存在。因此，用红外光谱来确定化合物是否存在某种官能团时，首先应该注意在官能团区，它的特征峰是否存在，同时也应找到它们的相关峰作为辅佐。不同的化合物具有不同的结构，各类化合物的主要官能团及其吸收峰位见表 11-3。

表 11 − 3　化合物的主要官能团及其吸收峰位

基团	振动类型	波数（cm^{-1}）
烷烃类	C—H 伸缩	3000 ~ 2843
	C—H 伸缩（反称）	2972 ~ 2880
	C—H 伸缩（对称）	2882 ~ 2843
	C—H 弯曲（面内）	1490 ~ 1350
	C—C 伸缩	1250 ~ 1140
烯烃类	C—H 伸缩	3100 ~ 3000
	C≕C 伸缩	1695 ~ 1630
	C—H 弯曲（面内）	1430 ~ 1290
	C—H 弯曲（面外）	1010 ~ 650
	单取代	995 ~ 985
		910 ~ 905
	双取代	
	顺式	730 ~ 650
	反式	980 ~ 965
炔烃类	C—H 伸缩	约 3300
	C≡C 伸缩	2270 ~ 2100
	C—H 弯曲（面内）	1260 ~ 1245
	C—H 弯曲（面外）	645 ~ 615
取代苯类	C—H 伸缩	3100 ~ 3000
	泛频峰	2000 ~ 1667
	骨架振动（ν_{C-C}）	
		1600 ± 20
		1500 ± 25
		1580 ± 10
	C—H 弯曲（面内）	1450 ± 20
	C—H 弯曲（面外）	1250 ~ 1000
		910 ~ 665
醇类、酚类	O—H 伸缩	3700 ~ 3200
	O—H 弯曲（面内）	1410 ~ 1260
	C—O 伸缩	1260 ~ 1000
	O—H 弯曲（面外）	750 ~ 650
醚类	C—O—C 伸缩	1270 ~ 1010
醛类 （—CHO）	C—H 伸缩	2850 ~ 2710
	C═O 伸缩	1755 ~ 1665
	CH 弯曲（面外）	975 ~ 780
酮类 C═O	C═O 伸缩	1700 ~ 1630
	C—C 伸缩	1250 ~ 1030
	泛频	3510 ~ 3390
羧酸类 （—COOH）	O—H 伸缩	3400 ~ 2500
	C═O 伸缩	1740 ~ 1650
	O—H 弯曲（面内）	~ 1430
	C—O 伸缩	~ 1300
	O—H 弯曲（面外）	950 ~ 900
酸酐	C═O 伸缩（反称）	1850 ~ 1800
	C═O 伸缩（对称）	1780 ~ 1740
	C—O 伸缩	1170 ~ 1050
酯类 —C—O—R（O）	C═O 伸缩（泛频）	~ 3450
	C═O 伸缩	1770 ~ 1720
	C—O—C 伸缩	1280 ~ 1100

续表

基团	振动类型	波数（cm^{-1}）
胺	N—H 伸缩 N—H 弯曲（面内） C—N 伸缩 N—H 弯曲（面外）	3500～3300 1650～1550 1340～1020 900～650
酰胺	N—H 伸缩 C═O 伸缩 N—H 弯曲（面内） C—N 伸缩	3500～3100 1680～1630 1640～1550 1420～1400
氰类化合物 脂肪族氰 α、β 芳香氰 α、β 不饱和氰	C≡N 伸缩 C≡N 伸缩 C≡N 伸缩	2260～2240 2240～2220 2235～2215
硝基化合物 R—NO$_2$ Ar—NO$_2$	NO$_2$ 伸缩（反称） NO$_2$ 伸缩（对称） NO$_2$ 伸缩（反称） NO$_2$ 伸缩（对称）	1590～1530 1390～1350 1530～1510 1350～1330

一、红外吸收光谱中的重要区段

在红外光谱中吸收峰的位置和强度取决于分子中各基团的振动形式和所处的化学环境。只要掌握了各种基团的振动频率及其位移规律，就可应用红外光谱来鉴定化合物中存在的基团及其在分子中的相对位置。

常见的基团在波数 4000～670cm^{-1} 范围内都有各自的特征吸收，这个红外范围又是一般红外分光光度计的工作测定范围。在实际应用时，为了便于对红外光谱进行解析，通常将这个波数范围划分为以下几个重要的区段，参考此划分，可推测化合物的红外光谱吸收特征；或根据红外光谱特征，初步推测化合物中可能存在的基团。

1. O—H、N—H 伸缩振动区（3750～3000cm^{-1}）

2. C—H 伸缩振动区（3300～3000cm^{-1}） 不同类型的化合物 C—H 的伸缩振动在 3300～3000 区域中出现不同的吸收峰。不饱和碳上的 C—H 伸缩振动（三键和双键、苯环）。

3. C—H 伸缩振动区（3000～2700cm^{-1}） 饱和碳上的 C—H 伸缩振动（包括醛基上的 C—H）。

4. 三键和累积双键区（2400～2100cm^{-1}） 在 IR 光谱中，波数在 2400～2100cm^{-1} 区域内的谱带较少，因为含三键和累积双键的化合物，遇到的不多。

5. 羰基的伸缩振动区（1900～1650cm^{-1}） 羰基的吸收最常见出现的区域为 1755～1670cm^{-1}。由于羰基的电偶极矩较大，一般吸收都很强烈，常成为 IR 光谱中的第一强峰，非常特征，故 $\sigma_{C═O}$ 吸收峰是判别有无 C═O 化合物的主要依据。$v_{C═O}$ 吸收峰的位置还和邻近基团有密切关系。各种羰基化合物因邻近的基团不同，具体峰位也不同。

6. 双键伸缩振动区（1690～1500cm^{-1}） 该区主要包括 C═C，C═N，N═N，N═O 等的伸缩振动以及苯环的骨架振动（$\sigma_{C═C}$）。

7. X—H 面内弯曲振动及 X—Y 伸缩振动区（1475～1000cm^{-1}） 这个区域主要包括 C—H 面内弯曲振动，C—O、C—X（卤素）等伸缩振动，以及 C—C 单键骨架振动等。该区域是指纹区的一部分。在指纹区由于各种单键的伸缩振动以及和 C—H 面内弯曲振动之间互相发生偶合，使这个区域里的吸收峰变得非常复杂，并且对结构上的微小变化非常敏感。因此，只要在化学结构上存在细小的差异，在指纹区就有明显的作用，就如同人的指纹一样。由于谱图复杂，出现的振动形式很多，除了极少数的较强的特征外，其他的难以找到他们的归属，但其主要价值在于表示整体分子的特征。因此指纹区对于鉴定化合物很有用。

8. C—H 面外弯曲振动区（1000 ~ 650cm^{-1}）　烯烃、芳烃的 C—H 面外弯曲振动（σ_{C-H}）在 1000 ~ 650cm^{-1} 区，对结构敏感，人们常常借助于这些吸收峰来鉴别各种取代类型的烯烃及芳环上取代基位置等。

二、指纹区和官能团区

从前面讨论可以看出，1 ~ 6 区的吸收都有一个共同点，每一红外吸收峰都和一定的官能团相对应，此区域称为官能团区。官能团区的每个吸收峰都表示官能团的存在，原则上每个吸收峰均可以找到归属。第 6 和第 7 区和官能团区不同，虽然在此区域内的一些吸收也对应着某些官能团，但大量的吸收峰仅仅显示该化合物的红外特征，犹如人的指纹，指纹区的吸收数目较多，往往大部分不能找到归属，但大量的吸收峰表示了有机化合物的具体特征。不同的条件也可以引起不同的指纹吸收的变化。

指纹中 650 ~ 910cm^{-1} 区域又称为苯环取代基，苯环的不同取代位置会在这个区域内有所反映。

指纹区和官能团区对红外谱图的分析有所帮助。从官能团区可以找出该化合物存在的官能团，指纹区的吸收则用来和标准谱图进行分析，得出未知的结构和已知结构相同或不同的确切结论。

三、影响吸收频率的因素

在分子中各种基团的振动不是孤立的进行，要受到分子其他部分以及测定外部条件的影响，因此同一基团的振动在不同结构中或不同的环境中其吸收位置都或多或少要有所移动，影响吸收频率的因素可分为两类：内部因素和外部因素。

（一）内部因素

1. 诱导效应（I 诱导）　分子中引入不同电负性的原子或官能团，通过静电诱导作用，可使分子中电子云密度发生变化，即键的极性发生变化，这种效应称为诱导效应。由于这种诱导效应的发生，使键的力常数发生改变，从而发生化学键或官能团的特征频率变化。以羰基为例，羰基中的氧原子有吸电子倾向，即羰基是强极性基团。若有另一强吸电子基团和羰基的碳原子相连，由于它和氧原子争夺电子，使羰基的极性减小，从而使羰基的电常数增加，用共振式可表示为

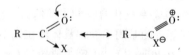

(X 为 F、Cl 等电负性强的原子)

吸收峰将向高波数移动，$\sigma_{C=O}$ 可增加到 90 ~ 100cm^{-1}，如：

$$
\underset{\substack{\| \\ \text{1731cm}^{-1}}}{\overset{O}{R-C-H}} \qquad \underset{\substack{\| \\ \text{1800cm}^{-1}}}{\overset{O}{R-C-Cl}} \qquad \underset{\substack{\| \\ \text{1920cm}^{-1}}}{\overset{O}{R-C-F}} \qquad \underset{\substack{\| \\ \text{1928cm}^{-1}}}{\overset{O}{F-C-F}}
$$

$\sigma_{c=o}$ 1731cm^{-1} 1800cm^{-1} 1920cm^{-1} 1928cm^{-1}

  羰基 α 碳上取代基吸电子基团时，也将使 $\sigma_{c=o}$ 波数增高，例如 α - 氯代酮的 $\sigma_{c=o}$ 比一般酮高出 20cm^{-1}。这种由吸电子基团或原子团引起的诱导效应称为亲电诱导效应，它使特征吸收频率增高；而由推电子基团或原子团引起的诱导效应，它使力常数减少，特征降低频率降低。如丙酮中，由于—CH$_3$是弱推电子基，与醛相比频率吸收略有减少，$\sigma_{c=o}$ 位于 1715cm^{-1} 处。碳原子的杂化态不同，其电负性也不同，即 $C_{SP} > C_{SP^2} > C_{SP^3}$，故有

$$
\underset{1770\text{cm}^{-1}}{CH_3-\overset{\overset{O}{\|}}{C}-O-CH=CH_2} \quad > \quad \underset{1725\text{cm}^{-1}}{CH_3-\overset{\overset{O}{\|}}{C}-O-C_2H_5}
$$

$\sigma_{c=o}$ 1770cm^{-1} 1725cm^{-1}

2. 共轭效应（M 效应）

  分子中形成大 π 键所引起的效应叫共轭效应。共轭效应的结果使共轭体系中的电子云密度平均化，例如 1，3 - 丁二烯的 4 个 C 原子都在一个平面上，4 个 C 原子共有全部 π 电子，结果中间的单键具有一定的双键性质，而两个双键的性质有所削弱，由于共轭作用使原来的双键略有伸长，力常数减少，所以振动频率降低。

 $\sigma_{c=o}$ 在 1680cm^{-1}（由于羰基和苯环形成共轭体系，C═O 双键特性减小所致）。

 $\sigma_{c=o}$ 在 1650cm^{-1}，而且 $\sigma_{C=C}$ 波数也降低，两者吸收峰强度都增加。

 $\sigma_{c=o}$ 吸收峰为 1770cm^{-1}

$$
R-\overset{\overset{O}{\|}}{C}-\ddot{N}H_2 \quad \longleftrightarrow \quad R-\overset{\overset{O^-}{\|}}{C}=\overset{+}{N}H_2
$$

$\sigma_{c=o}$ 吸收峰不大于 1690cm^{-1}

3. 偶极场效应（F 效应）

  I 效应和 M 效应都是通过化学键起作用使电子云密度发生变化，而 F 效应虽然也是使电子云的密度发生变化，但是它要经过分子内的空间才能起作用，因此只有在立体结构上互相靠近的那些基团之间才能产生 F 效应。

$\sigma_{c=o}$ 1755cm^{-1} 1742cm^{-1} 1728cm^{-1}

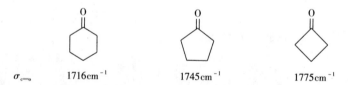

$\sigma_{c=o}$ 1715cm^{-1} 1728cm^{-1}

4. 空间效应 主要包括空间位阻效应，环状化合物的环张力和跨环中和。

（1）空间位阻效应 取代基的空间位阻效应将使得 C ═ O 与双键的共轭受到限制，使 C ═ O双键性增加，波数升高。如：

A   B

$\sigma_{c=o}$ 1663cm^{-1} 1693cm^{-1}

B 结构中由于立体障碍比较大，使环上双键和 C ═ O 不能处于同一平面，结果共轭受到限制，因此它的红外吸收波数比 A 高。同理可以解释下列化合物的光谱数据：

$\sigma_{c=o}$ 1680cm^{-1} 1700cm^{-1}

（2）环张力（键角张力作用）

1）对于环外双键、环上羰基，随着环的张力增加，其波数也相应增加。环酮类若以六元环为准，则六元环至四元环每减少一元，波数增加 30cm^{-1}左右。如：

$\sigma_{c=o}$ 1716cm^{-1} 1745cm^{-1} 1775cm^{-1}

环状的酸酐、内酰胺及内脂类化合物中，随着环的张力增加，$\sigma_{c=o}$吸收峰向高波数方向移动。

带有张力的桥环羰基化合物，波数比较大，如：

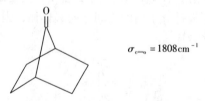

$\sigma_{c=o} = 1808\text{cm}^{-1}$

环外双键的环烯，对于六元环烯来说，其 $\sigma_{C=C}$ 吸收位置和 R$_1$R$_2$C ═CH$_2$型烯烃差不多，但当环变小时，则 $\sigma_{C=C}$ 吸收向高波数方向位移。例如：

$$\sigma_{C=C}\quad 1651cm^{-1}\qquad\qquad 1657cm^{-1}\qquad\qquad 1678cm^{-1}\qquad\qquad 1781cm^{-1}$$

如果不饱和的 C＝CH₂ 基连在桥形五元环上，C＝C 双键受歪扭的程度要比 大，

相当于

$$\sigma_{C=C}\qquad\qquad 1678cm^{-1}\qquad\qquad 1672cm^{-1}$$

2）环内双键的 $\sigma_{C=C}$ 吸收位置则随环张力的增加而降低，且 σ_{C-H} 吸收峰移向高波数，如：

$$\sigma_{C=C}\quad 1646cm^{-1}\qquad\quad 1611cm^{-1}\qquad\qquad 1566cm^{-1}\qquad\qquad 1541cm^{-1}$$
$$\sigma_{C-H}\quad 3017cm^{-1}\qquad\quad 3045cm^{-1}\qquad\qquad 3060cm^{-1}\qquad\qquad 3076cm^{-1}$$

如果双键碳原子上的氢原子被烷基取代，则 $\sigma_{C=C}$ 将向高波数移动，例如：

$$\sigma_{C=C}\qquad\qquad 1641cm^{-1}\qquad\qquad\qquad 1685cm^{-1}$$

桥式的环内烯中 $\sigma_{C=C}$ 吸收位置要比相应的非桥式环内烯低。如：

　相当于

$$\sigma_{C=C}\qquad 1568cm^{-1}\qquad 1566cm^{-1}$$

　相当于

$$\sigma_{C=C}\qquad 1614cm^{-1}\qquad 1611cm^{-1}$$

（3）跨环中和　生物碱克多品中 $\sigma_{C=O}$ 为 1675cm⁻¹，比正常的 C＝O 吸收低，这是因为克多品存在以下的共振关系使得 C＝O 键有趋于单键的性质，使力常数减小。

如果让克多品与过氯酸盐成盐，则根本看不到 $\sigma_{C=O}$ 的吸收峰。

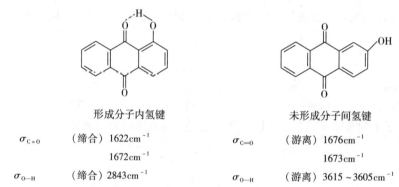

5. 氢键效应　氢键的形成，往往对吸收峰的位置和强度都有极明显的影响。通常可使伸缩振动频率向低波数方向移动。这是因为质子给出基 X—H 与质子接受基 Y 形成了氢键：X—H⋯Y ，其 X、Y 通常是 N、O、F 等电负性大的原子。这种作用使电子云密度平均化，从而使键的力常数减少，频率下降。氢键分为分子内氢键和分子间氢键。

（1）分子内氢键　分子内氢键的形成，可使谱带大幅度地向低波数方向位移。例如 OH 与 C＝O 基形成分子内氢键，$\sigma_{C=O}$ 及 σ_{O-H} 吸收都向低波数移动。例如：

形成分子内氢键　　　　　　　　　　　未形成分子间氢键

$\sigma_{C=O}$	（缔合）	1622cm^{-1}	$\sigma_{C=O}$	（游离）	1676cm^{-1}
		1672cm^{-1}			1673cm^{-1}
σ_{O-H}	（缔合）	2843cm^{-1}	σ_{O-H}	（游离）	3615～3605cm^{-1}

β - 二酮或 β - 羰基酸酯，因为分子内部发生互变异构，分子内形成氢键吸收峰也将发生位移。在 IR 光谱上能够出现各种异构体的峰带，例如：

$$CH_3COCH_2CO_2C_2H_5 \rightleftharpoons$$

酮式　　　　　　　　　烯醇式

$\sigma_{C=O}$	1738cm^{-1}	$\sigma_{C=O}$	1650cm^{-1}
	1717cm^{-1}	σ_{O-H}	3000cm^{-1}

（2）分子间氢键　醇和酚的 OH 基，在极稀的溶液中呈游离态，分子在 3650～3500cm^{-1} 出现吸收峰，随着浓度的增加，分子间形成氢键，故 σ_{O-H} 吸收峰向低波数方向位移。当乙醇溶液的浓度为 1mol/L 时，乙醇分子以多聚体的形式存在（分子间缔合），σ_{O-H}（缔合）移到 3350cm^{-1} 处，若在稀溶液中测定（0.01mol/L），分子间氢键消失，在 3640cm^{-1} 处只出现游离 σ_{O-H} 吸收峰。所以可以用改变浓度的方法，区别游离 OH 的峰与分子间 OH 的峰。

分子内氢键不随溶液浓度的改变而改变，因此，其特征频率也基本保持不变。如邻硝基苯酚在浓溶液或在稀溶液中测定时 σ_{O-H} 吸收峰在 3200cm^{-1} 处，谱带强度并不因溶液稀释而减弱，而分子间氢键谱带强度随溶液浓度增加而增加。

6. 振动偶合效应　当两个频率相同或相近的基团联结在一起时，它们之间可能产生相互作用而使谱峰裂分成两个，一个高于正常频率，一个低于正常频率。这种相互作用称为振动偶合。

$$\sigma_{as(C=O)} \sim 1815cm^{-1} \qquad \sigma_{s(C=O)} \sim 1790cm^{-1}$$

$$\sigma_{as(C=O)} 1710cm^{-1} \qquad \sigma_{s(C=O)} 1700cm^{-1}$$

在二元酸 $HOOC(CH_2)_nCOOH$ 分子中，当 $n=1$，$\sigma_{C=O}$ 为 $1740cm^{-1}$，$1710cm^{-1}$ 当 $n=2$，$\sigma_{C=O}$ 为 $1780cm^{-1}$，$1700cm^{-1}$。

7. 费米共振效应　当一振动的倍频（或组频）与另一振动的基频吸收峰接近时，由于发生相互作用而产生很强的吸收峰或发生裂分，这种倍频（或组频）与基频峰之间的振动偶合称费米共振。

苯甲酰氯的 $\sigma_{C=O}$ 为 $1773cm^{-1}$ 和 $1736cm^{-1}$。由于 $\sigma_{C=O}$ $1773\sim1776cm^{-1}$ 和苯环的 C—C 的弯曲振动 $880\sim860cm^{-1}$ 倍频发生弗米共振，使 C≡O 裂分。

8. 样品物理状态的影响　同一种化合物在固态、液态、气态时 IR 光谱不相同，所以在比对标准谱图时，要注意试样状态及制样方法。在气态时分子间的相互作用很小，在低压下能得到游离分子的吸收峰。在液态时由于分子间出现缔合或分子内氢键的存在，IR 光谱与气态和固态情况不同，峰的强度与位置都会发生变化。在固态时因晶格力场的作用，发生了分子振动与晶格振动的偶合，将出现某些新的吸收峰。其吸收峰比液态和气态时尖锐且数目增加。

（二）外部因素

外部因素主要指溶剂及仪器色散元件的影响。

1. 溶剂的影响　极性基团的伸缩振动频率常常随溶剂的极性增大而降低。同一种化合物在不同的溶剂中，因为溶剂的各种影响，会使化合物的特征频率发生变化。因此在 IR 光谱的测量中尽量采用非极性溶剂

气态　　　　　　$\sigma_{C=O}$　$1780cm^{-1}$（游离）

非极性溶剂　　　$\sigma_{C=O}$　$1760\ cm^{-1}$（游离）

乙醚中　　　　　$\sigma_{C=O}$　$1735\ cm^{-1}$

乙醇中　　　　　$\sigma_{C=O}$　$1720\ cm^{-1}$

碱液中　　　　　$\sigma_{s(C=O)}$　$1400cm^{-1}$

　　　　　　　　$\sigma_{as(C=O)}$　$1610\sim1550cm^{-1}$

2. 仪器色散元件的影响　红外分光光度计中使用的色散元件主要为棱镜和光栅两类，棱镜的分辨率低，光栅的分辨率高，特别在 $4000\sim2500cm^{-1}$ 波段内尤为明显。

四、红外吸收光谱谱解析要点及注意事项

（一）红外吸收谱的三要素（位置、强度、峰形）

在解析红外谱时，要同时注意红外吸收峰的位置、强度和峰形。吸收峰的位置（即吸收峰的波数值）无疑是红外吸收最重要的特点，因此各红外专著都充分地强调了这点。然而，在确定化合物分子结构时，必须将吸收峰位置辅以吸收峰强度和峰形来综合分析，可是这后两个要素往往则未得到应有的重视。每种有机化合物均显示若干红外吸收峰，因而易于对各吸收峰强度进行相互比较。从大量的红外谱图可归纳出各种官能团红外吸收的强度变化范围。所以只有当吸收峰的位置及强度都处于一定范围时才能准确地推断出某官能团的存在。以羰基为例，羰基的吸收是比较强的，如果 $1680 \sim 1780 cm^{-1}$（这是典型的羰基吸收区）有吸收峰，但其强度低，这并不表明所研究的化合物存在有羰基，而是说明该化合物中存在着羰基化合物的杂质。吸收峰的形状也决定于官能团的种类，从峰形可辅助判断官能团。以缔合羟基、缔合伯胺基及炔氢为例，它们的吸收峰位置只略有差别，但主要差别在于吸收峰形不一样：缔合羟基峰圆滑而钝；缔合伯胺基吸收峰有一个小或大的分岔；炔氢则显示尖锐的峰形。

总之，只有同时注意吸收峰的位置、强度、峰形，综合地与已知谱图进行比较，才能得出较为可靠的结论。

（二）同一基团的几种振动的相关峰

对任意一个官能团来讲，由于存在伸缩振动（某些官能团同时存在对称和反对称伸缩振动）和多种弯曲振动，因此，任何一种官能团会在红外图的不同区域显示出几个相关的吸收峰。所以，只有当几处应该出现吸收峰的地方都显示吸收峰时，方能得出该官能团存在的结论。以甲基为例，在 2960、2870、1460、$1380 cm^{-1}$ 处都应有 C—H 的吸收峰出现。以长链 CH_2 为例，2920、2850、1470、$720 cm^{-1}$ 处都应出现吸收峰。当分子中存在酯基时，能同时见到羰基吸收和 C—O—C 的吸收。

（三）红外光谱图解析顺序

在解析红外光谱图时，可先观察官能团区，找出该化合物存在的官能团，然后再查看指纹区。

第四节　红外光谱仪

测定物质红外吸收光谱的仪器主要有两种类型：光栅色散型红外光谱仪和傅里叶变换红外光谱仪。傅里叶变换红外光谱仪分析速度快、灵敏度高、分辨率高以及很好的波长精度等优点在很大程度上已逐渐取代了色散型红外光谱仪。

一、色散型红外分光光度计

色散型红外光谱仪和紫外－可见分光光度计相似，也是由光源、单色器、试样室、检测器和记录仪等组成，见图 11-5。大多数色散型红外分光光度计一般都是采用双光束测量以消除 CO_2 和 H_2O 等大气气体引起的背景吸收。光源发出的光对称的分为两束，一束透过试样池，另一束透过参比池，两光束再经半圆扇形镜调制后交替通过单色器，被检测器检测。当试样光束与参比光束强度相等时，检测器不产生交流信号；当试样有吸收，两光束强度不等时，

检测器产生与光强差成正比的交流信号，从而获得红外吸收光谱。

与双光束紫外－可见分光光度计最基本的一个区别是：前者的参照和试样是放在光源和单色器之间，后者则是放在单色器的后面。试样被置于单色器之前是因为红外辐射没有足够的能量引起试样的光化学分解同时可使抵达检测器的杂散辐射量（来自试样和吸收池）减至最小。

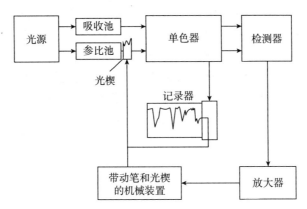

图 11 - 5　色散型红外吸收光谱仪的基本组成

（一）光源

红外光谱仪中所用的光源是通过用电加热一种惰性固体使之产生高强度的连续红外辐射。炽热固体的温度一般为 1500 ~ 2200K，最大辐射强度在 5000 ~ 5900cm^{-1} 范围内。目前常用的光源主要有能斯特灯和硅碳棒。

能斯特灯（Nernst glower）主要由混合的稀土金属（锆、钍、铈）氧化物制成。它有负的电阻温度系数，在室温下为非导体，当温度升高到大约 500℃ 以上变为半导体，在 700℃ 以上变成导体。因此要点亮能斯特灯要预热至 700℃。其工作温度一般在 1750℃。能斯特灯使用寿命较长，稳定性好

硅碳棒（globar）由碳化硅烧结而成。工作温度一般为 1300 ~ 1500K。碳化硅有升华现象，使用温度过高将缩短碳化硅的寿命，同时会污染附近的染色镜。硅碳棒发光面积大，价格便宜，操作方便，使用波长范围较能斯特灯宽。

（二）吸收池

红外光谱仪能测定固、液、气态样品。气体样品一般注入抽成真空的气体吸收池进行测定；液体样品可滴在可拆池两窗之间形成薄的液膜进行测定；溶液样品一般注入液体吸收池中进行测定；固体样品最常用压片法进行测定。因玻璃、石英等材料不能透过红外光，红外吸收池要用可透过红外光的 NaCl、KBr、CsI 等材料制成窗片。固体试样常与纯 KBr 混匀压片后直接测定。由于 KBr 在 4000 ~ 400cm^{-1} 光区无吸收，因此可得到全波段的红外光谱图。

（三）单色器

单色器的作用是把进入狭缝的复合光色散为单色光，再射到检测器上检测。由色散元件、准直镜和狭缝构成。色散元件主要有棱镜和光栅。

（四）检测器

紫外－可见分光光度计中所用的光电管或光电倍增管不适用于红外区，因为红外光谱区

的光子能量较弱，不足以引致光电子发射。检测器的作用是将经色散的红外光谱的各条谱线强度转变成电信号。常用的红外检测器有高真空热电偶、热释电检测器和碲镉汞检测器。

1. 真空热电偶检测器 是色散性红外光谱仪中最常用的一种检测器。它利用不同导体构成回路时的温差电现象，将温差转变为电位差。当回路中有电流通过时，电流的大小会随着照射的红光的强弱而变化。真空热电偶检测器以一小片涂黑的金箔作为红外辐射的接收面，在金箔的另一面焊有两种不同的金属、合金或半导体作为热接点，而在冷接点端（通常为室温）连有金属导线。为了接收各种波长的红外辐射，在此腔体上对着涂黑的金箔开一小窗，粘以红外透光材料，如 KBr，CsI，KBS-5 等。当红外辐射通过此窗口射到涂黑的金箔上时，热接点温度升高，产生温差电势，在闭路的情况下，回路即有电流产生。

2. 热释电检测器 主要用于中红外傅里叶变换光谱仪中，这种检测器利用某些热电材料的晶体，如硫酸三甘氨酸酯（TGS）等，将其晶体放在两块金属板中，当红外光照射到晶体上时，引起温度升高，极化度改变，晶体表面电荷分布发生变化，通过外部连接的电路测量电流的变化实现检测。

3. 碲镉汞检测器 由半导体碲化镉和半金属化合物碲化汞混合制成，当半导体材料吸收辐射后，使某些价电子成为自由电子，从而降低了半导体的电阻。汞/镉碲化物作为敏感元件的光电导检测器提供了优于热电检测器的响应特征，它灵敏度高，响应速度快，广泛应用于多通道傅里叶变化的红外光谱仪中，特别是在与 GC-FTIR 的仪器联用中。

（五）记录系统

现代红外光谱仪都配有计算机和相应的工作站软件对试样的色谱图进行记录和分析。色散型红外吸收光谱仪是扫描式的仪器，扫描需要一定的时间，完成一幅红外光谱的扫描需 10 分钟。所以色散型红外光谱仪不能测定瞬间光谱的变化，也不能实现与色谱仪的联用。此外，色散型红外光谱仪分辨率较低，要获得 $0.1 \sim 0.2 \text{cm}^{-1}$ 的分辨率已相当困难。

二、傅里叶变换红外光谱仪

20 世纪 70 年代出现的傅里叶变换红外光谱仪（Fourier transform infrared spectrometer，FTIR）是一种非色散型红外吸收光谱仪，它不使用色散元件，而由光学探测和计算机两部分组成，光学探测系统主体为迈克尔逊干涉仪，可将光源系统送来的信号变为电信号，以干涉图形式送往计算机，经计算机进行快速傅里叶变换数学处理计算后，可将干涉图转换成红外光谱图。傅里叶变换红外光谱仪由光源、迈克尔逊干涉仪、样品室、检测器、计算机系统和记录显示装置组成。图 11-6 是傅里叶变换红外光谱仪的光路示意图。

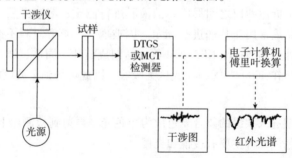

图 11-6　傅里叶变换红外光谱仪工作原理示意图

（一）傅里叶变换红外光谱仪的工作原理

由红外光源发出的红外光经准直为平行光束进入干涉仪，干涉仪由定镜、动镜和光束分离器组成，定镜固定不动，动镜和沿入射光方向做平行移动，光束分离器可让入射的红外光一半透光，另一半被反射，当光源的红外光进入干涉仪后，通过光束分离器的光束Ⅰ入射到动镜表面，另一半被光束分离器反射到定镜构成光束Ⅱ，光束Ⅰ、Ⅱ又会被动镜和定镜发射回到光束分离器，并通过样品室再被反射到检测器，当两束光到达检测器时，其光程差随动镜的往复运动周期性的变化，从而产生干涉现象。当两束光的光程差为 $\lambda/2$ 的偶数倍时，相干光相互叠加，产生明线，其相干光强度有极大值；当两束光的光程差为 $\lambda/2$ 的奇数倍时，相干光相互抵消，产生暗线，相干光强度有极小值。迈克尔逊（Michelson）干涉工作原理如图11 - 7。

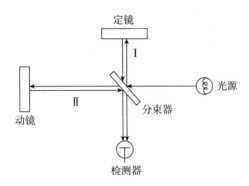

图 11 - 7　迈克尔逊（Michelson）干涉仪结构图

（二）傅里叶变换光谱仪的优点

1. 扫描速度极快　傅里叶变换红外光谱仪由于采用干涉仪分光，其扫描速度比色散型仪器快数百倍，一般只要 1s 左右即可。而且在任何测量时间内都能获得辐射源的所有频率的全部信息，即所谓的"多路传输"。对于稳定的样品，在一次测量中一般采用多次扫描、累加求平均法得干涉图，这就改善了信噪比。在相同的总测量时间和相同的分辨率条件下，傅里叶变换红外光谱法的信噪比比色散型的要提高数十倍以上。

2. 具有很高的分辨率　分辨率是红外光谱仪的主要性能指标之一，指光谱仪对两个靠得很近的谱线的辨别能力。通常傅里叶变换红外光谱仪分辨率达 $0.1 \sim 0.005 \text{cm}^{-1}$，而一般棱镜型的仪器分辨率在 1000cm^{-1} 处有 3cm^{-1}，光栅型红外光谱仪分辨率也只有 0.2cm^{-1}。因此可以研究因振动和转动吸带重叠而导致的气体混合物的复杂光谱。

3. 灵敏度高　傅里叶变换红外仪没有狭缝的限制，辐射通量只与干涉仪的平面镜大小有关，在同样的分辨率下，其辐射通量比色散型仪器大得多，从而使检测器接受的信噪比增大，因此具有很高的灵敏度。傅里叶变换红外光谱仪特别适合测量弱信号光谱，可检测 10^{-9}g 数量级的样品。

4. 研究的光谱范围很宽　一般的色散型红外分光光度计测定的波长范围为 $4000 \sim 400 \text{cm}^{-1}$，而傅里叶变换红外光谱仪可以研究的范围包括了中红外和远红外光区，即 $1000 \sim 10 \text{cm}^{-1}$。这对测定无机化合物和金属有机化合物是十分有利的。

除此之外，还有重复性可达 0.1%、杂散光干扰小以及样品不受因红外聚焦而产生的热效应的影响的优点。

第五节　样品的处理和制备

红外光谱分析在科研、生产中是一种重要的分析手段。样品制备是红外光谱分析的重要环节。为了得到一张高质量的红外光谱图，除了仪器性能外，很大程度上取决于选择合适的样品制备方法以及熟练的操作技术。

一、红外光谱法对试样的要求

红外光谱的试样可以是液体、固体或气体，一般应要求：

（一）样品浓度和测试厚度要选择适当。过低浓度和过薄的样品会使某些峰消失，得不到完整谱图，相反，会使某些强吸收峰超过表尺刻度，出现齐头峰，而无法确定它的真实峰位。一张好的红外谱图应使吸收峰的透过率大都处于 20% ~ 60%（10% ~ 80%）范围内。

（二）试样应该是单一组分的纯物质，纯度应 >98% 或符合分析规格，才便于与纯物质的标准光谱进行对照。多组分试样应在测定前尽量预先进行分离提纯，否则各组分光谱相互叠，致使谱图无法解析。

（三）试样中不应含有游离水。水本身有红外吸收，而且会侵蚀吸收池的盐窗。

二、制样的方法

（一）气体试样

气体样品一般用气体吸收池进行测试。先将气体池抽真空，利用负压将气体试样吸入池内。吸收峰的强度可以通过调整气体池内样品压力来改变。气体分子的密度比液体、固体小得多，因此气体样品要求有较大的样品光程长度。常规气体吸收池厚度为 10cm。气体样品应干燥且测定完要清洗气体池。

（二）液体试样

1. 液体池的种类　液体池的透光面通常是用 NaCl 或 KBr 等晶体做成。常用的液体池有三种，即厚度一定的密封固定池，其垫片可自由改变厚度的可拆池以及用微调螺丝连续改变厚度的密封可变池。通常根据不同的情况，选用不同的试样池。

2. 液体试样的制备

（1）液膜法　在可拆池两窗之间，滴上 1~2 滴液体试样，使之形成 001~0.05mm 左右极薄的液膜。液膜厚度可借助于池架上的固紧螺丝作微小调节。该法操作简便，适用对高沸点及不易清洗的试样进行定性分析。

（2）溶液法　将液体（或固体）试样溶在适当的红外溶剂中，如 CS_2、CCl_4、$CHCl_3$ 等，然后注入固定池中进行测定。该法特别适于定量分析。此外，它还能用于红外吸收很强、用液膜法不能得到满意谱图的液体试样的定性分析。在采用溶液法时，必须特别注意红外溶剂的选择。要求溶剂在常温下对试样有足够溶解度，对试样应为化学惰性。否则试样的吸收带位置和强度均会受到影响。同时在试样的主要吸收带区域内该溶剂无吸收，或仅有弱吸收，或吸收能被补偿。

（三）固体试样

固体试样的制备，除前面介绍的溶液法外，还有压片法、粉末法、糊状法、薄膜法、发射法等，其中尤以糊状法、压片法和薄膜法最为常用。

1. 压片法　压片法是固体样品红外光谱分析最常用的制样方法，凡易于粉碎的固体试样都可以采用此法。样品的用量随模具容量大小而异，样品与 KBr 的混合比例一般为 0.5 ~ 2 : 100。压片时先将固体试样置于玛瑙研钵中研细，然后加 KBr 粉末，研磨到粒度小于 $2\mu m$ 后移入压片模具，抽真空，加压几分钟。混合物在压力下形成一透明小圆片，便可进行测试。由于 KBr 在 $400 ~ 4000 cm^{-1}$ 光区不产生吸收，因此可以绘制全波段光谱图。压片时应注意 KBr 吸湿性较强，容易在样品的红外吸收光谱图中出现游离水的红外吸收峰，为消除游离水的干扰，可在相同条件下制备一个 KBr 空白片作为补偿片。而有些样品在压片过程中会发生物理变化或化学变化，使谱图面貌出现差异。如固态有机酸、固态酚、胺、亚胺、胺盐、酰胺等物质，用 KBr 压片来制备样品就不一定合适。

2. 粉末法　粉末法通常是把固体样品放在玛瑙研钵中研细至 $2\mu m$ 左右。然后把粉末悬浮在易挥发的液体中。把悬浮液移至盐窗上并赶走溶剂即形成一均匀的薄层，再进行扫描。粉末法常出现的问题是粒子散射，即红外光照射到样品颗粒上，入射光发生散射。这种杂乱无章的散射降低了样品光束到达检测器上的能量，使谱图基线升高。为了降低散射现象，通常将样品研磨到 $2\mu m$ 大小，使其粒子直径小于入射光的波长。

3. 糊状法　对于无适当溶剂又不能成膜的固体样品可采用此法。将 2 ~ 5 mg 试样研磨成粉末（颗粒 < $20\mu m$），加一滴悬浮剂，继续研成糊状，类似牙膏，然后将其均匀涂于 KBr 盐片上。常用液体悬浮剂有液体石蜡、氟油。由于悬浮剂在 $4000 ~ 400 cm^{-1}$ 光谱范围内有吸收，所以采用此法应注意到分散介质的干扰。其次，此法虽然简单迅速，能适用于大多数固体试样，但是由于分散介质的干扰，尤其是试样和分散介质折光系数相差很大或试样颗粒不够细时，会严重影响光谱质量，固此不适于用作定量分析。

4. 薄膜法　选择适当溶剂溶解试样，将试样溶液倒在玻璃片上或 KBr 窗片上，待溶剂挥发后生成一均匀薄膜即可测试。薄膜厚度一般控制在 0.001 ~ 0.01mm。薄膜法要求溶剂对试样溶解度好，挥发性适当。若溶剂难挥发则不易从试样膜中去除干净，若挥发性太大，则会使试样在成膜过程中变得不透明。主要用于高分子化合物的测定。也可将试样直接加热熔融后涂制或压制成膜。

此外，当样品量特别少或样品面积特别小时，采用光束聚光器，并配有微量液体池、微量固体池和微量气体池，采用全反射系统或用带有卤化碱透镜的反射系统进行测量。

第六节　红外吸收光谱法的应用

课堂互动

1. 说说生活中所接触到的红外应用。
2. 结合药学专业的各个学科，具体讨论说明红外吸收光谱法的应用有哪些。

随着傅里叶变换红外光谱技术的发展，远红外、近红外、偏振红外、高压红外、红外光声光谱、红外遥感技术、变温红外、拉曼光谱、色散光谱等技术也相继出现，这些技术的出现使红外成为物质结构和鉴定分析的有效方法。红外光谱的最大特点是具有特征性，谱图上的每个吸收峰代表了分子中某个基团的特定振动形式。据此进行化合物的定性分析和定量分析。目前，红外技术已广泛地应用于生物医药、农业生物学、法庭科学、石油勘探、原子能科学等方面的研究。

一、定性分析

（一）已知物的鉴定

将试样的谱图与标准的谱图或文献上的图谱进行比较，如果两张谱图中各吸收峰的位置和形状完全相同，峰的相对强度相同，可以认为样品是该种标准物质。如果两张谱图不一样，或峰位不一致，则说明两者不为同一化合物或样品有杂质。要注意的是使用文献上的谱图应当比较试样的物态、结晶状态、溶剂、测定条件以及所用仪器类型均应与标准谱图相同。

（二）未知物结构的测定

测定未知物的结构，是红外光谱法定性分析的一个重要用途。如果未知物不是新化合物，可以通过两种方式利用标准谱图进行查对：一种是查阅标准谱图的谱带索引，寻找与试样光谱吸收带相同的标准谱图；另一种是进行光谱解析，判断试样的可能结构，然后在由化学分类索引查找标准谱图对照核实。

在对光谱图解析之前，应了解样品的来源、制备方法、理化性质、元素组成并结合其他光谱分析数据如 UV、NMR、MS 等。由元素分析的结果可求出化合物的经验式，由相对分子质量可求出其化学式，并求出不饱和度。从不饱和度可推出化合物可能的范围。不饱和度是表示有机分子中碳原子的不饱和程度。计算不饱和度 Ω 的公式为

$$\Omega = 1 + n_4 \frac{n_3 - n_1}{2}$$

式中，n_4、n_3、n_1 分别为分子中所含的四价、三价和一价元素原子的数目。二价原子如 S、O 等不参加计算。当 $\Omega = 0$ 时，表示分子是饱和的，为链状烃及其不含双键的衍生物；当 $\Omega = 1$ 时，可能有一个双键或脂环；当 $\Omega = 2$ 时，可能有两个双键和脂环，也可能有一个三键；当 $\Omega = 4$ 时，可能有一个苯环等。

在解析过程中，最重要的是对谱图做出正确的解析。按照"先特征，后指纹；先最强，后次强"的解析顺序，首先在基团频率区根据吸收峰位置、强度和形状，确认分子中可能含有的基团或键，同时判断不可能含有的键。再从指纹区的谱带进行验证，找出相关基团的相关峰，进一步确定基团的存在，从而推定分子的结构。

实例分析

例1：由元素分析某化合物的分子式为 $C_{14}H_{14}$，测得红外光谱如图 11-8 所示，试推测其结构。

由分子式计算不饱和度 $\Omega = 14 - 14/2 + 1 = 8$

特征区：$3060cm^{-1}$，$3040cm^{-1}$，$3020cm^{-1}$ 为芳香族 C—H 伸缩振动吸收，$2938cm^{-1}$、$2918cm^{-1}$ 和 $2860cm^{-1}$ 为脂肪族 C—H 伸缩振动吸收；图中无 $1660cm^{-1}$ 吸收，无脂肪族的 v（C=C）伸缩振动，$1600cm^{-1}$、$1584cm^{-1}$ 和 $149cm^{-1}$ 为苯环骨架伸缩振动，$2000cm^{-1}$ ~

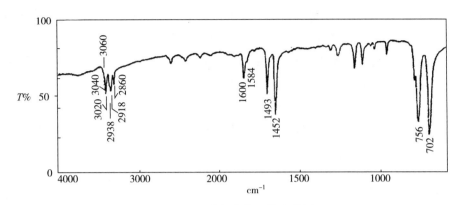

图 11-8 未知物的红外光谱图

1660cm^{-1}区间的峰为单取代苯特征（倍频和合频）；二个单取代苯可满足 $\Omega=8$；图中无 1380cm^{-1}，无—CH$_3$，同时 C$_{14}$H$_{14}$中二个单取代苯用去 12 个 C 和 10 个 H，且无甲基，剩 2 个 C 和 4 个 H，只能为：—CH$_2$—CH$_2$—；1452cm^{-1}为苯环骨架伸缩和 CH$_2$弯曲振动；756cm^{-1}和 702cm^{-1}为单取代苯特征。推断出可能的结构式：

$$\text{苯}-CH_2-CH_2-\text{苯}$$

例 2： 由元素分析某化合物的分子式为 C$_4$H$_6$O$_2$，测得红外光谱如图 11-9 所示，试推测其结构。

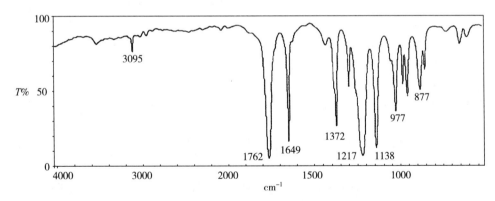

图 11-9 未知物的红外光谱图

由分子式计算不饱和度 $\Omega=4-6/2+1=2$

特征区：3070cm^{-1}有弱的不饱和 C—H 伸缩振动吸收，与 1650cm^{-1}的 $v_{C=C}$ 谱带对应，有烯键存在；1765cm^{-1}强吸收谱带表明有羰基存在，结合最强吸收谱带 123cm^{-1}和 1140cm^{-1}的 C—O—C 吸收应为酯基。化合物属不饱和酯，根据分子式推断可能是 CH$_2$=CH—COO—CH$_3$ 或丙烯酸甲酯或 CH$_3$—COO—CH =CH$_2$ 醋酸乙烯酯。$v_{C=O}$ 频率较高以及甲基对称变形振动吸收向低频位移（$1365cm^{-1}$），且强度增加，表明有 $CH_3COC—$ 结构单元；$v_{s\,C—O—C}$ 升高至 $1140cm^{-1}$ 处，且强度增加，表明不饱和酯；$\delta_{=CH}$ 出现在 955 和 $880cm^{-1}$，由于烯键受到极化，比正常的乙烯基 $\delta_{=CH}$ 位置（990 和 $910cm^{-1}$）稍低。

普通酯的 $v_{C=O}$ 在 $1745cm^{-1}$ 附近，结构（1）由于共轭效应 $v_{C=O}$ 频率较低，估计在 $1700cm^{-1}$ 左右，且甲基的对称变形振动频率在 $1440cm^{-1}$ 处，与谱图不符。谱图的特点与结构（2）一致，$v_{C=O}$ 频率较高以及甲基对称变形振动吸收向低频位移（$1365cm^{-1}$），强度增加，表明有 $CH_3COC—$ 结构单元。$v_{s\,C—O—C}$ 升高至 $1140cm^{-1}$ 处。且强度增加，表明不饱和酯。推断出该化合物的结构式为 $CH_3—COO—CH=CH_2$，可与标准图谱对照。

（三）跟踪化学反应

利用红外光谱可以跟踪一些化学反应，探索反应机理。酰基自由基是许多有机物在光、热分解时的中间体，对该自由基的快速分析有助于理解反应的机理。红外光谱法就是一种简单方便和快速分析自由基中间体的方法。如在安息香类化合物和 $O-$ 酰基 $-\alpha-$ 酮肟的光分解反应中，加入适量的 CCl_4，当产生酰基自由基时，则在 IR 光谱上可观察到酰氯的信号，证明了酰基自由基是该光反应的中间体。

二、定量分析

红外光谱定量分析是通过对物质特征吸收谱带强度的测量来求出组分含量。其理论依据是朗伯－比耳定律。红外光谱做定量分析的优点是有许多谱带可以选择，有利于排除干扰，能方便地对单一组分和多组分进行定量分析。对于物理和化学性质相似的试样用色谱法难以进行定量分析时往往可采用红外光谱法定量。此外，红外光谱法不受测定样品状态的限制，能定量测定气体、液体和固体样品。因此，红外光谱定量分析应用广泛。但红外光谱法定量灵敏度较低，尚不适用于微量组分的测定。

谱带强度的测量方法主要有峰高测量和峰面积测量两种。定量分析方法很多，根据被测物质的情况和定量分析的要求可采用直接计算法、工作曲线法、吸光度比法和内标法等。

第七节　激光拉曼光谱法基本原理

拉曼（Raman）光谱是分子振动光谱的一种，属于散射光谱。拉曼光谱由于近几年来以下几项技术的集中发展而有了更广泛的应用。这些技术是：CCD 检测系统在近红外区域的高灵敏性，体积小而功率大的二极管激光器，与激发激光及信号过滤整合的光纤探头。这些产品连同高口径短焦距的分光光度计，提供了低荧光本底而高质量的拉曼光谱以及体积小、容易使用的拉曼光谱仪。

一、基本原理

（一）瑞利散射和拉曼散射的介绍

当激发光的光子和散射中心的分子相互作用时，绝大部分的光子只是改变了传播方向，即发生了散射，而光的频率仍然和激发的光源相同，那么这种散射叫作瑞利散射。但是同样也有很微量的光子改变光的传播方向，还改变了光波频率，这叫作拉曼散射。它的散射光的强度大约占有总数的 $10^{-6} \sim 10^{-10}$。非弹性散射的散射光有比激发光波长长的和短的成分，统称为拉曼效应。当用波长比试样粒径小得多的单色光照射气体、液体或透明试样时，大部分的光会按原来的方向透射，而一小部分则按不同的角度散射开来，产生散射光。在垂直方向观察时，除了与原入射光有相同频率的瑞利散射外，还有一系列对称分布着若干条很弱的与入射光频率发生位移的拉曼谱线，这种现象称为拉曼效应。由于拉曼谱线的数目，位移的大小，谱线的长度直接与试样分子振动或转动能级有关。因此，与红外吸收光谱类似，对拉曼光谱的研究，也可以得到有关分子振动或转动的信息。

二、拉曼散射光谱的基本特征

1. 拉曼散射谱线的波数虽然随入射光的波数而不同，但对同一样品，同一拉曼谱线的位移与入射光的波长无关，只和样品的振动转动能级有关。

2. 在以波数为变量的拉曼光谱图上，斯托克斯线和反斯托克斯线对称地分布在瑞利散射线两侧，这是由于在上述两种情况下分别相应于得到或失去了一个振动量子的能量。

3. 一般情况下，斯托克斯线比反斯托克斯线的强度大。这是由于 Boltzmann 分布，处于振动基态上的粒子数远大于处于振动激发态上的粒子数。

三、拉曼光谱技术的优越性

提供快速、简单、可重复，且更重要的是无损伤的定性定量分析，它无需样品准备，样品可直接通过光纤探头或者通过玻璃、石英、和光纤测量。

1. 由于水的拉曼散射很微弱，拉曼光谱是研究水溶液中的生物样品和化学化合物的理想工具。

2. 拉曼一次可以同时覆盖 50～4000 波数的区间，可对有机物及无机物进行分析。相反，若让红外光谱覆盖相同的区间则必须改变光栅、光束分离器、滤波器和检测器。

3. 拉曼光谱谱峰清晰尖锐，更适合定量研究、数据库搜索，以及运用差异分析进行定性研究。在化学结构分析中，独立的拉曼区间的强度可以和功能集团的数量相关。

4. 因为激光束的直径在它的聚焦部位通常只有 0.2～2mm，常规拉曼光谱只需要少量的样品就可以得到。这是拉曼光谱相对常规红外光谱一个很大的优势。而且，拉曼显微镜物镜可将激光束进一步聚焦至 20μm 甚至更小，可分析更小面积的样品。

5. 共振拉曼效应可以用来有选择性地增强大生物分子特征发色基团的振动，这些发色基团的拉曼光强能被选择性地增强 1000～10000 倍。

第八节　激光拉曼光谱仪

激光拉曼光谱仪由光源、滤光片、狭缝、光栅、检测系统、显微镜、计算机控制与数据分析系统等部分组成。结构示意图如图 11 - 10 所示。

1. 光源　它的功能是提供单色性好、功率大并且最好能不同波长工作的入射光。在拉曼光谱实验中入射光的强度稳定，这就要求激光器的输出功率稳定。激光拉曼光谱对光源最主要的要求是具有单色性。常用于线性拉曼光谱的光源有 He - Ne 激光器，Ar 离子激光器和 Kr

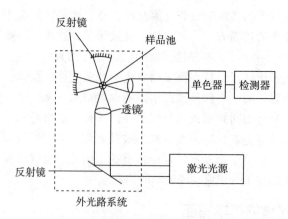

图 11-10　激光拉曼光谱仪示意图

离子激光器等。

2. 外光路系统　与普通光源照明的拉曼技术不同，激光拉曼光谱技术在激光器之后，单色器之前有一整套光学系统叫作外光路系统，包括聚光、显微镜、滤光和偏振等部件，如图 11-11 所示。它的作用是为了要得到最佳的照明、最大限度收集拉曼散射光，便于作退偏度测量，适合各种不同状态的样品测试。激光器经由 R 反射后，再由前置单色器将激光分光，以消除激光中可能混有的其他波长的杂散光以及气体放电的谱线，经纯化后的激光经由透镜 C_1 准确地聚焦在样品上。反射镜将透过样品的光反射回来，以增加激光对样品的激发效率。而反射镜 M 的作用则是把与单色器反向的拉曼散射光收集起来，并聚集在样品上，然后由透镜 C_2 聚集入单色仪狭缝上，以增加拉曼散射光的强度。扰偏器 P_2 是为了破坏进入单色器的拉曼散射光的偏振性，以减少由于单色器的光栅偏振效应引起的测量误差。在扰偏器前加入一个检偏器，可以用来测量退偏度。在外光路中应尽量减少光学面，以减少光能地损失。

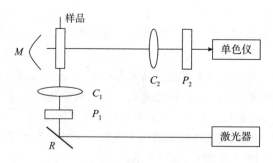

图 11-11　激光拉曼光谱仪外光路图

3. 色散系统　色散系统使拉曼散射按波长在空间分开，通常使用色散仪。由于拉曼散射强度很弱，因而要求拉曼光谱仪有很好的杂散光水平。目前常用的是双光栅单色器，甚至有三联单色器。双光栅的色散可以相加或相减，色散相加可以得到较高的分辨率。双联单色器的杂散光可以达到 10^{-11}。单色器中各种镜面会产生一定的杂散光，可以用全息光栅减少这种杂散光。三联单色器的杂散光可低至 10^{-13}。但三联单色器的透过率很低。

4. 接收系统　拉曼散射信号的接收类型分单通道和多通道接收两种。光电倍增管接收就是单通道接收。用不同波长激发，拉曼散射谱线落在不同的光谱区，因此，应该注意选取合适的光电倍增管，以保证在整个拉曼光谱范围内谱带强度的真实性。

5. 信息处理与显示 为了提取拉曼散射信息，常用的电子学处理方法是直接电流放大、选频和光子计数，然后用记录仪或计算机接口软件做出图谱。

第九节 激光拉曼光谱法的应用

一、几种重要的拉曼光谱分析技术

1. 单道检测的拉曼光谱分析技术
2. 以 CCD 为代表的多通道探测器用于拉曼光谱的检测仪的分析技术
3. 采用傅里叶变换技术的 FT – Raman 光谱分析技术
4. 共振拉曼光谱分析技术
5. 表面增强拉曼效应分析技术

二、无机化合物分析

化学结构的测定——无机化合物对称性强，用红外光谱法很难解决，而拉曼光谱测无机原子团的结构，以及测络合物的结构是很方便的。无机化合物组成分析有三方面：①测定强酸的离解度；②测定溶液中络合物的稳定常数；③测定杂质和混合物的组成。

三、有机化合物分析

有机化合物结构分析——激光拉曼光谱由于振动叠加效应较小，出现谱带清晰，又易于进行退偏度测量，以确定振动的对称性及更正确的归属谱带。从骨架结构和基团测定的角度看来，拉曼活性和振动中极化度变化有关，红外活性和振动中偶极矩变化有关。因此高度对称的振动是拉曼活性的，高度不对称的振动是红外活性的。一般有机化合物分子介于两者之间，在两个都有反映，在红外光谱上是一些强极性基团的不对称振动有强吸收带，在拉曼光谱上则是一些非极性基团和骨架结构的对振动有强吸收带。两者相互配合，更有助于确定基团和骨架的结构。

四、有机化合物定量分析

因为拉曼谱线强度与浓度呈简单线性关系，故可用于有机组分的定量分析，定量分析的灵敏度和准确度都优于红外光谱。灵敏度约为 $0.1 \sim 1\mu g$、其分辨率 $\Delta R = 5m$。

五、表面吸附研究

吸附状态对催化剂及催化反应的研究具有重要意义，用拉曼光谱研究吸附分子，可以消除基体对测定的干扰，容易得到完整的被吸附物的光谱。

六、高聚物拉曼光谱的应用

由于拉曼光谱叠加效应小，所得光谱清晰。聚合物分子是长链大分子，它是骨架结构，用拉曼光谱研究更方便，特别是水溶性聚合物只能用拉曼光谱法研究。也常用于高聚物单体结构的测定和高聚物组分分析和立体性的推断。

知识链接

红外光谱仪的发展史

红外光谱仪的研制可追溯到 20 世纪初期。1908 年 Coblentz 制备和应用了用氯化钠晶体为棱镜的红外光谱议，被称为第一代红外光谱仪，由于棱镜容易吸潮损坏、分辨率低及测量误差大等缺点而被淘汰。

20 世纪 60 年代，光栅扫描分光系统开始应用，被称为第二代红外光谱仪。光栅型红外光谱仪相比棱镜型光谱仪能量高、分辨率高，且对外围环境要求低。但光栅型红外光谱仪扫描速度慢、波长重现性差，内部移动部件多。此类仪器最大的弱点是光栅或反光镜的机械轴长时间连续使用容易磨损，影响波长的精度和重现性，不适合作为过程分析仪器使用。

20 世纪 70 年代以后诞生了以傅里叶变换为基础的红外光谱仪，被称为第三代红外光谱仪。该仪器不用棱镜或者光栅分光，而是用干涉仪得到干涉图，采用傅里叶变换将以时间为变量的干涉图变换为以频率为变量的光谱图。傅里叶红外光谱仪的产生是一次革命性的飞跃。与传统的仪器相比，傅里叶红外光谱仪具有快速、高信噪比和高分辨率等特点。更重要的是傅里叶变换催生了许多新技术，例如步进扫描、时间分辨和红外成像等。这些新技术大大的拓宽了红外的应用领域，使得红外技术的发展产生了质的飞跃。如果采用分光的办法，这些技术是不可能实现的。这些技术的产生，大大拓宽了红外技术的应用领域。

知识拓展

近红外光谱法

近红外光谱（near infrared spectroscopy；NIR）是通过测定被测物质在近红外谱区的特征光谱并利用适宜的化学计量学方法提取相关信息后，对被测物质进行定性、定量分析的一种分析技术。NIR 技术分析速度快，一般可在 1～2min 内完成对样品的分析，通过建立的定标模型可迅速测定出样品的化学成分或性质；NIR 技术分析效率高，通过一次光谱的测量和已建立的多个定标模型，可同时对样品的多种成分和性质进行测定；NIR 技术在测量过程中不损伤样品，从外观到内部都不会对样品产生影响；NIR 技术在样品分析过程中不消耗样品本身，不使用任何化学试剂，分析成本大副度降低，且对环境不造成任何污染，属于"绿色分析"技术。鉴于以上优点，NIR 技术在活体分析和医药临床领域正得到越来越多的应用。除此之外，NIR 技术在食品、农牧、石油炼制以及生物化工领域也有广泛的应用。

本 章 小 结

1. 基本概念：红外吸收光谱；红外吸收光谱法；伸缩振动；弯曲振动；红外活性振动；

诱导效应；共轭效应；氢键效应；基团频率；指纹区；分子振动自由度；瑞利散射；拉曼散射。

2. 基本理论

（1）红外吸收光谱的基本原理：除对称分子外，几乎所有具有不同结构的化合物都有相应的特征红外吸收光谱。它反映了分子中各基团的振动特征，可以用以确定化学基团和鉴定未知物结构。同时，物质对红外辐射的吸收符合朗伯－比尔定律，故可用于定量分析。

（2）红外吸收光谱产生的条件：①照射的红外光必须满足物质振动能级跃迁时所需的能量，即光的能量 $E = h\upsilon$ 必须等于两振动能级间的能量差 ΔE ［$\Delta E = E($振动激发态$) - E($振动基态$)$］。②红外光与物质之间有偶合作用及分子的振动必须是能引起偶极矩变化的红外活性振动。

3. 计算公式

（1）分子的振动方程

$$\sigma = 1302\sqrt{\frac{K}{u'}}$$

（2）分子中的基本振动形式（理论数）：对于非线性分子有（3N－6）个基本振动（即简正振动）形式；线性分子有（3N－5）个基本振动形式（N为分子中原子数目），实际大多数化合物在红外光谱图上出现的吸收峰数目比理论数要少。

重点：①红外分光光度法的基本原理（振动能级与振动光谱、基频峰与泛频峰、特征峰与相关峰、吸收峰的位置、吸收峰的强度）。②红外分光光度计的基本原理与实验方法。

难点：依据红外谱图确定有机化合物结构，推断未知物的结构方法。

练 习 题

一、单选题

1. 下面五种气体，不吸收红外光的是（　　　）

　A. H_2O　　　　　　　B. CO_2　　　　　　　C. HCl　　　　　　　D. N_2

2. 以下五个化合物，羰基伸缩振动的红外吸收波数最大者是（　　　）

　A. R—C—R′　　B. R—C—H　　C. R—C—OR′　　D. Cl—C—Cl
　　　‖　　　　　　　‖　　　　　　　‖　　　　　　　‖
　　　O　　　　　　　O　　　　　　　O　　　　　　　O

3. 下五个化合物羰基伸缩振动的红外吸收波数最小的是（　　　）

　A. R—C—R′　　　　　　　　　　B. R—C—H
　　　‖　　　　　　　　　　　　　　‖

　　　O　　　　　　　　　　　　　　　O
　C. R—C—CH＝CH—R′　　　D. R—CH＝C—C—⬡
　　　‖　　　　　　　　　　　　　　　　　　‖
　　　O　　　　　　　　　　　　　　　　　　O

4. 下面四个化合物中的 C＝C 伸缩振动频率最小的是（　　　）

　A. ⬡　　　　　B. ⬠　　　　　C. ◻　　　　　D. △

5. 化合物在红外光谱的 3040～3010cm^{-1} 及 1680～1620cm^{-1} 区域有吸收，则下面五个化合物最可能的是（　　　）

A. CH₂ B. CH₃ C. OH D. O

6. 化合物中只有一个羰基，却在1773cm⁻¹和1736cm⁻¹处出现两个吸收峰，这是因为（　）
A. 诱导效应　B. 共轭效应　C. 费米共振　D. 空间位阻

7. Cl_2分子在红外光谱图上基频吸收峰的数目（　）
A. 0　B. 1　C. 2　D. 3

8. 某化合物在紫外光区204nm处有一弱吸收，在红外光谱中有如下吸收峰：3300~2500cm⁻¹（宽峰），1710cm⁻¹，则该化合物可能是（　）
A. 醛　B. 酮　C. 羧酸　D. 烯烃

二、多选题

1. 红外光谱是（　）
A. 分子光谱　B. 原子光谱　C. 吸光光谱　D. 电子光谱
E. 振动光谱

2. 当用红外光激发分子振动能级跃迁时，化学键越强，则（　）
A. 吸收光子的能量越大　B. 吸收光子的波长越长
C. 吸收光子的频率越大　D. 吸收光子的数目越多
E. 吸收光子的波数越大

3. 在下面各种振动模式中，不产生红外吸收的是（　）
A. 乙炔分子中 —C≡C— 对称伸缩振动
B. 乙醚分子中 O—C—O 不对称伸缩振动
C. CO_2分子中 C—O—C 对称伸缩振动
D. H_2O分子中 H—O—H 对称伸缩振动
E. HCl分子中 H—Cl 键伸缩振动

4. 预测以下各个键的振动频率所落的区域，正确的是（　）
A. O—H 伸缩振动波数在 4000~2500cm⁻¹
B. C—O 伸缩振动波数在 2500~1500cm⁻¹
C. N—H 弯曲振动波数在 4000~2500cm⁻¹
D. C—N 伸缩振动波数在 1500~1000cm⁻¹
E. C≡N 伸缩振动在 1500~1000cm⁻¹

5. 物中，当 C＝O 的一端接上电负性基团则（　）
A. 羰基的双键性增强　B. 羰基的双键性减小
C. 羰基的共价键成分增加　D. 羰基的极性键成分减小
E. 使羰基的振动频率增大

6. 共轭效应使双键性质按下面哪一种形式改变（　）
A. 使双键电子密度下降　B. 双键略有伸长

C. 使双键的力常数变小   D. 使振动频率减小

E. 使吸收光电子的波数增加

三、简答题

1. 分子的每一个振动自由度是否都能产生一个红外吸收？为什么？

2. 如何用红外光谱区别下列各对化合物？

     a. P—CH$_3$—Ph—COOH 和 Ph—COOCH$_3$ b. 苯酚和环己醇

3. 下图是分子式为 C$_8$H$_8$O 化合物的红外光谱图，bp = 202℃，试推测其结构。

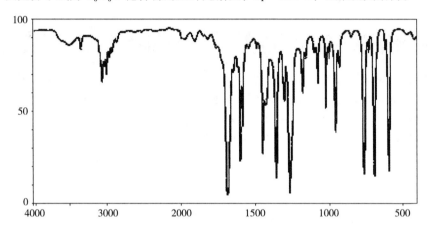

4. 红外吸收光谱与拉曼光谱有何异同点？

（何　丹）

第十二章 磁共振波谱法

学习导引

1. **掌握** 核磁共振波谱和电子顺磁共振波谱的基本原理；化学位移产生的原因及其影响因素；核磁共振^{1}H谱一级图谱解析；^{13}C谱的一般解析过程。
2. **熟悉** 二维核磁谱；EPR波谱的主要参数。
3. **了解** 自旋捕捉电子顺磁共振原理以及常见自旋捕捉剂。

第一节 概　述

磁共振是指磁矩不为零的原子或原子核在稳恒磁场作用下对电磁辐射能的共振吸收现象，包括核磁共振（nuclear magnetic resonance，NMR）、电子顺磁共振（electron paramagnetic resonance，EPR）、光磁共振、铁磁共振。本章将介绍核磁共振和电子顺磁共振波谱法。

与紫外－可见吸收光谱法和红外吸收光谱法类似，核磁共振波谱和电子顺磁共振波谱也属于吸收光谱法，都是涉及能量的吸收和两能级间的跃迁。只是核磁共振波谱的研究对象是处于外磁场中的具有磁矩的原子核对射频辐射（900～10MHz）的吸收，而电子顺磁共振波谱的研究对象是外磁场中未成对电子对射频辐射（300～1GHz）的吸收。

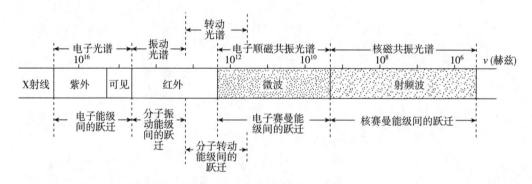

图12－1　分子内各能级跃迁所对应的电磁波范围以及波谱学的分类

核磁共振波谱是指具有磁性质的原子核在外磁场中受到相应频率（兆赫数量级的射频）的电磁波作用时在其磁能级之间发生的共振跃迁现象。根据核磁共振波谱图上共振峰的位置、强度和精细结构可以给出分子结构信息，是目前研究有机和无机分子以及生物大分子分子结构和分子运动最强有力的技术手段之一。核磁共振现象最早是美国斯坦福大学的 F. Bloch 等和哈佛大学的 E. M. Purcell 等在 1946 年分别独立发现的，他们二人也由此荣获了 1952 年诺贝尔物理学奖。半个世纪来，核磁共振不仅形成了一门有完整理论的新兴学科——核磁共振波谱学，而且随着超导磁体和脉冲傅里叶变换法的普及，除了 ^{1}H – NMR 外又相继出现了 ^{13}C、^{15}N、^{19}F 和 ^{31}P 等核磁共振，NMR 新方法、新技术（如二维核磁共振技术、差谱技术、极化转移技术以及固体核磁共振技术）的不断涌现、发展和完善，使 NMR 在物理化学、化学、医药和生物学等领域的应用范围日趋扩大，样品用量逐渐减少，灵敏度大大提高。

目前应用最为广泛的是质子核磁共振谱（proton magnetic resonance spectrum，PMR 或称为氢核磁共振谱，简称氢谱（^{1}H—NMR））和碳 – 13 核磁共振谱（^{13}C—NMR spectrum，^{13}C—NMR，简称碳谱）。^{1}H—NMR 可以给出的信息主要包括：（1）质子类型（—CH$_3$、—CH$_2$—、= CH、≡ CH、Ar—、—OH、—CHO…）及质子的化学环境；（2）氢的分布；（3）核之间的关系。但是氢谱无法给出不含氢核的基团，如羰基、氰基等的 NMR 信息，也很难鉴别含碳较多的有机物（如甾体化合物）中化学环境相近的烷烃氢。^{13}C—NMR 弥补了氢谱的不足，可以给出丰富的碳骨架信息，特别对含碳较多的有机物具有很好的鉴定意义。但其峰面积与碳数没有比例关系，因此在有机物结构测定中，^{13}C—NMR 与 ^{1}H—NMR 可互为补充。^{19}F 和 ^{31}P—NMR 用来鉴定和研究含氟和含磷化合物。^{15}N—NMR 用于研究含氮有机物的结构信息，在生命科学研究中具有重要作用。NMR 除了能够给出有机物的化学结构、立体结构（构型、构象）外，还可以研究氢键、分子内旋转、测定反应速率常数等。NMR 也可以做定量分析，但误差较大，不能用于痕量分析。

第二节　核磁共振波谱法基本原理

NMR 的理论基础是量子光学和核磁感应理论。本节主要介绍有关 NMR 的基本知识。

一、原子核的自旋

1. 自旋分类　原子核具有自旋现象，因而具有一定的自旋角动量（用 P 表示）。此外，原子核是带电粒子，在自旋时将产生磁矩（用 μ 表示）。二者都是矢量，方向平行。核自旋的特征用自旋量子数（spin quantum number）I 来描述。按照 I 值的不同，将核自旋分成三种类型：

（1）核的质量数与电荷数（即原子序数）都是偶数时，其自旋量子数 $I = 0$，此类核没有自旋运动，也就没有核磁矩（$\mu = 0$），其核电荷呈球形分布。这类核在磁场中不产生核磁信号，如 $^{12}_6$C、$^{16}_8$O、$^{32}_{16}$S 等。

（2）核的质量数是奇数，电荷数不论是奇数还是偶数时，其自旋量子数 $I = 1/2$、$3/2$、$5/2\cdots$。例如，$^1_1$H、$^{13}_6$C、$^{19}_9$F、$^{31}_{15}$P 等核的 $I = 1/2$，$^{35}_{17}$Cl 的 $I = 3/2$，$^{17}_8$O 的 $I = 5/2$。

（3）核的质量数是偶数，电荷数是奇数时，其自旋量子数 I 均为整数。例如 $^2_1$D 和 $^{14}_7$N 的 $I = 1$，$^{36}_{17}$Cl 的 $I = 2$，$^{10}_5$B 的 $I = 3$，等等。

自旋量子数 I 是表征原子核性质的一个重要物理量，它决定原子核的电荷分布、NMR 特性以及原子核在外磁场中磁能级分裂的数目等。自旋量子数 I 是 1/2 的原子核，其核电荷分布呈球形对称分布，磁各向同性，在磁场中能级分裂简单，是目前核磁共振研究与测定的主要对象。I 大于 1/2 的原子核，核电荷分布呈椭球形，磁各向异性，核电荷的性质用电四极矩描述，因此这类核被称为电四极矩核。这些核本身的 NMR 信号目前尚未发现实际用途，但它们对邻近核的 NMR 信号产生较为复杂的影响，在分析图谱时应加以注意。

表 12 – 1　各种核的自旋量子数

质量数	原子序数	自旋量子数	自旋形状	NMR 信号	原子核
偶	偶	0	非自旋球体	无	$^{12}C, ^{16}O, ^{28}Si, ^{32}S$
奇	奇或偶	1/2	自旋球体	有	$^{1}H, ^{13}C, ^{15}N, ^{19}F, ^{29}Si, ^{31}P$
奇	奇或偶	3/2, 5/2, …	自旋椭球体	有	$^{14}B, ^{17}O, ^{35}Cl, ^{79}Br, ^{127}I$
偶	奇	1, 2, 3, …	自旋椭球体	有	$^{2}H, ^{10}B, ^{14}C$

2. 自旋角动量（P）　原子核在作自旋运动时，具有一定的自旋角动量（spin angular momentum，P）。由核自旋产生的角动量不是任意数值，而是由自旋量子数决定的。根据量子力学理论，自旋核的总自旋角动量 P 的值为：

$$P = \sqrt{I(I+1)}\frac{h}{2\pi} = \mathrm{h}\sqrt{I(I+1)} \tag{12 – 1}$$

式中，h 为普朗克常数；h 为角动量的单位，$\mathrm{h} = h/2\pi$。

3. 核磁矩（μ）　自旋量子数不为零的原子核，自旋产生核磁矩（微观磁矩），其方向遵循右手法则（图 12 – 2），数值用 μ 来表示。

$$\mu = \frac{h}{2\pi}\sqrt{I(I+1)} \cdot \gamma = \gamma \cdot P \tag{12 – 2}$$

式中，$\gamma = \mu/P$，为磁旋比（magnetogyric ratio），即核磁矩与自旋角动量之比，是原子核的一个重要的特性常数。

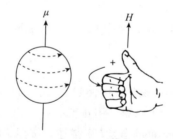

图 12 – 2　质子自旋（左）与右手法则（右）

二、核磁共振

1. 空间量子化　无外加磁场时，核的自旋取向是无规则的，若将原子核置于外加磁场中，则核可以形成规则的自旋取向。在外磁场中，自旋量子数为 I 的核可以有（$2I+1$）个自旋取向。每个自旋取向用磁量子数 m（magnetic quantum number）表示，则不同取向的核磁矩在外磁场方向 Z 轴上的分量取决于角动量在 Z 轴上的分量（P_z），$P_z = \frac{h}{2\pi}m$，带入式（12 – 2）得：

$$\mu_z = m \cdot \gamma \cdot \frac{h}{2\pi} \tag{12 – 3}$$

而 $m = I、I-1、I-2、\cdots、0、\cdots、-(I-1)、-I$。即 m 只能有（$2I+1$）个取值，因而核磁矩在外磁场空间的取向不是任意的，而是量子化的，这种现象称为空间量子化。例如，$I = 1/2$ 的 ^{1}H 共有 $2I+1 = 2 \times (1/2) + 1 = 2$ 个自旋取向，即 $m = 1/2$，μ_z 顺磁场和 $m = -1/2$，μ_z

逆磁场（如图12-3左所示）；又如 $I=1$ 的 ^1D 核则有 $2I+1=2×1+1=3$ 个自旋取向，即 $m=1$，0 和 -1（如图12-3右所示）。

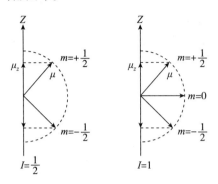

图12-3　自旋量子数 I 为 1/2（左）和 1（右）的核磁矩取向

2. 核自旋能级分裂　核磁矩的能量与 μ_z 和外磁场强度 H_0 有关：

$$E = -\mu_z H = -m \cdot \gamma \cdot \frac{h}{2\pi} \cdot H_0 \tag{12-4}$$

不同取向的核具有不同的能级，I 为 1/2 的核，$m=1/2$ 的 μ_z 顺磁场，能量低；$m=-1/2$ 的 μ_z 逆磁场，能量高。两者的能级差随 H_0 的增大而增大，这种现象称为能级分裂（图 12-4）。

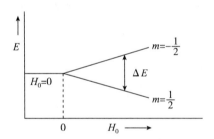

图12-4　自旋量子数 I 为 1/2 核的能级分裂

当 $m=-1/2$ 时，$E_2 = -m \cdot \gamma \cdot \frac{h}{2\pi} \cdot H = -\left(-\frac{1}{2}\right) \cdot \gamma \cdot \frac{h}{2\pi} \cdot H_0$

当 $m=1/2$ 时，$E_1 = -m \cdot \gamma \cdot \frac{h}{2\pi} \cdot H = -\left(\frac{1}{2}\right) \cdot \gamma \cdot \frac{h}{2\pi} \cdot H_0$

则，
$$\Delta E = E_2 - E_1 = \gamma \cdot \frac{h}{2\pi} \cdot H_0 \tag{12-5}$$

式（12-4）说明了 I 为 1/2 的核的两能级差与外磁场强度（H_0）以及磁旋比（γ）或核磁矩（μ）的关系。

3. 核的进动　在外磁场中的核，由于本身自旋而产生磁场与外磁场相互作用，结果使核除了做自旋运动外，还以外磁场方向为轴线做回旋运动。该运动方式与急速旋转的陀螺减速到一定程度，在旋转轴与重力场方向某一夹角时一边自旋，一边围绕重力场方向做摇头圆周运动类似。这种摇头旋转或回旋的运动方式称为进动（precession）。

原子核在外磁场作用下，自旋轴围绕回旋轴（磁场轴）进动。示意图如图12-5所示。

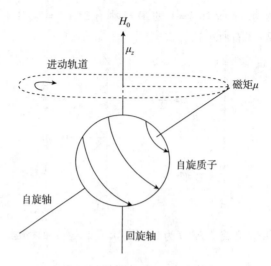

图 12 – 5 原子核的进动示意图

进动频率（v）与外磁场强度（H_0）的关系可用 Larmor 方程表示：

$$v = \frac{\gamma}{2\pi} \cdot H_0 \qquad\qquad (12 - 6)$$

式中，γ 为磁旋比。质子的 $\gamma = 2.67519 \times 10^8$ $T^{-1}S^{-1}$，^{13}C 核的 $\gamma = 2.72615 \times 10^7$ $T^{-1}S^{-1}$。从 Larmor 方程可以看出，当原子核一定时，进动频率 v 随 H_0 的增大而增加；当 H_0 一定时，磁旋比小的核，其进动频率也小。根据式（12 – 6）可以算出 ^1H 和 ^{13}C 核在不同磁场强度中的进动频率。

表 12 – 2 ^1H 和 ^{13}C 核在不同磁场强度中的进动频率（单位：MHz）

$H_0/$ T	^1H 核	^{13}C 核
1. 409 2	60. 000	15. 085
2. 348 7	100. 000	25. 143
5. 167 1	200. 000	55. 314
7. 046 1	300. 000	75. 429

4. 核磁共振吸收条件

（1）$v_0 = v$ 在发生核磁共振时，电磁辐射的频率（v_0）必须与原子核的进动频率（v）相等，推理如下：

在外磁场中，具有核磁矩的原子核存在着不同的能级。若使核发生自旋能级分裂，所吸收的能量 hv_0 必须等于能级的能量之差 ΔE。这与其他吸收光谱的能级跃迁条件一致，即 $hv_0 = \Delta E$。对于 $I = 1/2$ 的核，根据式（12 –5），得：

$$v_0 = \frac{\gamma}{2\pi} \cdot H_0 \qquad\qquad (12 - 7)$$

根据 Larmor 方程（12 –6），核进动频率 $v = \frac{\gamma}{2\pi} \cdot H_0$。由于式（12 – 6）和式（12 – 7）等号右边相等，所以推导出 $v_0 = v$。

例如，^1H 核在 H_0 为 1.4092T 的磁场中，进动频率 v 为 60 MHz，吸收 60 MHz 的无线电波即

可发生能级跃迁。跃迁的结果为核磁矩由顺磁场（$m = 1/2$）跃迁到逆磁场（$m = -1/2$），如图 12 - 6 所示。

由于在能级跃迁时频率相等，即 $v_0 = v$，由此称为共振吸收。

（2） $\Delta m = \pm 1$　由量子力学的选律可知，只有 $\Delta m = \pm 1$ 的跃迁才是被允许的，即跃迁只能发生在两个相邻的能级之间。$I = 1/2$ 的核只有两个能级，跃迁简单，即发生在 $m = 1/2$ 和 $m = -1/2$ 之间（图 12 - 6）。$I = 1$ 的核则有三个能级：$m = 1$、0、-1，那么其跃迁只能发生在 $m = 1$ 和 $m = 0$ 之间，或者发生在 $m = 0$ 和 $m = -1$ 之间，却不可能发生在 $m = 1$ 和 $m = -1$ 之间，这是由量子力学的选律决定的（见图 12 - 7）。

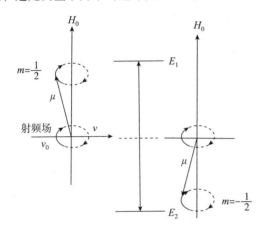

图 12 - 6　共振吸收与弛豫

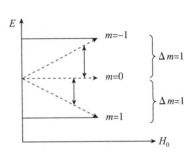

图 12 - 7　$I = 1$ 核的能级跃迁

三、自旋弛豫和饱和

吸收光谱均具有共性，即当电磁辐射的能量 hv_0 大于 ΔE 时，样品吸收电磁辐射从低能级跃迁到高能级。同样，在此频率的电磁辐射的作用下，跃迁到高能级的样品分子又能回到低能级，同时放出该频率的电磁辐射。这种通过无辐射释放能量途径，核从高能态回到低能态的过程叫作弛豫（relaxation）。

样品置于磁场 H_0 中，原子核的磁能级分裂有 $(2I + 1)$ 个。对于 ^1H 和 ^{13}C 等自旋量子数等于 $1/2$ 的原子核则分裂成两个能级。由于 H_0 与磁核的相互作用，核磁矩（μ）与 H_0 的方向趋于平行，促使磁核有限分布在低能级上。由于高能级和低能级之间的能量差小，磁核在热运动影响下，仍有机会从低能级跃迁到高能级，整个体系处在高、低能级的动态平衡中。平衡状态时各能级上的离子遵循玻耳兹曼（Boltzmann）分布，即：

$$\frac{N_+}{N_-} = e^{\Delta E / \kappa T} = e^{\gamma \cdot h \cdot H_0 / \kappa T} \tag{12 - 8}$$

式中，κ 为 Boltzmann 常数，N_+ 为低能级（基态）磁核数，N_- 为高能级（激发态）磁核数，ΔE 为高、低两个能级的能级差。

对于 $I = 1/2$ 的氢核，在 298K，$H_0 = 1.4092T$ 时 $N_+ / N_- = 1.0000099$，表明低能态的磁核数仅比高能态的磁核数多百万分之十，而核磁共振信号就是靠这些多出的约百万分之十的低能态氢核的净吸收产生的。随着 NMR 吸收过程的进行，如果高能态核不能通过有效途径释放能量回到低能态，那么低能态的磁核数就会越来越少，一定时间后，当 $N_+ = N_-$ 则不再有射频吸收，此时 NMR 信号将消失，这种现象叫作"饱和"。在核磁共振中，若无有效的弛豫过程，饱和现象很容易发生。

自旋弛豫有两种形式：自旋－晶格弛豫（spin－lattice relaxation）和自旋－自旋弛豫（spin－spin relaxation）。

1. 自旋－晶格弛豫 自旋－晶格弛豫，又称纵向弛豫（longitudinal relaxation），是指核（自旋体系）与环境（又称晶格）进行能量交换，高能级的核把热量以热运动的形式传递出去，由高能级返回低能级。自旋－晶格弛豫反映了自旋体系与环境之间的能量交换。这种弛豫在 ^{13}C－NMR 中具有特殊的重要性。纵向弛豫过程需要一定的时间，其半衰期用 T_1 表示，T_1 是高能级寿命和弛豫效率的量度，T_1 越小，弛豫效率越高。T_1 值的大小与核的种类、样品的状态以及实验温度有关。固体样品的 T_1 值很大，可达几小时，液体、气体样品的 T_1 值一般只有 $0.1\mu s$ 到 $10\mu s$ 左右。

2. 自旋－自旋弛豫 自旋－自旋弛豫，又称横向弛豫（transverse relaxation），是指处于高能级核自旋体系把能量传递给邻近低能级同类磁性核的过程。横向弛豫过程只是同类磁性核自旋状态能量交换，而不引起核磁总能量的改变。即在此过程前后，各种能级核的总数保持不变。横向弛豫的半衰期用 T_2 表示。固体样品中各核的相对位置比较固定，利于自旋－自旋之间的能量交换，所以 T_2 很小，一般为 $0.1ms$ 至 $0.01ms$ 左右，而液体和气体样品的 T_2 则长达 $1s$。

对于每一种核，其在某一较高能级平均的停留时间只取决于 T_1 和 T_2 中较小的一个。根据测不准原理，谱线宽度与弛豫时间成反比（由 T_1 和 T_2 中较小者决定）。因固体样品的 T_2 很小，所以其 NMR 谱线很宽。因此在化合物结构分析的 NMR 测试中，一般可以找到合适的溶剂，将固体样品配成溶液进行测定。另外，如果溶液中有顺磁性物质，例如铁、氧气、自由基等物质会使 T_1 缩短，谱线增宽，所以核磁样品中不能含有顺磁性物质。在脉冲傅里叶变换 NMR 中，测定样品磁核的 T_1 和 T_2 是解析物质化学结构的一个重要参数。

第三节　核磁共振波谱仪简介

核磁共振波谱仪按扫描方式不同可分为两大类：连续波核磁共振波谱仪和脉冲傅里叶核磁共振波谱仪。

一、连续波核磁共振波谱仪

连续波（continuous wave，CW），是指射频的频率或外磁场的强度是连续变化的，即扫描是连续的，一直到被观测的核依次被激发发生核磁共振。CW－NMR 波谱仪的一般由磁铁、探头、射频发生器、射频接收器、扫描发生器、信号放大器及记录仪组成（图 12－8）。连续波核磁共振波谱仪中磁场一般用永磁铁或电磁铁，在固定射频下进行磁场扫描（即扫场，swept field）或在固定磁场下进行频率扫描（即扫频，swept frequency），使不同的核依次满足共振条件，画出谱线。连续波核磁共振波谱仪采用的是单频发射和接收方式，在某一时刻内记录谱图中很窄的一部分信号，即单位时间内获得的信息很少，因此效率低。在这种情况下，对一些核磁共振信号很弱、化学位移范围宽的核，如 ^{13}C、^{15}N 核等一次扫样所需的时间长，需要多次累积才能实现。CW－NMR 波谱仪只适用于记录 $I = 1/2$、磁矩大、自然丰度高的核，如 ^{1}H、^{19}F 和 ^{31}P 的波谱。此外，连续波核磁共振波谱仪的灵敏度较低，无法完成 ^{13}C 核磁共振和二维核磁共振的工作，基本已经被脉冲傅里叶变换核磁共振波谱仪（PFT－NMR）替代了。

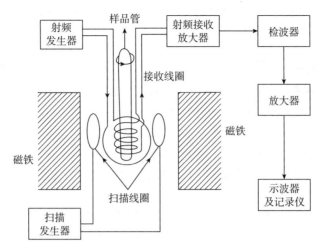

图 12-8　连续波核磁共振波谱仪示意图

二、脉冲傅里叶变换核磁共振波谱仪（PFT-NMR）

脉冲傅里叶变换核磁共振波谱仪是用一个强的射频，以脉冲方式（一个脉冲中同时包含了一定范围的各种频率的电磁波）将样品中所有的核激发。样品中每种核都对脉冲中单个频率产生吸收。为了恢复平衡，各个核通过各种方式弛豫，在接收器中可以得到一个随时间逐步衰减的信号，称自由感应衰减（FID）信号，经过傅里叶变换转换成一般的核磁共振图谱。为了提高信噪比，需要多次重复照射、接收，将信号进行累加。PFT-NMR 的简要结构示意图见图 12-9。

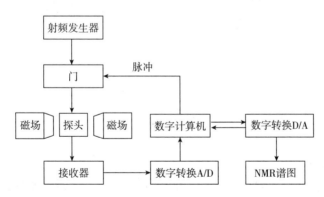

图 12-9　脉冲傅里叶变换核磁共振仪结构示意图

脉冲傅里叶变换共振实验脉冲时间短，每次脉冲的时间间隔一般仅为几秒。许多在连续波仪器上无法做到的测试可以在脉冲傅里叶变换共振仪上完成。例如，在 100MHz 共振仪中，质子共振信号化学位移范围为 10 时，相当于 1000Hz；若扫描速度为 2Hz/s，则连续波核磁共振仪需 500s 才能扫完全谱，而在具有 1000 个频率间隔 1Hz 的发射机和接收机同时工作的 PFT-NMR，只要 1s 即可扫完全谱。显然，脉冲傅里叶变换核磁共振波谱仪大大提高了分析速度和灵敏度。

PFT-NMR 波谱仪由于测定速度快，所以适于研究核的动态过程、瞬变过程、反应动力学等，也易于实现累加技术，因此从共振信号强的 ^1H 和 ^{19}F 核到共振信号弱的 ^{13}C 和 ^{15}N 核均能实现测定，是目前最常用的一种 NMR 波谱仪。

三、溶剂和样品的处理

NMR 一般要求样品纯度在 98% 以上，不含磁性物质或不溶解的杂质，且黏度要小。如果样品是非黏稠液体，可以不必处理，直接将样品置于样品管中即可，但如果样品黏稠，则需将样品配成 2%～10% 的稀溶液，再进行测试。如果样品是固体，直接测定往往得到许多相互叠合的宽谱带，对结构分析毫无意义，因此需将固体样品溶解后进行测定。倘若溶剂的加入会引起样品分子结构发生变化，则需采用特殊技术对固体样品直接进行测定。现代 NMR 技术也可对混合物进行分析。

研究 ^1H 核磁共振谱时，样品溶液应不含质子。选择溶剂时主要考虑对样品的溶解度，不产生干扰信号，所以 ^1H 和 ^{13}C 常使用氘代溶剂。常用的溶剂有 D_2O、$CDCl_3$、CD_3OD（甲醇 – d_4）、CD_3CD_2OD（乙醇 – d_6）、CD_3COCD_3（丙酮 – d_6）、C_6D_6（苯 – d_6）及 CD_3SOCD_3（二甲基亚砜 – d_6；DMSO – d_6）等等。

制备 NMR 样品溶液时常加入标准物作为内标。水溶性样品一般以重水为溶剂，以 4, 4 – 二甲基 – 4 – 硅代戊磺酸钠（DSS）作为标准物；脂溶性样品则常以 $CDCl_3$、C_6D_6、DMSO – d_6 作为溶剂，以四甲基硅烷（TMS）作为标准物。因 DSS 和 TMS 的甲基屏蔽效应都很强，所以其共振峰出现在高场。一般氢核的共振峰都出现在它们的左侧，因此规定它们的化学位移 δ 值为 0.00。

NMR 需样量一般在 10mg 左右，但 PFT – NMR 波谱仪对样品的需求量大大减少，^1H 谱约需 1mg，有时甚至可以更少；^{13}C 谱只需要几到几十毫克的样品量。

测定时应考虑有足够的谱宽。若待测样品可能含有酚羟基、烯醇基、羧基、醛基等时，图谱扫描要在 $\delta 10$ 以上；若待测样品可能含有活泼氢，例如 OH、NH、SH、COOH 等时，可将样品进行重水交换。

第四节 核磁共振波谱参数

一、化学位移

（一）屏蔽效应

根据共振吸收条件 $v_0 = v$ 可知，^1H 在 1.409 2T 的磁场中，只吸收 60MHz 的电磁波，发生自旋能级跃迁，产生 NMR 信号。但是，实验发现，不同化学环境的氢核，所吸收的频率稍有差异。共振频率之所以有微小差别，是因为氢核受分子中各种化学环境的影响，所谓化学环境主要指氢核的核外电子云及其邻近的其他原子的影响。例如，绕核电子在外加磁场的诱导下，产生与外加磁场方向相反的感应磁场，使原子核实受磁场强度稍有降低（图 12 – 10），这种核外电子及其他因素对抗外加磁场的现象称为屏蔽效应（shielding）。如果用屏蔽常数 σ 表示屏蔽作用的大小，那么处于外磁场中的原子核受到的不再是外磁场 H_0 的作用，而是 H_0（$1-\sigma$）。因此，实际原子核在外磁场 H_0 中的共振频率不再符合 Larmor 方程 $v = \dfrac{\gamma}{2\pi} \cdot H_0$，而应该将其修正为：

$$v = \frac{\gamma}{2\pi} \cdot (1 - \sigma) \cdot H_0 \qquad (12 - 9)$$

Larmor 方程修正式可知：①在 H_0 一定（即扫频）时，屏蔽常数 σ 大的氢核，其进动频率 v 小，共振吸收峰则出现在核磁共振谱的低频端（即右端）；反之，σ 小的氢核，v 大，共振吸收峰出现在核磁共振谱的高频端（即左端）。②v_0 一定（即扫场）时，σ 大的氢核需要在较大的 H_0 下发生共振，共振吸收峰出现在谱的高场端（即右端）；反之，σ 小的氢核在较小的 H_0 下发生共振，共振吸收峰出现在低场端（即左端）。因此，NMR 谱的右端相当于低频、高场，而左端则是高频、低场。

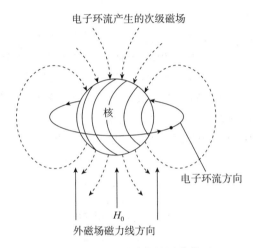

图 12 - 10　电子对核的屏蔽作用

（二）化学位移的表示

同一种核由于处在分子中的部位不同，其化学环境也不同，那么核外电子云密度就会有差异，核受到的屏蔽大小也不相同，由此引起共振频率就会有差异，表现在谱图上的共振吸收峰的位置不同。这种由于磁屏蔽作用引起吸收峰位置变化的现象称为化学位移（chemical shift,）。由于屏蔽常数值很小，所以不同化学环境的氢核的共振频率相差也很小，要精确测量其绝对值很困难，并且屏蔽作用引起的化学位移的大小与外磁场的强度成正比，在磁场强度不同的仪器中测量的数据就会不同。为了使不同磁场强度（MHz）的仪器测得的化学位移有一个共同的标准，也为了克服绝对磁场强度测不准的问题，使用标准物的化学位移为零点，其他质子与标准物的距离（即频率差）即为化学位移值，用 δ 表示。这样规定的化学位移值则不再与仪器有关，是 NMR 谱的定性参数。这里需要说明的是，有些参考书中 δ 的单位为 ppm，但现在已经基本不采用单位制了，所以本书中 δ 是一个无量纲的参数。

若固定磁场强度 H_0 进行扫频，则化学位移定义为：

$$\delta = \frac{v_{样品} - v_{标准}}{v_{标准}} \times 10^6 = \frac{\Delta v}{v_{标准}} \times 10^6 \qquad (12 - 10)$$

式中，$v_{样品}$ 和 $v_{标准}$ 分别代表被测样品和标准样品的共振频率。

若固定射频频率改变外磁场强度进行扫场，则化学位移定义为：

$$\delta = \frac{H_{样品} - H_{标准}}{H_{标准}} \times 10^6 = \frac{\Delta H}{H_{标准}} \times 10^6 \qquad (12 - 11)$$

式中，$H_{样品}$ 和 $H_{标准}$ 分别代表被测样品和标准样品的磁核产生共振吸收时的外磁场强度。

例如，1，2，2 - 三氯丙烷中 CH_3 的在 60MHz 和 100MHz 仪器上测定的共振吸收频率分别是：134Hz 和 223Hz，那么其化学位移值分别为：

在 60MHz 仪器上时，$\delta = \dfrac{134}{60 \times 10^6} \times 10^6 = 2.23$；

在 100MHZ 仪器上时，$\delta = \dfrac{223}{100 \times 10^6} \times 10^6 = 2.23$。

由此可见，同一个物质在不同规格型号的仪器上所得的共振频率虽然不同，但用 δ 值表示化学位移时在数值上则是相同的。

（三）化学位移的测定

测定有机物化学位移时，常采用四甲基硅烷 TMS 作为内标和样品仪器溶解于合适的溶剂中。TMS 是一个对称结构，四个甲基所处的化学环境相同，因而 TMS 无论在氢谱还是在碳谱中都只有一个吸收峰，并规定其化学位移值 $\delta = 0$，位于 NMR 图谱的右边。其左边的 δ 值为正，右边的 δ 值为负。绝大多数有机物中的氢核和碳核的化学位移都是正值。当外磁场强度自左向右扫描逐渐增大时，δ 值却自左向右逐渐减小。δ 值小的核处于高场，δ 值大的核则处于低场。在 NMR 图谱中，质子受到的屏蔽效应、化学位移值以及共振磁场之间的关系可以简单用图 12 - 11 表示。记住图 12 - 11 所示的变化规律对于核磁的学习还是很有帮助的。

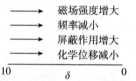

图 12 - 11 NMR 中 H_0、v、σ 与 δ 的变化规律

氢谱和碳谱测定作用的溶剂一般都是氘代试剂，表 12 - 3 列出了常用氘代溶剂氢谱和碳谱的化学位移值以及峰形。

表 12 - 3 常用氘代溶剂氢谱和碳谱的化学位移值以及峰形

溶剂	分子式	^1H δ 值	峰的多重性	^{13}C δ 值	峰的多重性	备注
氘代丙酮	CD_3COCD_3	2.04	5	205	(13)	含微量水
				29.3	7	
氘代苯	C_6D_5	7.15	1（宽）	128.0	3	
氘代三氯甲烷	$CDCl_3$	7.24	1	77.7	3	含微量水
重水	D_2O	4.60	1			
氘代二甲亚砜	CD_3SOCD_3	2.49	5	39.5	7	含微量水
氘代甲醇	CD_3OD	3.50	5	49.3	7	含微量水
		4.78	1			
氘代二氯甲烷	CD_2Cl_2	5.32	3	53.8	5	
		8.71	1（宽）	149.9	3	
氘代吡啶	C_5D_5N	7.55	1（宽）	135.5	3	
		7.19	1（宽）	123.3	3	

测定化学位移值有两种实验方法：一种是固定照射电磁波频率 v，不断变磁场强度 H_0，从低磁场强度（低场）向高磁场强度（高场）扫描，当 H_0 恰好与分子中某一种化学环境的核的共振频率满足共振条件时就会产生吸收信号，在谱图上出现峰，即扫场；另一种是采用固定磁场强度 H_0，改变照射频率 v 的方法，即扫频。这两种方法分别对应式（12–10）和式（12–11）化学位移的定义式。大多数 NMR 仪器均采用扫场的方法。

（四）化学位移的影响因素

影响质子化学位移的因素有两类：一类是内部因素，即分子结构因素，也就是质子的化学环境，主要从各类质子外部不同的电子云环流以及影响屏蔽效应的化学键各向异性效应两方面考虑，比如诱导效应、共轭效应、磁各向异性效应、范德华效应以及分子内氢键效应等等。另一类是外部因素，即测试条件，比如溶剂效应、分子间氢键等。外部因素对非极性碳上质子的影响不是很大，主要是对 OH、NH、SH 及一些带电荷的极性基团影响较大。

从质子外部的电子云环流的影响来考虑，若某种影响使质子周围电子云密度降低，则屏蔽效应也降低，去屏蔽效应增加，化学位移值增大，向左移向低场；反之，若某种影响使质子周围电子云密度升高，则屏蔽效应增加，化学位移减小，向右移向高场。

分子中质子的化学位移是利用 NMR 推断分子结构的重要参数，影响化学位移的因素很多，下面简要介绍一下主要的影响因素。

1. 局部屏蔽效应（local shielding）　局部屏蔽效应是氢核核外成键电子云产生的抗磁屏蔽效应，主要包括取代基的诱导效应和共轭效应。取代基的电负性直接影响与其相连的碳原子上质子的化学位移，并且通过诱导方式传递给邻近碳原子上的质子。即电负性（吸电子作用）较大的原子或基团使氢核的电子云密度降低，抗磁屏蔽减弱（即去屏蔽），导致该质子的化学位移 δ 值增大，共振信号向低场移动。总之，取代基的电负性越大，质子的 δ 值越大。取代基的影响程度与该基团或原子的电负性有关（表 12–4）

表 12–4　电负性对化学位移的影响

取代基	$CH_3Si(CH_3)_3$	$CH_3—H$	$CH_3—NH_2$	$CH_3—Br$
δ 值	0	0.2	2.2	2.7
取代基	$CH_3—Cl$	$CH_3—OH$	$CH_3—NO_2$	CH_2Cl_2
δ 值	3.0	3.2	4.3	5.3

极性基团通过 $\pi-\pi$ 共轭和 $p-\pi$ 共轭作用使较远的碳原子上的质子受到影响，若使质子周围电子云密度增加，屏蔽作用增强，δ 值减小，移向高场。例如，双氢黄酮芳环氢 H_1 和 H_2 的 δ 值为 6.15，小于一般的芳环氢（δ 值通常大于 7）。这主要是由于 H_1 和 H_2 的邻位和对位均有氧原子，其孤对电子与芳环发生 $p-\pi$ 共轭，使得 H_1 和 H_2 的核外电子云密度增大，δ 值减小。

双氢黄酮分子式：

2. 磁各向异性（magnetic anisotropy） 相对于局部屏蔽效应，磁各向异性也可以称为远程屏蔽效应（long range shielding）。在外加磁场作用下，化学键尤其是 π 键将产生一个小的感应磁场，并通过空间作用影响邻近的氢核，作用的大小及正负均具有方向性，且是距离和方向的函数，因此称为各向异性效应。这些各向异性的小磁场，磁场方向与外加磁场一致的将增强外加磁场对质子的作用，使质子的共振频率移向低场，δ 值增大，产生去屏蔽效应，用"－"表示；反之，磁场方向与外加磁场相反的则抵消了外加磁场对质子的影响，使质子的 δ 值减小，移向高场，产生了屏蔽效应，用"＋"表示。

下面分别介绍一下化学键的各向异性效应。

（1）单键　碳碳单键产生一个锥形的各向异性效应，C—C 键是去屏蔽区的轴（图 12－12A），去屏蔽区内的质子的 δ 值增大。C—C 键的两个碳原子上的氢都受这个 C—C 键的去屏蔽效应影响，所以甲基、亚甲基、次甲基中碳原子上的质子所受 C—C 键的各向异性效应随着碳数的增多而增加，去屏蔽作用相应增大，所以，它们 δ 值的顺序为：

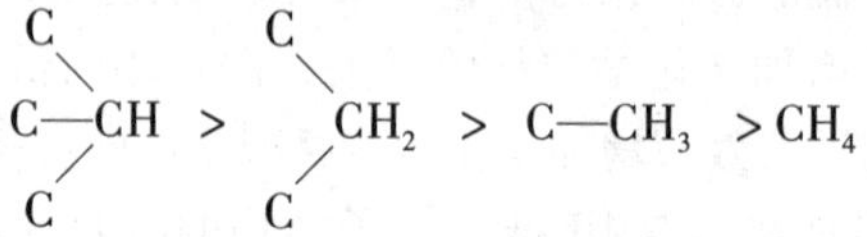

$$\begin{array}{c} C \\ | \\ C{-}CH \\ | \\ C \end{array} > \begin{array}{c} C \\ | \\ CH_2 \end{array} > C{-}CH_3 > CH_4$$

（2）双键　双键（碳碳双键和羰基 C＝O）的 π 电子形成平面，平面电子在外加磁场诱导下形成电子环流，从而产生次级磁场（图 12－12B）。平面上、下部分电子云密度大，形成两个锥形的屏蔽区（＋）；双键所在的平面则为去屏蔽区（－）。烯烃的氢核位于去屏蔽区，因此其共振峰移向低场，δ 值在 4.5～5.7 之间。醛基的氢核除了受双键去屏蔽的影响，还受相连氧原子电负性的影响，二者共同的作用使其共振峰偏向更低场，δ 值在 9.4～10 之间。

（3）三键　碳－碳三键的 π 电子以键轴为中心呈对称分布（共四块电子云），在外磁场诱导下，π 电子可以形成围绕键轴的电子环流，从而产生次级磁场。在键轴方向上下为屏蔽区，与键轴垂直方向为去屏蔽区（图 12－13），与双键的磁各向异性的方向相差 90°。炔烃有一定的酸性，可见其外围电子云密度较低，但它处于三键的屏蔽区，因此其化学位移值反而小于烯氢（因烯氢处于去屏蔽区）。例如，乙炔氢的 δ 值为 2.88，而乙烯的 δ 值为 5.25。

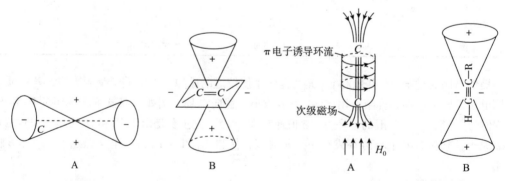

图 12－12　C—C 单键（A）和
双键（B）的磁各向异性

图 12－13　三键的各向异性
A. 三键的次级磁场；B. 三键的正负屏蔽区

（4）芳环　以苯环为例，苯环有三个双键，六个 π 键形成大 π 键，在外加磁场诱导下很容易形成电子环流，产生次级磁场（图 12－14）。在苯环中心，次级磁场与外磁场的磁力线方向相反，使处于芳环中心的质子实际受外磁场感应强度降低，屏蔽效应增大，δ 值减小，共振峰右移。平行于苯环平面四周的空间，次级磁场的磁力线方向与外磁场一致，处于此空间的质子处于去屏蔽区，δ 值增加。

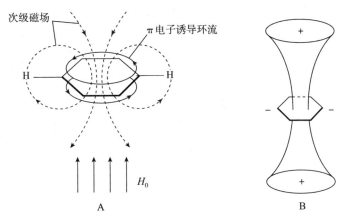

图 12 – 14　苯环的次各向异性

A. 苯环的次级磁场（π 电子诱导环流中的方向是指电子的运动方向）；B. 苯环的正负屏蔽区

例如，十八碳环壬烯（轮烯）$C_{18}H_{18}$ 环内 6 个氢的 δ 值为 – 2.99，而环外 12 个氢则为 9.28，两者相差很大。

（5）氢键　当分子中含有—OH、—NH、—SH 等基团时，在分子内或分子间可能生成氢键，从而引起化学键上的电荷再分配，使形成氢键质子周围电子云密度下降，化学位移值移向低场。氢键的强度与溶剂极性、溶液浓度以及测试温度等因素有关，一般溶剂的极性越大、溶液的浓度越大、测试的温度越低，形成氢键的能力也越强，活泼氢的共振信号越向低场移动。分子内具有氢键的分子，其活泼氢的化学位移值都较大，受溶液浓度的影响很小。

3. 范德华效应　两个原子在空间非常靠近时，具有电负性的电子云就会互相排斥，使原子周围的电子云密度降低，屏蔽作用减小，化学位移值增大。

4. 溶剂效应　同一种样品用不同的溶剂所测得的化学位移值可能会有所差异。这种由于溶剂不同使得化学位移值发生变化的效应称为溶剂效应。不同的溶剂对同一种化合物的影响不同，同一种溶剂对不同化合物的不同基团的影响也不尽相同。相互重叠的峰有时可利用溶剂效应将其分开。溶剂效应还可能由氢键的形成而引起。

（五）化学位移的计算

由于各类氢核所处的化学环境不同，其共振信号将出现在磁场的某个特定区域，具有不同的化学位移值。图 12 – 15 给出了各种质子在 NMR 谱图上出现的大致位置，可以观察到 δ 值具有以下一般规律：

（1）芳环氢 > 烯烃氢 > 炔烃氢 > 烷烃氢。

（2）叔碳氢 > 仲碳氢 > 伯碳氢。

（3）—COOH > —CHO > ArOH > R—OH ≈ RNH₂。

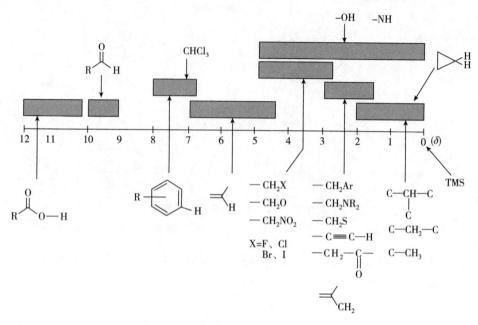

图 12 - 15　各种质子的化学位移分布图

质子的化学位移值可以通过不同的经验公式进行估算，可在光谱解析时作为确定归属的参考。

1. 甲基氢、亚甲基氢和次甲基氢 δ 值的计算　¹H 谱中，甲基峰的形状比较特征，其 δ 值小，而亚甲基和次甲基的 δ 值较大。它们的 δ 值可用式（12 - 12）进行计算：

$$\delta = B + \sum S_i \tag{12 - 12}$$

式中，B 为标准值（或基础值），甲基（CH₃）、亚甲基（CH₂）、次甲基（CH）氢的 B 值分别为 0.87、1.20 及 1.55。S_i 为取代基对化学位移的贡献值，其大小取决于取代基的种类和位置。对同一取代基而言，α 位和 β 位对甲基（CH₃）、亚甲基（CH₂）、次甲基（CH）氢的影响最大。取代基的影响列于表 12 - 5 中，可用于计算 Y—CH₃、Y—CH₂—Z、Y—CH（W）—Z 类型分子中质子的 δ 值。

表 12 - 5　取代基对甲基（CH₃）、亚甲基（CH₂）、次甲基（CH）氢 δ 值的影响

取代基	质子类型	α 位移 (S_α)	β 位移 (S_β)	取代基	质子类型	α 位移 (S_α)	β 位移 (S_β)
R		0	0	—CH = CH—R*	CH₃	1.08	—
—HC = CH—	CH₃	0.78	—	—OH	CH₃	2.50	0.33
	CH₂	0.75	0.10		CH₂	2.30	0.13
	CH	—	—		CH	2.20	
—Ar	CH₃	1.40	0.35	—OR	CH₃	2.43	0.33
	CH₂	1.45	0.53		CH₂	2.35	0.15
	CH	1.33	—		CH	2.00	—

续表

取代基	质子类型	α 位移 ($S_α$)	β 位移 ($S_β$)	取代基	质子类型	α 位移 ($S_α$)	β 位移 ($S_β$)
—Cl	CH₃	2.43	0.63	—OCOR	CH₃	2.88	0.38
	CH₂	2.30	0.53	R 或为—OR	CH₂	2.98	0.43
	CH	2.55	0.03	—OAr	CH	3.43（酯）	—
—Br	CH₃	1.80	0.83	—COR	CH₃	1.23	0.18
	CH₂	2.18	0.60	R 或为 Ar	CH₂	1.05	0.31
	CH	2.68	0.25	OR、OH、H、CN	CH	1.05	—
—I	CH₃	1.28	1.23	—NRR'	CH₃	1.30	0.13
	CH₂	1.95	0.58		CH₂	1.33	0.13
	CH	2.75	0.00		CH	1.33	—

注：R 为饱和脂肪烃基；Ar 为芳香烃基；R* 为—C＝CH—R 或—COR。

例 12 – 1 计算丙酸异丁酯中各类氢核的 δ 值。

$$CH_3-CH_2-\overset{\overset{\displaystyle O}{\|}}{C}-O-\overset{\overset{\displaystyle CH_3(a_3)}{|}}{CH}-CH_2-CH_3$$
$$(a_2)\quad(b_2)\qquad\qquad (c_1)\quad(b_1)\quad(a_1)$$

解：

甲基 CH₃：

$$\delta(a_1)=0.87+0（R）=0.87（实测 0.90）$$
$$\delta(a_2)=0.87+0.18（\beta-COOR）=1.05（实测 1.16）$$
$$\delta(a_3)=0.87+0.38（\beta-OCOR）=1.25（实测 1.21）$$

亚甲基 CH₂：

$$\delta(b_1)=1.20+0.43（\beta-OCOR）=1.63（实测 1.55）$$
$$\delta(b_2)=1.20+1.05（\alpha-COOR）=2.25（实测 2.30）$$

次甲基 CH：

$$\delta(c_1)=1.55+3.43（\alpha-OCOR）=4.98（实测 4.85）$$

对于亚甲基质子（Y—CH₂—Z）δ 值还可利用 Shoolery 规律（表 12 – 6）进行近似计算（可精确到 0.3），其公式为：

$$\delta_H=0.23+\sum S_i \qquad\qquad (12-13)$$

表 12 – 6 Shoolery 规律中各个取代基的 Δi 值。

Y 或 Z	Si	Y 或 Z	Si	Y 或 Z	Si
—H	0.17	—SR	1.64	—Br	2.33
—CH₃	0.47	—CN	1.70	—OR	2.36
—CH₂R	0.67	—COR	1.70	—NO₃	2.46
—CF₂	1.14	—I	1.82	—CL	2.58
—C＝C—	1.32	—COAr	1.84	—OH	2.56

续表

Y 或 Z	Si	Y 或 Z	Si	Y 或 Z	Si
—C≡CR	1.44	—Ar	1.85	—OCOR	3.13
—COOR	1.55	—N$_3$	1.97	—OAr	3.33
—NR$_2$	1.57	—NHCOR	2.27	—F	3.60
—CONR$_2$	1.59	—SCN	2.30		

例 12 - 2 1. 计算 Ar—CH$_2$Br 中亚甲基质子的 δ 值。

解：

$$\delta = 0.23 + 1.85 + 2.33 = 4.41（实测 4.34）$$

2. 烯氢 δ 值的计算 取代基对烯氢 δ 值的影响较大，参见表 12 - 7。可用式（12 - 14）进行计算。

$$\delta_{C=C-H} = 5.28 + Z_{同} + Z_{顺} + Z_{反} \tag{12 - 14}$$

式中，Z 为取代常数，下标代表同碳、顺式及反式取代基。

表 12 - 7 取代基对烯氢 δ 值的影响

取代基	$Z_{同}$	$Z_{顺}$	$Z_{反}$	取代基	$Z_{同}$	$Z_{顺}$	$Z_{反}$
—H	0	0	0				
—R	0.44	-0.26	-0.29	—CON<	1.37	0.93	0.35
—R（环）	0.71	-0.33	-0.30				
—CH$_2$O，—CH$_2$I	0.67	-0.02	-0.07	—COCl	1.10	1.41	0.99
—CH$_2$S	0.53	-0.15	-0.15	—OR（R 饱和）	1.18	-1.06	-1.28
—CH$_2$Cl，—CH$_2$Br	0.72	0.12	0.07	—OR（R 共轭）	1.14	-0.65	-1.05
—CH$_2$N	0.66	-0.05	-0.23	—OCOR	2.09	-0.40	-0.67
—C≡C—	0.50	0.35	0.10	—Ar	1.35	0.37	-1.10
—C≡N	0.23	0.78	0.58	—Br	1.04	0.40	0.55
—C=C	0.98	-0.04	-0.21	—Cl	1.00	0.19	0.03
—C=C（共轭）	1.26	0.08	-0.01	—F	1.03	-0.89	-1.19
—C=O	1.10	1.13	0.81	—N(R,R)（R 饱和）	0.69	-1.19	-1.31
—C=O（共轭）	1.06	1.01	0.95				
—COOH	1.00	1.35	0.74	—N(R,R)（R 共轭）	2.30	-0.73	-0.81
				—SR	1.00	-0.24	-0.04
				—SO$_2$—	1.58	1.15	0.95
—COOH（共轭）	0.69	0.97	0.39				
—COOR	0.84	1.15	0.56				
—COOR（共轭）	0.68	1.02	0.33				
—CHO	1.03	0.97	1.21				

注：共轭在此指取代基与其他基团共轭。

例 12 - 3 求算乙酸乙烯酯三个烯氢的 δ 值。

解：乙酸乙烯酯的分子式为 $\underset{\underset{O}{\|}}{CH_3CO}-\overset{H_1}{\underset{}{C}}=\overset{H_2}{\underset{H_3}{C}}$ ，从表 12-7 可查，

对于 H_1：$Z_{同}=2.09$，$Z_{顺}=0$，$Z_{反}=0$，所以其化学位移值

$$\delta=5.28+2.09+0+0=7.37（实测7.18）$$

对于 H_2：$Z_{同}=0$，$Z_{顺}=0$，$Z_{反}=-0.67$，所以其化学位移值

$$\delta=5.28+0+0-0.67=4.61（实测4.43）$$

对于 H_3：$Z_{同}=0$，$Z_{顺}=-0.40$，$Z_{反}=0$，所以其化学位移值

$$\delta=5.28-0.40+0=4.88（实测4.74）$$

3. 苯环芳氢 δ 值的计算 苯环上的质子由于受到苯环的去屏蔽效应，化学位移值位于低场，δ 值常在 7~8。取代基较少的苯环芳氢的化学位移值可根据经验公式（12-15）进行估算。

$$\delta_H=7.27-\sum S_i \tag{12-15}$$

式中，7.27 为苯环芳氢的 δ 值；S_i 为取代基对化学位移的贡献值。

表 12-8 中的数据不适用于以 DMSO 作为溶剂的样品。

表 12-8 取代基对苯环芳氢 δ 值的影响

取代基	$S_邻$	$S_间$	$S_对$	取代基	$S_邻$	$S_间$	$S_对$
—NO_2	-0.95	-0.17	-0.33	—CH_2OH	0.1	0.1	0.1
—CHO	-0.58	-0.21	-0.27	—CH_2NH_2	1.0	0.0	0.0
—COCl	-0.83	-0.16	0.30	—H_2C=CHR	-0.13	-0.03	-0.13
—COOH	-0.8	-0.14	-0.20	—F	0.3	0.02	0.22
—COOCH_3	-0.74	-0.07	-0.20	—Cl	-0.02	0.06	0.04
—CN	-0.64	-0.09	-0.30	—Br	-0.22	0.13	0.03
—Ar	-0.27	-0.11	-0.30	—I	-0.40	0.26	0.03
—CCl_3	-0.18	0.00	0.08	—OCH_3	0.43	0.09	0.37
—CHCl_2	-0.8	-0.2	-0.2	—COCH_3	0.21	0.02	
—CH_2Cl	-0.1	-0.06	-0.1	—OH	0.50	0.14	0.40
—CH_3	0.0	-0.01	0.0	—COCH_3	-0.64	-0.09	-0.37
—CH_2CH_3	0.17	0.09	0.18	—NH_2	0.75	0.24	0.63
—CH（CH_3）_2	0.15	0.06	0.18	—SCH_3	0.03	0.0	
—C（CH_3）_3	0.14	0.09	0.18	—N（CH_3）_2	0.60	0.10	0.62
	-0.01	0.10	0.24	—NHCOCH_3	-0.31	-0.06	

例 12-4 计算下列化合物苯环 2、3 位芳氢的 δ 值。

$$O_2N-\overset{2}{\underset{}{\bigcirc}}\overset{3}{}-SO_2Cl$$

解：

对于 2 位芳氢：$S_{邻1}=-0.95$；$S_{邻2}=0$；$S_{间}=-0.35$，故：

$$\delta = 7.27 - (-0.95) - 0 - (-0.35) = 8.57 \text{（实测 8.45）}$$

对于 3 位芳氢：$S_{邻1} = -0.76$；$S_{邻2} = 0$；$S_{间} = -0.26$，故

$$\delta = 7.27 - (-0.76) - 0 - (-0.26) = 8.29 \text{（实测 8.25）}$$

4. 活泼氢的 δ 值 常见的活泼氢（OH、NH、SH 等）易受相互交换作用及氢键形成等因素的影响，同一种分子的同一个活泼氢在不同条件（如溶剂、浓度、温度等）下的值会在很宽的范围内（表 12 - 9）变化。

表 12 - 9　常见活泼氢的化学位移

化合物	δ_H	化合物	δ_H
醇	0.55 ~ 5.5	RSH	0.9 ~ 2.5
酚（分子内氢键）	10.5 ~ 16	A_rSH	3 ~ 4
其他酚	4.5 ~ 7.5	RSO_3H	11 ~ 12
烯醇（分子内氢键）	15 ~ 19	脂肪胺、环胺	0.5 ~ 3
羧酸	10 ~ 13	芳香族胺	3 ~ 5
肟	7.4 ~ 10.2	酰胺	5 ~ 9.5

注：溶剂为 $CDCl_3$ 或 CCl_4；浓度为 5% ~ 10%，常温。

5. 脂环氢的 δ 值 环状化合物的构象受到环的影响，有几种构象状态，而多环体系往往只有一种构象状态。但是脂环氢的 δ 值没有一定规律。取代基对 δ 值的影响和酮类开链化合物相比优势差别很大。脂环氢的 δ 值一定要谨慎处理，只能找类似化合物才能进行比较。表 12 - 10 列出了一些脂环氢的 δ 值，供参考。

表 12 - 10　一些脂环氢的 δ 值

脂环氢	δ 值	脂环氢	δ 值
△	0.22	□	1.96
⬠	1.51	⬡	1.44
⬡	1.54		0.02
	2.37		0.5

二、偶合常数

屏蔽效应使不同化学环境的核产生了化学位移，决定了核磁共振峰的峰位。除此之外，同一分子内还存在质子之间的相互作用，这种核磁矩间的作用虽然对化学位移没有影响，但对谱图的峰形却有着重要的影响。核磁共振谱上的多重峰就是由核磁矩的相互干扰分裂而成。

1. 自旋分裂的产生 核自旋产生的核磁矩间的相互干扰称为自旋 - 自旋偶合（spin - spin coupling），简称自旋偶合。由自旋偶合引起共振峰分裂的现象称为自旋 - 自旋分裂（spin - spin splitting），简称自旋分裂。偶合是分裂的原因，分裂是偶合的结果。

在氢－氢偶合中，峰分裂是由于邻近碳原子上的氢核的核磁矩的存在，轻微地改变了被偶合氢核的屏蔽效应而发生的。核与核之间的偶合作用是通过成键电子传递产生的，一般只考虑相隔两个或三个键的核间的偶合。

现以 $\underset{}{X}\!\!-\!\!\overset{\overset{\displaystyle H_1}{|}}{\underset{\displaystyle |}{C}}\!\!-\!\!\overset{\overset{\displaystyle H_2}{|}}{\underset{\displaystyle |}{C}}\!\!-\!\!Y$ （$X \neq Y$）为例，说明自旋偶合的产生机制。

以 H_1 作为被偶合对象，来讨论 H_1 受 H_2 干扰，其峰发生分裂的原因。一般情况下，H_2 有两种自旋取向，分别经价电子传递，在 H_1 处产生两种局部磁场，从而影响 H_1 共振时的外磁场感应强度。当 H_2 的 $m = 1/2$ 时，其自旋取向与外磁场方向相同，局部磁场使共振时外磁感应强度减小为 $(H_0 - \Delta H)$；反之，当 H_2 的 $m = -1/2$ 时，其自旋取向与外磁场方向相反，局部磁场使共振时外磁场感应强度增强为 $(H_0 + \Delta H)$。因此，H_1 实际上受到两种外磁场 $[H_0(1 - \sigma) - \Delta H]$ 和 $[H_0(1 - \sigma) + \Delta H]$ 的作用。此时，H_1 的核磁共振条件也相应地变化为：

$$\nu_1 = \frac{\gamma}{2\pi} \cdot [H_0(1 - \sigma) + \Delta H] \text{ 和 } \nu_2 = \frac{\gamma}{2\pi} \cdot [H_0(1 - \sigma) - \Delta H] \qquad (12 - 15)$$

因核 H_2 两种取向的概率几乎相当，所以 H_1 的共振峰被分裂成强度几乎相等的两个峰，其频率分别比未偶合时单峰的 ν 分别向高场和低场移动 $J/2$，为两峰的裂距，称为偶合常数。分裂后的化学位移在两峰的中间，裂分峰的面积之和等于偶合前的峰面积。

同理，H_2 核也会受到 H_1 核的干扰，被分裂成两个等高峰。这样，在核磁共振谱上 H_1 和 H_2 均具有一组二重峰。

实例：碘乙烷（CH_3CH_2I）中甲基（CH_3）和亚甲基（CH_2）氢核的自旋分裂机制。

甲基上氢核受亚甲基两个氢核的偶合干扰分裂为三重峰。每个质子有两种自旋取向，$m = 1/2$（顺磁场↑）和 $-1/2$（逆磁场↓）。若以 b_1 和 b_2 表示 CH_2 的两个质子，则它们就有四种自旋取向组合，即↑↑、↓↓、↑↓和↓↑。由于 b_1 和 b_2 所处的化学环境相同，使得最后两种情况没有差别，所以亚甲基只能产生三种有效的局部磁场。甲基氢受这三种局部磁场干扰，经过两次分裂，分裂成三重峰，强度为 $1:2:1$（图 12 - 16B）。同理，甲基上的三个氢核根据自旋取向产生的局部磁场效应，有四组结果：①↑↑↑；②↑↑↓、↑↓↑、↓↑↑；③↓↓↑、↓↑↓、↑↓↓；④↓↓↓。亚甲基受这四种局部磁场的干扰，经三次分裂被分裂为四重峰，峰高比为 $1:3:3:1$（图 12 - 16C）。

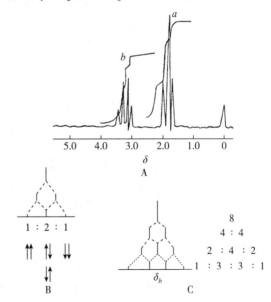

图 12 - 16　碘乙烷的 NMR 谱图及其甲基和亚甲基的氢核分裂图
A. 碘乙烷的 NMR 谱图；B. CH_3 的自旋分裂；
C. CH_2 的自旋分裂及其强度比

2. 自旋分裂的规律——$n+1$ 律　　通过对碘乙烷中甲基和亚甲基氢核分裂的分析可知，自旋分裂具有一定规律性：某基团的氢核与 n 个相邻氢核偶合将被分裂成 $n+1$ 重峰，而与该基团本身氢核的多少无关。上述自旋分裂的规律即为 $n+1$ 律。服从 $n+1$ 律的谱图为一级谱图（又称低级谱图），其多重峰峰强比为二项式展开式 $(a+b)^n$ 的系数比，如 Pascal 三角（杨辉三角）。

表 12 – 11　　$n+1$ 律

相邻等价偶合核数（n）	裂分峰数（$n+1$）	英文（简写）	裂分峰强比
0	单峰	single, s	
1	双峰	doublet, d	1 : 1
2	三重峰	triplet, t	1 : 2 : 1
3	四重峰	quartet, q	1 : 3 : 3 : 1
4	五重峰	quintet	1 : 4 : 6 : 4 : 1
5	六重峰	sextet	1 : 5 : 10 : 10 : 5 : 1

$n+1$ 律是 $2nI+1$ 律的特殊形式。因为氢核的 $I=1/2$，所以 $2nI+1=2n(1/2)+1=n+1$。对于 $I \neq 1/2$ 的核，峰分裂服从 $2nI+1$ 律。以氘核为例，其 $I=1$。如在氘碘甲烷（H_2DCI）分子中，氢核受一个氘核的干扰，分裂成三重峰，遵循 $2nI+1$ 律。而氘核受两个氢核的干扰也分裂成三重峰，遵循 $n+1$ 律。

$n+1$ 律只有 $I=1/2$，简单偶合及偶合常数相等时才适用。若某基团与 n、n'、$\cdots$ 个氢核相邻，并发生简单偶合，则有下述两种情况：

（1）偶合常数相等（峰裂距相等）服从 $n+1$ 律，分裂成 $(n+n'+\cdots)+1$ 重峰。

（2）偶合常数不等，则（峰裂距不等），则分裂成 $(n+1)(n'+1)\cdots$ 重峰。

3. 偶合常数与分子结构的关系　　自旋核之间的相互干扰作用使核磁共振谱线发生了分裂。由分裂产生的裂距则反映了相互偶合作用的强弱，称为偶合常数，符号为 $^nJ_c^s$（其中，n 表示偶合间隔的键数，s 表示结构关系，c 表示相隔偶合核）。偶合常数 J 的大小主要取决于自旋核之间相隔键的数目以及影响其电子云分布的因素（如单键、双键、取代基的性质、立体构型等），而与仪器和测试条件无关，所以，偶合常数 J 可以用来判断有机化合物分子的结构。

偶合常数 J 的单位为 Hz，具有正负号的区别，但在 NMR 谱图上表现出来的裂分距离及由两个质子化学位移差计算出来的偶合常数是其绝对值的大小。一般来说，通过偶数个键偶合的偶合常数 J 为负值，通过奇数个键偶合的偶合常数 J 为正值。

对于简单偶合而言，峰裂距就是偶合常数；对于高级偶合（$\Delta v/J < 10$），$n+1$ 律不再适用，其偶合常数需经过计算求出。按照偶合核间隔的键数可分为偕偶、邻偶和远程偶合。按照核的种类可分为 H—H 偶合和 C—H 偶合等，相应的偶合常数用 J_{H-H} 和 $J_{^{13}C-H}$ 等表示。

（1）偕偶（geminal coupling）　是指两个氢原子在同一个碳原子上（H—C—H），相隔两个化学键，它们之间的偶合即为偕偶，也称同碳偶合。其偶合常数常用 ^2J 或 $J_{同}$ 或 J_{gem} 表示，一般为负值，但变化范围很大，约为 $-16 \sim +3Hz$ 与结构有密切关系，主要受以下因素的影响：

①键角 $\left[\begin{array}{c} H \\ C\alpha \\ H \end{array} \right]$ 的变化：也可以认为是杂化成分的影响，其变化规律是：随着 C 原子杂

化轨道中 s 成分的增加，键角 α 也增加，^2J 值向正的方向变化，例如，甲烷中键角 α 为 109.28°，其 ^2J 值为 – 12.4Hz；环丙烷中键角 α 为 114°，其 ^2J 值为 – 14.5Hz；乙烯中键角 α 为 120°，其 ^2J 值则为 + 2.5Hz。

②取代基电负性的影响：甲基、饱和碳和不饱和碳的亚甲基，其 ^2J 值随取代基电负性的增加向正值方向变化。例如，CH_4 的 ^2J 值为 – 12.4；CH_3OH 的为 – 10.8Hz；CH_3F 的则为 – 9.67Hz。倘若 β 位上有吸电子基，那么 ^2J 值则向负值的方向变化。例如：CH_4 的 ^2J 值为 – 12.4Hz，CH_3CCl_3 的 ^2J 值则为 – 13.0Hz。

③邻位 π 键（C＝C、C≡C、C＝O 等）的影响：邻位 π 键使 ^2J 值减小，每增加一个 π 键，对 ^2J 的贡献约为 1.9 Hz。例如：

$$R_1 - \overset{\overset{\displaystyle O}{\|}}{C} - \overset{\overset{\displaystyle H_A}{|}}{\underset{\underset{\displaystyle H_B}{|}}{C}} - R_2$$

$$^2J_{AB} = -12.4 + (-1.9) = -14.3\text{Hz}$$

④末端双键 $M—C＝CH_2$ 的 ^2J 值：一般在 – 2 ~ + 2Hz 之间，且随 M 电负性的增加而减小，例见表 12 – 11。

表 12 – 11　$X—C＝CH_2$ 的 ^2J 值与 M 电负性的关系

M	R	COOR	NR$_2$	Br	Cl	OCOR	OR	F
电负性	2.5	2.5	3.0	3.0	3.25	3.5	3.5	3.95
^2J（Hz）	1.8	1.7	0	– 1.8	– 1.4	– 1.4	– 1.9	– 3.2

（2）邻偶（vicinal coupling），是指在两个相邻 C 原子上的氢原子 H—C—C—H，相隔三个键的偶合，用 ^3J 或 $J_邻$ 或 J_{vic} 表示。^3J 一般为正值，在 NMR 中最为常见。在饱和型邻位偶合中，当 C—C 键可以自由旋转时，^3J 为 6 ~ 8Hz；当构象固定时，^3J 为 0 ~ 18Hz。在烯烃化合物（H—C＝C—H）中，^3J 与构型有关，顺式氢 ^3J 为 6 ~ 14Hz，反式氢 ^3J 为 11 ~ 18Hz。

①两面角对 ^3J 的影响：Karplus 用分子轨道法处理偶合问题，从理论上推出了两面角和 ^3J 的关系为：

$$^3J = J^0\cos^2\Phi \text{档} - C \quad (0°\leqslant\Phi\text{档}\leqslant90°)$$

$$^3J = J^{180}\cos\Phi \text{档} - C \quad (90°\leqslant\Phi\text{档}\leqslant180°)$$

式中，J^0 和 J^{180} 分别为两面角 0° 和 180° 时的偶合常数，C 是常数项。J^0 和 J^{180} 主要受 H—C—C—H 碎片上所连的取代基影响。由图 12 – 17 可以看出，当 Φ 档为 0° 或 180° 时，^3J 值最大，并且 $J^{180} > J^0$；Φ 档接近 90° 时，^3J 值趋于零。Karplus 关系式给利用偶合常数推断分子的立体结构提供了依据，但是该公式只能估计 J 值的大致范围，不能算出精确数值。

两面角对 H—C＝C—H 型结构的 ^3J 值的影响可以看成是 Karplus 关系式的特例。由于质子都处于同一平面上，其两面角只能是 0°（顺式）或 180°（反式）。据经验常数，$J^{180} > J^0$，所以 $J_反 > J_顺$。

②取代基的影响：在 X—CH—CH—结构类型中，^3J 随取代基 X 电负性增大而减小。

（3）远程偶合（long range coupling）两个核通过四个或四个以上的键进行偶合，称为远程偶合。多数情况下这种偶合是通过 π 键或张力环传递的，常在烯烃、炔烃、芳烃、小环或桥环中出现。远程偶合常数一般在 0 ~ 3Hz 之间，一般可以忽略。

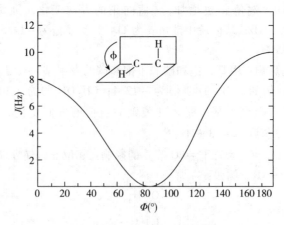

图 12 – 17　Karplus 关系曲线

4. 核的等价性质　几个相互偶合的核同时存在于同一分子中构成自旋偶合系统。自旋偶合系统的类型与分子中磁性核的等价特性密切相关。

（1）化学等价核　是指同一分子中化学位移相同的一组核。化学等价核在分子中所处的化学环境相同，连接的原子或空间位置相同。

（2）磁等价核　是指分子中一组化学等价核与分子中其他任何核以相同强弱偶合，这样的一组核称为磁等价核。磁等价核具有以下特点：①组内核的化学位移相等；②与组外核偶合时的偶合常数相等；③在无组外核干扰时，组内虽偶合，但不发生分裂。

例如，下列化合物分子中的质子在其分子中所处的化学环境相同，既是化学等价核，同时又是磁等价核，因此其在氢谱中只产生单一的峰。

$$\text{苯} \qquad CH_3 - \underset{\underset{CH_3}{|}}{\overset{\overset{CH_3}{|}}{Si}} - CH_3 \qquad CH_3 - \overset{\overset{O}{\|}}{C} - CH_3$$

磁等价与化学等价两个概念容易混淆，必须注意，磁等价必定化学等价，但化学等价并不一定磁等价，而化学不等价核必定磁不等价。例如下面分子中，质子 a1 与 a2、b1 与 b2 为化学等价核，但由于 $^3J_{a1b1} \neq {}^5J_{a1b2}$，$^3J_{a2b2} \neq {}^5J_{a2b1}$，所以 a1 与 a2、b1 与 b2 为化学等价而磁不等价核。

$$\begin{array}{c} NH_2 \\ \text{（苯环：}H_{a1}、H_{a2}、H_{b1}、H_{b2}、Cl\text{）} \end{array}$$

第五节　核磁共振氢谱的解析

$^1H – NMR$ 由化学位移、偶合常数以及峰面积积分曲线分别提供含氢官能团、核间关系及氢分布等三方面的信息。谱图解析时利用这些信息进行定性分析及结构分析。前面已介绍了

化学位移和偶合常数，下面简要说明峰面积与氢分布的关系以及核磁共振氢谱的一般解析过程。

一、峰面积与氢核数目的关系

在 ^1H-NMR 谱上，吸收峰覆盖的面积与引起该吸收的氢核数目成正比。峰面积常用积分曲线高度表示。积分曲线的画法由左到右，即由低场到高场。积分曲线总高度（用 cm 或小方格表示）和吸收峰的总面积相当，即相当于氢核的总个数。而每一相邻水平台阶高度则取决于引起该吸收的氢核数目。当化合物中氢原子个数已知时，根据积分面积可确定谱图中各峰所对应的氢原子数目，即氢分布；当化合物的元素组成未知时，可根据谱图中能判断氢原子数目的基团，如甲基、羟基等，以此为基准来判断氢原子数目。

二、送样要求

1. 样品纯度应在98%以上。

2. 样品量：连续波 NMR 仪器一般需要 30mg / 0.4ml（约10%）左右，样品量过少不易测得正常图谱。傅里叶变换 NMR 仪器所需样品量取决于累加次数。

3. 推测未知样品是否含有酚羟基、烯醇基、羰基、醛基等官能团，以确定图谱是否需要扫描至810以上。

4. 推测未知样品是否含有活泼氢，以视是否需要进行重水交换实验。

三、^1H-NMR 谱的一般解析步骤

1. 首先检查图谱是否正常，主要包括基线是否水平？内标物 TMS 的峰位是否为零？内标物或某些峰是否有尾波，且尾波是否呈衰减对称（因为尾波可以估计仪器的分辨率是否正常）？积分线在无峰处是否平直，否则据此推算的氢分布不准确。

2. 检查是否样品中含有 Fe 等顺磁性干扰杂质或氧气等造成的谱线加宽效应。

3. 识别溶剂带来的杂质峰。在使用氘代溶剂时，由于其中含有少量为氕代溶剂的质子会在谱图上出现 ^1H 的小峰。若使用普通溶剂，除了正常 ^1H 峰外还要注意旋转边峰和卫星峰。另外，溶剂中常带有少量水，也会出峰。常用氘代溶剂氢谱和碳谱的化学位移值及其峰形参见表 12-3。

4. 对已知化合物，则先算出其不饱和度。

5. 根据各峰的积分高度或积分面积算出各组质子的相对比。若分子中总的氢原子数目已知，则可推算出每组峰的氢原子数。由峰的裂分数以及偶合常数寻找偶合关系，结合各组质子的相对积分比推测邻近基团质子的个数。

6. 由化学位移值以及峰型推测质子相连的原子类型。若是碳原子上的氢原子，可推测是饱和碳、烯碳还是苯环碳上的氢。一般先解析 $CH_3O—$、$CH_3Ar—$、$CH_3C\equiv$ 等孤立的甲基峰，这些甲基峰均为单峰。

7. 解析低场共振峰，例如醛基氢的化学位置 δ 值一般在 10 附近，酚羟基氢 δ 值在 9.5 ~ 15、羟基氢 δ 值在 11 ~ 12，而烯醇氢 δ 值则在更低场 14 ~ 16。

8. 解析苯环氢信号，一般 δ 值在 6.5 ~ 8，经常是一组偶合常数有大有小（邻位偶合较大，而间位、对位偶合较小）的峰。

9. 对于含有活泼氢的样品可对比重水交换前后谱图的变化，以确定活泼氢的峰位及类型。

10. 计算 $\Delta\nu/J$，确定图谱中的一级与高级偶合部分，先解析一级偶合部分，由共振峰的 δ 值一级峰分裂的形状确定归属及偶合系统，再解析图谱中的高级偶合部分。

11. 参考元素分析、红外光谱、紫外 – 可见光谱、质谱以及碳谱等结果进行综合光谱分析。

12. 将图谱与推定的结构进行核对，检查偶合关系与偶合常数是否合理。已发表的化合物可查标准谱图。在多种 ^1H NMR 标准图谱集中图谱最全、应用最多的是 Sadtler（萨特勒）图谱集。可用 Sadtler 图谱集手工查找，也可在 www. bio – rad. com 网站上查找。

四、^1H – NMR 解析示例

例 12 – 5 已知化合物的分子式为 $C_6H_3OBr_3$，其 NMR 图谱如图 12 – 18 所示，峰面积积分比 a：b = 8：4.3。样品溶液经重水交换后 $\delta 5.8$ 处信号消失，试推断其分子结构。

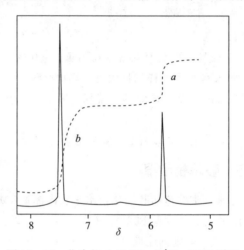

图 12 – 18 化合物 $C_6H_3OBr_3$ 的 ^1H – NMR 谱图

解：

（1）不饱和度 $U = 6 + 1 - (3 + 3)/2 = 4$。

（2）由 $\delta 7 \sim 8$ 峰和 $U = 4$ 可推测有苯环。

（3）已知分子中有 3 个氢，由积分曲线可知两处氢数的比例为 8：4.3，约为 2：1，即 $\delta 7 \sim 8$ 处有两个氢，而在 $\delta 5.8$ 处有一个氢。

（4）$\delta 5.8$ 处的氢经重水交换后消失，说明这是个活泼氢，由分子式可推知其为一个 —OH。

（5）由于两个苯环氢只出现一个单峰，说明这两个氢不是邻位氢，且两个苯氢应该是磁等价氢。

（6）综上推测该化合物的结构为 A 或 B。

（7）用公式计算苯环氢的 δ 值：

$$\delta_A = 7.30 + 2 \times 0.10 - 0 - 0.10 = 7.4$$

$$\delta_B = 7.30 + 0.10 - 0.45 = 6.95$$

与 NMR 谱图对照可知，式 A 为该化合物的结构。

例 12-6 某化合物的分子式为 $C_8H_{12}O_4$，其 ^1H-NMR 图谱如图 12-19 所示，$\delta_a = 1.31$（三重峰），$\delta_b = 4.19$（四重峰），$\delta_c = 6.71$（单峰），$J_{ab} = 7Hz$，峰面积积分值比 a：b：c = 3：2：1，试推断其结构式。

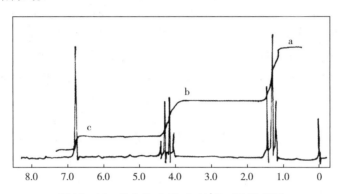

图 12-19 化合物 $C_8H_{12}O_4$ 的 ^1H-NMR 图谱

解：

（1）不饱和度：$U = (2 \times 8 + 2 - 12)/2 = 3$。

（2）由积分值比计算氢分布：峰面积积分值比 a：b：c = 3：2：1，分子式有 12 个 H，可知分子具有对称结构为 a：b：c = 6H：4H：2H。

（3）由 $\Delta\nu/J = (4.19 - 1.31)/7 \times 60 = 24.6 > 10$ 可知，a 和 b 之间的偶合是一级偶合，且是由二个质子（四重峰）与三个质子（二重峰）的偶合关系。

（4）根据 $\delta_a = 1.31$，$\delta_b = 4.19$ 及偶合关系可以推测有 —CH_2CH_3 存在，并均向低场移动，故为 —OCH_2CH_3 型结构。

（5）$\delta_c = 6.71$ 处是一个质子的单峰。由不饱和度可知，其不是芳环质子峰。在如此低场范围内的质子，可能为烯烃质子旁连接一个去屏蔽基团，使烯烃质子进一步去屏蔽，又因分子式中含有 4 个氧原子，可能有羰基，因此推测有 —COC= 型结构。

（6）根据以上提供的信息，化合物中可能有以下结构：

$$CH_3—CH_2—O—\overset{\overset{O}{\|}}{C}—CH=$$

以上正好为分子式的一半，故完整的结构式为烯烃质子为等价质子（化合物结构对称呈现单峰），两个乙氧基峰重叠，此化合物有两种构型，即顺式和反式。

（7）查 Sadtler（10269M）为反式丁烯二酸二乙酯。该化合物结构式为：

$$CH_3—CH_2—O—\overset{\overset{O}{\|}}{C}\overset{\displaystyle\underset{H}{}}{\underset{H}{\overset{}{C}}}=\overset{H}{\underset{\overset{\|}{O}}{C}}—O—CH_2—CH_3$$

第六节 核磁共振碳谱和相关谱简介

一、核磁共振碳谱

碳–13 核磁共振谱（$^{13}C-NMR$），简称碳谱。自然界中存在着两种碳的同位素，^{12}C 和 ^{13}C。由于 ^{12}C 的自旋量子数 I 为 0，因此 ^{12}C 没有核磁共振现象。^{13}C（$I=1/2$）同氢核一样具有共振现象。$^{13}C-NMR$ 信号最早发现于 1957 年，但由于 ^{13}C 的自然丰度只有 1.1%，相对于氢谱的灵敏度还不到 2%，再加上技术等原因，使得 $^{13}C-NMR$ 发展缓慢。直至 60 年代后期，采用脉冲傅里叶变换技术（pulse fourier transform techniques，PFT）测定 ^{13}C 的核磁共振信号以来，$^{13}C-NMR$ 的研究和应用才得以飞速发展。如今，碳谱已经成为有机化合物结构分析中最常用的工具之一。

碳谱的特点主要包括：①具有很宽的化学位移范围，分辨率高。^1H 谱 δ 一般小于 20，而 ^{13}C 谱 δ 一般在 0~250，所以 ^{13}C 谱能够直接提供碳骨架信息，尤其在检测无氢官能团，如羰基、氰基和季碳等方面，^{13}C 谱比 ^1H 谱更有优势。②碳原子的弛豫时间 T_1 较长，能够被准确测定，根据 T_1 可判断结构归属，进行构象测定。③灵敏度低。由于 ^{13}C 的自然丰度仅为 1.1%，且其磁旋比 γ 小，只是 ^1H 的 1/4，已知磁共振的灵敏度与 γ^3 成正比，所以 ^{13}C 谱的灵敏度相当于 ^1H 谱的 1/5800。由此，其所需样品量比 ^1H 谱大，在测定时还需多次扫描，进行长时间的信号累加。④谱图复杂。分子中多数碳都直接或间接地与质子发生偶合，致使 $^{13}C-NMR$ 图谱上碳的信号产生严重分裂，信号叠加，图谱复杂难解，从而使碳谱的灵敏度进一步降低。不过，去偶技术可以消除偶合，使图谱简化，且由质子去偶造成的核 Overhause 效应，使信号增强。⑤信号强度与碳原子数目不成比例。在测定 ^{13}C 谱时，^{13}C 的灵敏度与各碳的弛豫时间有关，而 ^{13}C 共振峰通常是在非平衡条件下进行观测的，且各种不同基团上的碳原子的弛豫时间相差较大，加之采用去偶技术时，对不同基团上的碳原子引起的 NOE 增益又不同，所以碳谱的谱峰强度与碳原子数并不成比例关系，这也是 ^{13}C 谱的一个缺点。

（一）^{13}C 谱的化学位移

$^{13}C-NMR$ 谱与 ^1H-NMR 谱的基本原理相同，化学位移（δ_C）的定义以及表示法也与 ^1H 谱一致，内标物亦采用 TMS 作为 ^{13}C 化学位移的零点。

前面所讨论的影响质子化学位移的各种结构因素基本上对 ^{13}C 谱的化学位移都有影响，但由于 ^{13}C 核外的 p 电子云是非球形对称的，使得 δ_C 主要受顺磁屏蔽的影响，使 ^{13}C 核的核磁共振信号大幅度移向低场。顺磁屏蔽的强弱主要取决于碳的电子基态与最低电子激发态的能量差，差值越小，顺磁屏蔽效应越大，δ_C 也越大。此外，取代基对 ^{13}C 化学位移的影响要延伸好几个碳原子，并且取代基的影响具有加和性。若将氢谱和碳谱对照不难看出，各种类型的 ^1H 和 ^{13}C 的 δ 从高场到低场依次平行，少数除外。例如，①δ_C 值受碳原子杂化影响顺序与 δ_H 平行。以烷烃质子、烯烃质子和炔烃质子为例，它们的化学位移 δ_H 顺序为：烷烃质子 < 炔烃质子 < 烯烃质子，而 ^{13}C 谱中，sp^3 杂化的碳信号出现在高场，δ_C 值在 –20~100，sp 杂化的碳信号出现在 δ_C 70~100，而 sp^2 杂化的碳信号出现在低场，一般在 120~240。②取代基电负性对 α 位 CH_2 的影响也平行。取代基电负性越大，去屏蔽越强，α 碳化学位移越大；但对 β 碳的影响则近似为常数。

表 12-12 给出了常见官能团的 ^{13}C 化学位移，可供了解各种因素对 δ_C 值的影响，并可作为碳谱解析的参考。

表 12-12　常见官能团的 δ_C 值

类型	化合物	δ_C	类型	化合物	δ_C
烷烃	环丙烷	0 ~ 8	不饱和烃	炔烃	75 ~ 95
	环烷烃	5 ~ 25		烯烃	100 ~ 143
	RCH_3	5 ~ 25		芳环	110 ~ 133
	R_2CH_2	22 ~ 45	羰基	$RCOOR$	160 ~ 177
	R_3CH	30 ~ 58		$RCONHR$	158 ~ 180
	R_4C	28 ~ 50		$RCOOH$	160 ~ 185
卤代烷	CH_3X	5 ~ 25		$RCHO$	185 ~ 205
	RCH_2X	5 ~ 38		$RCOR$	190 ~ 220
	R_2CHX	30 ~ 62			
	R_3CX	35 ~ 75	其他	RCH_2P	10 ~ 25
胺	CH_3NH_2	10 ~ 45		RCH_2S	22 ~ 42
	RCH_2NH_2	44 ~ 55		$RC\equiv N$	110 ~ 130
	R_2CHNH_2	50 ~ 70		$Ar-O$	130 ~ 160
	R_3CNH_2	60 ~ 75		$Ar-N$	130 ~ 150
醚	CH_3OR	45 ~ 60		$Ar-P$	120 ~ 130
	RCH_2OR	42 ~ 70		$Ar-X$	120 ~ 160
	R_2CHOR	65 ~ 77			
	R_3COR	70 ~ 83			

（二）偶合常数与去偶方法

1. 偶合常数　偶合的 ^{13}C-NMR 谱与 ^{1}H-NMR 谱类似，出现谱线的多重性，且裂分的数目与偶合核的自旋量子数以及核的数目有关。对于自旋量子数 $I=1/2$ 的自旋核，偶合符合 $(n+1)$ 律。例如图 12-16——丙酮的偶合谱和去偶合谱，其偶合谱中 CH_3 被 ^{1}H 裂分为四重峰（$^{1}J=125.5$ Hz），羰基碳虽不直接与 ^{1}H 相连，但相隔两个键，有 6 个氢，故被裂分为七重峰（$^{2}J=5.5$ Hz），它们在相应的宽带去偶谱中就只有两个峰。因偶合常数在 ^{13}C 谱中没有在 ^{1}H 谱应用广泛，所以在此不再赘述。

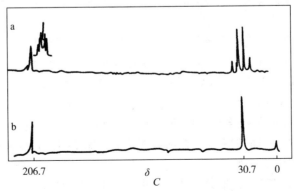

图 12-20　丙酮的偶合谱（a）和宽带去偶合谱（b）

2. 去偶方法 碳与其相连的质子偶合常数很大，$^1J_{CH}$ 一般为 $100 \sim 200$Hz。^{13}C 与 ^{1}H 的偶合往往使 ^{13}C - NMR 谱图变得很复杂，不易识别，所以在实验中常常采用各种去偶方法，屏蔽某些或全部偶合作用，以简化图谱。常用的去偶方法主要有以下三种：

（1）质子宽带去偶法（broad band decoupling） 也称噪声去偶法（proton noise decoupling），是在扫描时同时采用一个强的去偶射频在可使全部质子共振的频率区照射，覆盖全部质子的共振频率，以屏蔽掉所有 ^{1}H 核对 ^{13}C 核的偶合影响，使每个碳核在谱图上只表现成一个单峰。去偶时伴随的 NOE（nuclear overhauser effect）效应会使 ^{13}C 核的信号强度增强。质子去偶虽然简化了图谱，但也丢失了与 ^{13}C 核直接相连的 ^{1}H 核的偶合信息，因而无法辨别伯碳、仲碳和叔碳。

（2）偏共振去偶法（off - resonance decoupling） 也是在测定 ^{13}C 谱时加一个照射射频，不同的是其中心频率不在 ^{1}H 的共振区中间，而是比 TMS 的 ^{1}H 共振频率高约 $100 \sim 500$Hz，与各种质子的共振频率偏离。这种方法使与 ^{13}C 核在一定程度上去偶，但直接相连的 ^{1}H 核的偶合作用却得以保留，但偶合常数较未偶合时偏小。偏共振去偶法可得到甲基碳的四重峰、亚甲基碳的三重峰、次甲基碳的双峰，只是裂距变小。该方法既使碳骨架结构变得清晰，又不会造成图谱复杂，弥补了质子宽带去偶法的不足。

（3）选择性质子去偶法（selective proton decoupling），是对 ^{13}C - NMR 信号进行归属时最常用的方法之一。在质子信号归属确定的前提下，用某一特定质子共振频率的射频照射该质子，以屏蔽该质子对 ^{13}C 核的偶合，从而简化与该质子直接相连的 ^{13}C 的信号谱线，使其以单峰出现，以此确定相应 ^{13}C 信号的归属。

（4）DEPT 谱，即无畸变极化转移技术（distortionless enhancement by polarization transfer），是通过设置不同的 ^{1}H 核的第三脉冲宽度（θ），从而使甲基、亚甲基和次甲基显示不同的信号强度和符号。季碳原子在 DEPT 谱中不出峰。当 θ 为 45° 时，甲基、亚甲基和次甲基均出正峰；θ 为 90° 时，只有次甲基为正峰；θ 为 135° 时，甲基、次甲基显示正峰，而亚甲基为负峰。

（三）^{13}C - NMR 谱解析的一般方法

1. 由分子式计算不饱和度。

2. 分析 ^{13}C 的质子宽带去偶谱，识别重氢试剂峰，排除干扰后进行分子对称性分析。分子式中碳的数目可以说明该分子是否有对称性。若谱线数小于分子式中碳原子数，说明分子有对称性基团，谱图中相对较强的峰为化学环境相同的两个或两个以上碳的重叠峰。

3. 由各峰的 δ_C 值分析 sp^3、sp^2、sp 杂化碳的类型，并核对不饱和度是否吻合。若某碳向低场位移较大，说明该碳与电负性较大的原子相连。此外可由 C=O 的 δ_C 值来判断醛、酮或羧基。

碳谱大致分为三个区：①脂肪链碳原子区 $\delta_C < 100$，饱和碳在不连接电负性大的原子时 δ_C 一般 < 55；炔碳原子 δ_C 一般在 $70 \sim 100$，这是不饱和碳原子的特例。②不饱和碳原子区（炔碳例外），δ_C 一般在 $90 \sim 160$。③羧基或叠烯区，δ_C 一般 > 165。若 $\delta_C > 200$，则该碳一定是醛或酮类化合物；δ_C 在 $160 \sim 170$ 附近时则一般是连有杂原子的羧基。

4. 碳原子级数的确定：由偏共振谱分析的每个不同环境碳与氢相连的数目，识别伯、仲、叔、季碳，结合 δ_C 值推导可能的基团以及与之相连的可能基团。若与碳相连的氢原子数与分子不相符则应考虑活泼氢存在的可能。

5. 结合以上分析，推出可能的分子结构，此时也可通过经验计算进行验证。

6. 化合物结构复杂时，可与氢谱、质谱、红外光谱以及紫外 - 可见光谱等进行综合解析，必要时还可通过测定 T_1 来辅助解析。

（四）解析示例

例 12 – 7 某化合物 $C_5H_{11}Cl$ 的 $^{13}C-NMR$ 谱如图 12 – 21 所以，a、b、c、d 峰的化学位移值分别为 $\delta_a 22.0$，$\delta_b 25.7$，$\delta_c 41.6$，$\delta_d 43.1$。试推导其结构。

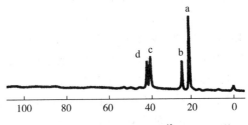

图 12 – 21　化合物 C_7H_9N 的 $^{13}C-NMR$ 谱

解：

（1）不饱和度 $U = (2 \times 5 + 2 - 1 - 11)/2 = 0$，说明该分子内不存在不饱和键，为饱和氯代烃。这与四条峰都在 sp^3 碳的范围相符合。

（2）分子式中的碳原子数多于谱图中的峰数，说明分子中有对称因素。

（3）$\delta_a 22.0$ 为 CH_3 峰，且峰强度大，与 b 峰相比较可推测该分子中可能含有两个对称的 CH_3。$\delta_b 25.7$ 应该为 CH 峰，而 $\delta_c 41.6$ 和 $\delta_d 43.1$ 均应该为 CH_2 峰，只是由于它们所处的化学环境不同而使其化学位移略有不同。

（4）由上面的分析可以推测该分子结构有以下两种可能：

$$\begin{array}{cc} \begin{matrix} CH_3 \\ \diagdown \\ CH-CH_2-CH_2Cl \\ \diagup \\ CH_3 \end{matrix} & \quad 或 \quad \begin{matrix} CH_3CH_2-CH-CH_2CH_3 \\ | \\ Cl \end{matrix} \\ A & B \end{array}$$

（5）通过对上面两个分子式的对比分析可以看出，分子 A 存在四种类型的碳，与谱图的碳峰数相符；而分子 B 仅有三种类型的碳原子，与谱图上的碳数不相符，且分子 B 中的两个 CH_2 化学位移相同，这与（3）相矛盾。因此，该化合物的分子结构应该为分子 A。

二、二维核磁共振谱相关谱

前面讲到的 ^1H-NMR 谱和 $^{13}C-NMR$ 谱均是一维图谱（one dimentional NMR，1D – NMR），即以横坐标代表化学位移（频率），纵坐标代表信号强度构成的图谱。（2D – NMR）是将化学位移 – 化学位移或化学位移 – 偶合常数对核磁信号做二维展开形成的图谱。2D – NMR 一般分为以下三类：

（1）二维 J 分解谱（J resolved spectroscopy），一般不提供比一维谱更多的信息，只是将不同的 NMR 信号分解在两个不同的轴上，使重叠在一起的一维谱的化学位移和偶合常数分解在平面上，便于解析。二维 J 分解谱又可分为同核和异核 J 分解谱。

（2）二维化学位移相关谱（chemical shift correlation spectroscopy，简称 COSY 谱）是检测核的自旋偶合及偶极相互作用等核自旋间的相互作用的技术。二维相关谱分为同核化学位移相关谱、异核化学位移相关谱、化学交换和 NOE 二维谱等。

（3）多量子谱（multiple quantum spectroscopy）：通常所测定的核磁共振谱线为单量子跃迁（$\Delta m = \pm 1$）。发生多量子跃迁时 Δm 为大于 1 的整数。用特定的脉冲序列可以检出多量子跃迁，从而得到多量子跃迁的二维谱。

本章只简单介绍^{1}H-^{1}H 相关谱和^{13}C-^{1}H 相关谱。

1. 氢-氢化学位移相关谱（^{1}H-^{1}H COSY 谱）　^{1}H-^{1}H COSY 谱是^{1}H 核与^{1}H 核之间的化学位移相关谱。^{1}H-^{1}H COSY 谱可以确定质子的化学位移、质子之间的偶合关系以及连接顺序。^{1}H-^{1}H COSY 谱因使用的基本脉冲序列不同分为^{1}H-^{1}H COSY 90°谱（一般的 COSY 谱）、COSY 45°谱、远程偶合^{1}H-^{1}H 谱（LR-COSY）、自旋回波相关谱（SECSY）、双量子滤波 COSY 谱（DQF-COSY）、相敏 COSY 谱（PH-COSY）等。

从对角线两侧成对称分布的任一相关峰出发，向两轴做 90°垂线，在轴上相交的两个信号即为相互偶合的两个^{1}H 核。在只有单重偶合存在时，一个^{1}H 核信号在^{1}H-^{1}H COSY 90°谱图上只有一个相关峰，但当有多重偶合影响时，则可能表现出不止一个的相关峰。

现以间二硝基苯的相关谱为例（图 12-22）来详述^{1}H-^{1}H COSY 90°谱的解析过程。两个相同的化学位移轴相互垂直，以 $F1$、$F2$ 表示，在每一轴的上方都画出独立的一维谱图；信号强度则以等高线表示。通常所见的一维谱图出现在对角线 ABC 上，这相当于在一维谱图中三组峰（H_2峰对应等高线 A，同理 H_4（或 H_6）对应 B，H_5对应 C）。这些对角线不给出任何新的信息。离开对角线的峰称为交叉峰（如 a 和 a′、b 和 b′），它能给出一维谱图所不能给出的信息。交叉峰在图中的位置为 δ_i/δ_j 或 δ_j/δ_i，相当于质子 i 和 j 的化学位移，表明了两者之间的相关性。每对偶合核给出两个交叉峰，它与对角线相互构成正方形的四个角。例如，H_2 与 H_4（或 H_6）偶合，则其交叉峰（a 和 a′）出现在一维谱中 H_2 的化学位移，以及在另一个一维谱中的 H_4（或 H_6）的化学位移的两个交叉处。若 H_4（或 H_6）与 H_5偶合也同样得到两个交叉峰（b 和 b′）。由此可以分析所得的谱图。首先从对角线开始，因为其归属是已知的，只要通过以对角线为正方形的一个角，作出二轴平行线，画出相关的正方形来确定各类质子的归属。

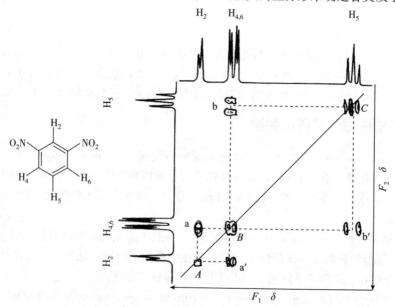

图 12-22　间二硝基苯的^{1}H-^{1}H COSY 90°谱

2. 碳－氢化学位移相关谱（$^{13}C-^1H$ COSY 谱）　$^{13}C-^1H$ COSY 谱也称异核相关谱，其 F_1 轴是一维 ^1H-NMR 谱，F_2 轴为质子宽带去偶 $^{13}C-NMR$ 谱，即以 ^1H 和 ^{13}C 核的化学位移为横坐标，以等高线图的交叉峰表示 ^{13}C 核与直接相连的 ^1H 核的偶合关系，因此季碳（如羰基碳）就不出现交叉峰。同理，羟基上的氢信号也不会出现相关峰。用这种技术对较复杂的有机分子进行异核相关处理鉴定其结构，可方便地找出相互作用的核，把 δ_H 与该氢相连的碳的 δ 联系起来。因此，$^{13}C-^1H$ 二维谱极有利于阐述两类核的归属及相应结构，常用于解决会产生严重重叠的质子谱的解析。

下面以香叶醇的 $^{13}C-^1H$ COSY 谱（图 12-23）为例来详细说明各氢核与碳核的相关性。

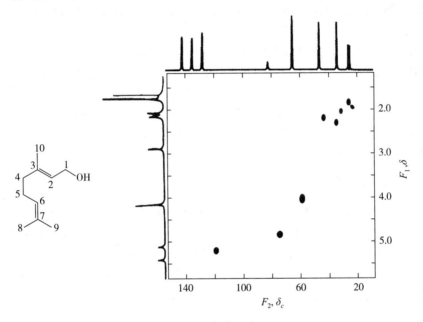

图 12-23　香叶醇的 $^{13}C-^1H$ COSY 谱

碳谱的 10 条峰线由高场至低场用字母 a 至 j 表示。^1H 谱与 ^{13}C 谱的相关关系详见表12-13。i，j 无相关峰，分别为 δ_{C-7} 和 δ_{C-3}。

表 12-13　香叶醇的 $^{13}C-^1H$ COSY 谱中 ^1H 核与 ^{13}C 核的对应关系

^1H 谱		^{13}C 谱	
δ 值	氢核位置	相关 δ_C	峰位
1.6	8-位 CH_3	δ_{C-8}	b峰
1.7	10-位 CH_3	δ_{C-10}	a峰
1.72	9-位 CH_3	δ_{C-9}	c峰
2.02	4-位 CH_2	δ_{C-4}	e
2.09	5-位 CH_2	δ_{C-5}	d
3.8	OH峰	无	
4.34	1-位 CH_2	δ_{C-1}	f
5.1	6-位 CH	δ_{C-6}	g
5.42	2-位 CH	δ_{C-2}	h

通常的 $^{13}C–^1H$ COSY 谱只能观察 $^1J_{CH}$ 范围内的偶合作用，属于近程相关谱。在化学位移相关谱中，还有侧重表现远程偶合关系的远程氢–氢相关谱及远程碳–氢相关谱，用于判断同核 ($^1H–^1H$) 以及异核 ($^{13}C–^1H$) 之间的远程偶合关系。

第七节　电子顺磁共振波谱法简介

电子顺磁共振 (electron paramagnetic resonance，EPR)，亦称电子自旋共振 (electron spin resonance，ESR)，是针对具有顺磁性物质的波谱学方法。自从 1945 年前苏联科学家 Zavoisky 在固体中观察到电子顺磁共振这一奇妙的物理现象以来，电子顺磁共振波谱学已经有了近 70 年的发展历史。

电子顺磁共振波谱学的研究对象是具有未成对电子的物质，如具有奇数个电子的原子、分子以及内电子壳层未被充满的原子或离子，受辐射作用产生的自由基及半导体、金属等。通过共振谱线的研究，可以获得有关分子、原子及离子中未成对电子的状态及其周围环境方面的信息，从而得到有关物质结构和化学键的信息。该方法最大的特长和重要性就在于它是迄今为止测量物质中未成对电子的唯一直接方法，因此，电子顺磁共振是一种重要的近代物理实验技术，被广泛应用于物理、化学、材料、生物、医学等领域。

一、电子顺磁共振条件

电子与质子一样具有 1/2 的自旋量子数，在强磁场 H 的影响下将发生赛曼能级分裂，裂距 ΔE，(g 为波谱分裂因子，简称 g 因子或 g 值；β 是玻尔磁子，值为 $9.274 \times 10^{-24} J \cdot T^{-1}$)。只是由于电子所带的电荷与质子相反，故自旋低能级对应的是 $m_s = -1/2$。当在垂直于静磁场方向加上一个频率为 ν 的电磁波，当电磁波的能量与塞曼能级间距满足时 (h 为普朗克常数) 就会发生物质从电磁波吸收能量的共振现象，这点与核磁共振发生条件相同。

$$h\nu = g\beta H \qquad (式 12–16，EPR 共振方程式)$$

所谓的赛曼能级分裂是指与赛曼发现的在强磁场中金属钠的光谱线被分裂成几条次级谱线类似的现象的统称，也叫赛曼效应。如果赛曼能级分裂是由于核自旋磁矩与外加磁场相互作用而产生的，与这种核塞曼能级间的跃迁相对应的磁共振现象就是前面介绍的核磁共振 (NMR)。如果赛曼能级分裂是由于电子自旋磁矩与外加磁场相互作用而产生的磁共振则是电子顺磁共振 (EPR)。核赛曼能级间隔约是电子塞曼能级间隔的千分之一，因此在实验室常用的磁场范围数千高斯内，电子顺磁共振发生在微波波段，而核磁共振发生在射频波段 (如图 12–1)。EPR 与 NMR 的主要区别参见表 12–14。

表 12–14　EPR 与 NMR 的主要区别

	NMR	EPR (ESR)
研究对象	具有磁矩的原子核	具有未成对电子的物质
共振频率	射频波段 (~23MHz)	微波波段 (9.37GHz)
共振条件	$\Delta E = h\nu = \mu H_0 / I$	$\Delta E = h\nu = g\beta H$
β 磁子 ($J \cdot T^{-1}$)	称为核磁子，^1H 的 $\beta = 5.05 \times 10^{-27}$	称为玻尔磁子，电子的 $\beta = 9.274 \times 10^{-27}$

续表

	NMR	EPR（ESR）
g 因子	^1H 核的 g 因子 $g_N = 5.5855$	自由电子的 g 因子 $g_e = 2.0023$
结构表征的主要参数	化学位移 δ 和偶合常数 J	超精细裂分常数 α
常用谱图形式	核吸收谱的吸收曲线和积分曲线	电子吸收谱的一级微分曲线或二级微分曲线

二、电子顺磁共振波谱仪

EPR 仪器的设计原理与 NMR 相似，其辐射源是一个速调管，用以产生一定频率的单色微波辐射，此辐射通过波导管传递给样品，共振则通过一个 Helmholtz 线圈来调节接收。EPR 波谱仪主要由电磁场系统、微波系统、样品谐振腔、信号检测与放大系统以及计算机等几部分构成。其简单示意图如图 12−24 所示。其中微波系统由微波源和微波桥组成，以提供自旋系统发生能级跃迁所需要的辐射能量并采集谐振腔反射的信号；样品谐振腔是储存微波能量，也是放置样品和样品发生共振吸收的场所，置于两块磁铁中间，作用是放大来自样品的微弱信号。

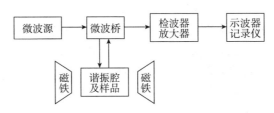

图 12−24　EPR 波谱仪组成简单示意图

由电子共振方程式 $h\nu = g\beta H$ 可知，由于式中 h 和 β 分别为普朗克常数和电子的玻尔磁子，均为常数；g 因子是样品的波谱分裂因子，对指定的样品而言，它是个常数。所以式中只有尾波频率 ν 和磁场强度 H 是两个可以调节的参量，由此产生两种不同类型的扫描方式：一种是固定频率，通过改变磁场强度来寻找共振点的扫描方式，称为扫场式波谱仪；另一种是固定磁场强度，扫描频率搜索共振点的扫描方式，称为扫频式波谱仪。理论上，磁场强度和频率均可以在很宽的范围内变化以满足共振条件，但从技术要求角度考虑，目前电子顺磁共振波谱仪主要采用扫场的模式。表 12−15 列出了目前电子顺磁共振波谱仪所采用的典型波段、频率以及对应的共振磁场强度关系。其中以 X 波段应用最为广泛。

表 12−15　不同波段，$g = 2$ 的信号所对应的共振磁场

波段	频率（10^9 Hz，GHz）	共振场（$g = 2$）（mT）
L	1.1	39.2
S	3.0	107.0
X	9.75	348.0
Q	34	1200
W	94	3400

注：本书中共振磁场的单位采用的是特斯拉（T），现多用高斯（G），$1T = 10^4 G$

三、EPR 波谱的主要参数

EPR 波谱是样品吸收的微波功率相对于磁场强度变化的函数曲线。常见的 EPR 波谱仪记录的是吸收波谱的一次微分信号，主要有四个参数（如图 12-25）：g 因子（或 g 值）、超精细分裂常数 α、谱线峰–峰宽度（ΔH_{pp}）以及谱线强度（H_{pp}）。这些波谱参数提供的信息能够比较深入地反映被研究体系内部微环境的特征，包括被测样品的物理、化学、生物学特征，例如自旋浓度、弛豫特征、运动状态、配位结构和电荷密度分布等等。下面就这四个参数做一简单介绍：

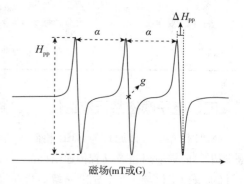

图 12-25 EPR 波谱的基本参数

1. g 因子（或 g 值） 由共振条件 $h\nu = g\beta H$ 可知，h 和 β 均为常数，当微波频率固定后，ν 亦为常数，所以在扫场时 g 与 H 为反比关系，说明此时可用 g 因子表明共振场的位置。g 因子在本质上反映出一种物质分子内局部磁场的特征，这种局部磁场主要来自轨道磁矩。自旋运动与轨道运动的偶合作用越强，则 g 因子对自由电子的 g 因子（g_e）的增值越大，因此 g 因子能提供分子结构的信息。换言之，g 值是由化合物的电子结构决定的，即每个化合物均具有特定的 g 值，它与核磁共振中的化学位移相当。对于只含有 C、H、O、N 的自由基而言，其 g 值非常接近 g_e（$g_e = 2.0023$），其增值只有千分之几。当单电子定域在硫原子上时，g 值约为 $2.02 \sim 2.06$。但多数过渡金属离子及其化合物的 g 值均远离 g_e，因为其轨道磁矩与自旋运动的偶合作用很大。

2. 超精细分裂常数 α 在 EPR 工作的微波波段条件下，核自旋不能引起核磁共振，但核自旋却可以通过与电子自旋的相互作用来对电子顺磁共振波谱产生重大影响。这种电子与原子核之间的相互作用被称为超精细相互作用（hyperfine splitting interaction），其结果是产生超精细结构。超精细结构能够提供未成对电子周围的环境信息，例如与其相互作用的磁性核的种类、数量、核自旋大小、空间排布、化学键性质等，是鉴别自由基种类的"指纹"信息。超精细分裂常数就用分裂的谱线在磁场横坐标上的间隔来表示，如图 12-21 所示。在各向同性体系中，来自同一个等性核的超精细分裂间隔相等，不等性核的超精细分裂不等。

大多情况下，溶液自由基样品中含有多个磁性核，因而有复杂的超精细结构，其 EPR 波谱符合"二项式"系数表示法，这点类似于 NMR。即当一个 $S = 1/2$ 的电子自旋受 n 个 $I = 1/2$ 的核自旋作用时，其 EPR 谱线分裂规律 $n+1$ 律。

以上讨论的是分子中只含有一个未成对电子的情况，但当分子中含有两个或两个以上未成对电子时会因电子之间的偶极–偶极相互作用以及自旋–轨道偶合作用而在无外磁场时就能发生赛曼能级分裂，这种现象被称为"零场裂分"。零场裂分的结果是产生"精细结构"。EPR 波谱的精细结构是研究零场裂分（特别是有机三重态分子）能级结构和电子态的唯一直接方法。

3. EPR 谱线的线型、线宽（ΔH_{pp}）和强度（H_{pp}） EPR 吸收波谱大致分为高斯型（Guass）和劳伦兹型（Lorentz）以及二者的混合型几种。高斯型波谱和劳伦兹型波谱在形态上有明显的差别（如图 12-26 所示）：高斯型波谱中部较宽，但两翼收敛较快；而劳伦兹型波谱的中部较窄，但两翼伸开较远、较长。劳伦兹型波谱是溶液中分子快速运动均匀交换的结果，而高斯型波谱则是分子慢速运动，或者是多个快速运动波谱叠加的结果，所以由 EPR 波谱的形态可以判断分子的运动的运动特征。大多情况下，实验所测的都是混合型波谱，可以通过软件计算谱图中二者的比例，从而详细了解分子的运动情况。

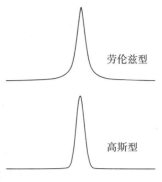

图 12 – 26 吸收波谱的基本类型

所谓的 EPR 谱线线宽是指峰 – 峰线宽 ΔH_{pp}，如图 12 – 26 所示。线宽能够反映被测体系的弛豫特征，其原理是吸收波谱的线宽 ΔH_{pp} 直接与电子的弛豫时间 T_e 相关，二者的关系式如下：

$$\Delta H_{pp} = \frac{1}{T_e} \cdot \frac{h}{2\pi g\beta} \qquad (12 – 17)$$

吸收波谱曲线下包围的面积正比于样品中所含的自旋浓度，也就是正比于不成对电子的总数，因此精确测量谱线强度具有重要的价值。需要注意的是，谱线强度与微波功率有关，应该在功率不饱和的条件下进行检测。

第八节　自旋捕捉电子顺磁共振

自由基广泛存在于自然界和生物体中，与人类的生命和生活休戚相关。大量研究证实，诸如活性氧（ROS）、活性氮（NOS）等活泼自由基是生物体正常有氧代谢的产物，参与了众多生理和病理过程。研究数据表明，20% 以上的疾病，共约有 100 多种都与活泼自由基直接相关，因此，活泼自由基的生物学作用研究成为现代生命科学研究中的热点课题。自由基本身具有性质活泼和反应性强的特点，因此，在生理条件下或常温化学实验条件下，大多自由基的寿命短、不稳定。例如，超氧阴离子自由基的寿命在室温下约为 $1\mu s$，而羟基自由基的寿命一般仅为 $10^{-9} s$，这是常规 EPR 波谱仪所无法直接检测的。为了克服常规 EPR 的这个局限性，一方面人们努力提高 EPR 的灵敏性、提高其检测限，研制出可直接测量 $10^{-3} \sim 10^{-7} s$ 甚至更短寿命的不稳定自由基的时间域 EPR 波谱仪，另一方面低温 EPR、快速混合系统和停留装置等技术的联合使用在一定程度上能够解决自由基寿命短的问题，但其生物应用仍受到很大限制。直至 20 世纪 60 年代晚期，EPR 自旋捕捉（或自旋捕获、自旋捕集，spin trapping）技术的问世才使得 EPR 技术在生物体中得到了广泛应用。

一、自旋捕捉技术的基本原理

自旋捕捉技术是一种短寿命自由基检测技术，其原理为：自旋捕捉剂（一般为硝酮类化合物）与活泼自由基发生加成反应生成更加稳定的氮氧自由基加合物，可在常温下进行 EPR 检测，并通过分析加合物特有的 EPR 谱图（如超精细分裂常数 α、线宽、线型等），可推知反应前的自由基属性，是一种有效的自由基定性和定量方法。自旋捕捉技术的基本原理示意图如图 12 – 27 所示，图 12 – 28 给出了几种常见捕捉剂捕获羟基自由基、超氧阴离子自由基和甲基自由基后所得的氮氧加合物的 EPR 谱图及超精细分裂常数。该技术不仅能够检测超氧、羟基、一氧化氮等顺磁性小分子，还能获知分离的或复杂体系的蛋白质、脂质、DNA/RNA 及多糖等生物大分子自由基的信息，有效地推动了自由基生物医学的发展。

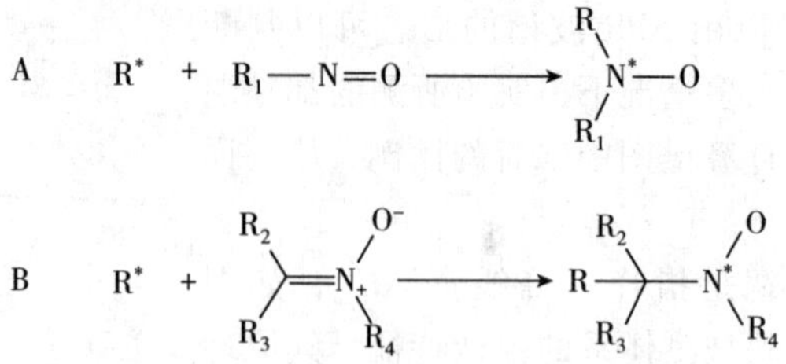

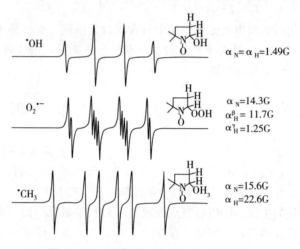

图 12 - 27　捕捉剂的捕捉原理示意图

A. 亚硝基化合物作为捕捉剂；B. 硝酮类化合物作为捕捉剂

$\cdot$OH　　$\alpha_N = \alpha_H = 1.49G$

$O_2^{\cdot-}$　　$\alpha_N = 14.3G$
$\alpha_H^\beta = 11.7G$
$\alpha_H^\gamma = 1.25G$

$\cdot CH_3$　　$\alpha_N = 15.6G$
$\alpha_H = 22.6G$

图 12 - 28　捕捉剂对典型自由基的捕捉

二、常见的自旋捕捉剂

1. 自旋捕捉剂的种类　传统的自旋捕捉剂主要有亚硝基类化合物和硝酮类化合物两大类，硝酮类捕捉剂按分子结构又有线性硝酮和环状硝酮之分。常见捕捉剂的分子结构如下：

亚硝基类自旋捕捉剂：

MNP

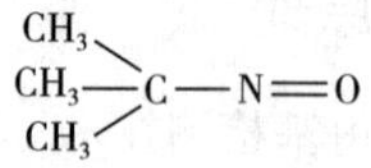

线性硝酮自旋捕捉剂：

PBN

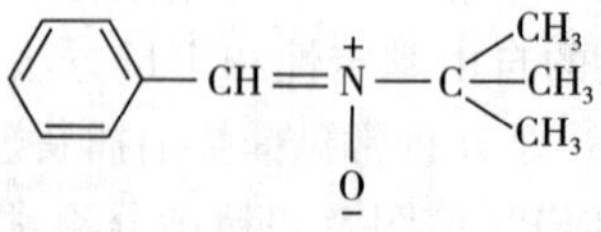

PPN

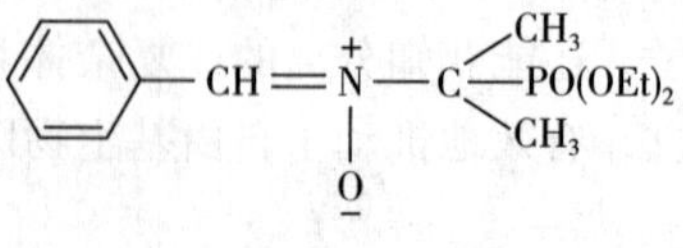

环状硝酮自旋捕捉剂：

亚硝基类自旋捕捉剂的代表化合物为 MNP（2-甲基-2-硝基丙烷），它的突出特点是能很好地反映自由基的结构信息，能够区分自由基中心含磁性核的原子，进而识别中心原子的种类。但 MNP 对光、热、空气均不稳定，易被分解成叔丁基自由基而被自身捕获，形成很强的干扰信号。此外，MNP 亦易形成二聚体，从而失去捕捉自由基的功能。

PBN（苯基-N-叔丁基硝酮）是线性硝酮类自旋捕捉剂的代表化合物，目前已被广泛应用于自由基研究领域。该化合物为无色针状晶体，对光、热及空气均不敏感，合成路线简单，产率高，且易于纯化，是实验室进行自由基分析最为常用的一种自旋捕捉剂。但 PBN 也有其缺点：①PBN 是强脂溶性化合物，不溶于水的弱点使其无法应用于水相体系。②无法捕捉超氧阴离子自由基是其最大的弊端。③捕捉自由基后所得加合物的 EPR 谱图通常十分相似，难于区分和辨别自由基的分子结构特征，因此 PBN 只适于检测某体系内的总体自由基水平。另一个线性硝酮捕捉剂 PPN 在超氧捕获能力方面得到了改善，其与超氧反应后所得的加合物的稳定性得到了明显增强。

作为环状硝酮自旋捕捉剂的代表，DMPO（5,5-二甲基-1-吡咯啉 N-氧化物）也是一种最常见的应用广泛的商产化捕捉剂。与 PBN 不同，DMPO 具备很好的水溶性，且易于解析和辨别体系中同时捕捉到的多种不同分子结构的自由基，同时具有捕捉超氧和羟基自由基的能力。但是 DMPO 与超氧离子反应所得的加合物稳定性较差，很容易衰变成羟基自由基加合物的信号，因此易对实验结果分析造成困扰。另外，DMPO 分离提纯困难，且对光和空气敏感也是其缺点。

继 DMPO 发展起来的另一种环状硝酮捕捉剂 DEPMPO 在某种程度上弥补了 DMPO 与超氧加合物不稳定的缺点，它在硝酮 N-端的 β 位上的磷酰基大大延长了其与超氧加合物的寿命（半衰期约 780s），较 DMPO 超氧加合物（半衰期为 50s）提高了 14 倍。DEPMPO 几乎具备 DMPO 的全部优点，同时在对超氧捕捉速率及加合物稳定性方面的进步使其成为了性能优越的环状自旋捕捉剂的代表。

2. 自旋捕捉剂的评判标准　自旋捕捉技术是一种间接检测短寿命自由基的方法，该技术的关键在于自旋捕捉剂的性能。那么评判自旋捕捉剂性能的优良与否，主要依赖如下评判标准：

（1）捕捉剂易合成、易提纯且在常温下稳定。

（2）捕捉剂应能很好地接近自由基的产生位点。

（3）捕捉剂能快速捕捉自由基。

（4）生成稳定、寿命长的自旋加合物。

（5）捕捉剂易与自由基发生特异性反应，且无副反应，由此可通过所得自旋加合物的

EPR 谱图确定捕捉前自由基的结构。

（6）自旋捕捉剂所得的各种自旋加合物的 EPR 信号参数易于识别与区分。

（7）低毒性。

三、新型稳定自旋捕捉剂

对于自旋捕捉剂，过去几十年的研究主要集中于氮氧自由基（nitroxide）和硝酮（nitrone）化合物的结构改造及其功能化。研究者在这方面倾注了大量心血，但进展并不理想，仍存在许多"瓶颈"。例如，氮氧自由基的三线宽信号（线宽为 1.2 – 1.7G，图 12 – 20）限制了 EPR 分析的灵敏性及成像的空间与时间分辨率；在活体内氮氧自由基被快速还原成非顺磁性的羟胺（半衰期仅有几分钟），大大限制了其广泛应用。此外，硝酮化合物的捕捉速率低和生成的加合物稳定性差已成为限制自旋捕捉技术生物医学应用的两个关键因素。

近十年来，一类稳定的全取代三苯甲基（trityl）自由基衍生物，如 CT – 03 和 OX063（图 12 – 29）在 EPR 研究领域受到了广泛关注。原因是 trityl 自由基既拥有狭窄的 EPR 单线信号（空气条件下 EPR 线宽约为 0.180 高斯，约是氮氧自由基线宽的 1/7）又具有高度的稳定性（血液中半衰期达 24h），是一类具有近乎理想性能潜质的 EPR 自旋捕捉剂。空气条件下，trityl类捕捉剂的 EPR 检测灵敏性是氮氧自由基的 150 倍以上。由于 trityl 自由基对氧气的高灵敏性，因此，在无氧条件下 trityl 的检测灵敏性可提高至氮氧自由基的 400 倍左右。相比于氮氧自由基和硝酮化合物，trityl 类自旋捕捉剂的开发及其在 EPR 领域的应用研究仍处于起步阶段。

因 trityl 自由基不仅具备良好的 EPR 性能，而且具有良好的水溶性，现已被开发成为 EPR 波谱和 EPR 成像的探针，逐渐被用于检测和成像细胞外或细胞内氧气、超氧、pH、谷胱甘肽以及整体氧化还原态等方面。值得一提的是 trityl 类化合物在作为超氧阴离子自由基捕捉剂时表现出了喜人的优势，新开发的非全取代的 trityl 自由基——CT02 – H（图 12 – 30）不但对超氧表现出了很好的专一性，而且与超氧反应速率很快，它们反应的二级反应速率常数约为 1.7×10^4 $M^{-1}s^{-1}$，是常用 EPR 自旋捕捉剂 DEPMPO（0.53 $M^{-1}s^{-1}$）的 10^4 倍，突破了传统的自旋捕捉剂所面临的"瓶颈"问题。但 trityl 类化合物合成步骤较氮氧自由基繁琐，产率低等缺点是推广其商品化亟待解决的问题。

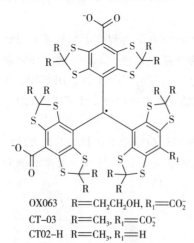

OX063　　R＝CH₂CH₂OH, R₁＝CO₂⁻
CT–03　　R＝CH₃, R₁＝CO₂⁻
CT02–H　R＝CH₃, R₁＝H

图 12 – 29　Trityl 自由基 OX063、CT – 03 和
CT02 – H 的分子结构

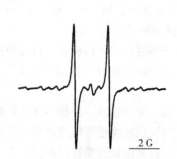

图 12 – 30　Trityl 类自旋捕捉剂 CT02 – H 在
PBS 缓冲溶液中的 EPR 谱图

知识拓展

EPR 外推法测定地质年代

自然界的物质受到电离辐射时会形成顺磁中心，这些顺磁中心的浓度与辐射剂量成正相关，并且因辐射时间的延长而累积增加。用 EPR 法检测这些物质所得 EPR 信号的强度与其顺磁中心的浓度成正比，由此推断地质的年代。通常的做法是在样品采集后，选择不同的剂量对样品进行人为 ^{60}Co 辐射（γ 射线），然后记录其 EPR 波谱，得到信号强度随辐射剂量（Gy）的增加而增强的关系曲线，将此增长曲线反向延伸与横坐标相交，则横坐标上的截距 TD 就是总累积剂量。根据式 $Y = TD/D$ 即可计算地质年代（其中 Y 为地质年代，D（Gy）为年吸收剂量，通常按照样品中放射性同位素含量分析估算），这就是 EPR 法测定地质年代的原理，简称 EPR 外推法。

本 章 小 结

本章主要包括核磁共振波谱和电子顺次共振波谱两部分，主要讲述了核磁共振波谱法和电子顺磁共振波谱法的基本原理及重要相关参数、仪器的主要组成、核磁氢谱和碳谱的一般解析方法、EPR 自旋捕捉技术原理及 EPR 自旋捕捉剂等内容。

核磁共振波谱法（NMR）的理论基础是量子光学和核磁感应理论。本章重点介绍了 NMR 的基本知识，主要介绍了原子核的自旋、核自旋能级分裂、核磁共振吸收条件以及自旋弛豫和饱和现象；核磁共振波谱参数，主要有化学位移（包括表示方法、测定方法、影响因素及其计算方法）和偶合常数（包括自旋分裂的产生、自旋分裂的规律、偶合常数与分子结构的关系以及核的等价性质）；举例讲述了核磁共振氢谱和核磁共振碳谱的解析方法，并简要介绍了其相关谱。

电子顺磁共振波谱法（EPR 或 ESR）是针对具有顺磁性物质的波谱学方法，其研究对象是具有未成对电子的物质。本章简要介绍了电子顺磁共振条件和 EPR 波谱仪及其主要参数，并介绍了常用的自旋捕捉技术及其常见的和新型的自旋捕捉剂。

练 习 题

一、选择题

1. 下列原子中，具有核磁信号的是

A. $^{12}_{6}C$　　　　　　　B. $^{13}_{6}C$　　　　　　　C. $^{16}_{8}O$　　　　　　　D. $^{32}_{9}S$

2. 当氢核发生核磁共振时，其共振频率应满足

A. $v = \mu\beta \dfrac{2H_0 (1-\sigma)}{h}$　　　　　　　　B. $v = \mu\beta \dfrac{2H_0}{h}$

C. $v = \mu\beta \dfrac{H_0 (1-\sigma)}{h}$　　　　　　　　D. $v = \mu\beta \dfrac{2H_0\sigma}{h}$

3. 下列化合物中，亚甲基中质子的化学位移值 δ 的大小顺序为

（a）　　　　　　　　（b）　　　　　　　（c）

A. $\delta_H(c) > \delta_H(a) > \delta_H(b)$　　　　　B. $\delta_H(a) > \delta_H(c) > \delta_H(b)$

C. $\delta_H(c) > \delta_H(b) > \delta_H(a)$　　　　　D. $\delta_H(b) > \delta_H(a) > \delta_H(c)$

4. 下列说法正确的是

　A. 化合等性核一定是磁等价核

　B. 磁等价核一定是化合等性核

　C. 化合等性与磁等价是同一个意思

　D. 二者不可能等同

5. TMS 的化学位移值 $\delta = 0$，始终位于 NMR 谱图的最右端，其含义是

　A. 不产生化学位移　　　　　　　B. 化学位移最小

　C. 化学位移最大　　　　　　　　D. 没有明确的含义

6. $^{13}C - NMR$ 谱的化学位移值范围较 $^1H - NMR$ 谱宽很多的原因是

　A. 自然丰度小，仅为 1.1%

　B. 去偶技术使然

　C. ^{13}C 核外 p 电子云是非球形对称的，使得 δ_C 主要受顺磁屏蔽的影响，使 ^{13}C 核的核磁
　　共振信号大幅度移向低场

　D. 碳原子弛豫时间 T_1 较长的缘故。

7. $^1H - {}^1H$ COSY 谱无法确定

　A. 质子的化学位移

　B. 质子之间的偶合关系

　C. 质子之间的连接顺序

　D. 质子的数目

二、简答题

1. 简述核磁共振波谱法与电子顺磁共振波谱法的相同点与不同点。

2. 简述一般有机物氢谱的解析思路。

3. 简答有机物核磁碳谱的一般解析过程。

4. 简述电子顺磁共振波谱法的原理和优点。

三、计算题

1. 巴豆醛 $CH_3CH^a = CH^bCHO$ 的氢谱中，烯碳质子的化学位移 δ 值分别为 6.87 和 6.03，试确定其分子结构式。

2. 某分子式为 $C_8H_{12}O_4$ 未知化合物的氢谱中，$\delta_a 1.31$（t）、$\delta_b 4.19$（qua）、$\delta_c 6.71$（s），试确定其分子结构。

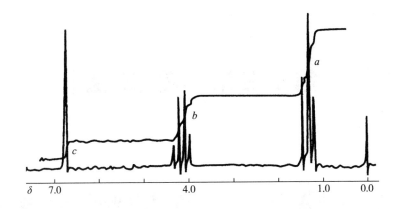

3. 化合物 $C_6H_{11}BrO_2$ 的氢谱中 $\delta_a4.3$、$\delta_b2.1$、$\delta_c1.3$ 以及 $\delta_b1.0$ 处各有一个多重峰，其相对强度比为 $3:2:3:3$，试确定其结构。

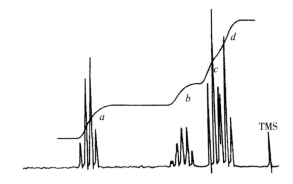

4. 计算下面分子中各碳的化学位移值。

$$\underset{1}{H_3C}\!-\!\underset{2}{\overset{\overset{\textstyle CH_3}{|}}{\underset{\underset{\textstyle CH_3}{|}}{C}}}\!-\!\underset{3}{CH_2}\underset{4}{CH_3}$$

（宋玉光）

第十三章 质 谱 法

学习导引

知识要求

1. **掌握** 质谱法的基本原理；分子离子峰的判断依据；分子离子、碎片离子、亚稳离子、同位素离子以及重排离子；常见有机物的裂解方式及其裂解规律；有机化合物的质谱分析过程。
2. **熟悉** EI 源、CI 源以及 MALDI 源的特点；常见质量分析器的工作原理及功能特点。
3. **了解** 质谱仪的组成。

第一节 概 述

质谱法（mass spectrometry；MS）是利用电磁学原理，应用多种离子化技术，将物质分子转化为气态离子并按质荷比（m/z）大小进行分离和记录，从而分析物质结构的分析方法。进行质谱分析的仪器则称为质谱仪（mass spectrometer）。质谱法可以对有机化合物和无机化合物进行定性和定量分析，并能解析化合物的分子结构，也能对样品中各同位素以及固体表面结构和组成进行分析。

早在 1886 年，Eugen Goldstein 在低压放电实验中观察到正电荷粒子，随后 Wilhelm Wien 发现正电荷粒子束在磁场中发生偏转，这些观察结果为质谱的诞生提供了条件。1906 年英国科学家 J. J. Thomson 发明了质谱法，并于 1912 年研制了世界上第一台质谱仪。1913 年他用这台质谱仪报道了关于气态元素的第一个研究成果，证明了氖元素有 ^{20}Ne、^{22}Ne 两种同位素。1919 年 Francis Aston 研制成新式质谱仪，并用其发现了多种元素都有同位素，研究了 53 个非放射性元素，发现了天然存在的 287 种核素中的 217 种，并第一次证明原子质量亏损。为此，他荣获了 1922 年诺贝尔化学奖。早期的质谱仪主要是用来进行同位素测定和无机元素分析，到了 20 世纪 20 年代，质谱逐渐成为一种分析手段，并被化学家采用；20 世纪 30 年代，离子光学理论的快速发展有力地促进了质谱学的发展，开始出现了如采用双聚焦质谱分析器的高灵敏度、高分辨率的仪器。从 20 世纪 40 年代开始，质谱广泛用于有机物质分析。20 世纪 50 年代出现了第一台用于石油分析的商品化质谱仪，自此，质谱法的应用得到突破性的发展，并在石油工业、原子能工业方面得到了较多的应用。进入 20 世纪 60 年代质谱分析出现了气相色谱 – 质谱联用仪，使质谱仪的应用领域大大扩展，开始成为有机物分析的重要仪器。后来计算机的应用又使质谱分析法发生了飞跃变化，使质谱技术更加成熟，使用更加方便。20 世纪 80 年代以后又相继出现了如快原子轰击电离子源、基质辅助激光解吸电离源、电喷雾电离源、大气压化学电离源等新的质谱技术，以及随之而来的比较成熟的液相色谱 – 质谱联用仪、感应耦合等离子体质谱仪、傅里叶变换质谱仪等。这些新的电离技术和新的质谱仪使质谱分析又取得了长足进展。自 20 世纪 90 年代初，随着新的离子化技术的出现，生物质谱得到了迅速发展，主要用于测定如多肽、蛋白质、核酸、多糖等生物大分子的结构以及多肽和蛋白质中氨基酸序列的测定。生物质谱是目前质谱学中最活跃、最富生命力的研究领域，极大推动了质谱分析理论和技术的发展。

质谱分析法具有如下特点：①适应各种样品，应用范围广。由于现代质谱进样系统、离子源和分析系统的多样性，质谱可以检测各种形式的样品，无论是气体、液体和固体，还是小分子、大分子和聚合物都可以分析，也可以对强极性、难挥发、热不稳定样品和生物大分子样品进行分析。目前，质谱法已广泛应用于化学、化工、石油、地质、冶金、原子能、半导体、医药、卫生、环境科学以及宇航、刑侦等各个领域，已成为一种最常用的分析工具之一。②灵敏度高，用样量少。通常一次质谱分析仅需几微克的样品，检测限可以达到 $10^{-9} \sim 10^{-10}$ g。对于微克级样品，质谱是能够决定其结构的有限的几种方法之一。③响应时间短、分析速度快。质谱扫描 1～1000U 一般仅需 1 至几秒，还可进行多组分同时检测，易于实现与气相和液相色谱联用，自动化程度高。④信息量大，能同时提供有机样品的精确分子量、元素组成、碳骨架及官能团的结构信息，是至今唯一可以确定物质相对分子量的方法。⑤质谱仪和计算机的结合使用不但简化了质谱仪的操作，而且扩展了质谱仪的分析能力。由质谱得到的谱图可以与计算机内存储的十几万个标准图谱进行对照分析，从而提供样品可能的名称和分子式。⑥结构复杂、价格昂贵，维护费用较高。⑦样品无法回收。

第二节　基本原理及仪器

质谱法一般采用高速电子来撞击气体分子或原子，将电离后的正离子加速导入质量分析器中，然后按照质量荷比（m/z）的大小顺序进行收集和记录，从而得到质谱图。根据质谱峰的位置进行物质的定性（误差较大）和结构分析；根据峰的强度进行定量分析。一般情况下，气态有机分子在高速电子的冲击下均会失去一个价电子成为带一个正电荷的分子离子，但有时有机分子也可以获得一个电子而成为阴离子，但这种概率只有前者的千分之一左右。目前这种负离子的质谱行为也在一些分析中得到了应用，但质谱法主要还是以测定正离子为主，所以本章只介绍正离子的质谱行为。

质谱仪的基本组成可以简单地用图 13 – 1 表示。样品经过进样系统进入离子源，在这里样品被电离成分子离子和碎片离子，再由质量分析器将其分离，并按质荷比大小依次进入检测器，信号经放大和记录得到质谱图。

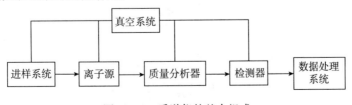

图 13 – 1　质谱仪的基本组成

　　质谱仪的离子源、质量分析器和检测器分别类似于光谱仪的光源、单色器和检测器，但是质谱法和光谱法的原理不同，质谱法实质是分离和检测分子、离子或原子质量的一种物理方法。因此，从本质上质谱不是吸收光谱，而是物质带电粒子的质量谱。

一、基本原理

　　质谱仪的种类很多，其工作原理略有不同。现以半圆形单聚焦质谱仪为例来说明质谱仪的基本原理。样品在离子源内被气化、电离。质谱法中最常用的电离方法是电子轰击法。在 1×10^{-5} Pa 高真空条件下，以 $50 \sim 100$ eV 能量的电子流轰击样品，有机物分子（M）通常被轰击出一个电子形成带正电荷的正离子，称之为分子离子（M^+）。

$$M + e \longrightarrow M^+ + 2e$$

　　生成的 M^+ 在离子源内还可能断裂，形成碎片离子，从而形成多种不同质荷比的离子，为解析样品分子结构提供了有用的信息。

　　经气化、分离的质量为 m 的分子离子或碎片离子在电位差为 $800 \sim 8000$ V 的负高压电场中加速，加速后的动能等于离子的位能 zU，即

$$\frac{1}{2}mv^2 = zU \qquad (13-1)$$

　　式中，m 为离子质量；v 为离子的速度；z 为离子电荷数；U 为加速电压。

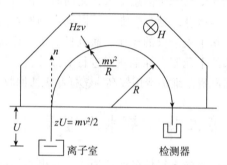

图 13-2　正离子在正交磁场中的运动

　　经加速后进入磁场，在高压电场的作用下，质量为 m 的正离子由于受到磁场的作用改变了原来的运动方向而做圆周运动，此时正离子所受的向心力 Hzv 和运动的离心力 $\dfrac{mv^2}{R}$ 相等，因此

$$Hzv = \frac{mv^2}{R} \qquad (13-2)$$

　　式中，H 为磁场强度；R 为圆周运动的曲线半径。

　　合并式 13-1 和 13-2 可得：

$$\frac{m}{z} = \frac{H^2R^2}{2U} \qquad (13-3)$$

或

$$R = \left(\frac{2U}{H^2} \frac{m}{z} \right)^{\frac{1}{2}} \qquad (13-4)$$

　　式（13-3）和（13-4）称为质谱方程式，表示离子的质荷比和运动轨道曲线半径 R 的

关系，是质谱法的基本公式，也是质谱仪的主要设计依据。

由质谱方程式可见，离子在磁场内运动半径 R 与 m/z、H 以及 U 有关。若加速电压 U 和磁场强度 H 都一定时，不同 m/z 的离子由于其运动的曲线半径不同，在质量分析器中彼此被分开，并记录各 m/z 离子的相对强度。

二、质谱的表示方法

在质谱分析中，质谱的表示方法主要以"棒图"或"条图"来表示。质谱图的横坐标表示质荷比（m/z），因为 z 值常为 1，所以横坐标多为该离子的质量数。纵坐标则表示离子峰的相对强度（relative intensity，RI），也称为相对丰度（relative abundance，RA）。一般将图中最强的离子峰（称为基准峰，简称基峰）的峰高作为 100%，其他离子峰以其对基峰的相对百分值来表示。

此外，把原始质谱图数据加以归纳，并以质荷比为序排成表格的形式即为质谱表。其他还有八峰值及元素表等表示形式。八峰值是由化合物质谱表中选出八个相对强峰，以相对峰强为序编号八峰值，作为该化合物的质谱特征，用于定性鉴别。高分辨质谱仪可测得分子离子及其他离子的精密质量，经计算机运算、对比，可给出分子式及各种离子的可能化学组成，质谱表中出现上述内容时称为元素表。

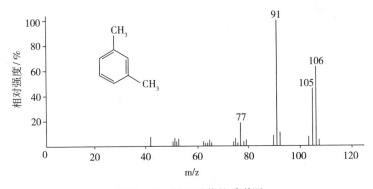

图 13-3　间二甲苯的质谱图

三、质谱仪的主要组成部件

质谱仪的基本组成包括真空系统、进样系统、离子源、质量分析器、离子检测器和计算机控制及数据处理系统六大部分。

（一）真空系统

在质谱分析中，为了降低背景及减少离子间或离子与分子间的碰撞，进样系统、离子源、质量分析器和离子检测器等均需在真空状态下工作。离子源的真空度应达 $1 \times 10^{-3} \sim 1 \times 10^{-5}$ Pa，质量分析器和检测器的真空度应达 1×10^{-6} Pa，并且要求真空度十分稳定。如果真空系统内的真空度过低则会造成离子散射和残余气体分子碰撞，从而引起能量变化、本底增高和记忆效应，进而导致图谱复杂化，干扰离子源的调节以及加速极放电等问题。一般质谱仪采用两级真空系统，先由机械泵或分子泵预抽真空，再由高效扩散泵连续抽至高真空。

（二）进样系统

现代质谱仪的进样方式有很多种，离子源也有很多种，二者需要配套使用。进样系统的作用是在不降低系统真空度的情况下高效重复地将样品引入到离子源中。常用的进样方式有如下三种：

1. 间歇式进样 间歇式进样系统也可以称为间接式进样系统或加热样品导入系统。该系统可用于气体或易挥发液体样品。通过样品管将少量样品（10~100μg）引入到储样器中，调节温度使样品蒸发并保持气态。由于进样系统的压强比离子源内的压强大，样品离子可以通过分子漏孔（通常是带有一个小针孔的玻璃或金属膜）以分子流的形式渗透过高针孔的离子源中。这种进样方式一般要求在操作温度下样品最好具有1.3~0.13Pa的蒸气压。

2. 直接进样 对于高沸点的液体或固体以及热敏性固体样品，可以用探针杆或直接进样器将样品经减压后送入离子源，快速调节加热温度使样品气化为蒸气。此种进样方式适于微克级甚至更少的样品分析。

3. 色谱联用进样 对于有机化合物的分析，目前较多采用色谱–质谱联用，如图13–4。此时样品经色谱柱分离后经接口单元进入质谱仪的离子源。二者的联合使用使其兼有色谱法的优良分离性能和质谱强有力的鉴定能力，是目前分析复杂混合物的最有效的分析手段。

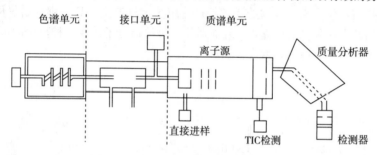

图13–4 典型的气质联用系统示意图

（三）离子源

质谱分析的对象是离子，离子源（ion source）即是把样品分子或原子电离成离子，并使其具有一定能量的装置，因此也可以称为电离源（ionization source）。离子源还具有准直和聚焦的作用，使离子汇聚成具有一定集合形状和能量的离子束进入质量分析器。为了使离子穿越或到达质量分析器，在离子源的出口对离子施加一个加速电压。

离子源是质谱仪的心脏，很大程度上决定了质谱仪的灵敏度和分辨率等性能。离子源是比较高级的反应器，样品在很短的时间（1μs）内发生一系列的特征降解反应。由于离子化所需要的能量因分子不同而差异很大，因此，对于不同的分子应选择不同的解离方法。通常能给样品较大能量的电离方法为硬电离方法，而给样品较小能量的电离方法为软电离方法，此法适用于易破裂或易电离的样品。

质谱仪的离子源种类很多，其原理和用途也各不相同。在质谱仪中，要求离子源产生的离子多、稳定好、质量歧视效应小。离子源的选择对样品测定的成败至关重要，尤其当分子离子不易出峰时，选择适当的离子源就能得到相应较好的质谱信息。下面简单介绍几种常用的离子源。

1. 电子轰击源 电子轰击源（electron impact source，EI）是应用最早、最广的一种电离方式，属于硬电离方法，但只能用于小分子（相对分子量小于400的分子）检测。EI主要由离子化区（包括电离室（离子盒）、灯丝（锑或钨灯丝））和离子加速区（包括离子聚焦透镜和一堆磁极）组成。在外电场的作用下，用热电子流（8~100eV）轰击样品，产生各种离子，然后再加速进入质量分析器。有机化合物分子在此条件下不仅可能失去一个电子形成分子离子，也有可能进一步发生化学键断裂，形成各种低质量数的碎片正离子和中性自由基，正离子则可经加速获得其最后速度，经过狭缝进一步准直后进入质量分析器，并按质荷比（m/z）大小进行分离记录，其质谱信息可用于化合物的结构鉴定。

$$M^{\dot{+}} \longrightarrow A^+ + N^{\cdot} \quad 或 \quad M^{\dot{+}} \longrightarrow B^{\dot{+}} + N$$

式中，A^+ 和 $B^{\dot{+}}$ 为碎片离子，$N^{\cdot}$ 和 N 分别为自由基和中性分子。

EI 具有以下优点：①非选择性电离，即只要样品能气化，故应用广泛。②电子效率高，所得离子流稳定性好。③灵敏度高，所得碎片离子多，谱图提供的结构信息丰富，是化合物的"指纹图谱"。④操作简便，重现性好。EI 的缺点主要有：①不适宜分析难挥发和热敏物质。②当样品相对分子量太大或稳定性差时，EI 常常得不到分子离子而无法测定相对分子质量。有 10% ~ 20% 的有机化合物经 EI 电离后缺少分子离子峰。

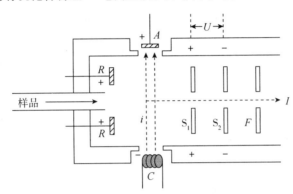

图 13 - 5　电子轰击源的结构示意图

2. 化学电流源　样品分子在承受电子（能量 300 ~ 500eV）轰击之前，被甲烷等反应气按约 $10^4 : 1$ 的比例进行稀释，从而使样品分子与电子之间的碰撞概率极小，所生成的离子主要来自反应气分子。化学电流源（chemical ionization source，CI）的结构与 EI 源相似，但气密性比 EI 源好。CI 的特点是样品离子通过离子 – 分子反应产生，核心是质子的转移，而不是用强电子束进行电离。所以，与 EI 相比，CI 是相对温和的离子化方式。

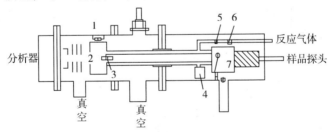

图 13 - 6　化学电离源的结构示意图

1. 灯丝；2. 反应室；3. 样品；4. 真空测量室；5. 气流控制阀；6. 切换阀；7. 前级真空室；8. 隔离阀

CI 常用的反应气除甲烷外还包括异丁烷、NH_3、H_2O、H_2、He 和 Ar 等。以甲烷为例，CI 的过程可表示如下：

$$CH_4 + e \longrightarrow CH_4^{\dot{+}} + 2e$$

$$CH_4^{\dot{+}} \longrightarrow CH_3^+ + H^{\cdot}$$

即甲烷分子在高能电子流的轰击下首先被电离，生成一次离子 $CH_4^{+\cdot}$ 和 CH_3^+，然后一次离子 $CH_4^{+\cdot}$ 和 CH_3^+ 快速与大量存在的 CH_4 分子发生离子–分子反应，生成二次离子 CH_5^+ 和 $C_2H_5^+$。进入离子源的绝大部分样品分子（M）都与 CH_5^+（相当于一种强酸）碰撞，使样品质子化，产生 $(M+1)^+$ 或 $(M-1)^+$ 离子。$(M+1)^+$ 或 $(M-1)^+$ 还可能碎裂产生碎片离子。$(M+1)^+$ 或 $(M-1)^+$ 被称为准分子离子，由 $(M+1)^+$ 或 $(M-1)^+$ 离子测得样品分子的相对分子量。部分样品分子与 $C_2H_5^+$ 反应，生成 $(M+29)^+$ 离子。

CI 源具有如下优点：①属于软电离方式，准分子离子峰强度大，便于推断样品的相对分子量。②谱图简单，易获得有关化合物基团的信息，由于在离子化过程新生离子所获能量不高，故分子中 C–C 键断裂的可能性较小，一般仅涉及从质子化分子中除去基团或氢原子的开裂反应。③适宜做多离子检测。CI 源的缺点主要包括：①CI 图谱与实验条件有关，不同仪器获得的 CI 图不能比较或检索，一般不能制作标准图谱。②碎片离子少，所得样品的结构信息不够丰富。③样品需要热气化后才能进行离子化，因此不适于分析热不稳定和难挥发的样品。

以甲苯磺丁脲的 EI 源质谱和 CI 源质谱图进行比较发现，其 CI 谱图的准分子离子峰 $(M+1)^+$ 信号强度最大，但碎片离子少，不能提供丰富的结构信息，而 EI 谱图的分子离子峰信号强度显然没有 CI 谱图的强，但其碎片离子峰较为丰富，提供了大量的结构信息。

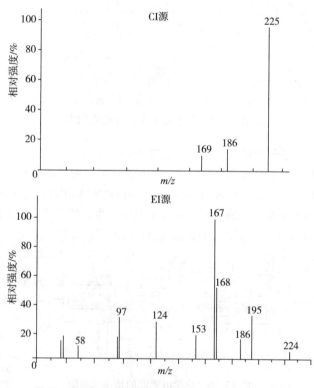

图 13–7　甲苯磺丁脲 EI 源和 CI 源质谱图的比较

3. 场电离和场解吸　场电离（field ionization，FI）和场解吸（field desorption，FD）离子源是 20 世纪 60 年代相继出现的质谱电离方式。FI 是气态分子在强电场作用下发生的电离。在作为场电离发射体的金属刀片、尖端或细丝上施加正电压，由此形成 $10^7 \sim 10^8\,V/cm^2$ 的场强，处于高静电发射体附近的样品气态分子失去价电子而电离为正离子。对液体或者固体样品进行 FI 时仍需要气化。FI 源可得到较强的分子离子峰。

FD 法是将非挥发性有机化合物涂在发射器表面的微针上，然后将发射丝上通电流，使样品分子在强电场下电解离吸，并在减压条件下施加一适当高压（发射微针为正电压，电位差约 1kV 左右），从而可得到较强的 M^+ 或 MH^+ 离子。FD 离子化法的特点是 M^+ 或（M+1）峰很强，且碎片离子少。

4. 二次离子质谱和快速原子轰击源　二次离子质谱（secondary ion mass spectrometry，SIMS）（图 13-8A）是将氩离子（Ar^+）束经过电场加速打在样品上，样品的分子离子化产生二次离子。这种由正离子轰击的离子化能力很强，但由于离子源的加速电压是正电压，这样就要求 Ar^+ 有很高的能量才能进入离子源。此外，要求样品具有良好的导电性，能够消除离子轰击中产生的电荷效应，否则将抑制二次离子流。上述原因限制了 SIMS 在有机化合物分析上的应用。

受 SIMS 启发，20 世纪 80 年代出现了快速原子轰击源（fast atom bombardment，FAB）离子源（图 13-8B）。轰击样品的原子通常是稀有气体，如氙或氩。如由氩离子枪产生的高能量的 Ar^+ 进入充满氩气的电荷交换室，Ar^+ 经电荷交换后保持原来的能量形成高能量的中性氩原子流。高速氩原子轰击样品分子使之离子化。此法优点在于离子化能力强，可用于强极性、挥发性低、热稳定性差和相对分子质量大的样品及 EI 和 CI 难于得到有意义的质谱的样品。FAB 比 EI 容易得到比较强的分子离子或准分子离子；不同于 CI 的一个优势在于其所得质谱有较多的碎片离子峰信息，有助于结构解析。缺点是对非极性样品灵敏度下降，而且基质在低质量数区（400 以下）产生较多干扰峰。

SIMS 和 FAB 均属于软电离源。

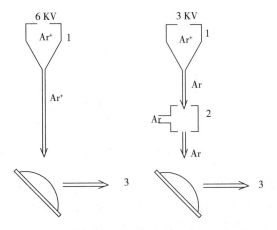

图 13-8　SIMS（A）和 FAB（B）示意图
1. 离子枪；2. 中和器；3. 质量分析器

5. 等离子解吸（plasma desorption，PD）电离源　用锎（^{252}Cf）放射性衰变过程中产生的裂解碎片，是大分子离子化的方法称为 $^{252}Cf-PDMS$。也就是用 $^{252}Cf-PDMS$ 离子源使非挥发性分子接力所产生的离子，主要是 MH^+ 和 MNa^+ 等。

6. 基质辅助激光解吸电离源　基质辅助激光解吸电离源（matrix-assisted laser desorption ionization source，MALDI）是一种高灵敏和高选择的电离源，其原理是样品被短周期、强脉冲激光轰击产生共振吸收而使能量转移至样品。为了避免样品分解，将低浓度的样品分散在大量过量的液体或固体基质中（基质：样品 = $10^4:1$），基质可以强烈地吸收激光，从而使能量间接转移到样品分子上，也有效分散了样品分子，从而减少了样品分子之间的相互作用。采用基质分散样品是该技术的特色和创新之处。基质的选择取决于所采用的激光波长和被分析对象的性质。常用的基质有甘油、烟酸、2，5 - 二羟基苯甲酸、芥子酸、琥珀酸、间硝基苄醇、邻硝苯基辛基醚等。MALDI - MS 现已成为分析蛋白质、肽类化合物和核酸等生物大分子样品的最有利的工具之一，最大相对分子量可至 5×10^5。

7. 电喷雾电离源和热喷雾电离源　电喷雾电离源（electrospray ionization，ESI）和热喷雾电离源（thermospray ionization，TSI）是在开发液相色谱和质谱联用过程中提出的两种比较重要的软电离方法。二者依据的原理是液体的物理作用和随之从液体微滴产生离子。在热喷雾离子化中，液体被喷雾到改良的化学离子源中，而在电喷雾离子化中，喷雾和离子化都是在大气压下进行的，电喷雾和热喷雾这两种方法的最大优点是样品分子不发生裂解，对不稳定和不挥发的化合物（如蛋白质、多肽、低聚核苷酸、低聚多糖等）的软离子化有突出的效果，不产生任何碎片。在分析生物大分子样品时，ESI 的另一个重要的特征是可以获得一组分子离子电荷呈正态分布的质谱图（如图 13 - 9）。采用合适的软件计算后可以标出电荷数，计算出分子质量（准确度大于 0.1% ）。

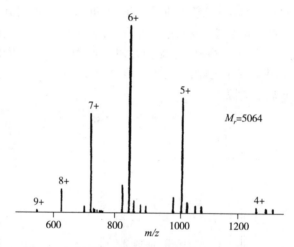

图 13 - 9　人体甲状旁腺素（1 ~ 44）的 ESI - MS

8. 大气压化学离子化电离源　大气压化学离子化电离源（atmospheric pressure chemical ionization，APCI）是在大气压条件下采用电晕放电方式使流动相离子化，然后流动相作为化学离子化反应气使样品离子化。[63]Ni 或放电电极产生低能的电子使试剂气（如：N_2、O_2、H_2O 等）离子化，经过一系列反应使样品产生正离子或负离子。APCI 的优点是检测限低，易于与 GC 或 LC 连接；适用于小分子、极性较低的化合物分析。

电喷雾离子化、大气压化学离子化以及大气压光喷雾离子化等在大气压下的质谱离子化技术可以统称为大气压电离源（atmospheric pressure ionization，API），其中应用最广泛的是 ESI 电离源。

9. 电感耦合等离子体源　电感耦合等离子体源（inductively coupled plasma，ICP）适用于无机物分析的电离源主要有电感耦合等离子体源、激光诱导等离子体源和火花源。前者适于分析液体样品，而后二者可直接用于固体分析。ICP 与原子发射光谱中使用的这种源基本相同，只是需将常压下产生的离子通过接口传输到处于真空状态的质量分析器。ICP 源质谱具有非常广泛的应用，如分析地球岩石中不同元素组成；分析陨石、沉积岩中的各种元素丰度；测定矿石中的稀有元素；天然水、海洋生物等环境样品中的元素分析，也广泛应用于工业分析和食品、人体组织等的痕量分析等等。

（四）质量分析器

质量分析器又称质量分离器或离子分离器，是质谱仪的重要组成部分，其作用是将离子源中生成的各种正离子按质荷比的大小进行分离，并允许足够数量的离子通过，产生可被快速测量的离子流。质量分析器中用连续的真空泵保持至高真空状态，以保证离子在飞行区通过这一区间时不会与其他气体分子相碰撞，进入质量分析器内的离子的能量和速度取决于离子源加速电压 U、离子的电荷 z 以及质量 m：

$$\frac{1}{2}m_1\nu_1^2 = \frac{1}{2}m_2\nu_2^2 = \cdots = zU$$

仅就质量分析器能分开不同质荷比的离子而言，其作用类似于光学中的单色器。质量分析器的种类至今已有 20 多种，下面简单介绍一下几种常见的类型。

1. 单聚焦质量分析器 单聚焦质量分析器（single focusing mass analyzer）和双聚焦质量分析器均属于磁质量分析器（magnetic mass analyzer），均是在外磁场的作用下将不同质荷比的分子离子进行分离的质量分析器。仅用一个扇形磁场（开角度有 60°、90°和 180°）进行质量分析的磁质量分析器被称为单聚焦质量分析器（如图 13 - 10）。其工作原理是：离子在离子源中被加速后飞入磁极的弯曲区，并受磁场的作用做匀速圆周运动，只有具有一定质荷比 m/z 的离子可以满足式 13 - 3 和 13 - 4，能够通过狭缝到达离子接收器。在加速电压和磁场固定的情况下，轨道半径 R 仅与质荷比 m/z 有关，因此，不同质荷比的离子的运动经过磁场发生偏转后，由于偏转半径不同而被彼此分开，质量大的偏转大，质量小的偏转小。如果保持磁场强度 H 不变，连续改变电场的加速电压 U 就可以使不同 m/z 的离子按一定顺序通过狭缝到达接收器；同理，也可以保持 U 不变而连续改变 H 来分离不同 m/z 的离子。前者被称为电压扫描，后者被称为磁场扫描。

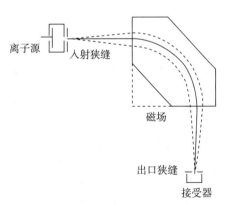

图 13 - 10 单聚焦质量分析器

单聚焦质量分析器是最早用于质谱仪的质量分析器。由于磁场对离子只有质量聚焦的作用，只将 m/z 相同而入射方向不同的离子聚焦成一束，即方向聚焦，这也是将其称为单聚焦质量分析器的原因。单聚焦质量分析器的优点主要是结构简单、体积小，安装和操作比较方便，被广泛应用于气体分析质谱仪和同位素分析质谱仪。但这种分析器的最大缺点是分辨率低（最高可达 5000），只能适用于分辨率要求不高的质谱仪，如果分辨率要求高或者离子的能量分散大，则必须使用双聚焦质量分析器。

2. 双聚焦质量分析器　单聚焦质量分析器无法对不同动能或不同能量的离子实现聚焦而影响了其分辨率。为了提高分辨率，通常采用双聚焦质量分析器（double focusing mass analyzer），即在磁分析器之前加一个静电分析器，这样既可以实现方向聚焦，又对质荷比相同、速度（能量）不同的离子实现了聚焦，也就是速度聚焦，此为双聚焦质量分析器，其分辨率远高于单聚焦质量分析器。

以 Nier–Johnson 设计的双聚焦质量分析器（图 13–11）为例来了解一下双聚焦质量分析器的工作原理。离子在静电分析器的作用下改做圆周运动。当离子所受到的电场力与离子运动的离心力相平衡时，离子运动发生偏转的半径 R 与其质荷比 m/z、运动速度 v 以及静电场的电场强度 E 存在以下关系：

$$R = \frac{m}{z} \frac{v^2}{E} \tag{13-5}$$

说明在电场强度一定时，R 取决于离子的速度或能量，因此静电分析器是将质量相同而速度不同的离子进行分离和聚焦，即实现了速度聚焦。然后，经速度聚焦的离子流经过中间狭缝进入磁分析器，再进行一次方向聚焦。通过调节磁场强度可以使不同的离子束按质荷比顺序通过出口狭缝进入检测器。

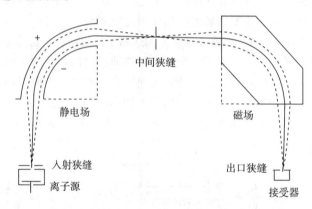

图 13–11　Nier–Johnson 双聚焦质量分析器

3. 四极质量分析器　四极质量分析器又称四极滤质器，它不用磁场，因此完全不同于前面介绍的磁质量分析器，其结构示意图见 13–12。四极质量分析器是由四根截面为双曲面或圆形的棒状电极组成，两组电极间施加一定的直流电压和频率为射频范围的交流电压，这样四根极杆内所包围的空间便产生双曲线形电场。从离子源入射的加速离子穿过四极杆双曲线形电场中央时会受到电场的作用，在一定的直流电压、交流电压和射频以及一定的尺寸等条件下，只有某一种或一定范围质荷比的离子能够到达接收器并发出信号，其他离子在运动的过程中撞击在筒形电极上而被"过滤"掉，最后被真空泵抽走。实际上在一定条件下，被检测离子与电压成线性关系，因此，改变直流和射频交流电压可以达到质量扫描的目的，这就是四极质量分析器的工作原理。

四极质谱仪利用四极杆代替了笨重的电磁铁，因而具有体积小、质量轻等优点。此外，还具有分辨率高（极限分辨率可以达到 2000）；传输效率高，入射离子的动能或角发散影响不大；可以快速扫描，便于与色谱联用等优点。但是四极质量分析器的分辨率与单聚焦质量分析器差不多，低于双聚焦质量分析器；质量范围较小，一般为 10~1000amu；无法提供亚稳离子信息。

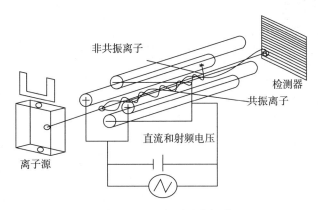

图 13 – 12　四极质量分析器

4. 飞行时间质量分析器（time of flight mass analyzer）　飞行时间（time of flight，TOF）质谱是一种工作原理简单的动态型质谱，其中的线性飞行时间质谱应用十分广泛。飞行时间质量分析器既不用电场，也不用磁场，其主要部分是一个离子漂移管。经电离的离子流从离子源引入离子漂移管，立即在加速电压 U 的作用下得到动能：

$$\frac{1}{2}mv^2 = zU \quad 或 \quad V = \sqrt{\frac{2zU}{m}} \tag{13 – 1}$$

获得动能的离子进入长度为 L 的自由空间即漂移区。假定离子在漂移区飞行的时间为 t，则

$$t = L\sqrt{\frac{m}{2zU}} \tag{13 – 6}$$

由式（13 – 6）可知，增加漂移管的长度 L 可以提高分辨率。

飞行时间质谱（TOF – MS）具有以下特点：①扫描速度快。在 10^{-5}~10^{-6}s 时间内可观察并记录终端质谱，可用于研究快速反应，也适于与色谱联用。②仪器结构简单，体积小、质量轻，但由于离子在漂移空间飞行速度快、离子流的强度又特别小，故而对电子部分要求较高。③灵敏度很高，因不存在聚焦狭缝。④分辨率低，与初始离子的空间分布有关。⑤质量范围仅取决于离子飞行时间，可达到 10^4amu。⑥质谱图与磁偏转静态质谱图没有很大的差别。

5. 离子阱质量分析器　离子阱质量分析器（ion trap mass analyzer）又称为四极离子阱质量分析器，与四极质量分析器具有一定的相似性。图 13 – 13 和 13 – 14 是离子阱构造示意图，由一个环形电极和上下两个端罩电极构成，并分别施加一个射频交变电压 $V\cos\omega t$ 和一个直流电压 U。样品可以直接在离子阱内解离，也可以在阱外离解后导入。离子也可以被约束在离子阱内，当 V 逐渐升高时，依次排出和检测质荷比由小到大的离子，得到质谱图。也可以将一特定质荷比的离子留在离子阱内进一步裂解，做多级质谱。

离子阱质量分析器结构简单，但灵敏度高，较四极质量分析器高几十甚至上千倍，而且质量范围较大，最大可达 6000amu，且可与 GC 和 HPLC 联用。

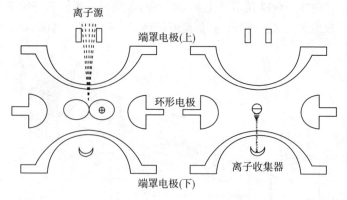

图 13 – 13 离子阱质量分析器

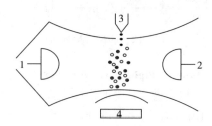

图 13 – 14 离子阱质量分析器示意图

1. 端罩；2. 环电极；3. 灯丝；4. 电子倍增管

6. 傅里叶变换离子回旋共振质谱 傅里叶变换离子回旋共振质谱的分析室是一个置于均匀磁场中的立方空腔，离子沿着平行于磁场的方向进入空腔（图 13 – 15）。在磁场中，离子则在垂直于磁力线的平面上做圆周运动。回旋运动的频率 ω 仅与质荷比（m/z）和磁场强度有关，与离子的运动速度无关。

$$\omega = 1.537 \times 10^7 \times \frac{zB}{m} \tag{13 – 7}$$

式中，ω 为离子回旋运动频率，单位为赫兹（Hz）；B 为磁场强度，单位为特斯拉（T）；M 为离子质量数，单位为原子质量单位（amu）。

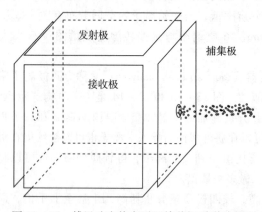

图 13 – 15 傅里叶变换离子回旋共振质谱分析室

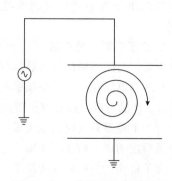

图 13 – 16 离子回旋共振原理

运动速度不同的离子将以同一频率但不同半径运动。若通过发射电极向离子施加一个射频电场,当离子回旋频率等于射频电场的频率时,离子会从射频吸收能量而激发,使其运动速度和运动半径逐渐加大而频率不变。此时离子沿着一螺旋线运动。但一组离子达到同步回旋后,在接受电极上将产生信号。固定磁场强度,依次改变射频电场的频率就可实现对不同质荷比的离子激发和检测。傅里叶变换质谱仪是同时使所有离子激发并得到相应的 FID 信号,经过傅里叶变换后得到质谱图。

傅里叶变换离子回旋共振质谱的分辨率是目前所有质谱分析器最高的,价格也是最贵的,需要消耗大量的液氮和液氦,运转的费用较高。

上述六种质量分析器都可以用做有机质谱仪,磁质量检测器和四极检测器可用于无机质谱仪。

(五)检测器

有机质谱仪常用的检测器有以下几种:

1. 直接电检测器 由平板点击或法拉第圆通接受离子流,再由离子流放大器或经典放大器进行放大,并记录。

2. 电子倍增器 离子束撞击阴极表面,使其发射二次离子,再用二次离子依次轰击一系列电极,最后由阳极接受电子流,从而使离子流信号放大。

3. 闪烁检测器 由质量分析器出来的高速离子打击闪烁体使其发光,再由广电倍增器测定闪烁体发出的光,并转化成电信号放大。

4. 微通道板 由大量管径约为 20 μm,长约 1mm 的高铅玻璃材质的微型通道管组成。每一个微型通道管都相当于一个通道型连续电子倍增器,整个微型通道板就相当于若干个电子倍增器并联,每块微型通道板的增益约为 10^4。将多个微型通道板串联可进一步提高增益。

5. 法拉第杯收集器 由一个配有抑制二级离子发射的抑制电极以及保护电极组成,放置在质谱仪的焦面上。

(六)计算机控制及数据处理

与质谱仪联用的计算机使质谱仪不但具有了可控性,并且能够接收、存储和处理由质谱仪得到的数据。计算机还可以存储十几万个原子、分子或化合物的标准图谱,可用于样品数据的自动检索,并给出可能的结构式。

四、质谱仪的主要性能指标

1. 质量范围 质量范围(mass range)是指质谱仪能够测量离子的质荷比的范围,通常采用原子质量单位进行量度,单位为原子质量单位(unified atomic mass unit,amu)。不同用途的质谱仪的质量范围差别很大,例如气体分析用质谱仪的质量范围一般为 2~100amu;有机质谱仪的质量范围可以从几十到几千;四级滤质器质谱仪一般为 10~1000amu;磁质谱仪一般为 1~10000amu;飞行时间质谱仪无上限。

2. 分辨率 分辨率(resolution power,R)表示仪器分开两个相邻质量的能力,通常用 $R=m/\Delta m$ 表示。$m/\Delta m$ 是指仪器记录质量分别为 m 与 $m+\Delta m$ 的谱线时能够辨认出质量差 Δm 的最小值。在实际测量中并一定要求两个离子峰完全分开,一般规定强度相近的相邻两峰高的 10% 作为基本分开的标志(图 13-17),这时分辨率用 R(10%)来表示。如果两峰的质量数均较小时,则要求仪器的分辨率要足够大。

根据 R 值的高低,可将质谱仪分为低分辨质谱仪和高分辨质谱仪。R 值小于 1000 的为低分辨质谱仪，如单聚焦磁质谱仪、四极滤质器质谱仪、离子阱质谱仪和飞行时间质谱仪等，可以满足一般有机分析的要求，仪器的价格也相对较低。高分辨质谱仪是指 R 值大于 1000 的质谱仪，如双聚焦磁式质量分析器，其分辨率可高达 150000。

质谱仪分辨率的高低主要受以下因素影响：①离子源提供的离子的能量是否均一；②加速电压以及磁场强度是否稳定；③将离子聚焦的能力以及合适的狭缝宽度等。

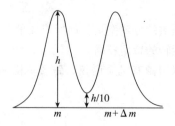

图 13 – 17   分辨率示意图

3. 灵敏度   灵敏度（sensitivity）是对样品量感测能力的评定指标。不同用途的质谱仪其灵敏度的表示方法也各不相同。通常，有机质谱仪采用绝对灵敏度来表示样品在一定分辨率的情况下产生具有一定信噪比的分子离子峰所需要的样品量。目前有机质谱仪的灵敏度可达 0.1ng。气体质谱仪的灵敏度也采用绝对灵敏度，以单位压强样品所产生的离子流强度表示。

无机质谱仪则采用相对灵敏度来表示仪器所能分析的样品中杂质的最低相对含量。例如灵敏度为 10^{-8} 就代表该仪器能够测定样品中的最低杂质含量是样品质量的 10^{8} 分之一。用于同位素分析的质谱仪通常采用丰度灵敏度来表示，也是相对灵敏度的一种表示方法。表示大丰度同位素峰的"拖尾"对相邻小丰度同位素峰的影响。例如，大丰度同位素离子流强度为 I_{M}，它对相邻的小丰度同位素峰的贡献为 I_{M+1}，那么丰度灵敏度即为：

$$丰度灵敏度 = \frac{I_{M}}{I_{M+1}} \tag{13 – 8}$$

一般同位素分析用质谱仪的丰度灵敏度为 $10^{5} \sim 10^{6}$。

4. 准确度   准确度（mass accuracy）是指离子质量实测值 M 与理论值 M_0 的相对误差。定义式可以表示为：

$$准确度 = \frac{|M - M_0|}{m} \times 10^{6} \tag{13 – 9}$$

其中，m 为离子质量的整数。例如，某分子离子峰的精确质量为 362.2051，而在质谱图上的离子峰质量的实测值为 362.2045，那么其准确度为：

$$\frac{|362.2045 – 362.2051|}{362} \times 10^{6} = 1.66$$

5. 精密度   精密度（degree of precision）是指质谱分析所得各个测量值之间的偏差。

第三节　离子的主要类型

在质谱中出现的离子有分子离子、碎片离子、重排离子、同位素离子、亚稳离子、复合离子以及多电荷离子。每种离子均可以形成相应的质谱峰，在质谱分析中各有用途。

一、分子离子

分子失去一个电子所生成的离子称为分子离子（molecular ion）或母离子，常用符号 M^+ 表示，相应的质谱峰称为分子离子峰或母峰。分子离子峰可以总结出如下特点：

（1）分子离子峰通常出现在质荷比最高的位置（存在同位素时例外），其稳定性取决于分子结构。一般而言，芳香烃、共轭烯烃以及环状化合物等的分子离子峰较强，而脂肪醇、胺类、硝基化合物以及多侧链化合物的分子离子峰较弱，有时甚至不出现。分子离子峰的强弱顺序一般为：芳香化合物 > 共轭链烯 > 烯烃 > 脂肪化合物 > 直链烷烃 > 酮 > 胺 > 酯 > 醚 > 酸 > 直链烷烃 > 醇。

（2）分子离子峰左边 3 ~ 14 原子单位范围内一般不可能出峰，甲基是可能失去的最小的基团，也就是质谱图上会出现 $(M-15)^+$ 的峰。

（3）所有分子离子峰均遵守"氮规则"，即：相对分子质量为偶数的有机化合物一定含有偶数个氮原子或不含氮原子；相对分子量为奇数的只能含有奇数个氮原子。

分子离子峰主要用来确定样品的相对分子量。高分辨质谱可以给出精确的分子离子峰质量数，是目前测定有机化合物相对分子量最快、最可靠的方法之一。

在实际的操作中有时会发生没有检测到分子离子峰的情况，其可能的原因主要包括：①电子源的能量过大，造成了分子离子的进一步裂解，分子离子峰相对过少或者全部裂解；②离子源不合适；③化合物太不稳定或太易于裂解。因而，选择合适的质谱仪尤为关键。

二、碎片离子

当分子在电离源内获得的能量超过了分子离子化所需的能量时，过剩的能量就有可能切断分子中的某些化学键而产生一级碎片离子（fragment ion），一级碎片离子在受电子流的轰击下又可能进一步裂解成更小的二级碎片离子，依此产生更多的次级碎片离子。例如图 13 - 18 给出的是正丙苯的质谱图。m/z 120 是分子离子峰，而 m/z 91、77、65、51、39 等质谱峰即为碎片离子峰。

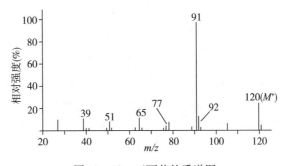

图 13 - 18　正丙苯的质谱图

三、重排离子

分子离子在裂解过程中，通过断裂两个或两个以上化学键后进行结构重新排列而形成的离子被称为重排离子（rearrangement ion）。重排的方式有很多，多数重排有一定规律可循，但也有少数重排是无规则重排（或任意重排），其重排的结果很难预测，对结构推测也没有用处。这里只介绍有规律的重排，主要是由分子内氢原子的迁移和化学键的两次断裂所生成的稳定的重排离子。这种重排对于化合物结构的预测是有帮助的，例如麦氏重排、亲核重排等。

重排离子峰可以从离子的质量数和它相应的分子离子来识别。通常不发生重排的简单裂解遵循如下规律：质量数为偶数的分子离子裂解得到质量数为奇数的碎片离子，而质量数为奇数的分子裂解为偶数或奇数（此时与氮原子的奇偶和是否存在于碎片中有关）的碎片离子。若在质谱图中观察到不符合此规律的现象，即质量数为偶数的分子离子裂解得到质量数为偶数的碎片离子时则可能发生了重排。

例如，典型的离子重排——McLafferty 重排，即 γ 氢转移到羰基氧原子上。

四、亚稳离子

离子由电离区抵达检测器需要大约 10^{-5}s，根据离子的寿命可将离子分成三种：①寿命不小于 10^{-4}s，足以抵达检测器的离子为稳定离子，即正常离子。②寿命小于 10^{-6}s，在电离区形成，但立即裂解的离子为不稳定离子，检测器无法检测其离子峰。③寿命在 $10^{-5} \sim 10^{-6}$s 之间的离子，在进入分析器前的飞行途中由于部分离子的内能高或相互碰撞等原因而发生了裂解，这种离子称为亚稳态离子（metastable ion），所形成的质谱峰称为亚稳峰（metastable peak，用 m^* 表示）。亚稳离子主要用于研究裂解机制。

假设质量为 m_1 的分子离子在离开离子源之后、进入质量分析器之前飞行的过程中发生了亚稳变化，失去了一个中性碎片，产生质量为 m_2 的亚稳离子 m^*，即：

在离子源中：$m_1^+ \longrightarrow m_2^+$（正常离子）+ 中性碎片

在飞行途中：$m_1^+ \longrightarrow m^*$（亚稳离子）+ 中性碎片

m^* 与 m_1^+ 和 m_2^+ 之间存在如下关系：

$$m^* = \frac{(m_2^+)^2}{m_1^+} \tag{13-10}$$

亚稳离子峰具有非常明显的特点，在质谱图中非常容易辨认。①峰弱，强度只是 m_1 峰的 $1\% \sim 3\%$；②峰宽，一般可跨 $2 \sim 5$amu；③质荷比一般不是整数。

亚稳离子峰的出现表明 m_1^+ 和 m_2^+ 之间存在"母子亲缘关系"，即存在 $m_1 \longrightarrow m_2$ 的裂解过程。对于了解裂解规律，解析复杂谱图十分有用。

五、同位素离子

很多元素都具有一定自然丰度的同位素，因同位素含量不同而在质谱图中同位素峰的强度也不同。常见元素的天然同位素丰度见表 13-1。由于同位素的存在，在质谱图中分子离子峰（M^+）的右边 1 或 2 个质量单位处会出现（$M+1$）$^+$ 或（$M+2$）$^+$ 的同位素峰，由同位素峰的强度可以推断化合物中存在的是哪种同位素。表 13-1 中相对丰度是以丰度最大的轻质同位素为 100% 计算得到的。重质同位素峰与丰度最大的轻质同位素峰的峰强比值可以用 $\dfrac{M+1}{M}$、

$\dfrac{M+2}{M}$ 等表示，其数值取决于同位素的丰度和原子的数目。

表 13 – 1　同位素的丰度及峰型

元素	相对丰度 (%)	天然丰度 (%)	峰类型	元素	相对丰度 (%)	天然丰度 (%)	峰类型
^{1}H	100.00	99.98	M	^{16}O	100.00	99.76	M
^{2}H	0.015	0.015	M + 1	^{17}O	0.04	0.04	M + 1
				^{18}O	0.20	0.20	M + 2
^{12}C	100.00	98.9	M	^{32}S	100.00	95.02	M
^{13}C	1.08	1.07	M + 1	^{33}S	0.80	0.85	M + 1
				^{34}S	4.40	4.21	M + 2
^{14}N	100.00	99.63	M	^{35}Cl	100.00	75.53	M
^{15}N	0.36	0.37	M + 1	^{37}Cl	32.5	24.47	M + 2
^{19}F	100	100		^{79}Br	100.00	50.54	M
				^{81}Br	98.00	49.46	M + 2

表 13 – 1 中 ^{2}H 和 ^{17}O 的丰度比太小，因而忽略不计。^{34}S、^{37}Cl 以及 ^{81}Br 的丰度很大，可以利用其同位素峰强的比值来推断化合物分子中是否含有 S、Cl、Br，并可以估算它们的原子数目。

1. 分子中含有 Cl 和 Br 原子　同位素峰强的比值可以近似地用二项式 $(a+b)^n$ 求算，其中 a 和 b 为轻质和重质同位素的丰度比，n 为原子数目。例如：

（1）含 1 个 Cl：$n=1$，$a=3$，$b=1$，则：

$$(a+b)^n = a + b = 3 + 1$$
M　M + 2

即 M：M + 2 峰强比约为 3：1。

（2）含 1 个 Br：$n=1$，$a=1$，$b=1$，则

$$(a+b)^n = a + b = 1 + 1$$
M　M + 2

即 M：M + 2 峰强比约为 1：1。

（3）含有 3 个 Cl：$n=3$，$a=3$，$b=1$，则

$$(a+b)^n = (a+b)^3 = a^3 + 3a^2b + 3ab^2 + b^3$$
$$= 27 + 27 + 9 + 1$$
M　M + 2　M + 4　M + 6

那么，M：M + 2：M + 4：M + 6 峰强比约为 27：27：9：1。

2. 分子中只含 C、H 和 O 原子，则：

$$(I_{M+1}/I_M)\% = 1.12n_C \approx 1.1n_C \qquad (13-11)$$

$$(I_{M+2}/I_M)\% = 0.006n_C^2 + 0.2n_O \qquad (13-12)$$

由式（13 – 11）和（13 – 12）即可求算分子中 C 和 O 原子的数目 n_C 和 n_O。

3. 分子中含 C、H、O、N、S、F、I 或 P 原子，不含 Cl、Br、Si 时，

$$(I_{M+1}/I_M)\% = 1.12n_C + 0.36n_N + 0.80n_S \qquad (13-13)$$

$$(I_{M+2}/I_M)\% = 0.006n_C^2 + 0.2n_O + 4.44n_S \qquad (13-14)$$

六、多电荷离子

具有一个以上正电荷的离子称为多电荷离子（multiply charged ion）。一般情况下，正离子只带一个正电荷。化合物被电子轰击后才会失去一个以上的电子，产生多电荷离子的情况并不多见，只有非常稳定的化合物，例如芳香烃化合物或含有共轭双键的化合物才有可能在电子轰击后形成多电荷离子。在多电荷离子中比较常见的是双电荷离子（M^{2+}）。例如吡啶失去两个电子后形成了 M^{2+}，m/z 39.5。

就双电荷离子而言，若质量数是奇数，则其质荷比是非整数，这样的二价离子在质谱图中可以识别；但当质量数是偶数，质荷比也是偶数时就难以辨认。不过它的同位素峰是非整数，由此可以识别这种二价离子。总之，双电荷离子的质荷比较正常离子小一倍。

七、复合离子

当分子在离子源中与分子离子或碎片离子相碰撞便会生成复合离子（complex ion），也叫双分子离子。复合离子形成后可能立即裂解成比单分子离子质量大的离子。有些化合物本身并不够稳定，但其质子化的分子离子（准分子离子，$M+H$）有较高的稳定性，那么也可以借助 $M+H$ 峰来推断分子的结构。含有杂原子，如 O、N、S 的分子离子可出现 $M+H$ 峰。

第四节　质谱裂解表示法、裂解方式和裂解规律

一、质谱裂解表示法

大多情况下，质谱检测的是正离子，但也可以检测负离子。负离子质谱法（NIMS）的灵敏度高、选择性好，主要用于痕量分析（10^{-15} g）以及异构体的鉴别，到目前为止应用并不广泛。这里只介绍正离子质谱法。

通常，正电荷用"＋"或"＋·"表示，前者表示含有偶数电子的离子（ion of even electrons，EE），后者表示含有奇数电子的离子（ion of odd electrons，OE）。正电荷一般在分子中的杂原子、不饱和键 π 电子体系和苯环上。例如：

当正电荷位置不十分明确时，可以用 [ ]$^+$ 或 [ ]$^{+\cdot}$ 表示，如

$$[R-CH_3]^{+\cdot} \longrightarrow \cdot CH_3 + [R]^+$$

如果碎片离子的结构比较复杂，则可以在结构式的右上角标出正电荷。如

判断碎片离子含有偶数个电子还是奇数个电子，有如下规律可以遵循：

（1）由 C、H、O、N 组成的离子，其中 N 的个数是偶数或者零时，若离子的质量数为偶数，则离子一定含有奇数个电子；相反，若离子的质量数为奇数，则其一定含有偶数个电子。

（2）由 C、H、O、N 组成的离子，其中 N 的个数是奇数时，若离子的质量数为偶数，则其一定含有偶数个电子；相反，若离子的质量数为奇数，则离子一定含有奇数个电子。

（3）有机物失去电子的难易程度为：n 电子 > π 电子 > σ 电子，同是 σ 电子时，C—C 键上的电子比 C—H 键上的容易失去。断裂后正电荷一般在杂原子或 π 键上。

二、质谱裂解的方式

在质谱裂解反应中，按照有机分子的断裂特点，可以将质谱裂解方式归纳为简单裂解、重排裂解、多中心裂解和随机裂解四种方式；按照分子气相裂解反应引发机制的不同，又可以将质谱裂解分为自由基中心引发的裂解和电荷中心引发的裂解两种方式。本节只介绍常见的简单裂解和重排裂解。通常，采用鱼钩"$\frown$"表示单个电子转移，采用箭头"$\searrow$"表示两个电子转移。

1. 简单裂解　只有一个化学键的裂解反应为简单裂解，常见的化学键（σ 键）的断裂方式有均裂、半异裂和异裂三种。

（1）均裂（homolytic scission）　成键的两个电子在化学键断裂时均匀地分配到两个离子碎片的断裂方式被称为均裂。可以简单地表示为：

$$A \colon B \longrightarrow A \cdot + \cdot B$$

（2）异裂（heterolytic scission）　化学键断裂后，成键的两个电子全部归属到某一个碎片上的断裂方式被称为异裂。

$$A \colon B \longrightarrow A^+ + \colon B(B^-)$$

（3）半异裂（hemi - heterolytic scission）　半异裂是指已离子化的 σ 键的断裂过程，即

$$A + \cdot B \longrightarrow A^+ + B^-$$

例如，饱和烷烃失去一个电子后先形成离子化键，再发生半异裂。

2. 重排裂解　离子断裂了两个或两个以上化学键后重新排列的裂解方式称为重排裂解。在质谱图上相应的峰称为重排离子峰。重排离子峰时分子离子在裂解成碎片的过程中某些原子或基团重新排列或转移而形成的离子，称为重排离子。离子发生重排的方式很多，下面简单介绍一下 McLafferty 重排（麦氏重排）和 Retro - Diels - Alder 重排（RDA 重排或逆狄 - 阿重排）。

（1）McLafferty 重排　当化合物中含有不饱和中心 C = X（X 为 O、N、S、C）基团，而且与该基团相连的键具有 γ - H 原子时，γ - H 原子可以转移到 X 原子上，与此同时 β 键断裂，脱去一个中性分子的过程称为 McLafferty 重排。其通式如下：

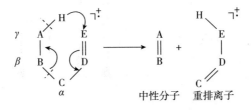

中性分子　　重排离子

例如：2 - 己酮的质谱图中出现很强的 m/z 58 的峰就是 McLafferty 重排峰。

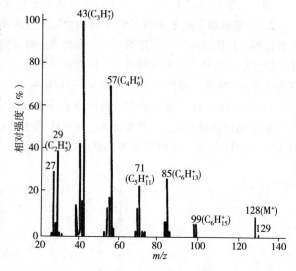

*m/z*100 中性分子 重排离子 *m/z*58

（2）Retro – Diels – Alder 重排　有机化学中，将 1,3 – 丁二烯与乙烯化合物裂解产生一个六元烯化合物的反应称为 Diels – Alder 反应。在质谱学中，环己烯裂解成一个离子化的共轭双烯化合物（或其衍生物）和乙烯分子（或其衍生物）的反应则被称为 Retro – Diels – Alder 重排，简称 RDA 重排。RDA 重排是由单电子引发，经过两次 α – 断裂（即 Diels – Alder 反应），形成一个中性分子和离子化双烯衍生物。例如 1,8 – 萜二烯通过 RDA 重排生成乙烯衍生物和丁二烯离子。Diels – Alder 反应为具有环己烯结构化合物的裂解过程给予了很好的解释，并证实正电荷有限保留在较低电离电位的碎片上。

丁二烯离子　　中性分子

三、常见类型有机化合物的裂解规律

（一）烃类

1. 饱和脂肪烃（饱和烷烃）

（1）分子离子峰 M 的强度随着碳链的增长而减弱，甚至消失。

（2）生成一系列 m/z 相差 14 的 C_nH_{2n+1} 碎片离子峰（m/z 15、29、43…），其中 m/z 43（$C_3H_7^+$）和 m/z 57（$C_4H_9^+$）峰最强，因为丙基离子和丁基离子很稳定。

（3）在 C_nH_{2n+1} 碎片离子峰的两侧常伴随质量数大一个 amu 的同位素峰和质量数小一个或两个 amu 的 C_nH_{2n} 或 C_nH_{2n-1} 等小峰，形成组峰。

（4）$M-15$ 峰一般不出现，因为长链烷烃不易失去甲基。

（5）若有侧链存在，则优先在分支处裂解，形成稳定的仲碳或叔碳正离子，而且优先失去的是最大的烷基。

（6）环烷烃的 M 峰一般较强。环开裂时一般失去含两个碳的碎片，在质谱中常出现 m/z 28（$C_2H_4^{+·}$）和 m/z 29（$C_2H_5^+$）以及 $M-28$ 和 $M-29$ 的峰。

例如正壬烷的质谱图。

图 13 – 19　正壬烷的质谱图

2. 烯烃

（1）分子离子峰 M 较稳定，质谱峰较强。

（2）生成明显的一系列 C_nH_{2n-1} 的碎片离子峰，通常为 $41+14n$（$n=0$、1、2…）。$m/z\ 41$ 峰一般较强，因裂解产生 $CH_2=CH\overset{+}{C}H_2$，是烯烃的特征峰之一。

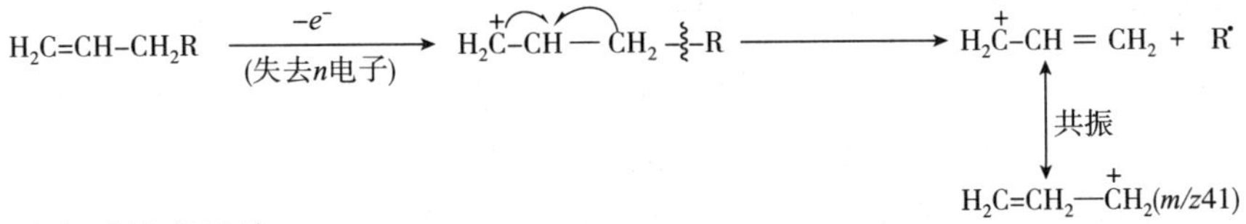

（3）具有重排离子峰。

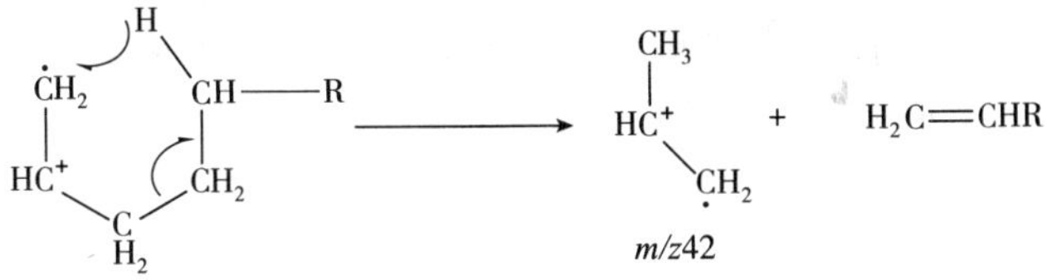

3. 芳烃

（1）分子离子峰 M 稳定，峰强大。

（2）烷基芳烃由于容易发生 β 裂解（苄基位置），产生 $m/z\ 91$（$C_7H_7^+$）的卓翁离子（即环庚三烯正离子）是烷基取代苯的重要特征，是多种取代苯，如甲苯、乙苯等的基峰。如果芳环 α 位的碳原子被取代，则基峰变成 $91+14n$，$m/z\ 91$ 由于失去一个乙炔分子而变成 $m/z\ 65$。

（3）具有 γ 氢的烷基取代苯则能发生 McLafferty 重排，失去一个中性分子后形成 $m/z\ 92$（$C_7H_8^+$）的重排离子峰。

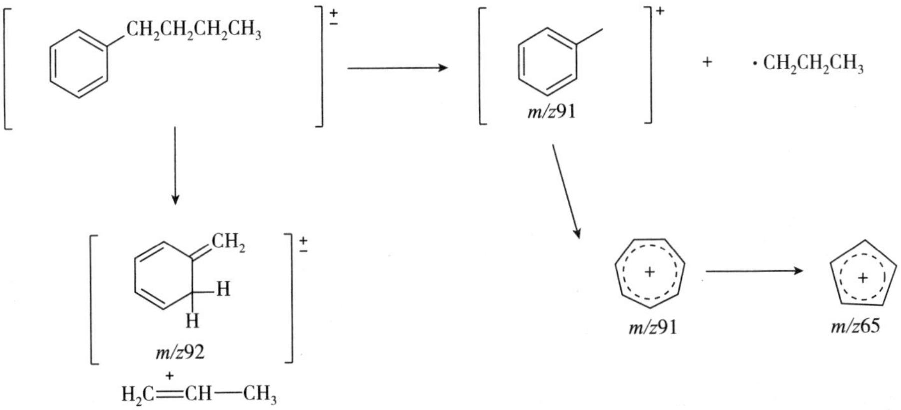

（4）取代苯能发生 α 裂解产生苯离子，进一步裂解生成环丙烯离子和环丁二烯离子。

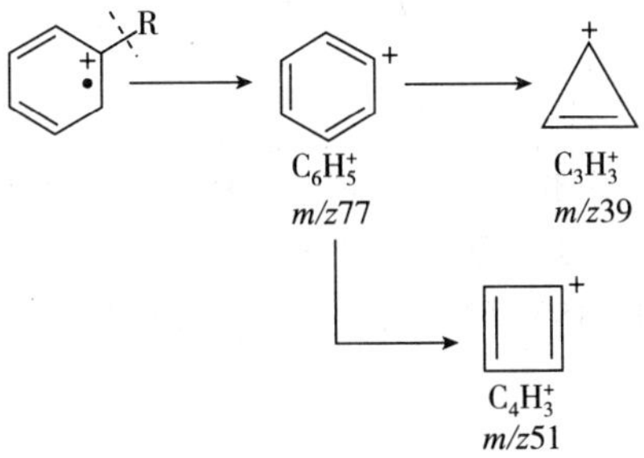

（二）羟基化合物

1. 脂肪醇

（1）分子离子峰很弱或不存在，脂肪醇的碳链越长越是如此。

（2）脂肪醇易发生 α 裂解，较大体积的基团优先失去。对伯醇生成 $m/z\ 31$ 峰（$CH_2 = \overset{+}{O}H$）；α 碳原子上有一个甲基取代的仲醇则生成 $m/z\ 45$ 峰（$CH_3CH = \overset{+}{O}H$），$m/z\ 45$ 峰还可能进一步裂解生成 $m/z\ 31$ 峰；叔醇生成 $m/z\ 59$ 峰（$(CH_3)_2C = \overset{+}{O}H$）。

（3）脂肪醇受到电子轰击失去一个电子形成分子离子后经过环状氢转移可以脱去一分子 H_2O，生成 $(M-18)^+$ 峰，并伴随失去一分子乙烯，生成 $(M-46)^+$ 峰。这里需要注意，$(M-18)^+$ 峰还可能经过氢的重排生成烯，容易对质谱图的分析造成干扰。此外，样品在电子轰击前经受热脱水也将生成相应的烯烃质谱。

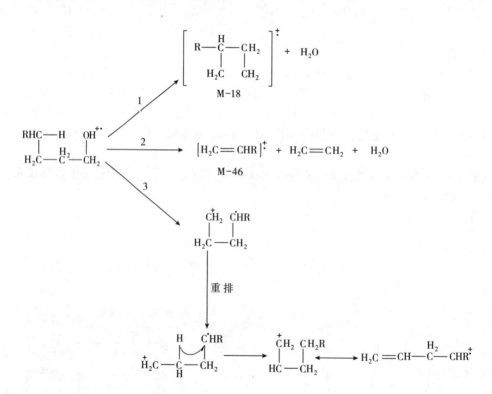

2. 环醇 环醇可进行 α 裂解，环键打开。环醇也可以脱水形成 $(M-18)^+$ 峰。在环醇的裂解中往往需要断裂两个键，有时还发生 γ 氢迁移。

3. 酚和芳香醇

（1）酚的分子离子峰很强。

（2）由于失去 CO 或 CHO 基团，质谱中常见 $(M-28)^+$ 峰或 $(M-29)^+$ 峰。

（3）甲基取代酚失去一个甲基氢原子后裂解脱去 CO 或 CHO；2-烷基取代酚由于邻位效应失去一分子 H_2O 而出现 $(M-18)^+$ 峰；对位、间位取代的 $(M-18)^+$ 峰较弱。

（4）芳香醇（例如苯甲醇）的裂解类似于烷基取代酚，同时也有（$M-2$）$^+$峰或（$M-3$）$^+$峰。

（三）羰基化合物

1. 酮类化合物

（1）分子离子峰较强。

（2）主要发生 α 裂解，可以发生在与羰基连接的任意一个键上，但以失去较大烷基碎片的概率为大。

（3）长链烷基基团能断裂产生 $43+14n$ 系列的碎片离子。

（4）含 γ 氢的酮可发生 McLafferty 重排，当酮含有另一个 γ 氢时还可能发生第二次 McLafferty 重排。

（5）芳香酮有较强的 M 峰，发生羰基的 α 裂解形成 m/z 105 峰，常常为基峰。

$$m/z105 \qquad m/z77$$

（6）烷基上含有 γ 氢时也发生 McLafferty 重排，形成奇电子离子。

$$m/z146 \qquad m/z120$$

2. 醛类化合物　分子离子峰 M 较强，芳醛比脂肪醛的 M 峰明显，当脂肪醛的碳链较长（多于 4 个碳）时，M 峰很快减弱。

（1）由 α 裂解可产生 R^+（或 Ar^+）和（$M-1$）峰、（$M-29$）峰等。（$M-1$）峰是醛类化合物的特征质谱峰，芳醛则更强。m/z（$H—C\equiv O^+$）是强峰，在 $C_1 \sim C_3$ 醛类化合物中是基峰。

（2）具有 γ 氢时也发生 McLafferty 重排产生 m/z 为 $44+14n$ 的重排离子峰。

$$m/z(44+14n)$$

（3）芳香醛易生成苯甲酰正离子（$m/z\ 105$）。

（4）醛也可以发生 β 裂解，产生 $M-43$ 峰。

（四）醚类化合物

1. 脂肪醚　分子离子峰 M 随着脂肪醚类化合物碳链的增长而变弱，甚至消失。例如乙醚的 M 峰的相对强度为 30%，而正丁醚的 M 峰为 2.2%。支链醚类化合物的 M 峰较相应的直链醚弱，例如正丙醚 M 峰的相对强度为 11%，而异丙醚的为 2.2%。脂肪醚类化合物的裂解特点主要有：

（1）易发生 α、β 裂解，形成 m/z 31、45、59、73 等 $31+14n$（$n=0$、1、2…）系列碎片峰，与醇类化合物类似，但是醚没有（$M-18$）的脱水峰，这是醚与醇裂解的主要区别。

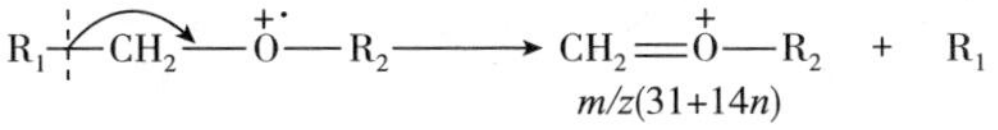

（2）由氢重排 α 裂解生成的碎片经过氢重排，并进一步裂解生成与醚类似的 m/z（$31+14n$）离子峰，在质谱中往往是基峰或强峰。

（3）醚也可以发生 C—O 键异裂，电荷留在烷基上，形成 m/z（$29+14n$，$n=0$、1、2…）碎片离子峰。

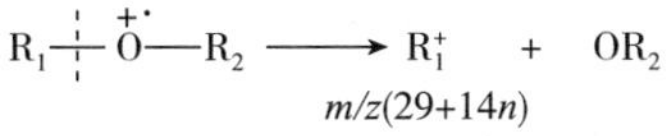

（4）如果 C—O 键发生均裂，同时伴有氢原子转移，则产生 m/z（$28+14n$，$n=0$、1、2…）碎片离子峰。这种伴有氢转移的均裂过程比 C—O 键异裂产生的碎片值相差一个 amu。

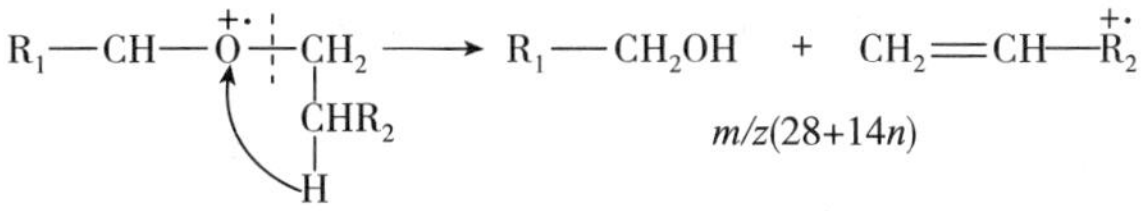

2. 芳香醚 芳香醚的 M 峰很强，裂解过程类似于脂肪醚。如果芳香醚的烷基含有两个或以上碳原子时，则发生与烷基苯类似的 McLafferty 重排，形成 m/z 94 碎片峰往往是基峰。

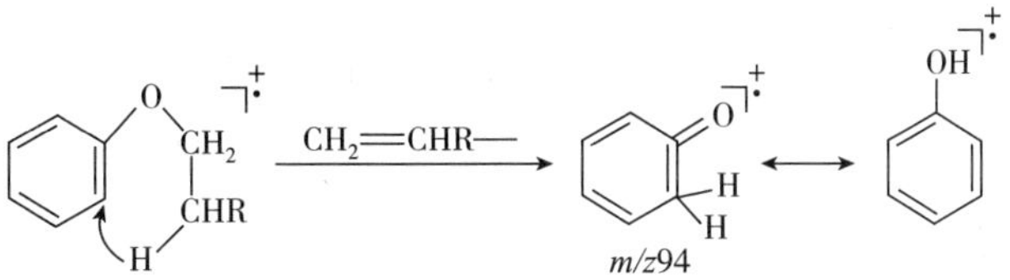

（五）羧酸、酯和酰胺

羧酸、酯和酰胺的裂解具有一定的共性：

（1）发生 α 裂解：

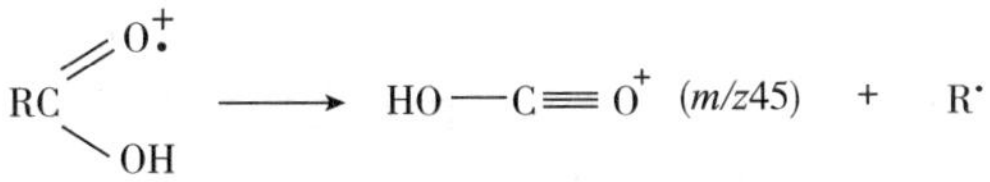

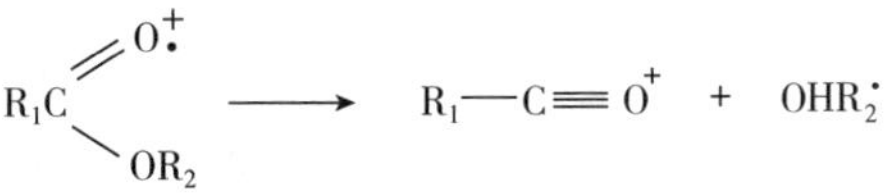

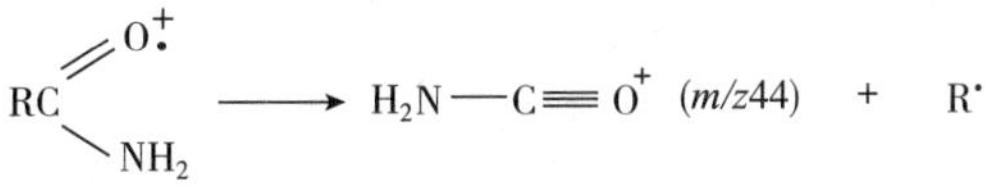

（2）有 γ 氢存在时则发生 McLafferty 重排。m/z 60 或 m/z 74 峰时直链一元羧酸及其甲酯的特征峰，有时是基峰。当酯中的碳链较长时还可能发生二次重排，有两个氢原子发生迁移，同时失去一个烯丙基自由基，产生 m/z（$61+14n$）的特征峰。

也可经过六元环过渡产生双重氢重排，称为 McLafferty + 1 重排。

（六）胺类

1. 脂肪胺　M 峰很弱，有的甚至不出现。

（1）相对于 N 原子的 α 与 β 位碳原子之间的键断裂产生基峰。裂解遵循较大基团优先离去，产生 m/z（30 + 14n）峰。对于 α 位没有支链的伯胺而言，$R_2 = R_3 = H$，因此基峰出现在 m/z 30（$CH_2NH_2^+$）处；对于甲胺，（M − 1）峰则为基峰。

（2）伯胺和叔胺的裂解特点类似于醚。

2. 芳香胺　芳香胺的 M 峰明显，烷基侧链的断裂同脂肪胺。许多芳香胺有中等强度的（M − 1）峰，芳香胺脱去 HCN、H_2CN 产生 M − 27 和 M − 28 峰，裂解过程类似于苯酚脱去 CO 和 CHO。

（七）腈类

对于脂肪族腈类化合物，其 M 峰很弱，甚至消失，但芳香族腈类化合物的 M 峰很强，常是基峰。

（1）脂肪族腈类容易失去 α 氢原子，形成稳定的（M−1）峰，但峰强不大。

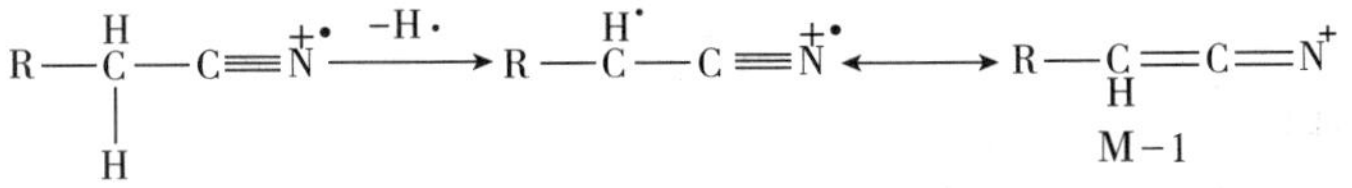

（2）同其他含烷烃类有机物类似，当有 γ 氢存在时易发生 McLafferty 重排，生成 m/z 41 峰。

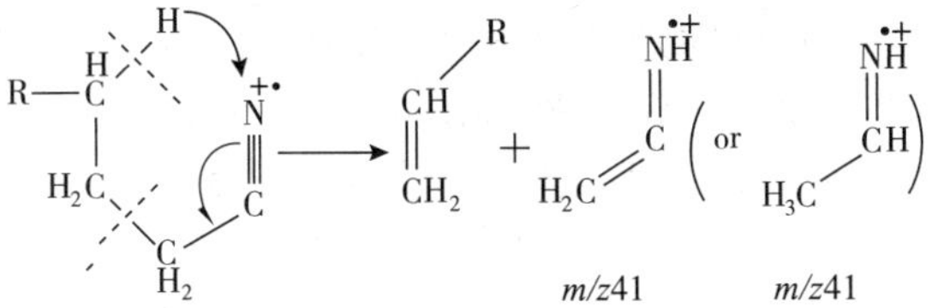

此外，腈类化合物还易出现骨架重排和氢迁移等现象。

（八）有机卤化物

卤素中 Cl 和 Br 都有重同位素，其丰度比约为 $^{35}Cl : ^{37}Cl = 3 : 1$ 和 $^{79}Br : ^{81}Br = 1 : 1$，因此含卤有机物在质谱图中较易识别。有机卤化物的 M 峰在质谱图中能够看到，其中脂肪族卤化物的 M 峰较弱，但芳香族卤化物的 M 峰较强。有机卤化物的裂解特点主要有以下几点：

（1）C—X（X＝卤素）裂解较为常见。由于 F 和 Cl 的电负性强，因此较易发生异裂反应，产生（M−X）离子；而 Br 和 I 则易发生均裂反应，产生（M−R）离子。

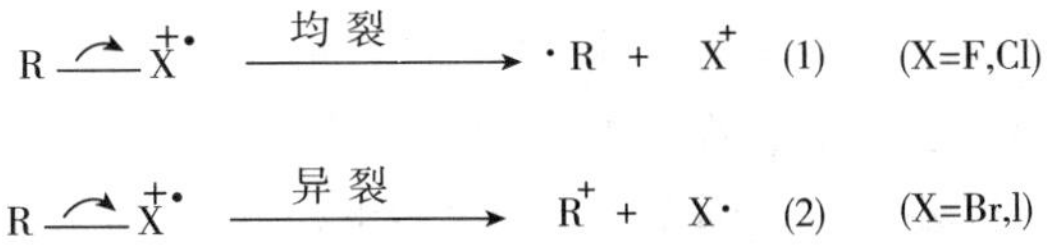

（2）有机卤化物还可发生 α 裂解，生成（M−R）峰。

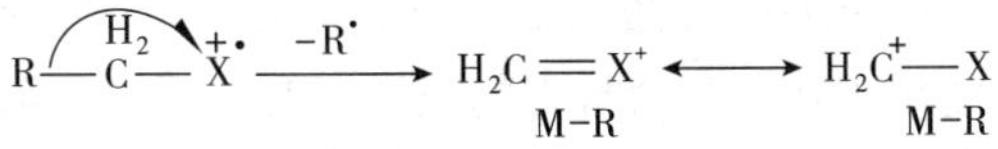

（3）有机氟化物和氯化物易发生脱 HX 的反应。小分子卤化物可在 1，2 位脱去 HX，在烷基较大时则可在 1，4 位或其他位脱去 HX。脱去 HX 后形成的（M−HX）峰较强。

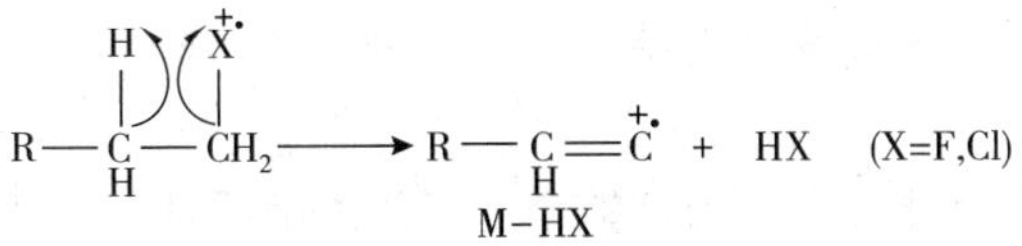

（4）当有机氯（或溴）化物的脂肪链多于 6 个碳时易发生成环反应，产生 $C_3H_6X^+$、$C_4H_8X^+$、$C_5H_{10}X^+$ 离子峰，其中 $C_4H_8X^+$ 峰较强，有时是基峰。

（九）有机硫化物

由于硫也存在重同位素（^{34}S 的自然丰度为 4.44%），所以有机硫化物的质谱也较易辨认，硫原子的数目可以从（M+2）峰的相对强度来确定。

1. 硫醇 硫醇的质谱与一般醇类似，但 M 峰比较明显。硫醇的 α、β、γ、δ 键都有可能发生裂解，因此其碎片峰都可能出现在质谱图中。其中，α 裂解脱去 $CH_2\!=\!\!=\!S^+H \longleftrightarrow {}^+CH_2\!-\!SH$，形成 m/z 47 峰，和醇脱水一样硫醇可以脱去 H_2S，并在此基础上脱去乙烯分子。

2. 硫醚 硫醚的 M 峰较一般的脂肪醚强。易发生 α 裂解，并在烷基链多于 3 个碳时易发生氢的重排反应。

第五节 质谱分析

质谱图谱是化合物的"指纹"图谱，因为在电子的轰击电离条件下，每个化合物分子电离产生的碎片都是独特的，不可能有两种分子电离产生的碎片是一样的。质谱图中的数据都是以其最强峰（即基峰）的峰值为 100 进行归一化表示的，其他的峰以基峰的百分数表示。质谱法既可以做定性分析，也可以做定量分析。

一、定性分析

（一）解析顺序

定性能力强是质谱分析的重要特点，因为质谱图能够提供各种有关分子结构的信息。

1. 分子离子峰的确认 分子离子峰是测定相对分子质量与分子式的重要依据，因而确认分子离子峰是质谱分析的首要问题。通常，分子离子峰出现在质谱图上最右侧（m/z 值最大处）的位置，但下面几种情况例外。①当出现 M+1 或者 M+2 等同位素峰时，同位素峰可能出现在 m/z 值最大处；②有些分子离子极不稳定，在电子轰击过程中全部裂解成碎片离子而没有分子离子峰时，在质谱图上 m/z 值最大处就只是碎片离子峰，而不是分子离子峰；③如样品不纯，其杂质峰也可能出现在 m/z 值最大的位置，对分子离子峰的确认造成干扰。因此，在识别分子离子峰时需考虑下述几点：

（1）分子离子稳定性的一般规律 分子离子的化学稳定性与分子离子结构的稳定性是一致的。分子离子峰的稳定性遵循以下顺序：芳香烃化合物 > 共轭链烃 > 脂环化合物 > 直链烷烃 > 硫醇 > 酮 > 胺 > 酯 > 醚 > 酸 > 分支烷烃 > 醇。分子离子峰为基峰的化合物一般都是芳香族化合物。

（2）分子离子含奇数个电子 含有偶数个电子的离子不是分子离子。

（3）分子离子的质量数服从氮律 氮律：只含 C、H、O 的化合物，分子离子的质量数是偶数。由 C、H、O、N 组成的化合物，若含奇数个 N 时，分子离子峰的质量数是奇数；含偶数个 N 时，分子离子峰的质量数是偶数。不符合氮律的都不是分子离子峰。

（4）分子离子峰与其相邻的碎片离子的质量数之差应满足分子裂解规律　质谱峰与其相邻的碎片离子的质量数之差在 4～14 之间的是不合理的，因为化合物不可能连续失去 4 个 H 或比 CH_3 小的基团，所以这样的质谱峰不是分子离子峰；出现质量差为 21～25、37～38、50～53 的质谱峰也不可能是分子离子峰；在质谱峰中最容易出现的是 M－1、M－15、M－18 等的碎片峰，因分子经电离后分子离子很可能会失去一个 H 或 CH_3、H_2O、C_2H_4 等碎片。

（5）（M＋1）$^+$ 峰和（M－1）$^+$ 峰　有些化合物的质谱图上 m/z 最大的峰是 M＋1 峰或 M－1 峰。如醚、酯、胺、酰胺、腈类化合物、氨基酸酯、胺醇等可能出现较强的（M＋1）$^+$ 峰；在芳醛、某些醇或含氮化合物的质谱图中则出现较强的（M－1）$^+$ 峰。

（6）利用同位素离子峰　当化合物中含有 Cl 或 Br 时，可以利用 M 和 M＋2 峰的比例来识别分子离子峰。例如，分子中含有一个 Cl 时 M 与 M＋2 峰强度的比值是 3∶1，当分子中是含有一个 Br 原子时，则 M 与 M＋2 峰强度的比值是 1∶1。总之，可以根据各同位素峰与分子离子峰强度比例的特点来判断离子峰的正确位置。

（7）实验条件对分子离子峰的强弱有影响　质谱仪的操作条件直接影响到分子离子峰的相对强弱。如降低 EI 源的电压则会增强分子离子峰的强度，同时降低碎片离子峰的强度。一般采用 CI、FAB 等电离技术会得到较强的分子离子峰。

2. 相对分子质量的测定　从分子离子峰的质荷比 m/z 来求算某化合物的相对分子质量，是质谱分析独特的优点。相比于经典的相对分子质量的测定方法，如冰点下降法、沸点升高法、渗透压力测定等方法而言，质谱法更加精准、快捷，而且对样品的需求量少（一般仅需 0.1mg）。但从严格意义来说，质荷比与相对分子质量是两个不同的概念。这是因为 m/z 是由丰度最大的同位素质量计算的，而相对分子质量是由分子中各元素同位素的加权平均值计算得到的。绝大多数情况 m/z 与相对分子质量的整数部分相等，但是在相对分子质量很大时，二者可相差一个质量单位。目前，质谱法已经成为测定化合物相对分子质量最普遍的方法之一。

3. 分子式的确定　确认了分子离子峰，并获知了化合物的相对分子质量后就可以推导化合物的分子式了。质谱法一般采用高分辨质谱仪或由同位素比来确定部分或整个分子式。

（1）由同位素离子峰推导分子量　许多元素都具有一定丰度的同位素，从质谱图上可以得到分子离子峰 M^+、同位素（M＋1）$^+$ 和（M＋2）$^+$ 的强度。J. H. Beynon（拜诺）等人把相对分子质量在 500 以内的，且只含 C、H、O、N 的化合物的同位素离子峰（M＋1）$^+$ 和（M＋2）$^+$ 与分子离子峰 M^+ 的相对强度进行了计算，并相应地测定了分子离子和碎片离子的质量（设定 M^+ 峰的强度为 100），将所得数据汇编成表，称为 Beynon 表。这样，只要质谱图中（M＋1）$^+$ 和（M＋2）$^+$ 峰能准确测量其相对强度，即可由 Beynon 表确定化合物的分子式。表 13－2 列出的是 Beynon 表中 M＝126 的部分。

例如，已知 M^+ 的 $m/z＝126$，（M＋1）$^+$ 和（M＋2）$^+$ 峰相对强度分别为 6.71% 和 0.81%，求化合物分子式。

由 Beynon 表中 M＝126 部分的信息可推知（M＋1）$^+$ 峰相对强度为 6.71% 所对应的化合物的分子式可能是 $C_6H_6O_3$；根据（M＋2）$^+$ 峰相对强度为 0.81% 可推知其分子式还可能是 $C_5H_8N_3O$。鉴于分子式 $C_5H_8N_3O$ 不符合氮律，可以将其排除，由此可推断化合物的分子式可能是 $C_6H_6O_3$。但结果仍需要配合其他光谱，如红外、核磁等进一步确认。

（2）高分辨质谱仪精确测定相对分子质量　高分辨质谱仪能精确给出小数点后几位的相

对分子质量值，将其输入计算机的数据库系统，根据 Beynon 表等可推测化合物的元素组成，并能确定分子式。由于该方法既准确又简便，目前已被广泛应用到有机质谱中。

4. 结构式的确定 确定了样品分子的相对分子质量和化学式之后，首先要根据化学式来计算化合物的不饱和度，从而确定其双键或环的数目；其次，结合分析碎片离子峰、重排离子峰和亚稳离子峰等质谱峰的特点确定化合物分子断裂方式，由此推测样品分子的结构单元及可能的结构式；再次，用全部质谱图的数据对结构式进行复核；最后，结合样品的物理、化学性质以及红外光谱、紫外－可见光谱以及核磁共振技术等确定化合物的结构式。如果初步了解样品的来源，还可在相同条件下通过比较可能的已知化合物的标准谱图来确认样品分子的结构。

（二）解析示例

例 13 - 1 某化合物的质谱图如图 13 - 20 所示，已知 150（M）：151（M + 1）：152（M + 2）= 100：9.9：09，试推测其分子结构。

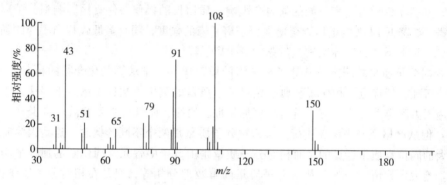

图 13 - 20 某化合物的质谱图

解：

（1）通过质谱图的上给出的分子离子峰和碎片离子峰的信息，首先判断分子中是否存在含有氮原子、硫原子或卤素等杂原子。质谱图中的分子离子峰为 150，是偶数，说明该化合物含有偶数氮或不含氮。由同位素峰强比的特点判断，该化合物中应不含卤素 Cl、Br 以及 S 元素。质谱图中出现很强的 m/z 91 峰，提示该化合物可能含有烷基取代苯官能团。由上述信息推测，该化合物的分子式可能是 $C_9H_{10}O_2$。

（2）计算不饱和度：$U = (2 + 2 \times 9 - 10)/2 = 5$，该结果说明未知化合物中很可能含有苯环，这与前面的推测相符合。

（3）碎片离子峰解析：质谱图中出现了 m/z 91、65、77 和 51 峰，由于烷基取代苯的重要特征是烷基芳烃发生 β 裂解后产生 m/z 91（$C_7H_7^+$）的卓翁离子，再进一步失去一个乙炔分子而变成 m/z 65。当取代苯能发生 α 裂解时则产生苯离子，进一步裂解生成 m/z 51 环丁二烯离子。

（4）m/z 43 很强，推测可能是 $CH_3C \equiv O^+$。

（5）在上述推测中仍有一个氧原子没有归属，根据各烃类裂解的特点，估计该氧可能是醚键，于是推测该化合物的整体结构可能是 $C_6H_5—CH_2—O—COCH_3$。

（6）验证：m/z 108 为重排离子峰。

上述各离子均能在其质谱图中找到归属，说明该化合物的分子结构为 $C_6H_5—CH_2—O—COCH_3$。

知识拓展

表面增强激光解吸电离蛋白质芯片技术简介

表面增强激光解吸电离技术（SELDI）是在基质辅助激光解吸离子化质谱技术的基础上，利用蛋白质芯片（经过特殊处理的固相支持物或芯片的基质表面）对生物样品中配体的特异性，选择性地将配体结合在芯片上，再利用能量吸收分子将激光束（通常为波长为 337nm 的氮激光）的能量进行转换，从而激发蛋白质解吸附并形成气化离子，而后在电场中加速飞经离子飞行管，最终由离子接受检测器接受。由于各种蛋白质的质荷比（m/z）不同，其在离子飞行管中的飞行时间也不尽相同，那么到达接受检测器的先后顺序也随之不同，由此对结合在蛋白质芯片上的多肽或蛋白质进行质谱检测，并结合生物信息学进行分析。表面增强激光解吸电离蛋白质芯片技术具有特异性强、选择性好、快速、高通量、测量范围宽及分辨率高等特点，在蛋白质组学研究，特别是肿瘤蛋白质组学研究中发挥着越来越重要的作用。

二、定量分析

质谱法可以根据检测出的离子流强度与离子的数目成正比的关系对有机分子、生物分子以及无机样品中的元素含量进行定量分析。

质谱定量分析最早用于同位素丰度研究。稳定的同位素可以用来"标记"各种化合物。例如，确定氘苯 C_6D_6 的纯度时常用 $C_6D_6^+$、$C_6D_6H^+$ 以及 $C_6D_6H_2^+$ 等分子离子峰的相对强度进行定量分析。此法也广泛用于考古学和地质学研究中。

火花源质谱可用于无机固体分析，能分析元素周期表中几乎所有元素，具有灵敏性高，检测限低（10^{-9} 级）等优点。电感耦合等离子体源有效克服了火花源不稳定、重现性差、离子流随时间变化等缺点，在无机痕量分析中的应用更为广泛。

质谱法也早用于定量测定一种或多种混合物组分的含量，主要应用于石油工业中挥发烷烃的分析。但采用这种方法进行多组分分析时费时费力，且易引入计算和测量误差。现一般采用色质联用技术，先用色谱法分离，再利用质谱进行分析。

多组分混合物的复杂程度及其物化性质直接决定了质谱定量分析的准确度。一般而言，质谱法进行定量分析时，其相对偏差为 2%～10%。

本 章 小 结

本章主要阐述了质谱分析法的基本原理，着重介绍了离子源和质量分析器、有机化合物的裂解方式以及分子离子峰和碎片离子峰的判断方法，并总结了质谱谱图的一般分析过程。

练 习 题

一、选择题

1. 下列电离源不属于软电离源的是 （　　　）
   　　A. EI 源 　　　　　　　　　　　B. CI 源
   　　C. MALDI 源 　　　　　　　　　D. ESI 源

2. 在胺类分子的质谱中出现 m/z30 基峰的是：（　　　）
   　　A. 伯胺 　　　　　　　　　　　B. 仲胺
   　　C. 叔胺 　　　　　　　　　　　D. 芳胺

3. 亚稳离子峰在质谱图中非常容易辨认的原因除了 （　　　）
   　　A. 峰弱 　　　　　　　　　　　B. 峰宽
   　　C. 质荷比一般不是整数 　　　　D. 质荷比一般是整数

4. McLafferty 重排和 RDA 重排的共同点是 （　　　）
   　　A. 发生 α 断裂 　　　　　　　　B. 发生 β 断裂
   　　C. 发生 γ 氢转移 　　　　　　　D. 产生中性分子

5. 下述关于有机卤化物裂解的说法不当的是 （　　　）
   　　A. C－X 裂解较为常见
   　　B. 有机卤化物可能发生 α 裂解，生成（M－R）峰
   　　C. 易发生脱 HX 的反应
   　　D. 卤化物的 M 峰较弱

6. 在 CH_3Cl 的质谱中，其 M＋2 峰约为 M 峰的 （　　　）
   　　A. 1/2 　　　　　　　　　　　B. 1/3
   　　C. 1/4 　　　　　　　　　　　D. 1/5

7. 发生 McLafferty 重排的前提是分子中必须具有：（　　　）
   　　A. α 氢 　　　　　　　　　　　B. β 氢
   　　C. γ 氢 　　　　　　　　　　　D. 双键氢

8. 质谱分析器中分辨率最高的是 （　　　）
   　　A. 四极质量分析器
   　　B. 离子阱质量分析器
   　　C. 傅里叶变换离子回旋共振质谱
   　　D. 飞行时间质量分析器

二、简答题

1. 如何判断分子离子峰？一般是什么原因造成了分子离子峰的不出现？
2. 简述"氮规则"。
3. 什么是 McLafferty 重排？如何从谱图上判断 McLafferty 重排峰？

三、谱图解析

1. 已知正庚酮有三种异构体，试根据下列质谱图推测其羰基的位置。

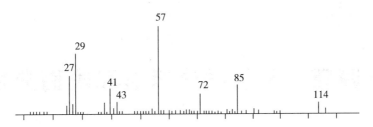

2. 某由 C、H、O 三种元素组成的化合物，其质谱图如下图所示。已知 m/z 56.5 和 m/z 33.8是其亚稳离子峰，试推测其分子结构。

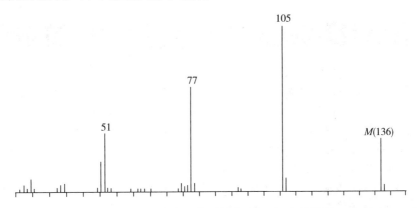

3. 某化合物的质谱图如图所示，其分子离子峰很弱，仅为基峰的2.81%，m/z 88（M+1）峰为0.14%，（M+2）峰测不出来。是根据上述信息推测该化合物的分子结构。

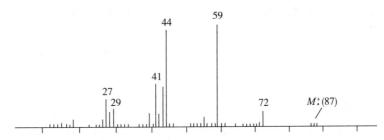

（宋玉光）

第十四章　X射线光谱法和表面分析法

学习导引

知识要求

1. **掌握** X射线光谱法的基本原理；连续X射线与特征X射线；X射线的吸收、散射和衍射；X射线荧光光谱；光电子能谱法的基本原理。

2. **熟悉** X射线荧光法的定性分析；单晶X射线衍射；粉末X射线衍射；几种X射线吸收法；X射线光电子能谱法、紫外光电子能谱法、俄歇电子能谱法、二次离子质谱法、扫描隧道显微镜和原子力显微镜的分析原理。

3. **了解** X射线荧光光谱仪，X射线荧光法的定量分析和应用；X射线吸收法的应用；各种表面分析技术的特点和应用，电子能谱仪。

能力要求

1. 熟练掌握X射线光谱法的基本原理，学会应用X射线光谱法解决实际问题。

2. 能够灵活选用合适的分析技术解决表面分析中的问题。

3. 具备运用手册、文献等相关技术资料对所获得分析结果进行处理的能力。

以X射线为辐射源的分析方法称为X射线分析法。X射线是由高能量粒子轰击原子所产生的电磁辐射，其波长在0.001～50nm范围内。其中0.01～24nm是化学分析中最感兴趣的波段，0.01nm附近代表超铀元素的K系谱线，24nm附近代表最轻金属元素锂的K系谱线。

X射线光谱法是一种多元素分析的有效方法，它的分析范围广，除了几个超轻元素外，元素周期表上的其他元素几乎都可以分析。它主要包括X射线吸收法、X射线荧光法、X射线衍射分析法和X射线光电子波谱法等。X射线光谱法是一种非破坏性的分析方法，对于固体样品不经处理就可以直接分析，而且不受元素的状态影响，许多表面分析技术都是基于X射线光电子波谱法。

第一节　X射线光谱法基本原理

一、X射线的产生和X射线光谱

X射线是一种波长短（0.005～10nm），能量高（$2.5 \times 10^5 \sim 1.2 \times 10^2 \, eV$）的电磁辐射，其具有的能量相当于原子内层电子跃迁所需要的能量。在高速运动的电子流的轰击下，原子内层电子产生跃迁而发射的电磁辐射，即为 X 射线。

（一）初级 X 射线的产生

由 X 射线管产生的射线是初级 X 射线。X 射线管是由一热阴极（钨丝）和一阳极（金属靶，Cu、Fe、Cr、Co 等重金属制成）组成，管内抽至高真空（1.3×10^{-4}Pa）。加热阴极使其发射出电子，在阴阳极间加上几万伏高压，电子在高压电场下加速，高速轰击阳极靶面。此时电子的运动被突然停止，电子的大部分动能变成热能，只有约 1% 的动能变为 X 射线辐射能，即初级 X 射线。它可以分为连续 X 射线与特征 X 射线。

（二）连续 X 射线光谱

当加在 X 射线管两极间的加速电压较低时，仅产生连续 X 射线光谱。连续 X 射线是由大量高速运动的电子与金属靶原子间的碰撞而产生的。大部分电子经过多次碰撞产生多次辐射，逐步丧失其全部能量而停止运动。多次辐射中各光子能量不同，于是形成了连续的具有不同波长的 X 射线，即连续 X 射线（如图 14-1）。

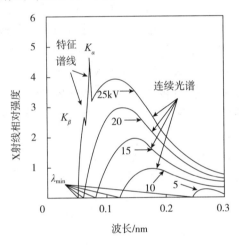

图 14-1 钼的 X 射线谱（不同电压下）

1. 短波限 若高速运动的电子在第一次碰撞时就丧失全部动能，其产生的 X 射线光子能量最大，波长最短，即为连续 X 射线光谱的短波限（shot wavelength limit，λ_{min}）。

$$\frac{mv^2}{2} = eU = h\nu_{最大} = -\frac{hc}{\lambda_{min}}$$

$$\lambda_{min} = \frac{hc}{eU} = \frac{6.626 \times 10^{-34} \times 2.998 \times 10^8 \times 10^9}{1.602 \times 10^{-19} U} = \frac{1240}{U} \tag{14-1}$$

式中，h 是普朗克常数，c 是光速，m、v、e 分别是电子的质量、速度和电荷，U 是 X 射线管的电压，得出 λ_{min} 的单位为 nm。由式（14-1）可以看出，连续 X 射线光谱的短波限仅与 X 射线管的电压有关，与靶材料和 X 射线管电流无关。不同的靶材料只要加速电压相同，短波限都相同；加速电压越大，短波限越短。如图 14-1，电压越大，钼的 X 射线谱的 λ_{min} 越短。

2. 连续光谱的强度 连续 X 射线光谱的总强度（I）不仅与 X 射线管的电压（U）有关，还与靶金属的原子序数（Z）有关，其关系式为：

$$I = KiZU^2 \tag{14-2}$$

式中，K 为比例系数，i 为 X 射线管电流。由式（14 - 2），在需要强度较大的连续 X 射线时，应采用原子序数较大的重金属靶和较大的 X 射线管电流以及施加尽可能高的 X 射线管电压。其中 X 射线管电压对光谱强度的影响最大，如图 14 - 1，电压越大，钼的光谱强度越强。

连续 X 射线光谱的强度存在连续分布的形式，适合于周期表上所有元素的各个谱系的激发。因此在 X 射线荧光分析中，一般以连续 X 射线作为激发源。同时为了获得能量较高的 X 射线，在工作中常采用钨、钼等重金属作为 X 射线管的靶材，并在较高的管电压下操作。

（三）特征 X 射线光谱

当加在 X 射线管两极间的加速电压提高到一定的临界值（激发电压），使高速运动的电子的动能足以激发靶原子的内层电子时，便产生几条具有一定波长的、强度很大的谱线叠加在连续 X 射线谱上（如图 14 - 1，最左边的谱线）。这些谱线的波长与入射电子的能量无关（但要达到临界值），只取决于靶的材料，与靶金属的原子结构及原子内层电子的跃迁过程有关，反映了靶元素的特征，且形状尖锐，因此称为特征 X 射线。

1. 特征 X 射线的产生　高能量粒子与靶原子碰撞时，激发靶原子的内层电子形成空轨道（空穴），使原子处于不稳定的激发态。这时外层电子跃迁至能级较低的内层轨道填补空穴，从而以光辐射的形式释放出多余的能量，于是产生了某些具有一定波长的 X 射线即特征 X 射线。若 K 层电子被激发，所有外层电子都有可能跃迁到 K 层空位，辐射出 K 系特征 X 射线。L 层跃迁到 K 层辐射的 X 射线为 K_α 射线，M 层跃迁到 K 层辐射的 X 射线为 K_β 射线，N 层跃迁到 K 层辐射的 X 射线为 K_γ 射线，如图 14 - 2 所示。通常 K_α 射线为常用线。

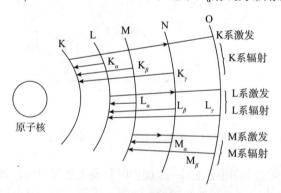

图 14 - 2　特征 X 射线产生示意图

2. 特征 X 射线的特点　特征 X 射线的频率取决于电子在始态和终态的能量差。设 E_K、E_L、E_M 分别表示 K、L、M 电子层的能量，$\lambda_{K\alpha}$、$\lambda_{K\beta}$ 分别表示 K_α、K_β 线的波长，则 $\lambda_{K\alpha}$、$\lambda_{K\beta}$ 可由下式求出：

$$\Delta E = E_L - E_K = h\nu_{K\alpha} = \frac{hc}{\lambda_{K\alpha}}$$

$$\Delta E = E_M - E_K = h\nu_{K\beta} = \frac{hc}{\lambda_{K\beta}}$$

则

$$\lambda_{K\alpha} = \frac{hc}{E_L - E_K}, \qquad \lambda_{K\beta} = \frac{hc}{E_M - E_K} \tag{14 - 3}$$

每一种元素的原子具有不同的能级结构，而各电子层的能量也是一定的，从式（14 - 3）

可以看出，其所发射的特征 X 射线的波长也是一定的。元素不同，发射的特征 X 射线也不相同。因此根据特征谱线的波长，可以判别元素的性质，即进行定性分析；根据谱线的强度，可以进行定量分析。

二、X 射线的吸收、散射和衍射

X 射线管发出波长为 λ、强度为 I_0 的初级 X 射线，通过厚度为 l 的物质，入射 X 射线与物质相互作用产生各种现象，如图 14 - 3 所示，其中一部分被透过，一部分被吸收，还有一部分发生散射。

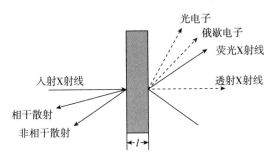

图 14 - 3　X 射线与物质的相互作用

（一）X 射线的吸收

1. X 射线的吸收定律　用 X 射线照射固体物质后，物质对 X 射线的吸收与其穿过的厚度成正比，也符合光吸收基本定律，即

$$\frac{\mathrm{d}I}{I} = -\mu_l \mathrm{d}l, \; I = I_0 \exp\;(-\mu_l l) \tag{14 - 4}$$

式中，I_0 和 I 是入射和透射 X 射线的强度，l 是试样厚度，μ_l 是线性吸收系数。

2. 质量吸收系数　在 X 射线分析中，对于固体试样，最方便的是采用质量吸收系数 μ_m，$\mu_m = \mu_l/\rho$，ρ 为物质的密度。μ_m 的物理意义是一束平行的 X 射线穿过截面积为 $1 \mathrm{cm}^2$ 质量为 $1 \mathrm{g}$ 的物质时，X 射线的吸收程度，其单位为 cm^2/g。

实际上，X 射线通过物质时的强度衰减是它受到物质的吸收和散射的综合结果，即 μ_m 为质量真吸收系数和质量散射系数之和。但由于质量真吸收系数远大于质量散射系数，且实验中比质量真吸收系数易于测得，所以一般表值中多以 μ_m 给出。多组分物质的质量吸收系数，可近似的取多组分元素的质量吸收系数与其质量分数乘积之和：

$$\mu_m = \sum_{i=1}^{n} x_i \mu_{mi} \tag{14 - 5}$$

式中，x_i 为元素子在样品中的质量分数，μ_{mi} 为元素 i 的质量吸收系数。

质量吸收系数 μ_m 与波长 λ 和吸光物质的原子序数 Z 有关：

$$\mu_m = kZ^4 \lambda^3 \tag{14 - 6}$$

式中，k 为常数。由式（14 - 5）可以看出，X 射线的波长越长，吸收物质的原子序数越大，越易被吸收。对于一定波长和一定物质来说，μ_m 是与物质密度无关的常数，它不随物质的物理和化学状态而改变，为物质的一特性常数。

3. 吸收边　实际上元素的质量吸收系数与波长之间的关系是比较复杂的。当吸收物质一定时，随着入射 X 射线波长的增大，μ_m 值逐渐增大。但是，当波长增大到某一值时，μ_m 值会突然下降，发生突变。各元素 μ_m 突变时的波长值称为该元素的**吸收边**（absorption edge），也叫**吸收限**。

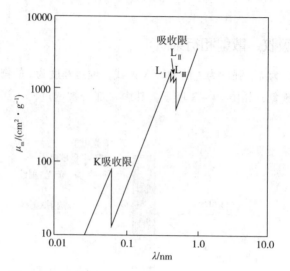

图 14 - 4　金属钼的质量吸收系数 μ_m 与波长 λ 的关系

吸收边是一个特征 X 射线谱系的临界激发波长。如图 14 - 4 所示，当 X 射线的能量恰好能激发钼原子中 K 层电子时，即波长略小于钼原子的 K 吸收边时，则入射的 X 射线大部分被吸收而产生次级 X 射线，此时 μ_m 最大；但波长继续增大，能量就不足以激发 K 层电子发生跃迁，因此吸收减小，μ_m 变小。同理，L 吸收边是入射 X 射线激发 L 层电子而产生的。由于 L 层有 3 个支能级，所以有三个吸收边（λ_{LI}，λ_{LII}，λ_{LIII}）。以此类推，则 M 层有 5 个吸收边，N 层有 7 个吸收边。对于同一元素，吸收边随着能级靠近原子核而逐渐变小；对于不同的元素，原子序数越大，其相应的吸收边越小。

（二）X 射线的散射

X 射线穿过物质时，物质的原子可使 X 射线光子偏离原射线方向，即发生散射。X 射线的散射可分为相干散射和非相干散射。

1. 相干散射　也称弹性散射或 Rayleigh 散射。当入射 X 射线光子与原子中束缚较紧的电子发生弹性碰撞时，X 射线光子的能量不足以使电子摆脱束缚，而产生波长和相位与入射 X 射线相同的散射 X 射线，这种散射作用即为相干散射。原子序数越大，原子中所含的电子数目越多，则相干散射 X 射线的强度就越大。这种相干散射现象是 X 射线在晶体中产生的衍射现象的物理基础。

2. 非相干散射　也称非弹性散射或 Compton 散射。当入射 X 射线光子与原子中束缚较弱的电子发生非弹性碰撞时，X 光子把部分能量传给电子，变为电子的动能，于是电子被撞离原子，同时在各方向上发射波长变长、能量降低的 X 射线光子，即非相干 X 射线。所产生的散射 X 射线的波长和相位与入射 X 射线无确定关系，不能发生干涉效应。元素的原子序数越小，则非相干散射就越强。

（三）X 射线的衍射

X 射线的衍射现象是由于相干散射 X 射线的干涉作用产生的。当两个波长相等、相位差固定且振动于同一平面内的相干散射波沿着同一方向传播时，在不同的相位差的条件下，这两种散射波或者相互增强（同相），或者相互减弱（异相）。这种由于大量原子散射波的叠加、互相干涉而产生最大限度加强的光束叫 X 射线的衍射线。

当 X 射线以某入射角 θ 射向待测试样的晶面时，将在每个点阵（原子）处发生一系列球面散射，即相干散射，从而发生散射干涉现象，如图 14－5 所示。设有三个平行晶面，中间晶面的入射 X 射线即衍射 X 射线的光程比上一晶面相比，其光程差为 AB + BC。由于 AB = BD = $d\sin\theta$，则光波 11′和 22′的总光程差为 AB + BC = $2d\sin\theta$。其中 d 为晶面的距离，θ 为掠射角即入射角的补角。

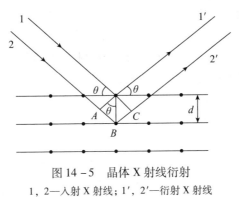

图 14－5　晶体 X 射线衍射
1，2—入射 X 射线；1′，2′—衍射 X 射线

只有当光程差为波长的整数倍时，相干的散射波才能相互加强，即

$$n\lambda = 2d\sin\theta \tag{14-7}$$

这就是布拉格（Bragg）衍射方程式。式中 $n = 0$，1，2，3，…为整数，即衍射级数。由布拉格方程可知：

1. 因为 $|\sin\theta| \leqslant 1$，所以当 $n = 1$ 时，$\lambda/2d = |\sin\theta| \leqslant 1$，即 $\lambda \leqslant 2d$，这表明只有当入射 X 射线波长≤2 倍晶面距时，才能产生衍射。

2. 用已知波长 λ 的 X 射线照射晶体试样，通过测定 θ 角，即可计算出晶面间距 d，这就是 X 射线衍射结构分析。

3. 用已知晶面间距 d 的晶体，通过测量 θ 角，计算出特征 X 射线的波长 λ，由此进一步查出样品中所含元素，这就是 X 射线衍射定性分析。

第二节　X 射线荧光分析法

用初级 X 射线激发原子内层电子所产生的次级 X 射线叫荧光 X 射线。基于测量荧光 X 射线的波长及强度进行定性和定量分析的方法，称为 X 射线荧光分析法（X ray fluorescence，XRF）。X 射线荧光分析是对各种各样材料进行元素测定的一种现代化的通用分析方法，在物质结构和组成的研究方面有着广泛的用途。根据不同的应用要求，其分析浓度范围可从 $0.1\mu g/g$ 高至 100%。

一、X 射线荧光光谱

（一）X 射线荧光的产生

用 X 射线管发射出的初级 X 射线激发样品所含元素时，当入射 X 射线使原子内层电子被激发，在原轨道上形成空穴，原子外层高能级的电子自发向内层跃迁填补空穴，同时辐射出具有该元素特征的二次 X 射线，这就是 X 射线荧光。

只有当初级 X 射线的能量稍大于分析物质原子内层电子的能量时，才能击出相应的电子，因此 X 射线荧光波长总比相应的初级 X 射线的波长要长一些。X 射线荧光产生机理与特征 X 射线相同，只是采用 X 射线作为激发手段。所以 X 射线荧光只包含特征谱线，而没有连续谱线。而且二者的激发源不同，X 射线荧光用初级 X 射线激发，特征 X 射线是用 X 射线管阴极发射的电子激发。

（二）俄歇效应和荧光产额

1. 俄歇效应 原子的内层（如 K 层）电子被电离后出现一个空穴，L 层电子向 K 层跃迁时所释放的能量，也可能被原子内部吸收后而激发出较外层的另一个电子，这种现象称为俄歇效应。后来逐出的较外层电子相对于原来从内层逐出的第一个光电子，称为俄歇电子或次级光电子，如图 14 − 6 所示。

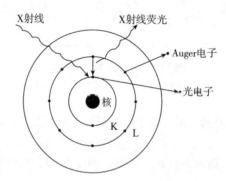

图 14 − 6　X 射线激发电子弛豫过程示意图

2. 荧光产额 原子在 X 射线激发的情况下，发生荧光辐射和发射俄歇电子是两个竞争的过程。对一个原子来说，激发态原子在弛豫过程中释放的能量或者用于发射 X 射线荧光，或者用于发射俄歇电子。对于大量原子来说，两种过程就存在一个概率问题。其中产生 X 射线荧光的概率，称为荧光产额（fluorescence yield，ω）。如对于 K 层来说，其荧光产额 ω_K 为：

$$\omega_K = \frac{\text{发射 K 层 X 射线数目}}{\text{产生 K 层空穴数目}}$$

对于原子序数小于 11 的元素，荧光产额较小，激发态原子在弛豫过程中主要是发射俄歇电子；对于高原子序数的元素，其荧光产额较大，主要发射 X 射线荧光。俄歇电子产生的概率除与元素的原子序数有关外，还随对应的能极差的缩小而增加。一般对于原子序数较大的元素，最内层（K 层）空穴的填充，以发射 X 射线荧光为主，俄歇效应不明显；当空穴外移时，俄歇效应越来越占优势。因此 X 射线荧光分析法多采用 K 系和 L 系荧光，而较少采用其他系。

（三）莫斯莱定律

莫斯莱（Moseley）发现，X 射线荧光的波长 λ 随着元素的原子序数 Z 的增加而变短，其数学关系式如下：

$$\left(\frac{1}{\lambda}\right)^{1/2} = K\ (Z - S) \tag{14 − 8}$$

式中，K 和 S 是与谱线系列有关的常数。式（14 − 7）就是著名的莫斯莱定律，它揭示了特征 X 射线波长与元素的原子序数有确定的关系。因此只要测出荧光 X 射线的波长，并排除了其他谱线的干扰以后，即可确定元素的种类。这是 X 射线荧光定性分析的基础。现在除了超轻元素外，绝大部分元素的特征波长都已测出，并有表可查。

二、X 射线荧光光谱仪

X 射线荧光光谱仪是通过测量试样的 X 射线荧光波长和强度来测定物质化学组成的仪器。根据分光原理，可分为波长色散型 X 射线荧光光谱仪和能量色散型 X 射线荧光光谱仪。

（一）波长色散型 X 射线荧光光谱仪

波长色散型 X 射线荧光光谱仪一般由 X 射线源、样品室、准直器、晶体分光器和检测记录系统组成，结构如图 14 - 7 所示。其工作原理为：由 X 射线管产生初级 X 射线激发试样，产生各种波长的 X 射线荧光。其中一部分荧光通过准直器变为平行光，经分光晶体对 X 射线荧光进行色散，再由检测器和记录装置将检测到的 X 射线荧光信号转换为电信号并记录。

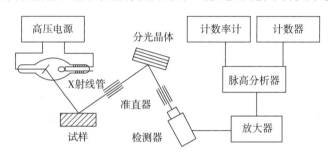

图 14 - 7　波长色散型 X 射线荧光光谱仪结构示意图

1. X 射线源　由 X 射线管发射的初级 X 射线的连续光谱和特征光谱是 X 射线荧光分析中常用的激发源。初级 X 射线的波长应稍短于分析元素的吸收边，使能量最有效的激发分析元素的特征谱线。靶材料的一般选择原则为：分析重金属元素用钨靶，分析轻元素用铬靶。靶材的原子序数越大，X 射线管的管电压越高，连续光谱的强度越大。

2. 晶体分光器　是利用晶体衍射现象使不同波长的 X 射线荧光色散，然后选择被测元素的特征 X 射线荧光进行测定。晶体分光器有平面晶体分光器和弯曲晶体分光器两种，前者应用较多。但是没有一种晶体可以同时适用于所有元素的测定，因此波长色散型 X 射线荧光光谱仪一般有几块可以互换的分光晶体。

3. 准直器　准直器是由一系列间隔很小的金属片或金属板平行的排列而成。其作用是将发散的 X 射线变成平行射线束。

4. 检测器　是用来接受 X 射线，并把辐射能转换为电能的装置。常用的检测器有正比计数器、闪烁计数器和半导体计数器等。

5. 记录系统　由放大器、脉冲高度分析器、记录和显示装置组成。从检测器得到的信号经放大器放大，经脉冲高度分析器分类后进行计数率的测定，在记录仪上得到测得的 X 射线荧光光谱图（以强度为纵坐标，角度 2θ 为横坐标）。

（二）能量色散型 X 射线荧光光谱仪

能量色散型 X 射线荧光光谱仪不采用晶体分光器，而是利用半导体检测器和多道脉冲分析器，直接测量元素不同能量的特征 X 射线。检测器同时接受样品中所有元素发出的未经色散的 X

射线，经放大器放大后，送入多道脉冲分析器，脉冲分析器按各元素谱线的脉冲高度（入射 X 射线的光子能量）分开，于是可以得到强度随 X 射线光子能量变化的分布曲线（能谱图）。能量色散型 X 射线荧光光谱仪的仪器结构小，轻便，适用于现场分析。其结构如图 14-8 所示。

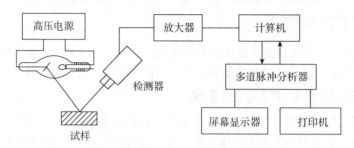

图 14-8　能量色散型 X 射线荧光光谱仪结构示意图

三、X 射线荧光分析

（一）X 射线荧光定性分析

根据莫斯莱定律，分析元素产生的 X 射线荧光的波长与其原子序数具有确定的对应关系，这就是 X 射线荧光定性分析的基础。对于波长色散谱，根据选用的分光晶体（d 已知）和测得的 2θ 角，用布拉格方程计算出波长 λ，然后查表（$\lambda - 2\theta$ 表或 $2\theta - \lambda$ 表），可查出相应元素。如用 LiF（200）作分光晶体时，在 2θ 为 44.59° 处出现一强峰，从 $2\theta - \lambda$ 表上查出此谱线为元素铱的 K_α 线，由此可初步判断试样中有元素铱。在能量色散谱中，可从能谱图上直接读出峰的能量，再查阅能量表即可。

自 20 世纪 70 年代末开始，已开发出定性分析的计算机软件和专家系统，可自动对扫描谱图进行搜索和匹配，以确定是何种元素的哪条谱线，大大提高了分析的效率。

（二）X 射线荧光定量分析

X 射线荧光定量分析的依据是 X 射线荧光的强度与含量成正比。定量分析方法主要有标准曲线法、内标法、标准加入法等。

知识链接

采用 X 射线荧光法进行定量分析时，试样的基体效应会影响 X 射线的荧光强度，使元素含量与 X 射线荧光强度之间的关系复杂化。基体效应是指样品的基本化学组成和物理、化学状态的变化，对分析线强度的影响，一般表现为吸收和激发效应。X 射线荧光不仅由样品表面的原子产生，也可由表面以下的原子所发射。无论入射的初级 X 射线还是试样发出的 X 射线荧光，都有一部分要通过一定厚度的样品层。这一过程将产生基体对入射 X 射线和 X 射线荧光的吸收，导致 X 射线荧光的减弱；反之，基体在入射 X 射线的照射下也可能产生 X 射线荧光，若其波长恰好在分析元素短波长吸收限时，将引起分析元素附加的 X 射线荧光的发射而使 X 射线荧光的强度增强。

因此在分析时需采用合适的方法克服基体效应。同时，粒度效应和谱线干扰等现象也会影响 X 射线荧光法定量的准确性，在测定时也应考虑到。

1. 标准曲线法　配制基体成分和物理性质与试样相近的系列标准样品，测定其分析线强度，作出分析线强度与待测元素含量关系的标准曲线。在同样的工作条件下测定试样中待测元素的分析线强度，根据标准曲线得出待测元素的含量。标准曲线法的特点是简便，但要求标准样品的主要成分与待测试样的成分一致。

2. 内标法　在分析样品和标准样品中平行加入一定量的内标元素，然后测定标准样品中分析线与内标线的强度，以强度比对分析元素的含量作标准曲线。测定分析样品的分析线与内标线的强度，得到强度比，带入曲线即可求得分析试样中分析元素的含量。

内标元素是选择原则为：①试样中不含有的元素。②内标元素与分析元素的激发、吸收等性质相似，原子序数相近，一般在 $Z \pm 2$ 范围内选择；若 $Z < 23$ 的轻元素则在 $Z \pm 1$ 范围内选择。③内标元素与分析元素之间没有相互作用。

3. 标准加入法　也叫增量法。将试样平行分成若干份，其中一份不加待测元素，其他各份分别加入不同质量分数（约 $1 \sim 3$ 倍）的待测元素。分别测定每一份的分析线强度，以加入待测元素的质量分数为横坐标、强度为纵坐标绘制标准曲线。当待测元素含量较小时，标准曲线近似为一条直线。将直线外推与横坐标相交，交点横坐标的绝对值即为待测元素的质量分数。

四、X射线荧光分析法应用

（一）X射线荧光分析法的特点

1. 分析速度快　通常每个元素分析测量时间在 $2 \sim 100s$ 之内即可完成。

2. 非破坏性　X射线荧光分析对样品是非破坏性测定，使得其在一些特殊测试如考古、文物等贵重物品的测试中独显优势。

3. 分析样品范围广　可以对元素周期表上 $_4Be \sim _{92}U$ 的多种元素进行分析，并可直接测试各种形态的样品。

4. 分析样品浓度范围宽　可分析含量在 $0.0001\% \sim 100\%$ 宽范围内的组分含量。

5. 分析精度高、重现性好

课堂互动

结合已学过的有关光学光谱法的知识，试对比分析X射线荧光分析法的特点。

（二）X射线荧光分析法应用

随着仪器技术和理论方法的发展，X射线荧光分析法的应用范围越来越广。在物质的成分分析上，在冶金、地质、化工、机械、石油、建筑材料等工业部门，农业和医药卫生，以及物理、化学、生物、地学、环境、天文及考古等研究部门都得到了广泛的应用；有效地用于测定薄膜的厚度和组成，如冶金镀层或金属薄片的厚度，金属腐蚀、感光材料、磁性录音带薄膜厚度和组成；可用于动态分析上，测定某一体系在物理化学作用过程中组成的变化情况，如相变产生的金属间的扩散，固体从溶液中沉淀的速度，固体在固体中的扩散和固体在溶液中溶解的速度等。

第三节　X射线衍射分析法

以X射线衍射现象为基础的分析方法，称为X射线衍射分析法（X ray diffraction，XRD）。X射线衍射法常用来测定晶体结构及进行固体样品的物相分析，而且还是研究化学成键和结构与性能关系等性质的重要手段。目前，X射线衍射分析法已经广泛应用于各个领域的分析与研究中，尤其在药物分析中发挥着越来越重要的作用。

一、X射线衍射法基本原理

课堂互动

回忆学过的有关X射线衍射的基础知识，说出布拉格衍射方程，试分析根据该方程我们如何利用X射线衍射进行分析？

当一束单色X射线照射晶体材料时，可在各个角度观察到随入射束变化的X射线反射或衍射。X射线的波长、衍射角和晶格的原子晶面间距的关系由布拉格方程给出（式14-7）。从布拉格方程式可以计算出晶体材料的晶面间距，晶面间距仅取决于晶体的晶胞排列；而衍射的X射线的强度取决于晶体中原子的类型和晶胞中原子的位置。因此从衍射光束的方向和强度来看，每种类型晶体都有自己的衍射图，可作晶体定性分析和结构分析的依据。

1. 当X射线波长 λ 已知，即选用固定波长的特征X射线时，对细粉末或细粒多晶体的线状样品进行照射。光束在一堆任意取向的晶体中，从每一 θ 角符合布拉格条件的反射面发生反射。测量 θ 角，利用布拉格公式即可确定点阵平面间距、晶胞大小和类型；根据衍射线的强度，还可以进一步确定晶胞内原子的排布。这是X射线结构分析的理论基础。

2. 在测定单晶取向的方法中，保持所用单晶样品固定不变（θ 不变），变化辐射束的波长保证晶体中所有晶面都满足布拉格条件。如果利用结构已知的晶体，在测定出衍射线的方向（θ 角）后，便可计算出X射线的波长，从而判定产生特征X射线的元素。这是X射线定性分析的理论基础。

二、单晶X射线衍射

单晶X射线衍射结构分析是一种独立的结构分析方法，不需要借助任何其他波谱学技术，即可独立地完成样品的结构、组分、含量、构型、构象、溶剂、晶型等各类分析研究。这种结构分析是一种定量的分析技术，可以提供分子的三维立体结构信息，包括原子坐标、原子间键长与键角值、二面角值、成环原子的平面性质、氢键（分子内、分子间）、盐键、配位键等相关晶体学参数；同时也是确定手性分子绝对构型、分子立体结构中差向异构体的权威分析技术；此外，单晶X射线衍射分析技术不仅能够提供同质异晶（相同物质，不同晶型）样品的分子排列规律，同时还可以给出样品中结晶水与各种溶剂的定量数值，并能阐明造成样品形成多晶型的原因。

单晶X射线衍射结构分析的实质是完成两次傅里叶变换过程。第一次傅里叶变换是在X射线衍射实验中完成的，目的是获得衍射图谱数据；第二次傅里叶反变换是在结构计算中完成的，目的是获得分子的三维结构模型。

单晶 X 射线衍射是现代药物结构与功能研究领域中一种必备的物理分析方法与常用技术，广泛应用于小分子化学药物（天然产物与合成化合物）、大分子生物药物（多肽类与蛋白质类）以及药物与受体靶点等分子的立体结构研究，其测定结构分子量可达数百万。

实例分析

实例：Langduin C 的结构测定

分析：Langduin C 是从香茶菜中提取分离得到的化合物。应用质谱分析，测定其分子量为 345.4，核磁碳谱分析测定该化合物有 20 个碳原子，但在这些图谱中尚存在有不能解释的结构疑点。采用单晶 X 射线衍射结构分析方法获得了化合物应为二萜类二聚体结构类型，证明其他波谱分析结果仅得到了化合物二聚体的一半结构信息。

Langduin C 的分子相对构型图（a）和分子立体结构投影图（b），如图 14-9 所示：

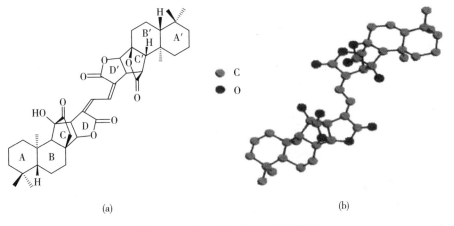

图 14-9　Langduin C 的分子结构图

三、粉末 X 射线衍射

粉末 X 射线衍射分析是以粉晶或无定形样品为研究对象。物质的 X 射线衍射图谱与晶体结构有着相对应的关系，每一种物质都有其"指纹"般的特定衍射图。通过分析待测试样的 X 射线衍射图，不仅可以知道物质的化学成分，还能知道它们的存在状态，即能知道某元素是以单质存在或者以化合物、混合物及同素异构体存在。同时，根据 X 射线衍射试验还可以进行结晶物质的定量分析、晶粒大小的测量和晶粒的取向分析。

早在 20 世纪 70 年代，美国药典就将粉末 X 射线衍射技术列为固体药物的检测分析方法。目前我国药典也收载了该分析技术，主要是应用于有机化学药物的检测分析。粉末 X 射线衍射技术在化学药物和中药研究中应用越来越广泛：固体化学药物的晶态与非晶体鉴别，固体化学药物异同的鉴别，固体化学药物纯度检查，固体化学药物的晶型测定，中药材和中成药的鉴定分析、质量控制等。

四、X射线衍射法的其他应用

1. 聚合物表征 从聚合物的宽角和小角X射线研究可以获得聚合物的结晶度、晶体尺寸、择优取向度和种类、同质异相、微衍射图和有关晶粒的宏观晶格等信息。

2. 材料分析 由材料的衍射图谱可进行物相定性分析、物相定量分析、结晶度、残余应力分析、晶粒分析和组织结构分析等。

第四节　X射线吸收分析法

以测量透过样品的X射线强度为基础而建立起来的分析方法称为X射线吸收法（X ray absorption spectroscopy，XAS）。该方法主要用于分析轻基体中的重元素。

一、X射线吸收法基本原理

前面已介绍X射线吸收的基本原理。当X射线穿过物体时，会被吸收而使强度减弱，其减弱的程度取决于吸收体中所含原子的种类和数目。其满足的吸收定律如式（14-4）所示，可据此进行定量分析；吸收边与原子的能级结构有关，原子不同，其能级结构不同，其特征吸收限波长也不同，因此可用吸收边来进行定性分析，且当确定了吸收大小与元素含量的关系后，也可用作定量分析。这些就是X射线吸收法的理论依据。

X射线吸收法主要被用来进行定量分析。根据分析原理和使用照射源的不同，可分为多色X射线吸收分析法、单色X射线吸收分析法和吸收限分析法。

二、多色X射线吸收分析法

多色X射线吸收分析法是利用X射线管发射出来的初级X射线束直接透过厚度相等、组成相似的试样和标准试样，根据其透射射线强度随分析元素含量的变化而对试样中的分析元素进行定量测定的。

由于X射线管发射出来的初级X射线束包括所有多波长的连续光谱和特征光谱，且各个波长的X射线强度不等，所以很难用数学方法来精确计算吸收的大小，一般分析时都采用与标准试样比较透射线强度的标准曲线法进行定量分析。

为了保证分析结果的准确性，X射线源的强度必须非常稳定，所以X射线管的高压与灯丝电源都必须加以很好的稳压稳流设备。目前的光度计一般都采用了未知试样与标准试样相比较的双光路比较吸收法，这样不但可以降低对电源稳定性的要求，还可大大提高分析的速度与精确度。

三、单色X射线吸收分析法

单色X射线吸收分析法的原理与多色X射线吸收分析法相同，不同的是所使用的照射源不同。单色X射线吸收分析法采用的是单一波长的X射线束照射样品。因此除了可以使用与标准试样比较透射线强度的标准曲线法进行定量外，也可采用数学方法进行计算定量。

由吸收定律（14-4）和质量吸收系数（14-5）可得：

$$\ln \frac{I_0}{I} = \left[c_A \mu_m^A + (1 - c_A) \ \mu_m^M \right] \rho L \tag{14-9}$$

式中，c_A 为分析元素的含量，$(1-c_A)$ 为样品中基体元素的含量，I_0 为入射单色 X 射线束的强度，I 为透射束的强度，μ_m^A 为分析元素 A 对单色 X 射线的质量吸收系数，μ_m^M 为基体元素 M（样品中除分析元素外的其余各元素）对单色 X 射线的质量吸收系数，ρ 为样品的密度，L 为样品的厚度。

可以根据式（14-9）计算出分析元素的含量。此计算方法要求样品中其余各元素的含量均已知。

采用单色 X 射线吸收分析法，单色 X 射线的波长应选择稍低于待测元素的吸收边，且远离其他各元素的吸收边，从而使元素 A 对此波长的 X 射线有较大的吸收，而其他各元素的吸收较小，增加分析灵敏度。

四、吸收限分析法

如果以初级 X 射线透过均匀薄层样品，然后经晶体分析器分解成光谱，那么在分析元素的吸收边两侧，可以看到透射束强度发生陡变。在一定的实验条件下，该吸收边两侧的透射强度比，取决于分析元素的含量。根据这一原理进行元素定量分析的方法，即为吸收限分析法。

根据吸收定律可得出吸收限分析法的基本关系式：

$$\ln \frac{I_2}{I_1} = (\mu_{m1}^A - \mu_{m2}^A) \ c_A \rho L \tag{14-10}$$

式中，c_A 为分析元素的含量，I_1 为吸收边短波侧的 λ_1 透射束的强度，I_2 为吸收边长波侧的 λ_2 透射束的强度，μ_{m1}^A、μ_{m2}^A 分别为分析元素对波长为 λ_1 和 λ_2 射线的质量吸收系数。

对原子序数在 50 以下的轻元素，常用其 K 吸收边来测量；而对原子序数大于 50 的重元素，则常用其 L_{III} 吸收边来测量。

五、X 射线吸收法的应用

（一）X 射线吸收法的特点

1. 适合于各种状态样品的测定，吸收量与样品的状态无关，仅与样品中原子的种类和数目有关。

2. 所需样品少，分析速度快，费用低且不破坏样品。

3. 基体效应小，样品中其他元素的存在对待测元素的影响不大。

4. 测定的灵敏度不如 X 射线荧光分析法，而且对于吸收系数很大的样品，其应用受到一定限制。

（二）X 射线吸收法的应用

1. 元素的测定　主要适用于测量轻元素为基体的样品中某一重元素的含量，其中吸收限分析法最为适用。如测定汽油和碳氢化合物中的重金属添加物，金属和矿石加工过程中的重元素等。因此该法在石油工业和原子能工业中得到较多的应用。

2. 薄膜和镀层的厚度测量　在工业上可以测量压延金属薄片的厚度以及在电镀工业中测量表面镀层的厚度，并进行连续控制。测量时常用透射-吸收法，使用的入射光可以是多色束也可以是单色束。

3. 固体疏松度的测定　可以用来测定木材、纸张、石棉、陶瓷、玻璃、塑料以及各种填料的疏松度。

X射线吸收法还可以用于研究金属间的扩散，观察液体密度的变化，动态过程的控制等方面。

第五节 表面分析法概述

物体的表面是指物体内部和真空或气体之间的过渡区域，它包括物体最外面数层原子和覆盖其上的一些外来原子和分子，其厚度一般为十分之几纳米至数纳米。固体表面的性质一般和内部体相不同，表面区的化学组成、原子排列、电子结构以及原子的运动等诸多方面都会呈现出与内部体相不同的表面特性。很多物理化学过程，如催化、腐性、氧化、钝化、吸附、扩散等，往往首先发生在表面，甚至仅仅发生在表面。因此，对表面的表征和分析具有特殊性和重要性，已成为现代分析化学的重要任务之一。

表面分析（surface analysis）是指用以对表面的特性和表面现象进行分析、测量的方法和技术，它主要提供三方面的信息：

（1）表面化学状态 包括元素种类、含量、化学价态以及化学成键等。

（2）表面结构 从宏观的表面形貌、物相分布以及元素分布等一直到微观的表面原子空间排列，包括原子在空间的平衡位置和振动结构。

（3）表面电子态 涉及表面的电子云分布和能级结构。

表面分析方法的基本原理是用各种激发源（如光子、电子、离子、中性原子或分子、电场、磁场等）与被分析的样品表面相互作用，同时发射出粒子（或场），然后分析出射粒子来获得反映样品表面特征的各种信息。所有出射粒子都是信息载体，这些信息包括出射粒子的强度、空间分布、能量分布、质荷比、自旋等。这些出射粒子主要有电子、光子、离子、中性粒子和场等。根据分析所采用的激发源和出射粒子的不同形成了多种表面分析技术，目前已有五六十种。在应用时应根据各种分析方法和分析试样的性能等综合考虑选择何种分析方法，有时往往同时选用几种方法，以便相互印证，相互补充，从而获得可靠完整的信息。本章将主要介绍光子探针技术、电子探针技术、离子探针技术和扫描探针显微镜技术。

第六节 光子探针技术

在表面分析中，最为常见的是光致电离后所形成的光电子能谱，这是一种光子探针技术。它的基本原理是用单色光源（X射线、紫外光）去辐照样品，使原子或分子的内层电子或价电子受激而发射出来。这些被光子激发出来的电子称为光电子。以光电子为研究对象，测量其能量，以光电子的动能为横坐标，光电子的相对强度为纵坐标得到光电子能谱图，对其进行分析，从而获得试样的有关信息。其中，用X射线作激发源的方法称为X射线光电子能谱法（X ray photoelectron spectroscopy，XPS），用紫外光作激发源的方法称为紫外光电子能谱法（ultraviolet photoelectron spectroscopy，UPS）。

一、光电子能谱法的基本原理

物质受到光的作用后，光子可以被分子或原子内的电子所吸收，其中内层电子容易吸收X光量子，价电子容易吸收紫外光量子。具有足够能量的入射光子与样品相互作用时，把它的全部能量转移给原子或分子的某一束缚电子，使之电离。此时光子的一部分能量用于克服轨道电子结合能，余下的能量成为发射光电子所具有的动能。这就是光电效应，可表示为：

$$A + h\upsilon \longrightarrow A^{++} + e$$

式中，A 为原子，$h\upsilon$ 为入射光子，A^{++} 为激发态离子，e 为具有一定动能的电子。这个过程满足爱因斯坦能量守恒定律：

$$h\upsilon = E_b + E_k + E_r \tag{14-11}$$

式中，E_b 为电子的结合能，E_k 为出射光电子的动能，E_r 为发射光电子的反冲动能。反冲动能一般很小，可以忽略不计，则有：

$$h\upsilon = E_b + E_k \tag{14-12}$$

$$E_b = h\upsilon - E_k \tag{14-13}$$

入射光子能量已知，如果测出出射光电子的动能，则可根据式（14-13）得到样品电子的结合能。各种原子分子的轨道结合能是一定的，于是通过对样品产生的光电子能量的测定，就可以分析样品的元素组成和能级分布等信息。元素所处的化学环境不同，其结合能会有微小的差别，这种由化学环境不同引起的结合能的微小差别叫化学位移。由化学位移的大小可以确定元素所处的状态（化合价和存在形式）。

只有处于表面的原子发射出的光电子的能量才满足 $h\upsilon = E_b + E_k$。光电子从产生处向固体表面逸出的过程中会经历一系列非弹性碰撞，使其能量按指数关系不断衰减。逸出光电子的非弹性散射平均自由程，简称电子逃逸深度或平均自由程（用 λ 表示），决定了电子能谱法所能研究的样品信息深度。λ 随样品的性质而变，在金属中约为 $0.5 \sim 2\mathrm{nm}$，氧化物中约为 $1.5 \sim 4\mathrm{nm}$，在有机和高分子化合物中约为 $4 \sim 10\mathrm{nm}$。因此光电子能谱法的取样深度很浅，是一种表面分析技术。

二、X 射线光电子能谱法

X 射线光电子能谱法是采用 X 射线作激发源的一种光电子能谱法，具有很高的表面灵敏度，适合于表面元素定性和定量分析，也可应用于元素化学价态的研究，目前是一种最主要的表面分析工具。

（一）电子结合能

X 射线光电子能谱法作为一种光电子能谱法，满足式（14-12）$h\upsilon = E_b + E_k$。对于固体样品，E_b 和 E_k 通常以费米能级为参考能级（对于气体样品，通常以真空能级为参考能级）。对于固体样品，与谱仪间存在接触电荷，因而在实际测试中，设计谱仪材料的功函数 Φ_{sp}。当用电子能谱仪测试固体样品时，测得的结合能还与谱仪材料的功函数 Φ_{sp} 有关，则式（14-12）表示为：

$$h\upsilon = E_b + E_k + \Phi_{\mathrm{sp}} \tag{14-14}$$

$$E_b = h\upsilon - E_k - \Phi_{\mathrm{sp}} \tag{14-15}$$

式（14-15）是计算固体样品中原子内层电子结合能的基本公式。谱仪材料的功函数 Φ_{sp} 是一常数，与样品无关，约为 $3 \sim 4\mathrm{eV}$。而入射光子能量（$h\upsilon$）已知，出射光电子的动能（E_k）可由谱仪测得，那么样品的电子结合能（E_b）即可确定。

（二）X 射线光电子能谱

X 射线光电子能谱法用具有特征波长的软 X 射线来辐照固体样品，其中 Mg $\mathrm{K}\alpha$（1253.6eV）或 Al $\mathrm{K}\alpha$（1486.6eV）为常用线。X 射线光电子能谱的横坐标为电子结合能或出

射光电子的动能 E_k，纵坐标为出射光电子的强度。图 14 – 10 为 Mg Kα 线为 X 射线源的金属银表面 X 射线光电子能谱图（Ag 的电子构型是 $1s^2 2s^2 2p^6 3p^6 3d^{10} 4s^2 4p^6 4d^{10} 5s^1$）。各种元素都有其特征的电子结合能，在能谱图上就会出现相应的特征谱线，根据这些谱线在能谱图中的位置可以进行元素鉴定。

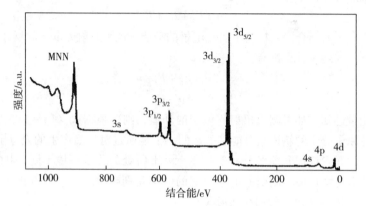

图 14 – 10　Ag 的 XPS 全谱图

（三）化学位移

如前所述，由于原子所处的化学环境不同而引起的结合能的微小差别叫化学位移。在光电子能谱图上看到相应的谱峰位移，称为电子结合能位移 ΔE_b。

化学位移主要与原子内层电子受到的屏蔽作用有关：

1. 外层价电子分布的变化会影响内层电子的屏蔽作用　当外层电子密度减少时，屏蔽作用减弱，内层电子的结合能增加；而外层电子密度增加时，内层电子的结合能降低。

2. 原子氧化态的变化会影响内层电子的屏蔽作用　原子氧化态发生变化，可以引起价电子密度变化，从而改变了对内层电子的屏蔽效应。一般化学位移随氧化态增加而增加。

3. 化学位移还与电负性有关　与电负性大的原子结合的原子，其价电子密度减小，屏蔽作用减弱，其电子的结合能将向高结合能位移。

（四）X 射线光电子能谱法的应用

1. 元素定性分析　元素周期表上除氢和氦之外的元素都可以用该法鉴别。

2. 元素定量分析　X 射线光电子能谱法是依据光电子谱线的强度或光电子峰的面积与原子的含量或相对浓度有关来进行定量分析的。分析中采用与标准样品相比较的方法来对元素进行定量，其分析准确度可达 1% ~2%。

3. 固体表面分析　分析固体表面的元素和化学组成，原子价态，表面能态分布，表面原子的电子云分布和能级结构等。已应用于表面吸附、催化、金属的腐蚀和氧化、半导体、电极钝化、薄膜材料等方面。

4. 化合物结构鉴定　可以对内壳电子结合能化学位移进行精确测量，从而提供化学键和电荷分布的信息。

三、紫外光电子能谱法

紫外光电子能谱法是采用紫外光作激发源的一种光电子能谱法。它的激发源为能量在 10 ~ 40eV 的真空紫外线，通常使用的是稀有气体放电产生的共振线，如 He I（21.2eV）、

HeⅡ（40.8eV）。因为紫外线的单色性比 X 射线好，所以紫外光电子能谱的分辨率比 X 射线光电子能谱高。紫外线提供的能量可以使物质的价电子激发，因此紫外光电子能谱法主要用于分析样品的外壳层轨道结构、能带结构、空态分布和表面态情况等。

（一）电离能

同样，紫外光电子能谱法作为一种光电子能谱法，也满足式（14－12）$h\nu = E_b + E_k$。由于紫外线提供的能量是使原子或分子的价电子激发，而习惯上我们将价电子的结合能称为电离能，所以测得的 E_b 为电离能。当能量为 $h\nu$ 的紫外光作用于样品分子时，将第 n 个分子轨道中的某个价电子激发出来，使其成为具有一定动能的出射光电子，而这个分子离子可以处于振动、转动或其他激发态，此时式（14－12）可表示为：

$$h\nu = E_I + E_k + E_v + E_r \qquad (14-16)$$

式中，E_I 为被激发电子的电离能，E_k 为光电子的动能，E_v 为分子离子的振动能，E_r 为分子离子的转动能。其中 E_v 约为 0.05 ~ 0.5 eV，而 E_r 更小，二者均可以忽略不计，则有：

$$E_I = h\nu - E_k \qquad (14-17)$$

式（14－17）就是计算样品分子价电子电离能的基本公式。

（二）紫外光电子能谱

紫外光电子能谱与 X 射线光电子能谱类似，也是以电子结合能或出射光电子的动能为横坐标，出射光电子的强度为纵坐标的图谱。这种图谱是研究分子振动结构的有效手段。

图 14－11 是假设的高分辨紫外光电子能谱，从该谱可以说明如何利用紫外光电子能谱分辨分子的振动结构。图中第一谱带 I_1 是由分子中与第一电离能相关的能级上的电子被逐出后产生的，第二谱带 I_2 是与第二电离能相关的能级上的电子被逐出后产生的。第一谱带中又包括几个峰，这些峰对应于振动基态的分子到不同振动能级的离子的跃迁。其中，第一个峰代表由分子振动基态跃迁到分子离子振动基态（或代表绝热电离能 E_{IA}），最强峰代表垂直电离能 E_{IV}。谱带中每一个峰的面积代表产生每种振动态离子的概率，谱带宽度表示从分子变成离子经过的几何构型变更。根据各个振动能级峰之间的能量差 ΔE_V，从非谐振子模型公式可计算分子离子的振动频率 ν。如果把分子离子的振动频率 ν 与分子对应的振动频率 ν_0 加以比较，可以反映出发射光电子的分子轨道的键合性质。同时谱带的形状往往也可以反映出分子轨道的键合性质。图 14－11 的第二谱带 I_2 只有一个振动峰，说明了电离作用产生的几何形状变化很小，这种谱带可以推断为非键电子的发射。

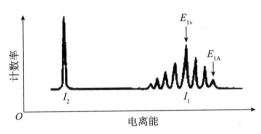

图 14－11　假设的高分辨紫外光电子能谱

（三）化学位移

紫外光电子能谱上一般只能看到非键或弱键电子峰的化学位移，而看不到成键轨道电子峰的化学位移。这是因为紫外光电子能谱主要涉及分子和原子的价电子能级，成键轨道上的电子往往属于整个分子，谱峰很宽，在实验中测定其化学位移很困难。而对于非键或弱键轨道中电离出来的电子，它们的峰很窄，其位置往往与元素的化学环境有关。因此可以利用紫外光电子能谱上非键或弱键电子峰的化学位移来对原子所处的化学环境进行判断。

例如乙基硫醇和1，2－二乙基二硫醇可以通过紫外光电子能谱进行区别。如图14－12，a图中乙基硫醇的第一个峰是硫的非键合3p轨道电离所成，而b图中1，2－二乙基二硫醇在同一位置上却出现了两个峰，代表了两个硫3p轨道的相互作用。根据这种相互作用，还有硫和烷基的谱带的相对面积，可以对这两种硫醇进行区分。

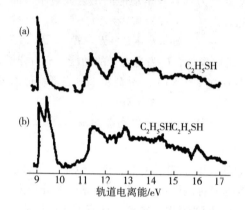

图 14 － 12 乙基硫醇

（a）和1，2－二乙基二硫醇；（b）的紫外光电子能谱

（四）紫外光电子能谱法的应用

1. 测量电离能 紫外光电子能谱法能精确的测量物质的电离能。

2. 研究化学键 紫外光电子能谱图中各种谱带的形状可以得到有关分子轨道成键性质的相关信息。

3. 定性分析 紫外光电子能谱具有分子"指纹"性质。可用于鉴定同分异构体，确定取代作用和配位作用的程度和性质。

4. 表面分析 紫外光电子能谱可用于研究固体表面吸附、催化以及固体表面电子结构等。

第七节 电子探针技术

采用能量在几个电子伏特到一百万电子伏特之间的电子作为激发源与样品相互作用，对固体表面进行分析的方法称为电子探针技术。其中俄歇电子能谱法应用较为广泛，其测量灵敏度高，可以探测的最小面浓度达0.1%单原子层，分析速度快，可用于跟踪某些快的变化。

俄歇电子能谱法（Auger electron spectroscopy，AES）是通过测定俄歇电子的能量从而获得固体表面组成等信息的技术，其基本原理是用一定能量的电子（或光子）轰击样品，使样品原子的内层电子电离，产生无辐射俄歇跃迁，发射俄歇电子。俄歇电子的特征能量只与样品中的原子种类有关，与激发能量无关。因此根据电子能谱中俄歇峰位置所对应的俄歇电子能量和峰形可以鉴定原子种类，根据俄歇信号强度可确定原子含量，还可根据俄歇峰能量位移和峰形变化鉴别样品表面原子的化学态。

一、俄歇电子的产生

（一）俄歇过程

当用电子束（或 X 射线）激发出原子内层电子后，在内层产生一个空穴，同时离子处于激发态。激发态离子会自发的通过弛豫而达到较低的能级，如在 14.2 节中讲述的一样，存在两种互相竞争的去激发过程，产生 X 射线荧光或发生俄歇效应。本节主要研究俄歇过程，即当形成激发态的离子后，外层电子向空穴跃迁并释放出能量，这种能量又使同一层或更高层的另一电子电离，这就是俄歇效应，而被电离的电子就是俄歇电子。

图 14－13 表示原子 L 层的电子跃迁至 K 层的空穴中，并释放出另一个 L 层的电子，即俄歇电子的过程。俄歇电子的产生涉及始态和终态两个轨道，所以俄歇电子可用三个轨道符号来表示。如图 14－13 产生的俄歇电子可表示为 KLL。若 L 层电子被激发，M 层电子填充至 L 层的空穴中，释放的能量又使另一个 M 层电子激发，则产生的俄歇电子表示为 LMM。由于俄歇过程至少有两个能级和三个电子参与，所以氢原子和氦原子不能产生俄歇电子。

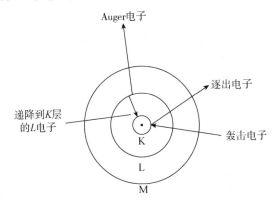

图 14－13　俄歇过程

（二）俄歇电子的能量

俄歇电子的能量只与电子在物质中所处的能级及仪器的功函数 Φ 有关。对于原子序数为 Z 的原子，产生的俄歇电子的能量可用下面经验公式计算：

$$E_{WXY}(Z) = E_W(Z) - E_X(Z) - E_Y(Z + \Delta) - \Phi \tag{14-18}$$

式中，$E_{WXY}(Z)$ 为原子序数为 Z 的原子 W 空穴被 X 电子填充得到的俄歇电子 Y 的能量，$E_W(Z) - E_X(Z)$ 为 X 电子填充 W 空穴时释放的能量，$E_Y(Z + \Delta)$ 为 Y 电子电离所需的能量，Φ 为仪器的功函数。

因为 Y 电子是在已有一个空穴的情况下电离的，所以该电离能相当于原子序数为 Z 和 $Z + 1$ 之间的原子的电离能，其中 $\Delta = (1/2) - (1/3)$。根据式（14－18）和各元素的电子电离能，可以计算出各俄歇电子的能量，制成谱图手册。这样只要测出俄歇电子的能量，对照俄歇电子能量图表，即可确定样品表面的成分。

（三）俄歇电子产额

俄歇电子与 X 射线荧光发射是两个竞争的过程。如 14.2 节中所述，产生 X 射线荧光的几率叫荧光产额（ω_K），则发射俄歇电子的几率称为俄歇电子产额（ω_A）：

$$\omega_A = 1 - \omega_K \tag{14-19}$$

由于荧光产额与原子序数有关，所以俄歇电子产额也与原子序数有关。对于原子序数 Z 小于 11 的元素，荧光产额较小，主要是发射俄歇电子；对于高原子序数的元素，其荧光产额较大，主要发射 X 射线荧光。所以俄歇电子能谱法更适合轻元素的分析（$Z \leqslant 32$）。对于原子序数为 3~14 的元素，最强的俄歇电子峰是由 KLL 跃迁形成的，而对于原子序数为 14~40 的元素，则是由 LMM 跃迁形成的。

二、俄歇电子能谱

（一）俄歇电子能谱的化学效应

俄歇电子能谱对固体表面的元素种类具有标识性，而且它还能反应三类化学效应。所谓化学效应是指原子化学环境的改变引起的谱结构变化。根据谱结构的变化，可以推测原子的化学环境。

1. 第一类效应是原子的价态改变或电荷转移引起的化学位移。实际测得的化学位移可以从小于 1eV 到大于 20eV。可以根据化学位移来鉴别不同化学环境的同种原子。

2. 第二类效应是价电子谱的变化。涉及价带的俄歇跃迁谱线称为价电子谱。价电子谱的变化是由于新的化学键形成时电子重排引起的谱图形状改变。

3. 第三类效应是俄歇电子逸出表面时损失能量引起峰的低能端形状改变。俄歇电子逸出表面时（或入射电子进入表面层时）由于激发等离子体振荡而损失了能量，从而在主峰的低能端产生一群附加的等离子损失峰。

（二）俄歇电子能谱的信息深度

俄歇电子能谱的信息深度取决于俄歇电子的逸出深度。逸出深度只与俄歇电子的能量有关，而与原始入射电子的能量无关，与原子序数也无关。实际测量的俄歇电子的能量范围一般在 50~2000eV，相当于逸出深度在 0.4~2nm，所以俄歇电子能谱法是一种表面分析技术。

三、俄歇电子能谱应用

1. **定性分析**　利用俄歇电子的特征能量值来确定固体表面的元素组成。

2. **状态分析**　利用俄歇峰的化学位移、谱线变化、谱线宽度和特征强度等信息，对元素的结合状态进行分析。

3. **定量分析**　根据俄歇谱线的强度来进行定量，常采用样品与标准样品相对比的方法。

此外，俄歇电子能谱还可以用于微区分析、深度剖面分析和界面分析等。

课堂互动

X 射线光电子能谱法、紫外光电子能谱法和俄歇电子能谱法都属于电子能谱法，试对三种方法进行比较。

四、电子能谱仪

X 射线光电子能谱仪、紫外光电子能谱仪和俄歇电子能谱仪都属于电子能谱仪，是测量出射的低能光电子的仪器。他们除了激发源不同外，其余部分均相同，都是由激发源、样品室、电子能量分析器、检测器和放大系统、真空系统以及计算机等部分组成，其结构如图14-14所示。

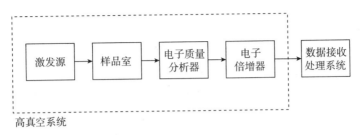

图 14 – 14　电子能谱仪结构示意图

1. 激发源　X 射线光电子能谱的研究对象为结合能为几百到几千电子伏的内层电子，采用 X 光源，如 Cu 的 Kα 和 Al 的 Kα 线；紫外光电子能谱研究对象为电离能为 5 ~ 30eV 的外层价电子，采用紫外光源，如 He 的共振线和 Kr 的共振线；俄歇电子能谱多采用强度较大的（5 ~ 10keV）、多能量的电子枪源。

2. 电子质量分析器　是测量电子能量分布的一种装置，其作用是探测样品发射出来的不同能量电子的相对强度。分析器必须在低于 1.33×10^{-3} Pa 的高真空条件下工作。现在多采用静电场式能量分析器，该种分析器是基于静电偏转原理，使具有一定动能的电子经过分析器后被电子倍增器检测，有半球形和筒镜型两种。

3. 检测器　由于分子和原子的光电截面（光电离作用的概率）都不大，所以能测到的光电子流都很小。通常采用单通道电子倍增器或多通道检测器来对这样弱的信号进行接收和检测。

4. 真空系统　电子能谱仪的光源、样品室、电子质量分析器和检测器都必须在高真空条件下工作。通常分析时要求的真空度为 1.33×10^{-6} Pa。

第八节　离子探针技术

离子与表面相互作用常可以得到最表面的信息，灵敏度很高，信息十分丰富，在表面分析技术中占有重要的位置。以离子作为探束的表面分析技术是离子探针技术，包括离子散射谱、二次离子质谱等方法，本节主要介绍二次离子质谱法。二次离子质谱法（secondary ion-mass spectroscopy，SIMS）是用质谱法分析由几千电子伏能量的一次离子打到样品靶上溅射产生的正、负二次离子。

一、二次离子质谱法基本原理

利用聚焦的一次离子束在样品上进行轰击，一次离子可能穿透固体样品表面的一些原子层深入到一定深度，在穿透过程中发生一系列弹性和非弹性碰撞。一次离子将其部分能量传递给晶格原子，这些原子中有一部分向表面运动，并把能量的一部分传递给表面粒子使之发射，这种过程称为粒子溅射。溅射粒子大部分为中性原子和分子，小部分为带正、负电荷的原子、分子和分子碎片；电离的二次粒子（溅射的原子、分子和原子团等）按质荷比实现质谱分离；收集经过质谱分离的二次离子，分析样品表面和本体的元素组成和分布。在分析过程中，质量分析器不但可以提供对应于每一时刻表面的多元素分析数据，而且还可以提供表面某一元素分布的二次离子图像。由于一次离子束在轰击样品时是将样品一层层地溅射出来的，因此它还能对样品进行深度分析，研究样品三维空间的特性。二次离子质谱法的分析原理如图 14-15 所示。

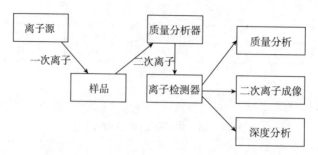

图 14-15　二次离子质谱法分析原理

入射离子的种类和能量可以影响二次离子产额。一次离子源有气体放电源（O_2^+、O^-、N_2^+、Ar^+）、表面电离源（Cs^+、Rb^+）和液态金属场离子发射源（Ga^+、In^+）等。如果选用电负性的入射离子，如 O^-、F^-、Cl^-、I^-，可以极大地提高正的二次离子产额，如果选用电正性的入射离子，如 Cs^+ 等，则可以极大地提高负的二次离子产额。在分析中，可以选择不同的入射离子，以使某个成分的灵敏度增加。

二、二次离子质谱法分类

二次离子质谱有"静态"和"动态"两种：

1. 静态二次离子质谱（static secondary ionmass spectroscopy，SSIMS）　入射离子能量低（<5 keV），束流密度小（nA·cm^{-2} 量级），获得的信息仅来自表面单层原子层。对表面的损伤小，接收的信息可以看作是来自未损伤的表面。

2. 动态二次离子质谱（dynamic secondary ionmass spectroscopy，DSIMS）　入射离子能量较高，束密度大（mA·cm^{-2} 量级），分析的深度深，获得的信息深度为几个原子层。对分析样品表面剥离速度快，会使表面造成严重损伤。

三、二次离子质谱法特点和应用

（一）方法的主要优点

1. 在超高真空下进行测试，可以确保得到样品表层的真实信息。

2. 可分析包括氢、氦在内的全部元素。

3. 可检测同位素，用于同位素分析或利用同位素提供的信息。

4. 能分析化合物，通过分子离子峰得到准确的分子量，通过碎片离子峰确定分子结构，特别是可检测不易挥发且热不稳定的有机大分子，是一种软电离技术。

5. 可在一定程度上得到晶体结构信息。

6. 通过扫描一次束或直接成像实现微区面成分分析，具有高的空间分辨率。

7. 通过逐层剥离实现各成分的深度剖析，完成各成分的三维微区分析。

8. 检测灵敏度高，已达 ng/g 量级，是所有表面分析方法中灵敏度最高的一种，有很宽的动态范围。

（二）方法的局限性

1. 同一成分的质谱包含丰富的信息，在复杂成分分析时会遇到质荷比相近峰的质量干扰，造成识谱困难。

2. 不同成分的二次离子产额变化很大，且与其周围的化学环境相关，这种基体效应常造成定量分析的困难。

3. 荷能离子对样品有一定的损伤。

（三）二次离子质谱法的应用

二次离子质谱法的分析对象包括金属、半导体、多层膜、有机物以至生物膜，应用范围包括化学、物理学和生物学等基础研究，并已经扩展到微电子、冶金、陶瓷、地球和空间科学、医学和生物工程等实用领域，具有广阔的发展前景。

第九节　扫描探针显微技术

扫描探针显微技术，利用探针与样品的不同相互作用，来探测表面或界面在纳米尺度上表现出的物理和化学性质。近年来，已成为表面分析等领域的一种重要的实验手段。其中扫描隧道显微镜（scanning tunneling microscope，STM）和原子力显微镜（atomic force microscope，AFM）是两种主要的扫描探针显微技术。

一、扫描隧道显微镜

（一）扫描隧道显微镜的基本原理

1. 电子隧道效应　扫描隧道显微镜的工作原理是利用了电子隧道效应。如果有两个电极，电极之间距离很小，当外加一个很小的偏压时，电子就会穿过电极之间的能量势垒从一个电极流向另一个电极，电子穿过势垒的效应就叫隧道效应。产生的隧道电流强度与两个电极之间的距离成指数关系，当电极距离每减少0.1nm，产生的隧道电流就会增加一个数量级。

2. 扫描隧道显微镜的工作原理　以金属针尖为一电极，固体表面为另一电极，当它们之间的间隙缩小到原子尺寸数量级（<1nm）时，其间的势垒将减弱从而产生电子的隧道效应。在两个电极之间加一个很小的直流电压（$2 \times 10^{-3} \sim 2V$），便可以测量隧道电流。对于针尖探针，隧道电流被限制在针尖和表面之间的一条线状通道内，由于隧道电流与两个电极间的距离呈指数关系，因此它对两电极之间的距离十分敏感，由此可以记录表面形貌和原子排列结构。

（二）扫描隧道显微镜的工作模式

探针在样品表面移动进行扫描时，可以采用两种不同的工作模式：恒电流模式和恒高度模式。

1. 恒电流工作模式　在扫描过程中，为了维持电流恒定，反馈系统必须迅速调整探针高度，从而描绘出与表面原子轮廓有关的高度变化轨迹。

2. 恒高度工作模式　在扫描过程中，探针在样品表面沿着一个平均高度进行扫描，当电极电压不变时，可以得到电流变化的曲线。

现在常用的是恒电流工作模式，针尖沿着具有恒定电子态密度的线移动，得到的STM曲线和图像直接描绘了表面电子云态密度的分布，反映了样品表面形貌和原子空间排布情况，还可以反映表面电子分布变化，从而得到原子种类的信息。这种模式不要求样品表面呈原子水平平整。

（三）扫描隧道显微镜的特点和应用

1. 扫描隧道显微镜具有原子级的分辨率，在横向和纵向分别达到 0.1nm 和 0.01nm，能实时的得到实空间中表面的三维图像，最适宜研究表面现象。

2. 扫描隧道显微镜技术是一种无损分析方法，样品可以选择在接近实际的工作环境下进行（温度可高可低，气氛条件可以是真空、常压气体，甚至可以在液体里操作），这使得 STM 在生命科学中有广阔的应用前景。

3. 扫描隧道显微镜可以观测单个原子层的局部表面结构，能实现导体表面单原子的操纵。

4. 扫描隧道显微镜技术的缺点是要求样品具有导电性。

二、原子力显微镜

（一）原子力显微镜的基本原理

原子力显微镜通过检测待测样品表面和一个微型力敏感元件之间的极微弱的原子间相互作用力来研究物质的表面结构及性质。其工作原理为：用一个安装在对微弱力极敏感的微悬臂上的极细探针与样品接触，由于它们原子之间存在极微弱的作用力（吸引或排斥力），引起微悬臂偏转。扫描时控制这种作用力恒定，带针尖的微悬臂将对应于原子间作用力的等位面，在垂直于样品表面方向上起伏运动，通过光电检测系统（通常利用光学、电容或隧道电流方法）对微悬臂的偏转进行扫描，测得微悬臂对应于扫描各点的位置变化，将信号放大与转换从而得到样品表面原子级的三维立体形貌图像。

（二）原子力显微镜的工作模式

探针和样品间的力–距离关系是原子力显微镜测量的关键点。当选择不同的初始工作距离时，探针所处的初始状态也是不同的。由此可将原子力显微镜的操作模式分为三种：接触模式、非接触模式和轻敲模式。

1. 接触模式 样品扫描时，针尖始终同样品"接触"。此模式通常产生稳定、高分辨图像。针尖–样品距离在小于零点几个纳米的斥力区域。当针尖沿着样品表面扫描时，由于表面的高低起伏使得针尖–样品距离发生变化，引起它们之间作用力的变化，从而使悬臂形变发生改变。接触模式按测量方式又可分为恒力模式（适用于物质的表面分析）和恒高模式（适用于分子、原子的图像的观察）。

2. 非接触模式 针尖始终不与样品表面接触，在样品表面上方 5 ~ 20nm 距离内扫描。针尖与样品之间的距离是通过保持微悬臂共振频率或振幅恒定来控制的。在这种模式中，样品与针尖之间的相互作用力是吸引力–范德华力。由于吸引力小于排斥力，故灵敏度比接触模式高，但分辨率比接触模式低。非接触模式不适用于在液体中成像。

3. 轻敲模式 轻敲模式是上述两种模式之间的扫描方式。扫描时，在共振频率附近以更大的振幅（＞20nm）驱动微悬臂，使得针尖与样品间断地接触。由于针尖同样品接触，分辨率几乎与接触模式一样好；又因为接触非常短暂，剪切力引起的样品破坏几乎完全消失。轻敲模式适合于分析柔软、黏性和脆性的样品，并适合在液体中成像，在高分子聚合物的结构研究和生物大分子的结构研究中应用广泛。

（三）原子力显微镜的特点和应用

1. 原子力显微镜具有极高的成像分辨率，横向分辨率可达 0.1 ~ 1nm，纵向分辨率可达

0.01～0.2 nm，可以表征样品表面的三维形貌。

2. 扫描隧道显微镜可以获得丰富的针尖-样品作用信息，用于分析表面的物化属性。

3. 扫描隧道显微镜可对原子和分子进行操纵、修饰和加工。

4. 扫描隧道显微镜可用于各种类型的试样，不受样品导电性的影响，且制样过程简单易行。

5. 适用于多样的实验环境，可在各种条件下直接探测样品的表面性貌和结构特征，在生命科学和材料科学研究中更显优势。

扫描离子电导显微镜

扫描离子电导显微镜（scanning ion conductance microscopy，SICM）是1989年由Hansma等提出并逐步发展起来的一种扫描探针显微镜技术，它检测的是超微玻璃管探针与样品间的电流变化。

SICM采用一个尖端内半径为数十纳米到数百纳米的超微中空玻璃管作为扫描探针。两个Ag/AgCl电极一根置于内装有电解质溶液的超微玻璃管探针中，另一根置于含有电解质溶液的样品皿中，两个电极在外加偏置电压驱使下产生回路电流。当超微玻璃管探针靠近样品表面时，随着距离的靠近，容许离子流过的空间缩减，回路电流急剧减少。依据距离/电流曲线关系，实时监测回路电流的变化量，并通过负反馈控制量上下调节玻璃管探针使电流维持在设定恒定值，此时探针的位置可用来表征样品在该点的高度。逐行对样品扫描则可得到整个样品的三维形貌图像。

SICM可以在生理条件下对活细胞及其表面显微结构进行非接触的高分辨率成像；还可以与其他技术联用，研究细胞形貌与功能的关系；还能控制沉积特定分子，实现纳米尺度显微操作与加工等。目前，SICM的主要局限性在于其探针缺乏选择性，不能对溶液或细胞中的特定离子进行专一性检测以及有针对性的成像。

本 章 小 结

本章介绍了X射线光谱法的基本原理和三种常见X射线光谱法：X射线荧光法、X射线衍射分析法和X射线吸收法；表面分析中的多种技术：光子探针技术、电子探针技术、离子探针技术和扫描探针显微镜技术。

1. 基本概念　连续X射线；特征X射线；短波限；X射线的吸收、散射和衍射；吸收边；X射线荧光；X射线荧光分析法；俄歇效应；荧光产额；X射线衍射分析法；单晶X射线衍射；粉末X射线衍射；X射线吸收分析法；多色X射线吸收分析法；单色X射线吸收分析法；电子结合能；化学位移；X射线光电子能谱法；紫外光电子能谱法；俄歇电子能谱法；俄歇电子产额；二次离子质谱法；扫描隧道显微镜；电子隧道效应；原子力显微镜

2. 基本理论　X射线的吸收、散射和衍射；X射线荧光的产生；莫斯莱定律；X射线荧光的定量方法；布拉格方程；X射线结构分析；X射线定性分析；X射线吸收法的定量分析；

光电子能谱法的基本原理；紫外光电子能谱法的分析原理；俄歇电子能谱法的分析原理；二次离子质谱法的分析原理；扫描隧道显微镜和原子力显微镜的分析原理

3. 计算公式

连续 X 射线的短波限：

$$\lambda_{\min} = \frac{1240}{U}$$

布拉格（Bragg）衍射方程式：

$$n\lambda = 2d\sin\theta$$

荧光产额：

$$\omega_K = \frac{发射 K 层 X 射线数目}{产生 K 层空穴数目}$$

莫斯莱定律：

$$\left(\frac{1}{\lambda}\right)^{1/2} = K(Z - S)$$

单色 X 射线吸收分析方程：

$$\ln\frac{I_0}{I} = \left[c_A\mu_m^A + (1 - c_A)\ \mu_m^M\right]\rho L$$

吸收限分析法的基本关系式：

$$\ln\frac{I_2}{I_1} = (\mu_{m1}^A - \mu_{m2}^A)c_A\rho L$$

爱因斯坦能量守恒定律：

$$h\upsilon = E_b + E_k + E_r$$

原子内层电子结合能的基本公式：

$$E_b = h\upsilon - E_k - \Phi_{sp}$$

分子价电子电离能的基本公式：

$$E_I = h\upsilon - E_k$$

俄歇电子的能量经验公式：

$$E_{WXY}(Z) = E_W(Z) - E_X(Z) - E_Y(Z + \Delta) - \Phi$$

俄歇电子产额：

$$\omega_A = 1 - \omega_K$$

练 习 题

一、选择题

1. 原子发射出特征 X 射线荧光时，发射的 X 射线荧光波长总是比相应的初级 X 射线的波长（   ）。

    A. 长   B. 短   C. 两者相等   D. 两者无关

2. 与波长色散型 X 射线荧光光谱仪相比，能量色散型光谱仪没有（   ）

    A. X 射线源   B. 能量分析器   C. 分光晶体   D. 检测器

3. 晶体衍射 X 射线的方向与构成晶体的晶胞大小、形状以及（   ）有关

    A. 晶体内原子的位置   B. 原子中的所含电子数目

C. 晶体外形　　　　　　　　　　　D. 入射 X 射线的波长

4. 在电子能谱分析中，原子的化学位移与所处的化学环境有关，下列说法正确的是（　　　）

    A. 随氧化态增高，化学位移增大；随相邻原子的电负性增大，化学位移减小

    B. 随氧化态增高，化学位移减小；随相邻原子的电负性增大，化学位移减小

    C. 随氧化态增高，化学位移增大；随相邻原子的电负性增大，化学位移增大

    D. 随氧化态增高，化学位移减小；随相邻原子的电负性增大，化学位移增大

5. 在目前各种材料表面能谱分析中，未使用的辐射源是（　　　）

    A. 光子束　　　　　B. 电子束　　　　　C. 离子束　　　　　D. 原子束

二、简答题

1. 试比较解释吸收边与短波限。

2. X 射线荧光是怎样产生的？为什么能用 X 射线荧光进行元素的定性和定量分析？

3. 试从激发源、出射粒子和应用对 X 射线光电子能谱法、紫外光电子能谱法和俄歇电子能谱法进行比较。

4. 可采用哪种方法对固体表面的吸附物进行表征？可采用哪种方法对样品进行深度轮廓分析？可采用哪种方法对固体表面单原子层进行分析？

三、计算题

1. 计算激发下列谱线所需的最低管电压（括号中的数值为相应吸收边的波长）

（1）As 的 L_α 谱线（0.9370nm）；（2）U 的 L_β 谱线（0.0592nm）

2. 在 75kV 工作的铬靶 X 射线管，所产生的连续发射的短波限是多少？

3. 在 X 射线光谱法中，当采用 LiF（$2d=0.407$nm）作为分光晶体时，在一级衍射 2θ 为 45°处有一谱峰，此峰波长应为多少？

4. 以 Mg K_α（$\lambda=0.9890$nm）为激发源，测得发射的光电子动能为 977.5eV（已扣除仪器的功函数），求 Mg 元素的电子结合能是多少？

（崔　艳）

第十五章　热分析法

学习导引

知识要求
1. **掌握**　热分析中三种常见方法：差热分析、热重量法以及差示扫描量热法的基本原理，并比较各自方法的特点及应用。
2. **熟悉**　热分析各方法的仪器结构及使用。
3. **了解**　热分析各方法的应用。

能力要求
1. 熟练掌握各类热分析仪的操作技能。
2. 通过热分析图的处理计算得到化合物相应信息。

热分析（thermal analysis methods）是指用热力学参数或物理参数随温度变化的关系进行分析的方法。国际热分析协会（International Confederation for Thermal Analysis，ICTA）将热分析定义为：热分析是测量在程序控制温度下，物质的物理性质与温度依赖关系的一类技术。所谓"程序控制温度"是指用固定的速率 加热或冷却，所谓"物理性质"则包括物质的质量、温度、热焓、尺寸、机械、电学、声学及磁学性质等。热分析技术能快速准确地测定物质的晶型转变、熔融、升华、吸附、脱水、分解等变化，是一种动态跟踪测量技术，与静态法相比有连续、快速、简单等优点。目前从热分析技术对研究物质的物理和化学变化所提供的信息来看，热分析技术已广泛地应用于医药、生物、材料和地质等各个科学领域。热分析法在药学研究领域中的应用日益广泛，热分析技术于 2005 年已作为常规技术被列入包括《中国药典》（2005 年版）在内的多国药典附录中。

最常用的热分析方法有：差（示）热分析（differential thermal analysis，DTA））、热重量法（thermogravimetry，TG）、差示扫描量热法（differential scanning calorimetry，DSC）、导数热重量法（DTG）、热机械分析（TMA）和动态热机械分析（DMA）。此外还有：逸气检测（EGD）、逸气分析（EGA）、扭辫热分析（TBA）、射气热分析、热微粒分析、热膨胀法、热发声法、热光学法、热电学法、热磁学法、温度滴定法、直接注入热焓法等。根据所测定物理性质种类的不同，热分析技术分类如表 15 - 1 所示。

表 15 – 1　热分析技术分类

物理性质	技术名称	简称	物理性质	技术名称	简称
质量	热重法	TG	机械特性	机械热分析	TMA
	导热系数法	DTG		动态热	
	逸出气检测法	EGD		机械热	
	逸出气分析法	EGA	声学特性	热发声法	
				热传声法	
温度	差热分析	DTA	光学特性	热光学法	
焓	差示扫描量热法 *	DSC	电学特性	热电学法	
尺度	热膨胀法	TD	磁学特性	热磁学法	

* DSC 分类：功率补偿 DSC 和热流 DSC。

　　热分析技术的优点主要有下列几方面：①可在宽广的温度范围内对样品进行研究；②可使用各种温度程序（不同的升降温速率）；③对样品的物理状态无特殊要求；④所需样品量可以很少（0.1μg ~ 10mg）；⑤仪器灵敏度高，质量变化的精确度达 10^{-5}；⑥可与其他技术联用；⑦可获取多种信息。

第一节　差热分析法

　　差热分析（differential thermal analysis，DTA），是一种重要的热分析方法，是指在程序控温下，测量物质和参比物的温度差与温度或者时间的关系的一种测试技术。该法广泛应用于测定物质在热反应时的特征温度及吸收或放出的热量，包括物质相变、分解、化合、凝固、脱水、蒸发等物理或化学反应。

一、DTA 的基本原理

　　物质在受热或冷却过程中，当达到某一温度时，往往会发生熔化、凝固、晶型转变、分解、化合、吸附、脱附等物理或化学变化，并伴随有焓的改变，因而产生热效应，其表现为样品与参比物之间有温度差。记录两者温度差与温度或者时间之间的关系曲线就是差热曲线（DTA 曲线）。DTA 曲线描述试样与参比物之间的温差（ΔT）随温度或时间的变化关系。在 DTA 实验中，试样温度的变化是由于相转变或反应的吸热或放热效应引起的。一般说来，相转变、脱氢还原和一些分解反应产生吸热效应；而结晶、氧化等反应产生放热效应。

　　DTA 的原理如图 15 – 1 所示。将试样和参比物分别放入坩埚，置于炉中以一定速率 $\nu = dT/dt$ 进行程序升温，以 T_s、T_r 表示各自的温度，设试样和参比物（包括容器、温差电偶等）的热容量 C_s、C_r 不随温度而变。若以 $\Delta T = T_s - T_r$ 对 t 作图，所得 DTA 曲线如图 15 – 2 所示，在 $0 - t_1$ 区间，ΔT 大体上是一致的，形成 DTA 曲线的基线。随着温度的增加，试样产生了热效应（例如相转变），则与参比物间的温差变大，在 DTA 曲线中表现为峰。从差热图上可清晰地看到差热峰的数目、高度、位置、对称性以及峰面积。峰的个数表示物质发生物理化学变化的次数，峰的大小和方向代表热效应的大小和正负，峰的位置表示物质发生变化的转化温度。在相同的测定条件下，许多物质的热谱图具有特征性。因此，可通过与已知的热谱图的比较来鉴别样品的种类。理论上讲，可通过峰面积的测量对物质进行定量分析，但因影响差热分析的因素较多，定量难以准确。

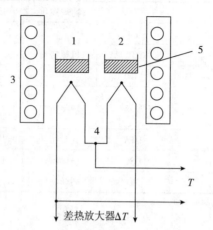

图 15 - 1   差热分析的原理图
1. 参比物；2. 试样；3. 炉体；4. 热电偶；5. 坩埚

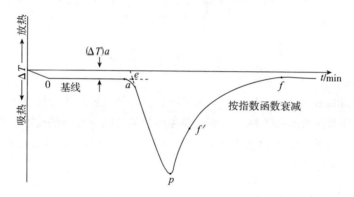

图 15 - 2   DTA 吸热转变曲线

二、DTA 曲线特征点温度的确定

如图 15 - 2 所示，DTA 曲线的起始温度可取下列任一点温度：曲线偏离基线之点 T_a；曲线陡峭部分切线和基线延长线这两条线交点 T_e（外推始点，extrapolatedonset）。其中 T_a 与仪器的灵敏度有关，灵敏度越高则出现得越早，即 T_a 值越低，故一般重复性较差，T_p 和 T_e 的重复性较好，其中 T_e 最为接近热力学的平衡温度。T_p 为曲线的峰值温度。

从外观上看，曲线回复到基线的温度是 T_f（终止温度）。而反应的真正终点温度是 T_f，由于整个体系的热惰性，即使反应终了，热量仍有一个散失过程，使曲线不能立即回到基线。T_f 可以通过作图的方法来确定，T_f 之后，ΔT 即以指数函数降低，因而如以 $\Delta T - (\Delta T)_a$ 的对数对时间作图，可得一直线。当从峰的高温侧的底沿逆查这张图时，则偏离直线的那点，即表示终点 T_f。

三、DTA 的仪器结构

一般的差热分析装置由加热系统、温度控制系统、信号放大系统、差热系统和记录系统等组成。DTA 分析仪内部结构装置如图 15 – 3 所示。现将各部分简介如下：

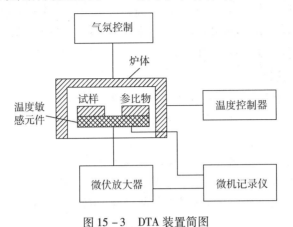

图 15 – 3　DTA 装置简图

（一）加热系统

加热系统提供测试所需的温度条件，根据炉温可分为低温炉（＜250℃）、普通炉、超高温炉（可达 2400℃）；按结构形式可分为微型、小型，立式和卧式。系统中的加热元件及炉芯材料根据测试范围的不同而进行选择。

（二）温度控制系统

温度控制系统用于控制测试时的加热条件，如升温速率、温度测试范围等。它一般由定值装置、调节放大器、可控硅调节器（PID – SCR）、脉冲移相器等组成，随着自动化程度的不断提高，大多数已改为微电脑控制，提高的控温精度。

（三）信号放大系统

通过直流放大器把差热电偶产生的微弱温差电动势放大、增幅、输出，使仪器能够更准确的记录测试信号。

（四）差热系统

差热系统是整个装置的核心部分，由样品室、试样坩埚、热电偶等组成。其中热电偶是其中的关键性元件，即使测温工具，又是传输信号工具，可根据试验要求具体选择。

（五）记录系统

记录系统目前多采用微机进行自动控制和记录测温信号和温差信号，并可对测试结果进行分析，为试验研究提供了很大方便。在进行 DTA 过程中，如果升温时试样没有热效应，则温差电势应为常数，DTA 曲线为一直线，称为基线。但是由于两个热电偶的热电势和热容量以及坩埚形态、位置等不可能完全对称，在温度变化时仍有不对称电势产生。此电势随温度升高而变化，造成基线不直，这时可以用斜率调整线路加以调整。

（六）气氛控制系统和压力控制系统

该系统能够为试验研究提供气氛条件和压力条件，增大了测试范围，目前已经在一些高端仪器中采用。

四、影响差热分析的主要因素

差热分析操作简单，但在实际工作中会出现同一试样在不同仪器上测量，或不同的人在同一仪器上测量，得到的差热曲线结果有差异。峰的最高温度、形状、面积和峰值大小都会有一定的变化。其主要原因是因为热量与许多因素有关，传热情况比较复杂所造成的。主要的影响因素有仪器因素、实验条件以及试样因素三个方面。虽然影响因素很多，但只要严格控制某种条件，仍可获得较好的重现性。

（一）参比物的选择

参比物的选择会影响到基线的平稳性，为获得平稳的基线，一般要求参比物在加热或冷却过程中非常稳定，不发生任何变化，在整个升温过程中参比物的比热、导热系数、粒度尽可能与试样一致或相近。

常用的参比物为三氧化二铝（$\alpha - Al_2O_3$）、煅烧过的氧化镁或石英砂。若分析试样为金属，也可用金属镍粉作参比物。如果试样与参比物的热性质相差很远，则可对试样进行适当稀释，主要是减少反应剧烈程度；如果试样加热过程中有气体产生时，可以减少气体大量出现，以免使试样冲出。选择的稀释剂不能与试样有任何化学反应或催化反应，常用的稀释剂有 SiC、Al_2O_3 等。

（二）试样的预处理及用量

若试样用量大，易使相邻两峰重叠，降低了分辨力。所以一般尽可能减少用量，最多至毫克。样品的颗粒度在 100～200 目，颗粒小可以改善导热条件，但太细可能会破坏样品的结晶度。对易分解产生气体的样品，颗粒应大一些。参比物的颗粒、装填情况及紧密程度应与试样一致，以减少基线的漂移。

（三）升温速率的影响和选择

升温速率不仅影响峰温的位置，而且影响峰面积的大小，一般来说，在较快的升温速率下峰面积变大，峰变尖锐。但是快的升温速率使试样分解偏离平衡条件的程度也大，因而易使基线漂移。甚至可能导致相邻两个峰重叠，分辨力下降。较慢的升温速率，基线漂移小，使体系接近平衡条件，得到宽而浅的峰，也能使相邻两峰更好地分离，因而分辨力高。但测定时间长，需要仪器的灵敏度高。一般情况下选择 10～15℃/min 为宜。

（四）气氛和压力的选择

气氛和压力可以影响样品化学反应和物理变化的平衡温度、峰形。因此，必须根据样品的性质选择适当的气氛和压力，有的样品易氧化，可以通入 N_2、Ne 等惰性气体。

五、差热分析的应用

凡是在加热（或冷却）过程中，因物理－化学变化差热分析而产生吸热或者放热效应的物质，均可以用差热分析法加以鉴定。其主要应用范围如下：

（一）水

对于含吸附水、结晶水或者结构水的物质，在加热过程中失水时，发生吸热作用，在差热曲线上形成吸热峰。

（二）气体

一些化学物质，如碳酸盐、硫酸盐及硫化物等，在加热过程中由于 CO_2、SO_2 等气体的放出，而产生吸热效应，在差热曲线上表现为吸热谷。不同类物质放出气体的温度不同，差热曲线的形态也不同，利用这种特征就可以对不同类物质进行区分鉴定。

（三）变价

矿物中含有变价元素，在高温下发生氧化，由低价元素变为高价元素而放出热量，在差热曲线上表现为放热峰。变价元素不同，以及在晶格结构中的情况不同，则因氧化而产生放热效应的温度也不同。如 Fe^{2+} 在 340～450℃变成 Fe^{3+}。

（四）重结晶

有些非晶态物质在加热过程中伴随有重结晶的现象发生，放出热量，在差热曲线上形成放热峰。此外，如果物质在加热过程中晶格结构被破坏，变为非晶态物质后发生晶格重构，则也形成放热峰。

（五）晶型转变

有些物质在加热过程中由于晶型转变而吸收热量，在差热曲线上形成吸热谷。因而适合对金属或者合金、一些无机矿物进行分析鉴定。

实例分析

实例： 分析硝酸铵的 DTA 曲线

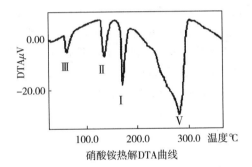

硝酸铵热解DTA曲线

分析： 由硝酸铵的 DTA 图可知，硝酸铵在室温～170℃温度范围热解时出现四个吸收峰，实际表现为四种晶型（斜方，单斜，三方和立方晶型）转变时的能量变化。从图上可知四个峰的吸收温度依次为 27.8℃、54.3℃、133.0℃和 169.3℃。图中 V 为硝酸铵受热分解最大吸热温度 281.0℃。差热分析法可用来判定物质晶型转变过程的变化。

第二节　差示扫描量热法

差示扫描量热法（differential scanning calorimetry，DSC）是在温度程序控制下，测量试样相对于参比物的热流速随温度变化的一种技术。根据测量方法不同，有功率补偿型及热流型两种。在差示扫描量热中，为使试样和参比物的温差保持为零在单位时间所必需施加的热量与温度的关系曲线为 DSC 曲线。曲线的纵轴为单位时间所加热量，横轴为温度或时间。DSC 与 DTA 原理相同，但 DSC 技术克服了 DTA 在计算热量变化的困难，性能优于 DTA，测定热量比 DTA 准确，而且分辨率和重现性也比 DTA 好。该法使用温度范围宽（-175～725℃）、分辨率高、试样用量少。因此，近年来 DSC 的应用发展很快，多用于无机物、有机化合物及药物分析，尤其在高分子领域内得到了越来越广泛的应用。它常用于测定聚合物的熔融热、结晶度以及等温结晶动力学参数，测定玻璃化转变温度 Tg；研究聚合、固化、交联、分解等反应；测定其反应温度或反应温区、反应热、反应动力学参数等，也已成为高分子研究方法中不可缺少的重要手段之一。

一、DSC 的基本原理

DSC 原理与 DTA 相似，所不同的是在试样和参比物的容器下面，设置了一组补偿加热丝，在加热过程中，当试样由于热反应与参比物之间出现温差 ΔT 时，通过微伏放大器和热量补偿器，使流入补偿加热丝的电流发生变化。试样吸热时，温度样品温度下降，热量补偿放大器使电流样品一边电流增大。反之试样放热时，则参比物一边的温度下降，热量补偿放大器使参比物一边电流增大，直至试样与参比物的温度达到平衡，温差 $\Delta T \rightarrow 0$。由此可知，试样的热量变化（吸热或放热）由输入电功率来补偿，因此只要测得功率的大小，就可测得试样吸热或放热的多少。换句话说，试样在热反应时发生的热量变化，由于及时输入电功率而得到补偿，所以实际记录的是试样和参比物下面两只电热补偿的热功率之差随时间 t 的变化关系。由被补偿功率的大小直接求出热流率 dP/dt（单位 mJ/s），DSC 曲线记录的是 dP/dt 随温度的变化关系，如图 15－4 所示。曲线离开基线的位移，代表样品吸热或放热的速率，峰向上为放热，峰向下为放热，而峰面积代表热量的变化。因此，示差扫描量热法可以直接测量出试样在发生变化时的热效应。这是与差热分析的一个重要区别。此外，DSC 与 DTA 相比，另一个突出的优点是 DTA 在试样发生热效应时，试样的实际温度已不是程序升温时所控制的温度（如在升温时试样由于放热而一度加速升温）。而 DSC 由于试样的热量变化随时可得到补偿，试样与参比物的温度始终相等，避免了参比物与试样之间的热传递，故仪器的反应灵敏，分辨率高，重现性好。

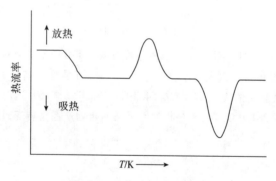

图 15－4　典型的 DSC 曲线

二、DSC 曲线的标定

DSC 与 DTA 一样，同样需要对温度进行标定，由于 DSC 测定的是样品产生的热效应与温度的关系，因此仪器温度示值的标准性非常重要。且在使用过程中仪器的各个方面会发生一些变化，使温度的示值出现误差。为提高数据的可靠性，需要经常对仪器的温度进行标定，标定的方法是采用国际热分析协会规定的已知熔点的标准物质（表 15－2）。99.999% 的高纯铟、高纯锡、高纯铅在整个工作温度范围内进行仪器标定，具体方法是将几种标准物分别在 DSC 仪上进行扫描。如果某物质的 DSC 曲线上的熔点与标准不相符。说明仪器温度示值在该

温区出现误差。此时需调试仪器该温区温度，使记录值等于或近似于标准值。

表 15 – 2　校正测定温度与系数 K 的标准物质

标准物质	熔点/℃	熔化熔/J · g⁻¹
偶氮苯	34.6	90.4
硬脂酸	69.0	198.9
菲	99.3	104.7
铟	156.4	28.6
锡	231.9	60.3
铅	327.4	23.0
锌	419.5	102.1
铝	660.3	397

熔化熔应为 熔化焓/J · g⁻¹

三、DSC 的仪器结构

经典 DTA 常用一金属块作为试样保持器以确保试样和参比物处于相同的加热条件下。而 DSC 的主要特点是试样和参比物分别各有独立的加热元件和测温元件，并由两个系统进行监控。其中一个用于控制升温速率，另一个用于补偿试样和惰性参比物之间的温差。图 15 – 5 显示了 DTA 和 DSC 加热部分的不同，图 15 – 6 和图 15 – 7 分别为热流型和补偿型 DSC 的结构示意图。

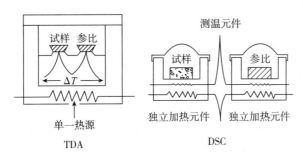

图 15 – 5　DTA 和 DSC 加热元件示意图

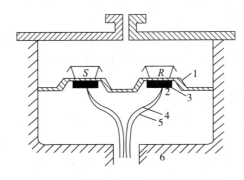

图 15 – 6　热流型 DSC 仪器结构示意图

1. 镍铜盘；2. 热电偶结点；3. 镍铬板；4. 镍铝板；5. 镍铬丝；6. 加热块

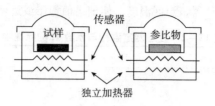

图 15 - 7　功率补偿性 DSC 示意图

CDR 型差动热分析仪（又称差示扫描量热仪），既可做 DTA，也可做 DSC。其结构与 CRY 系列差热分析仪结构相似，只增加了差动热补偿单元，其余装置皆相同。其仪器的操作也与 CRY 系列差热分析仪基本一样，但需注意：

将"差动""差热"的开关置于"差动"位置时，微伏放大器量程开关置于 ±100μV 处。将热补偿放大单元量程开关放在适当位置。如果无法估计确切的量程，则可放在量程较大位置，先预做一次。

不论是差热分析仪还是差示扫描量热仪，使用时首先确定测量温度，选择坩埚：500℃ 以下用铝坩埚；500℃ 以上用氧化铝坩埚，还可根据需要选择镍、铂等坩埚。

四、影响 DSC 曲线的因素

DSC 的原理及操作都比较简单，但要获得精确结果必须考虑诸多的影响因素。下面介绍一下主要的仪器因素及样品影响因素。

（一）仪器影响因素

1. 气氛的影响　气氛可以是惰性的，也可以是参加反应的，视实验要求而定。测定时所用的气氛不同，有时会得到完全不同的 DSC 曲线。例如某一样品在氧气中加热会产生氧化裂解反应—先放热，后吸热；如在氮气中进行，产生的是分解反应—吸热反应。二者的 DSC 曲线就明显不同。

气氛还可分为动态和静态两种形式。静态气氛通常是密闭系统。反应发生后样品上空逐渐被分解出的气体所充满。这时由于平衡的原因会导致反应速度减慢。以致使反应温度移向高温。而炉内的对流作用使周围的气氛（浓度）不断的变化。这些情况会造成传热情况的不稳定。导致实验结果不易重复。反之在动态气氛中测定，所产生的气体能不断地被动态气氛带走。对流作用反而能保持相对的稳定，实验结果易重复。另外气体的流量应严格控制一致。否则结果将不会重复。

2. 温度程序控制速度　DSC 测定中，程序升温速率主要对 DSC 曲线的峰温和峰形产生影响。一般来说，当升温速率变快时，其 DSC 曲线的峰温越高，峰面积越大，峰形也越尖锐，甚至会降低两个相邻峰的分辨率。这种影响在很大程度上与试样的种类和热转变的类型关系密切。在高升温速率下，会导致试样内部温度分布不均匀。当超过一定的升温速率时，由于体系不能很快响应，试样反应中的变化全貌不能被精确地记录下来，因此，通常采用10℃/分的升温速度。另外，升温速率过快，会产生过热现象。另外为了避免某些待测物质在实验过程中发生氧化、还原等化学反应，不同的物质须在不同的气氛中进行测试。

（二）样品因素

1. 试样量　进行 DSC 测定时，一般试样量很少，约为几十毫克。若用量过多，使试样内部传热变慢，温度梯度变大，导致峰形变大，分辨力下降。同时试样量同参比物的量要匹配，以免两者热容相差太大引起基线漂移。试样量少，峰小而尖锐，峰的分辨率高。重视性好。并有利于与周围控制气氛相接触。容易释放裂解产物，从而提高分析效果；试样量大，峰大而宽，峰温移向高温。但试样量大，对一些细小的转变，可以得到较好的定量效果。对均匀性差的样品，也可获得较好的重复结果。

2. 试样的粒度及装填方式　试样粒度的大小，对那些表面反应或受扩散控制反应（例如氧化）影响较大。颗粒大的热阻较大，使试样的熔融温度和熔融热焓偏低。当结晶的试样研磨成细粒后，由于晶体结构的歪曲和晶粒度的下降也会造成类似的结果。如果粉状试样带有静电，则由于颗粒间的静电引力使粉体团聚，也会导致熔融热焓变大。

试样装填方式影响到试样的传热情况，尤其对弹性体。因此最好采用薄膜或细粉状试样。并使试样铺满盛器底部，加盖封紧，试样盛器底部尽可能平整。以保证和样品池之间的加盖接触。

五、差示扫描量热仪的应用

差示扫描量热仪应用的领域极其广泛，应用类型，大致有以下几方面：

（1）成分分析无机物、有机物、药物和高聚物的鉴别以及它们的相图研究。

（2）稳定性测定物质的热稳定性、抗氧化性能的测定等。

（3）化学反应研究固体物质与气体反应的研究、催化剂性能测定、反应动力学研究、反应热测定、相变和结晶过程研究。

（4）材料质量检定纯度测定、固体脂肪指数测定、高聚物质量检验、液晶的相变、物质的玻璃化转变和居里点、材料的使用寿命等的测定。

（5）材料力学性质测定抗冲击性能、黏弹性、弹性模量、损耗模数和剪切模量等的测定等。

第三节　热重法

热重分析法（thermogravimetric analysis，TG）是在程序控制温度下，测量物质质量（或重量）随温度变化的一种热分析技术。许多物质在加热过程中常伴随质量的变化，这种变化过程有助于研究晶体性质的变化，如熔化、蒸发、升华和吸附等物质的物理现象；也有助于研究物质的脱水、解离、氧化、还原等物质的化学现象。

一、TG 的基本原理

热重分析法通常可分为两大类：静态法和动态法。静态法是等压质量变化的测定，是指一物质的挥发性产物在恒定分压下，物质平衡与温度 T 的函数关系。以失重为纵坐标，温度 T 为横坐标作等压质量变化曲线图。等温质量变化的测定是指物质在恒温下，物质质量变化与时间 t 的依赖关系，以质量变化为纵坐标，以时间为横坐标，获得等温质量变化曲线图。动态法是在程序升温的情况下，测量物质质量的变化对时间的函数关系。

在控制温度下，试样受热后重量减轻，天平（或弹簧秤）向上移动，使变压器内磁场移动输电功能改变；另一方面加热电炉温度缓慢升高时热电偶所产生的电位差输入温度控制器，经放大后由信号接收系统绘出 TG 热分析图谱。热重法实验得到的曲线称为热重曲线（TG 曲线），如图 15–8 所示。TG 曲线以质量作纵坐标，从上向下表示质量减少；以温度（或时间）作横坐标，自左至右表示温度（或时间）增加。图中 ab 是 TG 曲线中的重量不变部分，称为坪。b 点开始失重，b 点对应的温度 T_i 为反应开始温度。到 c 反应终止，c 点对应的温度 T_f 为反应终止温度。两坪之间的距离表示所失重量。由热重量曲线除了可以看出分解的起始和终止温度外，还可以看出试样和分解产物稳定存在的温度区间，并可根据所失重量推测反应产物，但还应借助于其他手段（见差热分析）证实，否则容易作出错误结论。对相继发生的重叠反应来说，要在 TG 曲线上区分两反应是困难的，而导数热重量曲线则能很好分辨。

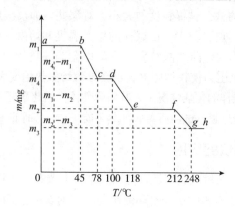

图 15 – 8　某含结晶水物质的 TG 曲线

二、TG 的仪器结构

热重测量装置一般是由天平、位移传感器、质量测量单元及程序控制单元等部件构成，也叫作热天平。热天平种类很多，按结构分类，有弹簧秤式、刀口式、吊带式和扭动式等；按测量时天平梁位置是否改变分类，有零位法和变位法两种；按试样容器位置分类，则有上皿式、平卧式和下皿式三种。常见的热天平结构如图 15 – 9 所示。

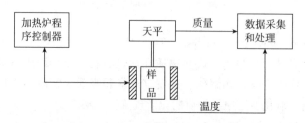

图 15 – 9　热重装置示意图

热天平的测量原理如下：当坩埚中试样因受热产生质量变化时，天平横梁及光栏将向上或向下摆动，光电转换器接收到的光源照射强度发生变化，使其输出的电信号产生变化。变化的电信号输送给测量单元，经过放大后再送给磁铁的外线圈，使磁铁产生与质量变化相反的作用力。当试样质量变化与线圈磁场对磁铁的相反作用力相等时，天平达到平衡状态。因此，只要测量通过线圈的电流大小变化，就能准确知道试样质量的变化。

三、影响热重分析的因素

热重分析的实验结果受到许多因素的影响，基本可分两类：一是仪器因素，包括升温速率、炉内气氛、炉子的几何形状、坩埚的材料等。二是试样因素，包括试样的质量、粒度、装样的紧密程度、试样的导热性等。

在 TGA 的测定中，升温速率增大会使试样分解温度明显升高。如升温太快，试样来不及达到平衡，会使反应各阶段分不开。合适的升温速率为 $5 \sim 10℃ \cdot min^{-1}$。

试样在升温过程中，往往会有吸热或放热现象，这样使温度偏离线性程序升温，从而改变了 TG 曲线位置。试样量越大，这种影响越大。对于受热产生气体的试样，试样量越大，气体越不易扩散。再则，试样量大时，试样内温度梯度也大，将影响 TG 曲线位置。总之实验时应根据天平的灵敏度，尽量减小试样量。试样的粒度不能太大，否则将影响热量的传递；粒度也不能太小，否则开始分解的温度和分解完毕的温度都会降低。

四、热重分析的应用

热重分析法的重要特点是定量性强，能准确地测量物质的质量变化及变化的速率，可以说，只要物质受热时发生重量的变化，就可以用热重法来研究其变化过程。目前，热重分析法已在下述诸方面得到应用。无机物、有机物及聚合物的热分解；金属在高温下受各种气体的腐蚀过程；固态反应；矿物的煅烧和冶炼；液体的蒸馏和汽化；煤、石油和木材的热解过程；含湿量、挥发物及灰分含量的测定；升华过程；脱水和吸湿；爆炸材料的研究；反应动力学的研究；发现新化合物；吸附和解吸；催化活性的测定；表面积的测定；氧化稳定性和还原稳定性的研究；反应机制的研究。

第四节 热分析在药学领域的应用

一、热分析技术在中药材鉴别中的应用

（一）动物药材的鉴别

由于每一种物质均有其特有的 DTA 或 DSC 图谱，因此 TA 技术对动物药材，特别是一些名贵动物药材（鹿茸、犀牛角、甲鱼胆）的鉴别具有实用价值。由于 DTA 及 DSC 方法简便、无需分离提取就可直接测试，尤其是它们能从热熔的角度对外观相似且化学组成相同只是其含量有差异的动物药材进行定性鉴别及定量分析，因此应用广泛。动物药很多，诸如蝙蝠（夜明砂），犀牛（犀角），水牛（水牛角），牛（牛黄），虎（虎骨），蛇（蛇蜕），白花蛇，乌梢蛇，蝉（蝉蜕），蚕（蚕砂），九喷鼻虫，土鳖虫，鸡（鸡内金）等等。

（二）植物药材的鉴别

植物药材（菊花、丹参、白术、白芷、黄芪、玄参、甘草、板蓝根、薏仁、杜仲、银杏等）的鉴别，通常需要一定的溶剂提取等较复杂的化学前处理，且操作烦琐。同时也仅能检测药材中某一类成分，故难于反映药材的总体理化性质，对植物药材鉴别的专属性、准确性也不够高，故鉴别较为困难。应用 TA 技术对其鉴别，往往能取得较满意的效果。

（三）矿物药材的鉴别

在众多矿物药（硫黄、朱砂、石膏、磁石、滑石粉等）中，有些为同名异物，有些则同

物异名。而某 些矿物药材，特别是粉末状药材，它们的外观相似，易混淆，应用 TA 技术鉴别，结果较满意。

（四）树脂类药材的鉴别

树脂类药材来源于植物体某些器官组织分泌物而 结成的干燥物或经加工提取的产物（松香、安息香、乳香、阿魏等）。故相关植物的组织特征多不存在，因此用原植物鉴定较为困难，显微鉴别也意义不大。若应用 TA 技术，则可容易地区别它们的种类及其真伪。

二、热分析技术在药物分析中的应用

（一）药物的熔点测定

《中国药典》（2015 版）规定，药物的熔点用毛细管法测定，此法常存在人为视觉误差及"初熔"难于判断等缺点。若用 DTA 或 DSC 法测熔点，可精确控制升温速度。且可看到被测样品熔解的全过程，故对那些熔化即分解、相邻两熔解温度很接近，以及多组分混合体系，用毛细管法测试较困难的样品，若用 TA 技术测定，则方便、直观。具有实际意义。

知识拓展

DTA 和 DSC 应用讨论

DSC 与 DTA 相比，虽然曲线相似，但表征有所不同。DTA 测定的是试样与参比物的温度差，而 DSC 测定的是功率差 ΔHc，功率差直接反映热量差 ΔHc，这是 DSC 进行定量测试的基础。在 DTA 方法中，当试样产生热效应时，$\Delta T \neq 0$，此时样品的实际温度已不是程序升温所控制的温度，这就产生了样品和基准物温度的不一致。由于样品池与参比池在一起，物质之间只要存在温度差，二差之间就会有热传递，因此给定量带来困难，在 DSC 方法中，样品的热量变化由于随时得到补偿。样品与参比物无温差 $\Delta T = 0$，二物质间无热传递。因此在 DSC 测试中不管样品有无效应，它都能按程序控制进行升、降温。而最重要的是在 DTA 中仪器常数 K（主要表征的是热传导率）是温度的函数，即仪器的量热灵敏度随温度的升高而降低，所以它在整个温度范围内是——变量，需经多点标定，而 DSC 中 K 值与温度无关，是单点标定。

DTA 和 DSC 的共同特点是峰的位置、形状和峰的数目与物质的性质有关，故可以定性地用来鉴定物质。原则上讲，物质的所有转变和反应都有热效应，因此可以采用 DSC 和 DTA 检测这些热效应，但有时由于灵敏度等多种原因的限制，不一定都能检测出；而峰面积的大小与反应热焓有关，即 $\Delta H = KS$。对 DTA 曲线，K 是与温度、仪器和操作条件有关的比例常数。而对 DSC 曲线，K 是与温度无关的比例常数。这说明在定量分析中 DSC 优于 DTA。为了提高灵敏度，DSC 所用试样容器与电热丝紧密接触。但由于制造技术上的问题，目前 DSC 仪测定温度只能达到 750℃左右，温度再高，只能用 DTA 仪了。DTA 一般可用到 1600℃的高温，最高可达到 2400℃。

近年来热分析技术已广泛应用于医药、石油产品、络合物、高聚物、液晶、生物体系等有机和无机化合物，它们已成为研究有关问题的有力工具。但从 DSC 得到的实验数据比从 DTA 得到的更为定量，更易于作理论解释。因此，DTA 和 DSC 在化学领域和工业上得到了广泛的应用。

（二）药物的鉴别

对药物进行表征和鉴定，是 TA 技术最基本 的功能。由于每一种物质有其特定的热行为，通过对 DTA、DSC、TGA 图谱的比较，能快速地对单组分、多组分的药物作出鉴别。

（三）药物多晶型的研究

应用 DTA 或 DSC 不仅可区别不同晶型，而 且还可以从热力学性质的角度研究多晶型药物熔化过程的特点、混合晶型及其变化等。DSC 还可定量测定混合晶型中某晶型的含量和比率。另外，有些药物改变温度、湿度、压强等都会 引起晶型的转变，用 TA 技术可测出这种晶型改 变的条件，以便有效地减缓或制止这种转变。

（四）药物的纯度测定

用 DSC 测定药物纯度是基于被测物中含有少量杂质时，其熔点比无限纯物质熔点降低而求得。其理论基础是 Van't Hoff 方程，根据其定量分析的公式很容易求得杂质的摩尔数。

（五）药物的含量测定

应用 DSC 进行定量分析是依据药物被加热至熔解 时，所吸收的热量与该物质的量成正比，表现在 DSC 曲线上，即熔融峰面积与物质的量成正比，所以只要 求出峰面积，就可算出被测物质的量，或在样品中所 占的百分比。

（六）药物含水量的测定及表面吸附水、结晶水、结构水的判断

应用 TGA 与 DTA 或 DSC 同时测定，可根据热失重的情况，测得药物的总含水量，也能准确测定其吸附水和结晶水含量。通常药物的表面吸附水比结晶水容易失去，脱水温度较低且缓慢，其热谱峰较矮且宽；而结晶水的脱水温度高些，其热谱峰较高且尖锐；脱去结构水，其热谱特征为先吸热后再放热。此外，TA 还能为药品的干燥提供最佳的干燥温度。

（七）药物的热降解及稳定性研究

化学稳定性试验有时需要几个星期甚至几个月，有的可能要几年才能取得数据资料，而应用 TA 技术可在一天或几天内就能完成。是研究固体药物稳定性的有效手段，通常通过测定药物的活化能，以活化能的大小作为衡量药物热降解及稳定性的标准。

（八）绘制药物体系的相图

固体分散体常为二元组分系统，可通过绘制该二元组分体系的相，找出共熔点，应用 DTA 或 DSC 技术，可直接准确地测得二元组分的熔点，继而精确地绘制相图，比传统方法简便、客观、精确和快速。

三、热分析技术在药剂学中的应用

TA 技术可用于检查药物与赋形剂（乙基纤维素、甲基纤维素、羟丙基纤维素、维生素 E - 聚丁二酸乙二醇酯 、蔗糖和动物明胶的提取物等）有无化学反应，有无化学吸附、共熔、晶型转变等物理化学反应发生，从而为赋形剂的筛选提供有价值的参数。许多发达国家已将其作为赋形剂配伍试验的常规的首选方法。TA 技术为制剂的处方设计特别是新药的处方设计及制剂质量控制提供了极大的方便。

微商热重法（Derivative Thermogravimetric Analysis，DTG）

从热重法可派生出微商热重法，它是 TG 曲线对温度（或时间）的一阶导数。以物质的质量变化速率 dm/dt 对温度 T（或时间 t）作图，即得 DTG 曲线，如图 15 – 10 所示，b 曲线即是 a 曲线的一阶导数。DTG 曲线上的峰代替 TG 曲线上的阶梯，峰面积正比于试样质量。DTG 曲线可以微分 TG 曲线得到，也可以用适当的仪器直接测得。DTG 曲线能精确反映出每个失重阶段的起始反应温度，最大反应速率温度和反应终止温度，DTG 曲线上各峰的面积与 TG 曲线上对应的样品失重量成正比。当 TG 曲线对某些受热过程出现的台阶不明显时，利用 DTG 曲线能明显的区分开来。DTG 曲线比 TG 曲线优越性大，它提高了 TG 曲线的分辨力。

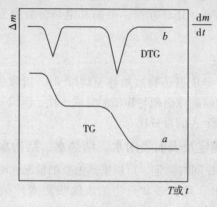

图 15 – 10　热重曲线图
a. TG 曲线；b. DTG 曲线

本 章 小 结

1. 基本概念：热分析；差热分析；差示扫描量热法；热重分析法。

2. 基本理论

（1）DTA 的基本原理：物质在受热或冷却过程中，当达到某一温度时，会发生熔化、凝固、晶型转变、分解、化合、吸附、脱附等物理或化学变化，并伴随有焓的改变，因而产生热效应，其表现为样品与参比物之间有温度差。DTA 曲线描述试样与参比物之间的温差（ΔT）随温度或时间的变化关系。

（2）DSC 的基本原理：DSC 原理与 DTA 相似，不同的是在试样和参比物的容器下，设置一组补偿加热丝，在加热过程中，当试样由于热反应与参比物之间出现温差 ΔT 时，通过微伏放大器和热量补偿器，使流入补偿加热丝的电流发生变化。试样吸热时，样品温度下降，热量补偿放大器使电流样品一边电流增大。反之试样放热时，则参比物一边的温度下降，热量补偿放大器使参比物一边电流增大，直至试样与参比物的温度达到平衡，温差 $\Delta T \to 0$。由此可知，试样的热量变化（吸热或放热）由输入电功率补偿，则只需测得功率的大小，就可测得试样吸热或放热的多少。

（3）TG 和 DTG 的基本原理：热重法通常可分为两大类：静态法和动态法。静态法是等压质量变化的测定，是指一物质的挥发性产物在恒定分压下，物质平衡与温度 T 的函数关系。等温质量变化的测定是指物质在恒温下，物质质量变化与时间 t 的依赖关系。动态法是在程序升温的情况下，测量物质质量的变化对时间的函数关系。

重点：①热分析中常见三种方法的基本原理及异同；②热分析中常见三种方法的仪器结构及异同。

难点：热分析中常见三种方法的应用及异同。

练 习 题

一、填空题

1. 硅酸盐类样品在进行热分析时，不能选用_____材质的样品坩埚。

2. 差热分析（DTA）需要_____校正，但不需要灵敏度校正。

3. TG 热失重曲线的标注常常需要参照 DTG 曲线，DTG 曲线上一个谷代表一个_____失重阶段，而拐点温度显示的是_____最快的温度。

4. 物质的膨胀系数可以分为线膨胀系数与_____膨胀系数。

5. 热膨胀系数是材料的主要物理性质之一，它是衡量材料的_____好坏的一个重要指标。

二、名词解释

1. 热重分析
2. 差热分析
3. 差示扫描量热分析

三、简答题

1. 说明 DSC 与 DTA 测定原理的不同。
2. DTA 存在的两个缺点。
3. 功率补偿型 DSC 仪器的主要特点。

（何　丹）

第十六章 流动注射分析

第一节 基本原理

一、流动注射分析法

1975 年丹麦学者鲁齐卡（Ruzicka J）和汉森（Hansen E H）首次命名的流动注射分析（Flow Injection Analysis，FIA），采用把一定体积的试样注入无气泡间隔的流动试剂（载流）中，保证混合过程与反应时间的高度重现性，在非平衡状态下高效率完成了试样的在线处理与测定，触发了化学实验室中基本操作技术的根本性变革，打破了几百年来分析化学反应必须在物理化学平衡条件下完成的传统，使非平衡条件下的分析化学成为可能从而开发出分析化学的一个全新领域。

FIA 的特点包括：设备简单紧凑、适应性广泛、高效率（分析速度可达 100～300 样/h）、低消耗（10～100μl/测定）、高精度（RSD 可达 0.5%～1%）。

基本 FIA 系统，如图 16-1 所示，由以下部分组成：蠕动泵（peristaltic pump，P）驱动载流（carrier）在细孔径管道中通过；注样器（sample injector）或注样阀（sample injection valve），用于向流动的载流中注入一定体积的试样；反应器（reactor），由细管道构成的盘管；流通式检测器（flow-throµgh detector），用于检测在反应器中形成的供检测的反应产物。

当装入注样阀中一定体积的试样被注入以一定流速连续流动的载流中后，在流经反应器时与载流在一定程度上相混，与载流试剂反应的产物在流经流通式检测器时得到检测，记录仪读出一峰形信号。典型的 FIA 峰如图 16-2 所示，一般以峰高为读出值绘制校正曲线及计算分析结果。图中 S 为注样点，T 为试样在系统中的留存时间，一般为数秒至数十秒。

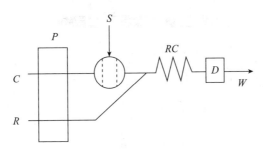

图 16 - 1　FIA 系统

C. 载流；R. 试剂；P. 蠕动泵；S. 试样；RC. 反应器；D. 检测器；W 废液

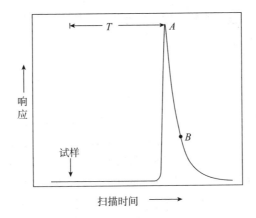

图 16 - 2　典型 FIA 记录峰

S. 注样点；T. 留存时间；A. 峰顶读出位；B. 峰坡读出位

二、流动注射分析理论基础

(一) 试样区带的分散过程

当把一个试样以塞状注入连续流动的载流（试剂）中的一瞬间，其中待测物的浓度沿管道分布的轮廓呈长方形，如图 16 - 3 所示。试样带注入 A 后立即从载流获得一定的流速而随其向前流动。在 FIA 中常用管道孔径（0.5 ~ 1mm）及流速（0.5 ~ 5ml/min）条件下，流体处于层流状态，因此，管道中心流层的线速是流体平均流速的二倍。越靠近管壁的流层线流速越低，所以在流动中形成抛物线形的截面。随着流过管道距离延长此抛物面更加发育。由于此对流过程与分子扩散过程同时存在，试样与载流之间逐渐相互渗透，出现试样带的分散。待测物沿管道的浓度轮廓逐渐发展为峰形，峰的宽度随流过距离延长而增大，峰高则降低。由此可见，FIA 中试样与载流（试剂）的混合总是不完全，但对一个固定的实验装置而言，只要流速不变，在一定留存时间的分散状态是高度重现的。这就是 FIA 可以得到重现良好的分析结果的根据。

(二) 分散系数

在 FIA 技术中，常用分散系数 D（Dispersion Coefficient，早期成分散度）来定量描述试样的分散状态。D 定义为在分散过程发生之前与之后，产生读出信号的流体元中待测组分的浓度比。

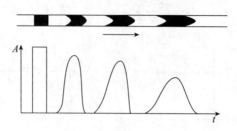

图16-3 FIA体系中注入载流中的试样区带的分散过程

$$D = \frac{C_0}{C}$$

式中，C_0为试样未分散前待测物浓度，C为分散后某段流体元的浓度。如果在记录曲线的峰顶读出分析结果则 $C = C_{max}$，便有

$$D_{max} = \frac{C_0}{C_{max}}$$

分散系数不仅描述了原试样溶液被稀释的程度，而且表明了试样同载流中试剂混合的比例关系。分散系数分为高（$D > 10$）、中（D为 $3 \sim 10$）、低（D为 $1 \sim 3$）三个等级，不同的分析目的和检测手段需要采用不同分散系数的流动注射分析体系的状态。如：采用离子选择电极、原子吸收光谱、等离子体光谱作为检测手段时，要求试样应尽可能集中，故设计用 D 低的体系；若要求扩展的 pH 梯度以区分试样中的多组分时，或需要稀释高浓度或进行流动注射滴定时，要用 D 高的体系；一般的吸光光度法检测时，通常采用中等地分散系数体系。

分散系数受三个彼此相关和可控的变量影响，即试样体积、泵速和管道长度。改变注入试样溶液的体积是改变 D 的有效方法。增大试样的注入体积可以增加峰高，提高测定的灵敏度；稀释高浓度试样的最好方法是减少试样的注入体积；D 随试样带流经的管道长度的增大而增大，随流速减小而减小。因此，要获得低分散系数而又要得保持较长的留存时间，就需要采用短管道并降低泵速。增加留存时间并避免进一步分散的有效办法是采用停流技术，即将试样注入反应管路中后，使泵液流停止前进，待有足够的反应时间之后，重新启动泵，把液流推入检测器。任何带有混合室的体系都会产生分散系数，会导致测定灵敏度及进样频率的降低，同时增加试样和试剂的消耗；反应管道的不均匀性，及较粗的管道也会提高分散系数。所以，在设计 FIA 体系时，管道应粗细合适，均匀且经常采用盘绕、迂回弯曲、填充或三维错乱的构型。

第二节 流动注射分析仪器

FIA 仪器由液体驱动或传输设备、注样阀、反应及连接管道、流通式检测器等部分组成。

1. 液体传输设备 液体驱动或传输设备是 FIA 实验装置中的重要部分，相当于 FIA 系统的心脏，其功能是将试剂、样品等溶液输送到分析系统中。最常用的是蠕动泵。由于可以提供多个通带，从而根据各泵管的内径得到若干相等或不等的流速，蠕动泵在 FIA 系统中推动试剂和载流应用最广泛。

当泵管夹于压盖与一系列均匀间隔的滚柱之间，滚轮转动且调压器对压盖施加一定压力时，两个相邻挤压点之间形成一个密闭空间，滚轮向前滚动时这一密闭空间的空气被带到泵

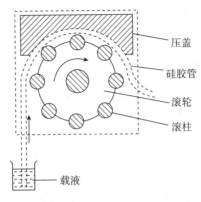

图 16 - 4 蠕动泵工作原理示意图

管出口。如果此时泵管入口插入液面以下，则在泵管入口端形成部分真空而使入口液面上升，在滚轮的连续滚动下液面将不断上升，直至充满整个管道，并以一定的流速继续向前流动。流速取决于滚轮转动的线速度和泵管内径。这种泵结构简单、方便，且不与化学试剂直接接触，避免了化学腐蚀的问题。但脉动不能完全避免，因此也易使输出信号发生一定程度的波动。泵头能安排的泵管数称为"道数"，蠕动泵一般为六道和八道。泵管壁厚的均匀性影响载液流速的均匀性。)

泵管的用途是输送载流和试剂，要求具有一定弹性、耐磨性，且壁厚均匀。材料一般为加入适当增塑剂的聚氯乙烯，国外商品名为"Tygon"，适用于水溶液、稀酸、稀碱、甲醛、乙醛、稀乙醇溶液。

2. 注样阀 FIA 采用注射器浸入和注样阀注入两种方式注入试样，考虑到要能高度重现采集一定体积的试样并注入连续流动的载流这一过程，故后者更常用，它类似于高效液相色谱的进样阀。注样阀由转子和旁路管组成，转子上有定量试样体积的钻孔（定容腔）。当阀的转子转至"采样"位置时，样品被泵吸入至定容腔，旁路管可供液流不受扰动地流过；当转子转至"注入"位置时，定容腔直径大，对载流阻力小，因此载流自然进入定容腔，将"样品塞"带至反应器中。在"注入"位置时，由于阀的旁路管内径小，管道长，阻力大，旁路管中基本无载流通过。

3. 反应及连接管道 FIA 的各个主要部件之间均需要用管道连接，反应物在被检测之前也需要在反应管道中经历一定的分散于反应过程，按这些管道在 FIA 中的作用分为采样环、反应管、连接导管等。一般选择聚乙烯或聚四氟乙烯制成流动注射分析中的运输管和反应盘管。管的内径为 0.5~1.0mm，管外径为 1.5~2.3mm。在严格的 FIA 体系中，应保持传输管道内径的均一，各组合部件应采用标准连接器和流路组件连接。

4. 流通式检测器 流动注射系统中可采用多种仪器分析检测手段形成高效率的分析系统，常用的检测方法有光度法、原子光谱法、电化学法、荧光法、化学发光法等。在 FIA 中待测物的检测总是在流动状态下完成的，检测器有液流入口和出口。有些检测器如火焰原子吸收光谱，电感耦合等离子体光谱，原来就需要在连续供样的条件下测定，与流动注射系统联用时较为方便。原来需要在一定容器中完成检测的方法如光度法、电化学法、荧光法等作为 FIA 的检测器时，则要配制特制流通池。

第三节　流动注射分析的应用

一、流动注射分析体系

根据流路特点，基本 FIA 体系可分为单道体系和多道体系。除了基本 FIA 流路中的操作模式外，根据分析中的特殊需要 FIA 常用的特殊操作模式还有合并带法、停流法、流动注射梯度技术等，有的如停流法，在流路上与基本流路并无区别，但多数情况下操作的不同在流路上也有反映。

1. 单道流动注射体系　最简单的 FIA 体系是仅由一条管道（指泵管及后续反应盘管及连接管道）组成的单道流路体系。在电化学、原子光谱中有较多应用，在光度分析中需要符合一定条件方能采用，条件包括：试剂本身无色或在检测波长下基本无吸收，否则试样区带部位出现负峰；仅适用于单一试剂显色，或虽用多种试剂但相互混合后无不良影响；试剂同时作为载流消耗较大，不便使用贵重试剂；试剂载流与试样溶液须无显著折射率差异，否则将出现干扰峰形；试样应能经受载流数倍稀释而不至影响检出，即分散系数 D 足够高。

2. 多道流动注射流路　当两种以上的试剂混合后会发生化学变化时，可采用这种流路，几乎可以完全避免使用单道流路的各种局限性。由于试剂是汇合到分散的试样带中而不是仅通过对流与扩散与试样相混，因此整个试样带与载流的任意流体微元中都会基本上等量均匀混入试剂。其流程如图 16-5 所示。各种试剂可以在不同时间，不同合并点加入到管路中，最后进入流通检测器进行检测。

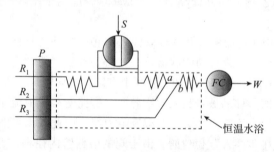

图 16-5　多道 FIA 系统流路图

3. 合并区带法　合并区带法以节省试剂为目的，也可以简化标准加入法的操作。合并区带法是把试剂也同试样一样首先吸入双通道阀的另一固定体积采样环中，流出采样环的多余部分可回收，在注入样品时试剂也同时被载流带出，如图 16-6 所示，再使这两个区带同时向前流动至下游的某一点汇合，合并为一混合区带进入反应或混合管道中，并在流通式检测器中得到检测。

合并区带法还可以通过双泵系统用间歇泵技术来实现，可根据需要用另一台泵在载流载带的试样区带流经汇合点时泵入试剂形成合并带。如图 16-7 所示，当泵 I 运转时，泵 II 停转，反之亦然。当试样从 S 注入载流时（载流为水和缓冲液），启动泵 I，停闭泵 II，载流把试样带推进到距合并点某一位置上，由计时器 T 停闭泵 I，并启动泵 II，继续推进载流，并同时加入试剂 R，当试样带全部通过合并点后，又启动泵 I，停闭泵 II。

采用合并区带法可以节省试剂 90% 左右，对于使用贵重试剂的化学体系更有实际意义。

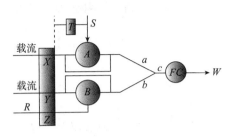

图 16 – 6　单泵合并区带流路示意图

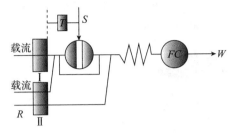

图 16 – 7　间歇泵合并区带流路示意图

4. 停流技术　在 FIA 中，反应盘管不宜过长，要求反应速度要比较快，对于反应速率较慢的体系则有一定的局限性。采用停流法，可以有效地适用于化学反应缓慢的分析体系。该法是在试样区带在注入载流并与试剂反应后流经检测器时或到达检测器之前使之停止流动一段时间的操作模式，主要目的是延长试样在反应管道中留存时间，即化学反应时间。这段增加的时间内并不增加分散，可提高测定的灵敏度，峰宽并不增大。停流技术还能够用来观察反应的动力学特性，将试样带停在流通池中可以观察反应完成的程度以及反应继续进行的情况，还应用于测定反应常数、有色试样分析等。

5 流动注射梯度技术　在 FIA 中，注入流动体系中的试样经分散后形成具有连续浓度梯度的分散试样带。在严格控制的条件下，分散试样带的任何一点都能提供确切的浓度信息。这种依靠准确控制条件来开发试样带浓度梯度中所包含的信息的技术称为梯度技术，如梯度稀释、梯度校正、梯度扫描、梯度滴定及梯度渗透等。

二、应用举例

流动注射分析应用非常广泛，它与许多检测技术及分离富集技术结合，已用于数百种有机或无机的分析，以及一些基本物理化学常数的测定。在环境、临床、医学、农林、冶金地质、工业过程监测、生物化学、食品等许多领域中都得到广泛的应用，特别是环境科学和临床医学这两方面应用更多。

1. 土壤中有效锌的测定　采用流动注射萃取分析法可以测定土壤中有效锌，其装置如图 16 – 8 所示。萃取装置由相间隔器、PTEE 萃取管道（内径 0.8mm，长 2m），相分离器和节流管（内径 0.5mm，长 1m 的 PTEE 管）组成。采用置换排出法输入法输入有机相。两个出入口玻璃瓶分别装入双硫腙四氯化碳溶液和蒸馏水，通过调节 a，b 瓶中水量的增减使有机相不通过泵管进出萃取管道；萃取剂为 0.002% 的双硫腙四氯化碳溶液；载流（含有掩蔽剂）为 1% 二乙基二硫代氨基甲酸的 0.85mol/L NH_4OH 溶液；土壤浸提剂为 0.05mol/L 二乙三胺五醋酸 – 0.1mol/L CaCl_2 – 1.0mol/L 三乙醇胺，调节 pH 为 7.3，使用前用水稀释 10 倍，锌系列标准溶液用浸提剂稀释。

25g 通过 1mm 筛孔的风干土样，加入 50ml 浸提剂，振荡 2h 后过滤。分析流程及各项参数如图所示。采样体积 240μl。使用 8μl 流通池，于 535nm 处测定吸光度。分析速率为 60 个样/h。

2. 水中某些组分的测定　雨水中 F⁻ 含量的检测，可以用 F⁻ 选择电极作为流动注射分析的检测器，检测限为 15ng/ml，标准偏差小于 3%，分析速度为每小时 60 次。河水、海水及井水中的 PO_4^{3-} 离子可借助于磷钼蓝分光光度法作为检测手段进行流动注射分析法，检测限达 0.01μg/ml，分析速度每小时 30 次。水样中的砷含量的分析，可以预先用硫酸肼将 As（V）

还原成 As（Ⅲ），再用小型阳离子交换柱将过量肼除去，然后用流动注射分析 – 安培检测器检测，检测限为 0.4ppb。

实例分析

实例： 流动注射 – 化学发光分析测定汽油中的铅。

方法提要： 选择双通道流动注射分析模式，将碱性鲁米诺溶液和过氧化氢溶液由 a 通道泵入，再和 b 通道泵入的载 Pb（Ⅱ）溶液在反应池中混合反应产生化学发光信号，光强由光电倍增管检测，记录仪记录发光信号。

仪器与试剂： 自制流动注射化学发光分析仪，pHS – 3C 酸度计，铅标准溶液，鲁米诺储备液，H_2O_2 溶液，EDTA 标准溶液。

分析：

样品制备： 按 GB377 – 64 法分解汽油样品，采用阳离子硫化氢系统分组沉淀分离消除干扰。

测定条件： 鲁米诺和过氧化氢混合液流速为 5.5ml/min，Pb（Ⅱ）载液流速为 1.5ml/min，反应池长度为 15mm，鲁米诺与 EDTA 体积比为 10：1，鲁米诺溶液在 pH13、浓度为 5×10^{-4}mol/L，可获得最大信噪比。

方法评价： 标准曲线的线性动态范围 0.5 ~ 100μg/ml，检出限为 0.1μg/ml，RSD 为 2.6%。

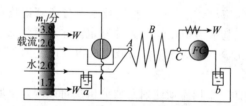

图 16 – 8　流动注射萃取分析装置

A. 相间隔器；B. 萃取管道；C. 相分离器；D. 节流管；W. 废液

a. 双硫腙四氯化碳溶液；b. 蒸馏水

3. 血清中某些组分的测定　为了测定血清中的 Ca^{2+} 离子含量及 pH，可将血清样品注入载流中，"样品塞"首先通过毛细管玻璃电极以测定 pH，随之再流经 Ca^{2+} 选择电极，测得 pCa 值。若借助于固定化葡萄糖氧化酶柱和安培法，就可以间接测定血清中葡萄糖含量。葡萄糖流经酶柱时发生以下反应：

$$葡萄糖 + O_2 + H_2O \xrightarrow{\text{葡萄糖氢化酶}} H_2O_2 + 葡萄糖$$

生成的 H_2O_2 用 Pt 电极即可以进行安培法检测，也可以采用三管路流动注射分析法，各管路试剂分别为脲酶、次氯酸及苯酚溶液。脲先经酶降解生成 NH_3，再被次氯酸氧化成氯胺，然后与酚反应生成靛酚蓝，在 620nm 处进行分光光度测定，检测限达 2mmol/L。还可以利用毛细管玻璃电极进行电位法测量，由 pH 改变来间接定量脲含量：

$$NH_2CONH_2 + H_2O \xrightarrow{\text{尿素酶}} 2NH_3 + CO_2$$

将流动注射分析技术与原子吸收光谱法结合来测定接受锂治疗的病人血清中的锂含量。流动注射分析法也可以与电感耦合等离子体发射光谱法联用。

4. FIA 荧光法及动力学分析法结合　将流动注射分析法与荧光光度法相结合，大大提高分析灵敏度。利用铽与 EDTA、磺基水杨酸反应生成三元配合物，可以用荧光法测定矿石中铽含量。激发波长为 320nm，测定波长 545nm。对 80pg 含量的铽，其测量的相对标准偏差为 4%，且各种金属离子不受干扰。

催化分析法的最大优点是灵敏度比一般化学分析法高得多，其检测极限可达 10^{-9}mol/L 左右。根据以下催化反应可以测定痕量 I^- 离子：

$$2Ce^{4+} + AsO_3^{3-} + H_2O \xrightarrow{I^-} AsO_4^{3-} + 2Ce^{3+} + 2H^+$$

可以采用三流路流动注射分析法，其中一流路为二次蒸馏水作载流会，以便将样品塞带入，另外两个流路分别为 Ce（IV）溶液和 As（III）溶液，它们的流量都可以进行调节。检测手段可用分光光度法。

本 章 小 结

本章主要包括流动注射分析原理、仪器部件、操作模式及应用等内容。

流动注射分析是采用把一定体积的试样注入无气泡间隔的流动载流中，保证混合过程与反应时间的高度重现性，在非平衡状态下高效率完成了试样的在线处理与测定的过程。流动注射分析仪器由液体驱动或传输设备、注样阀、反应及连接管道、流通式检测器等部分组成。根据流路特点，基本 FIA 体系可分为单道体系和多道体系。除了基本 FIA 流路中的操作模式外，根据分析中的特殊需要 FIA 常用的特殊操作模式还有合并带法、停流法、流动注射梯度技术等。

练 习 题

1. 简述流动注射分析法的工作原理。
2. 试述分散度的定义及影响因素。
3. 为什么流动注射分析可以在物理和化学不平衡状态下进行测定？
4. 流动注射分析的基本流路有哪些？
5. 流动注射分析的操作模式有哪些？
6. 简述流动注射分析的主要部件及作用。

（付钰洁）

第十七章 色谱质谱联用法

学习导引

知识要求

1. **掌握** 气相色谱质谱联用和高效液相色谱质谱联用方法的原理与特点；气相色谱质谱联用中全扫描（SCAN）模式和离子监测（SIM）模式的工作原理及其应用范围；高效液相色谱质谱联用中全扫描（SCAN）模式、离子监测（SIM）模式和反应监测（SRM）模式的工作原理及其应用范围；色谱质谱联用法所得的总离子流色谱图与质量色谱图的区别与联系及其分析方法。

2. **熟悉** 气相色谱质谱联用中的常用接口装置的工作原理、特点及其应用范围。

3. **了解** 气相色谱质谱联用仪器和高效液相色谱质谱联用仪器的一般组成与结构；高效液相色谱质谱联用仪中的电喷雾和大气压离子化接口装置的工作原理及其应用范围。

色谱质谱联用法是将具有强分离能力的色谱法与具有强定性能力的质谱法联用，从而对复杂组分试样进行分离检测的方法，色谱质谱联用仪同时具备了色谱仪和质谱仪两种仪器的优势功能。色谱质谱联用是目前最为成熟的一类联用技术，主要包括气相色谱质谱联用（GC-MS）和高效液相色谱质谱联用（HPLC-MS）。

第一节 气相色谱质谱联用

气相色谱质谱联用（GC-MS）技术是利用气相色谱对混合组分高效的分离能力和质谱对物质准确定性的能力而发展起来的一种分析检测技术，将气相色谱仪与质谱仪整合之后的仪器称为气相色谱质谱联用仪。气相色谱质谱联用技术发展较早，是目前分析仪器联用技术中最为成功的一种，气相色谱质谱联用仪技术成熟，早已商品化生产，并广泛应用于药物分析、医学检验等领域。

一、气相色谱质谱联用仪的仪器组成

气相色谱质谱联用仪由气相色谱单元、质谱单元和接口三大部分组成，其主要构成模块如图 17-1 所示。气相色谱单元对待测试样中的各组分进行有效分离；接口装置将从气相色谱单元流出的各组分送入质谱单元并保证 GC 和 MS 两者气压的匹配，是实现联用的关键部分；质谱单元对从接口顺序传入的各组分依次进行分析检测，成为气相色谱仪的检测器；计

算机系统交互式的控制气相色谱单元、接口和质谱单元，进行数据采集和处理，并同时给出色谱和质谱数据（色谱图和质谱图）。

图 17 - 1　气相色谱质谱联用仪的构成模块示意图

1. 气相色谱单元　用于 GC - MS 系统的气相色谱单元必须符合质谱单元的一些特殊要求，为了获得更低的质谱检测背景信号，气相色谱柱的固定相必须耐高温，不易流失，以及作为流动相的载气通常需要使用氦气。

气相色谱单元的色谱柱分填充柱和毛细管柱两类。填充柱柱内径太大，载气流量大，不适宜直接与质谱相连（需专门接口）。毛细管柱柱内径小，载气流量小，内径 0.32mm（或更小内径）的毛细管柱可通过接口装置直接导入质谱；内径 0.53mm 的大口径毛细管柱需分流后再通过接口装置直接导入质谱或者导入喷射式接口后进入质谱。

2. 接口　接口是实现气相色谱单元与质谱单元联用的关键部件，通过接口装置来完成待测组分在 GC 和 MS 之间质的传输。

气相色谱单元的样品入口端压力高于大气压，在高于大气压的条件下完成复杂组分的分离，出口端压力为大气压。即从气相色谱单元出口端流出的是大气压下混合着载气的气体组分，它们即将进入质谱单元。但是质谱单元是在高真空（$10^{-4} \sim 10^{-6}$Pa）状态下工作的，所以必须通过接口装置除去色谱流出物中的载气并降低其气压，同时对组分进行富集后将其送入质谱单元的离子源。

GC - MS 系统对接口的要求主要是：能使尽可能多的待测组分（一般不少于原组分的30%）进入质谱单元，而同时去除掉尽可能多的载气；能保证气相色谱单元与质谱单元各自的气压匹配，即能维持质谱单元离子源一定的真空度，又不影响气相色谱单元色谱柱的柱效和色谱分离的结果；各组分在通过接口时不发生化学变化；对各组分的有效传质具有良好的重现性；接口应尽可能短，使各组分能快速通过并进入质谱单元；提供适合的温度条件，确保气体组分在传输过程中不被冷凝；接口装置的操作应简单、方便、可靠。

GC - MS 系统的接口分直接导入型接口和浓缩型接口。

直接导入型接口传质率达 100%，但对待测组分无浓缩作用，其装置如图 17 - 2 所示。将内径为 0.25mm 或 0.32mm 的毛细管色谱柱的末端直接伸入到质谱的离子源内，待测组分和载气一起进入离子源。待测组分在离子源的作用下生成带电荷的离子，再在电场作用下加速向质量分析器移动；而载气是惰性气体不发生电离，绝大部分被高真空泵抽走，以达到离子源真空度的要求。这种接口结构简单，其主要作用除了传质就是控温，控温是为了防止气体组分在传质过程中被冷却，通常需控制接口装置的温度稍高于柱温。适用于这种接口的载气通常选用氦气，载气流速受质谱单元的真空泵流量限制，一般控制在 0.7 ~ 1.0ml/min。由于高分辨细径毛细管柱（内径 0.25mm 或 0.32mm）的广泛使用，目前商品仪器多采用直接导入型接口。

喷射式浓缩型接口具有去除载气、浓缩待测组分的功能，具有分子分离的能力，又称为

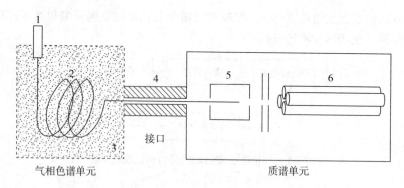

图 17 - 2　毛细管柱直接导入型接口示意图
1. 气化室；2. 色谱柱；3. 柱温箱；4. 加热装置；5. 离子源；6. 质量分析器

喷射式分子分离器，主要为填充柱而设计。其工作原理是气体在喷射过程中都是以同样的高速喷射，因此不同质量的分子具有不同的动量。大分子的待测组分分子动量大，易保持原喷射方向移动，进入接收口被浓缩；而小分子载气分子动量小，因扩散易偏离原喷射方向，被真空泵抽走而去除。

3. 质谱单元　用于 GC - MS 系统的质谱单元应符合一些特殊要求：真空系统不受气相色谱单元载气流量的影响（维持相应的真空度）；具有与气相色谱单元相匹配的灵敏度和分辨率；扫描速度与气相色谱柱组分流出速度相匹配。GC - MS 系统中质谱单元即是气相色谱仪的检测器。气态的待测组分分子由气相色谱单元进入质谱单元的离子源，在电场作用下，生成不同质荷比的离子被质量分析器分离，再被离子检测器检测。

电子轰击源（EI）是 GC - MS 中最常用的离子源，只要仪器操作条件一致，在不同的仪器上获得的谱图重现性好。采用 70eV 电子能轰击所得的谱图可与标准谱库的谱图进行比对。EI 源电离还能获得较多的碎片离子，提供化合物可能具有的丰富的结构信息。除了 EI 源，化学电离源（CI）也是 GC - MS 系统常配置的离子源。

GC - MS 系统中最常用的质量分析器是四级杆质量分析器，它虽然分辨率不高，但扫描速度快（约为 0.1 秒），可从正离子到负离子检测自动切换，并具有离子源真空度要求较低、结构简单、价格较低等优点。此外，将离子阱（IT）质量分析器和飞行时间（TOF）质量分析器配置在 GC - MS 系统中的也较多。

二、气相色谱质谱联用仪的工作原理

待测试样进样到气相色谱单元的气化室，快速汽化后的试样由载气携带入色谱柱，分离后的各组分随载气依次通过接口装置进入质谱单元的离子源。各组分被电离后，分子离子和碎片离子在质量分析器中分离，并被离子检测器检测。质量分析器对每个组分做一次质量数扫描，得到其对应的质谱图（检测到的离子流强度随质荷比的变化）。气相色谱质谱联用仪的扫描方式又分为全扫描（SCAN）模式和离子监测（SIM）模式。

在全扫描（SCAN）模式下，最终得到待测试样的总离子流色谱图和 GC 分离的每个组分（即总离子流色谱图上的每个组分）对应的质谱图。全扫描模式适用于未知物的定性分析，而针对目标化合物的分析可选用离子监测模式，提高分析灵敏度。在离子监测（SIM）模式下，质量分析器选择性的只让特定离子（某一个或者某一类目标化合物的一个或几个特征离子（如分子离子、官能团离子、强的碎片离子等））通过并到达离子检测器，该模式下得到的色谱图为选择离子色谱图，由于大量杂质和背景离子都未采集，特定离子的离子流强度大大增高，尤其适用于目标化合物定量分析。

三、气相色谱质谱联用法的应用

气相色谱质谱联用法适用于低分子化合物的分离和检测（通常应用于相对分子质量低于1000的化合物的分析），尤其适用于挥发性组分和半挥发性组分的分析测定。GC－MS 结合了气相色谱和质谱的优点，在药物的生产和质控中应用广泛，还特别适用于中药挥发性成分的鉴定、食品和中药中农残的检测、毒品和兴奋剂等违禁药品的检测等等。虽然 GC－MS 的应用具有一定局限性（如受待测组分挥发性、热稳定性的影响，分析前可能需要衍生化处理等），但在其应用范围内，它具有专属性好、灵敏度高、谱图简单、分析速度快且具备通用的标准谱库等优点，它能同时进行组分的分离与鉴定，因此它仍然是分析工作者常常选用的分析方法。伴随着分析科学的持续进步，GC－MS 联用技术目前已成为一种常规应用的分析检测技术。

GC－MS 联用方法可应用于毒品和兴奋剂的检测。根据国际奥委会医学委员会的要求，兴奋剂检测唯一具有确认效用的检测方法是 GC－MS 方法。在进行检测时，通常实验室都选用GC－MS 方法进行初筛（SIM 初筛灵敏度高），筛查检测到可疑样品时再重新进行检测（SCAN），根据相同条件下的保留时间及质谱图对比结果进行最终的定性判定。最近，科研工作者发展了新的 GC－MS 方法，可对人类尿液中的类固醇类兴奋剂进行监控检测。该方法采用三甲基硅烷衍生化待测组分，并以气相色谱电离加速飞行时间质谱对其衍生化产物进行分离和鉴定，可对人类尿液中的类固醇、部分合成药物及其代谢物、兴奋剂和毒品等物质进行分析检测。此外，基于 GC－MS 联用技术，科研工作者还建立了在人类尿液中全面筛查兴奋剂的新方法，仅仅需要 1ml 尿样，该方法就能同时检测内源性类固醇和其他兴奋剂，能对 140 种兴奋剂进行定性检测，方法的定性检测限达到世界反兴奋剂机构对这些禁用药品限制的最低含量。并且该方法选用短色谱柱和氢气载气，能在 8min 内完成一个样品的检测（三重四级杆质谱，HP－Ultral 毛细管色谱柱（12.5m×0.2mm，0.11μm）。柱温 100～310℃，初始温度 100℃，保持 0.2min，以 90℃/min 升温速率升至 185℃，再以 9℃/min 升温速率升至230℃，再以 90℃/min 升温速率升至 310℃保持 0.95min，接口温度 310℃。载气（H_2）流速1.0ml/min。

GC－MS 联用方法在药物分析和医学检验中也得到了广泛的应用。例如，科研工作者将GC－MS 联用技术应用于人类结肠组织中的代谢物分析，从而进行癌症的诊断。该方法以 N－甲基－N－三氟乙酰胺作为衍生化试剂，对待测物质进行衍生化之后，再用 GC－MS 系统对其衍生化产物进行分离、鉴定及定量分析，在人类结肠组织中总共分离检测出 53 种内源性代谢物。该方法可应用于结肠直肠癌的活检分析和临床诊断（图 17－3 为癌变组织和正常组织的总离子流色图，GC－MS 系统可对每一组分进行定性）。基于 GC－MS－MS 联用技术，能同时分析检测一些中性或酸性的药物及一些相关化合物。该方法不需要衍生化步骤，可以同时对10 种中性或酸性药物及一些相关化合物进行分离和鉴定，是一种适用于常规监测的快速、简便的方法，可对抗炎药（布洛芬，对乙酰氨基酚、双氯芬酸）、抗癫痫药（卡马西平）和兴奋剂（咖啡因和尼古丁）等进行快速分离及定性、定量分析。由于检出限低，该方法可应用于医院废水中药物及相关化合物的分析检测（图 17－4 为该方法对医院废水进行检测得到的总离子流色谱图（TIC）和选择离子色谱图（SIM））。另外，建立 GC－MS 分析方法可以对中药

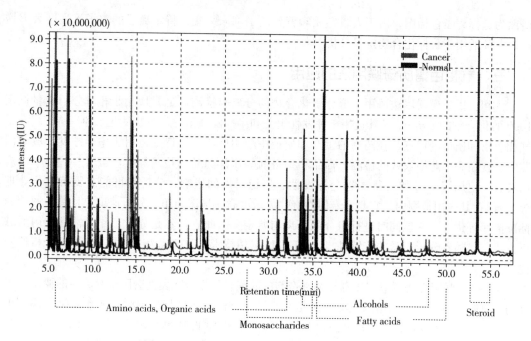

图 17 - 3　癌变组织和正常组织的总离子流色图

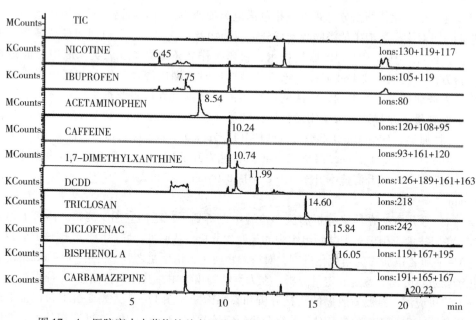

图 17 - 4　医院废水中药物的总离子流色谱图（TIC）和选择离子色谱图（SIM）

三七花中的挥发油组分进行分离和鉴定（选用 HP - 5 石英毛细管色谱柱（30m × 0.25mm，0.25μm），操作条件：柱温 50 ~ 250℃，气化室温度 250℃，分流进样，分流比 50：1），检出的 5 种含量较高的挥发油成分为匙叶桉油烯醇、α - 古芸烯、双环吉马烯、吉马烯 - D、双环榄香烯。建立 GC - MS 分析方法还可以对不同产地的小茴香药材中的挥发油组分进行分离和鉴定（选用 HP - 5 石英毛细管色谱柱（30m × 0.25mm，0.25μm），操作条件：柱温 50 ~

200℃，初始温度50℃，保持10min，以2℃/min升温速率升至150℃，保持1min，再以5℃/min升温速率升至200℃，保持5min。分流进样，分流比30∶1。气化室温度250℃。EI电离源，接口温度280℃，离子源温度200℃，四级杆温度100℃。质量扫描范围35～500amu），鉴定出20种化合物，其中反式茴香脑的含量最高。

第二节　高效液相色谱质谱联用

高效液相色谱质谱联用（HPLC－MS）技术是利用高效液相色谱对混合组分高效的分离能力和质谱对物质准确定性的能力而发展起来的一种分析检测技术，将高效液相色谱仪与质谱仪整合之后的仪器称为高效液相色谱质谱联用仪。高效液相色谱质谱联用技术是在气相色谱质谱联用技术之后发展起来的，其核心部件接口装置的研究经历了一个更长的过程，才出现了被广泛接受的商品接口装置和商品仪器，目前高效液相色谱质谱联用技术已广泛应用于药物、化工、临床医学和分析生物学等领域的分离分析。

一、高效液相色谱质谱联用仪的仪器组成

高效液相色谱质谱联用仪由高效液相色谱单元、质谱单元和接口三大部分组成，其主要构成模块如图17-5所示。高效液相色谱单元对待测试样中的各组分进行有效分离；接口装置完成待测组分的气化和电离，是实现联用的关键部分；质谱单元将从接口顺序接收的气相离子聚焦于质量分析器分离后检测，质谱单元成为高效液相色谱仪的检测器；计算机系统交互式的控制高效液相色谱单元、接口和质谱单元，进行数据采集和处理，并同时给出色谱和质谱数据（色谱图和质谱图）。

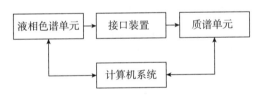

图17-5　高效液相色谱质谱联用仪的构成模块示意图

1. 高效液相色谱单元　用于HPLC－MS系统的高效液相色谱单元必须符合一些特殊要求。比如要求高效液相色谱单元的泵能在低流速下提供稳定的、准确流量的流动相；对HPLC－MS系统所用的流动相的要求高于普通HPLC系统的流动相，溶剂宜选用色谱纯溶剂，因为流动相的组成（如有机相、缓冲液浓度、溶液pH等）及流量会影响HPLC－MS的检测灵敏度；对HPLC－MS系统所用流动相的基本要求是不能含有非挥发性的盐类（如磷酸盐缓冲液、离子对试剂等），因为接口装置中高速喷射的液流有制冷作用，使得液流中的非挥发性组分易冷凝析出而造成毛细管入口堵塞；HPLC－MS系统所用流动相中挥发性电解质（如甲酸、乙酸、氨水、乙酸铵等）的浓度通常也不能超过10mmol/L，因为一般情况下，低浓度电解液和高比例有机相容易获得较好的离子化效率。此外，用于HPLC－MS系统的色谱柱通常为50～100mm或更短的短柱，以缩短分析时间，最常用的固定相为ODS，有时候也用其他的反相固定相。

2. 接口　与气相色谱质谱联用仪相似，接口仍然是实现高效液相色谱单元与质谱单元联用的关键部件。HPLC－MS系统通过接口装置来完成待测组分在HPLC和MS之间质的传输以及组分的离子化。

而与气相色谱质谱联用相比，实现高效液相色谱质谱在线联用的难度要大得多。经过液相色谱柱分离后，柱后流出物为待测组分和大量的液体流动相，而它们不能直接进入高真空的（$10^{-4} \sim 10^{-6}$Pa）质谱单元，因为如果液体流动相直接进入高真空区，则每分钟能增加几百升气体，这将破坏质谱单元的高真空状态，影响质谱单元的检测功能。同时，大量液体流动相的存在还会影响待测组分的离子化效率。因此 HPLC – MS 系统的接口装置应能：满足 HPLC 与 MS 传质过程中真空度的匹配；将液体流动相和待测组分气化；去除大量的流动相分子；实现对待测组分分子的电离。

在 HPLC – MS 联用技术多年的发展过程中，曾出现过多种接口装置，其中主要包括热喷雾接口（TSP）、粒子束接口（PB）、快原子轰击接口（FAB）等。但是这些接口技术都有着不同方面的不足和缺陷，直到大气压离子化接口（API）技术发展并成熟，HPLC – MS 系统才真正得以发展起来。API 是在大气压下将液体流动相中的待测组分分子或离子转变为气相离子的接口，是非常温和的离子化方式，最常用的两种电离方式包括电喷雾电离（ESI）和大气压化学电离（APCI）。ESI 仅用于离子型试样，喷雾后即是气相离子，而 APCI 则不仅能适用于离子型试样，它还能适用于非极性试样的离子化。ESI 和 APCI 针对的待测物质的相对分子质量范围不同。在仪器组成上，APCI 和 ESI 使用同一 API 箱体，能便捷的在几分钟内对两种离子化技术进行切换，且切换操作不破坏真空条件，只涉及探头的更换。

电喷雾电离（ESI）是目前"最软"的电离技术。如图 17 – 6 所示，在 ESI 接口装置中，采用带套管的毛细管喷嘴，除了 HPLC 色谱柱流出物的喷口，还引入雾化气、鞘液和辅助气。雾化气和鞘液使得 HPLC 色谱柱流出物的液流充分的雾化和离子化，辅助气包裹雾流和离子流使其不扩散，由此能获得较高的离子产率。电喷雾离子化主要包括了带电液滴的形成、溶剂蒸发和液滴碎裂、离子蒸发形成气相离子，其过程大致为：大气压下，色谱柱流出物形成扇状喷雾，到达毛细管入口，然后在毛细管的高压电场（约几千伏高压）和雾化气、鞘液辅助下，产生待测组分离子和液体流动相离子的带电雾状液滴；这些带电雾状液滴沿着电场和负压区移动，经锥形分离器到达质量分析器，并且在此移动过程中，液滴由于溶剂蒸发或库仑爆炸体积逐渐减小，最终成为完全脱溶剂的气相离子进入质量分析器。与此同时，与待测组分离子一同进入毛细管的少量溶剂因呈电中性，动量小，则在负压区被抽走而无法到达质量分析器。ESI 接口装置适用于在溶液中能以离子形式存在的化合物，因此适用于大多数化合物的定性与定量分析，并且 ESI 能用于分析相对分子质量高达 200 000 的组分。HPLC – ESI – MS 谱图主要给出准分子离子的相关信息，常应用于强极性、热不稳定化合物及高分子化合物的检测。

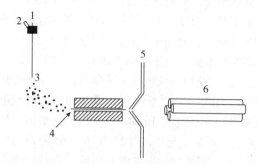

图 17 – 6　电喷雾接口示意图

1. 液相入口；2. 雾化气入口；3. 雾化喷口；4. 金属毛细管；

5. 锥形分离器；6. 质量分析器

大气压化学电离（APCI）也是"软性"电离技术。在 APCI 接口装置中，组分随流动相一起从具有雾化气套管中心的毛细管流出，被氮气流雾化，在通过加热管时被气化，再在加热管端口进行电晕尖端放电，使得溶剂分子被电离，形成离子。然后这些溶剂离子再与组分的气态分子反应，生成组分的准分子离子。由于 APCI 具有电晕放电针，它能使极性较弱或部分非极性的小分子组分离子化。APCI 常用于分析具有一定挥发性的中等极性或弱极性的小分子组分，相对分子质量通常在 2000 以下。APCI 接口装置能使 HPLC 与 MS 有很高的匹配度，允许使用流速高、含水量高的流动相，与 ESI 相比，APCI 受流动相的种类、流速及添加物的影响小。APCI 不受大部分操作条件的微小变化的影响，一般不需特殊校准，仪器内定的校准值通常就能提供良好的实验结果。

3. 质谱单元　HPLC－MS 系统中质谱单元即是高效液相色谱仪的检测器，液态的待测组分由高效液相色谱单元进入接口装置，在接口装置被电离并生成准分子离子后，进入质谱单元的质量分析器，不同质荷比的离子被分离后再被离子检测器检测。质量分析器是质谱单元的核心，常用的质量分析器主要包括四级杆质量分析器、离子阱质量分析器和飞行时间质量分析器。

在 HPLC－MS 系统中，经常将三个四级杆串联使用，即串联四级杆质量分析器。第一个和第三个四级杆作为质量分析器，第二个四级杆被一箱体包围，内充惰性气体，作为碰撞室。待测组分离子在第一个四级杆进行质量分离，使得某些按质荷比选定的离子能够离开并进入第二个四级杆（碰撞室）。进入碰撞室的离子与惰性气体碰撞或自身裂解，产生系列产物离子，再进入第三个四级杆，产物离子在第三个四级杆进行质量分析检测。在这种方式下，进行了两级分析：第一级是对在离子源中产生的离子进行了质量分析；第二级是对在碰撞室中产生的产物离子进行了质量分析。两级质量分析比单级分析（单四级杆）所获得的化学专属性高很多。串联四级杆质量分析器能选择和测定两组直接相关的离子，即进行反应监测（SRM），比单级质量分析器选择性更高，灵敏度更高。

这种由两个以上质量分析器串联在一起的质谱又称为串联质谱。目前，还出现了多种其他质量分析器组成的串联质谱，如四级杆－飞行时间（Q－TOF）串联质谱、三重四级杆－飞行时间（QQQ－TOF）串联质谱、离子阱－飞行时间（IT－TOF）串联质谱和飞行时间－飞行时间（TOF－TOF）串联质谱等。这些串联质谱也都越来越广泛的应用在 HPLC－MS 系统中。

二、高效液相色谱质谱联用仪的工作原理

高效液相色谱质谱联用仪的工作原理与气相色谱质谱联用仪的工作原理相似。待测试样进样到高效液相色谱单元，试样中各组分在色谱柱中得到有效分离后，顺序进入 HPLC－MS 系统的接口装置。在接口装置中，组分转变为气相离子，然后聚焦于质量分析器中，根据不同的质荷比经质量分析器分离后的再被离子检测器所检测。最后离子信号被转变为电信号，电信号被放大后再传输至计算机系统。

高效液相色谱质谱联用仪的扫描方式又分为全扫描（SCAN）模式、离子监测（SIM）模式和反应监测（SRM）模式。

三、高效液相色谱质谱联用法的应用

与气相色谱质谱联用技术相比，高效液相色谱质谱联用技术的应用不再局限于待分析组分的挥发性和热稳定性，并且其流动相（多种溶剂可选）具有更多的选择，因此高效液相色

谱质谱联用技术具有更广泛的应用范围。高效液相色谱质谱联用方法已在药学、临床医学、分子生物学、食品化工等诸多领域得到了的应用，对有机合成中间体、药物代谢产物、滥用药物分析、中药成分分析、生物样品和基因工程产品提供了大量的分析检测数据，解决了许多以前难以解决的分析问题。

高效液相色谱质谱联用可应用于多类滥用药物的分析检测。科研工作者建立了 HPLC – MS 联用方法，对人发中的 13 种常见滥用药物及其一些代谢物（包括吗啡、6 – 乙酰吗啡、可待因、苯丙胺、甲基苯丙胺、亚甲二氧苯丙胺、亚甲二氧甲基苯丙胺、亚甲二氧乙基苯丙胺、可卡因、丁丙诺啡、美沙酮、四氢大麻酚）进行了分离和鉴定，并对其进行定量分析。方法选用超高效液相色谱柱 UHPLC BEH C18 柱（100mm×2.1mm，1.7μm），以水、甲酸、乙腈混合溶剂作为流动相，梯度洗脱，在三重四级杆质谱选择反应监测模式下进行质谱分析（部分结果见图 17 – 7），整个 HPLC – MS – MS 分析检测过程在 8min 之内可以完成。该方法具有良好的灵敏度和选择性，能应用于滥用药物的常规筛查和法医毒物分析等，并且该方法能实现高通量样品的分析检测，可降低分析成本。

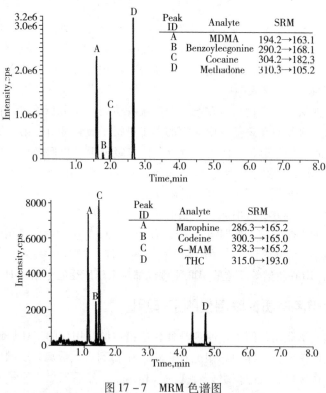

图 17 – 7　MRM 色谱图

高效液相色谱质谱联用可应用于药物代谢产物分析。利用 HPLC – MS 技术能够获得复杂混合物样品中单一组分的质谱，该技术能很好地应用于药物、药物代谢物和内源性化合物的分离与鉴定。药物代谢物与原药常有相似的分子结构，这使得很多分析方法都比较难于对它们进行有效的分离和鉴定，而采用 HPLC – MS 方法，由于药物代谢物与原药常有相似的质谱特征碎片离子，据此可对药物代谢物进行识别，并结合其他碎片，可对其结构进行合理推断。HPLC – MS 技术能直接对溶液样品进行分析，尤其适合分析复杂基质中强极性化合物，在药物代谢研究中得到了广泛应用。例如，科研工作者建立了 HPLC – MS 方法对 13 种药物及其代谢物进行分离和鉴定（选用 250mm×2mm，5μm C18 色谱柱，以水、甲醇和醋酸铵为流动相，梯度洗脱），并将其应用于废水污水中甲灭酸、双氯芬酸、普萘洛尔、红霉素、甲氧苄啶、布洛芬等化合物的分析检测，方法重现性好、检测限低，能对环境中的药物准确定量。基于 HPLC-MS（离子阱质谱）联用技术，科研工作者对 AM-630 药物在大鼠肝微粒体中的代谢途径做出了研究（图 17-8）。最近，科研工作者还建立了 HPLC-MS 方法对人类尿液中的 9 种合成大麻类化合物（图 17-9）及其 20 种代谢物进行了分离和鉴定（选用 Kinetex XB-C18 色谱柱，以 0.1% 甲酸（溶于水和乙腈）为流动相，梯度洗脱），方法灵敏度高，受基体效应干扰小。

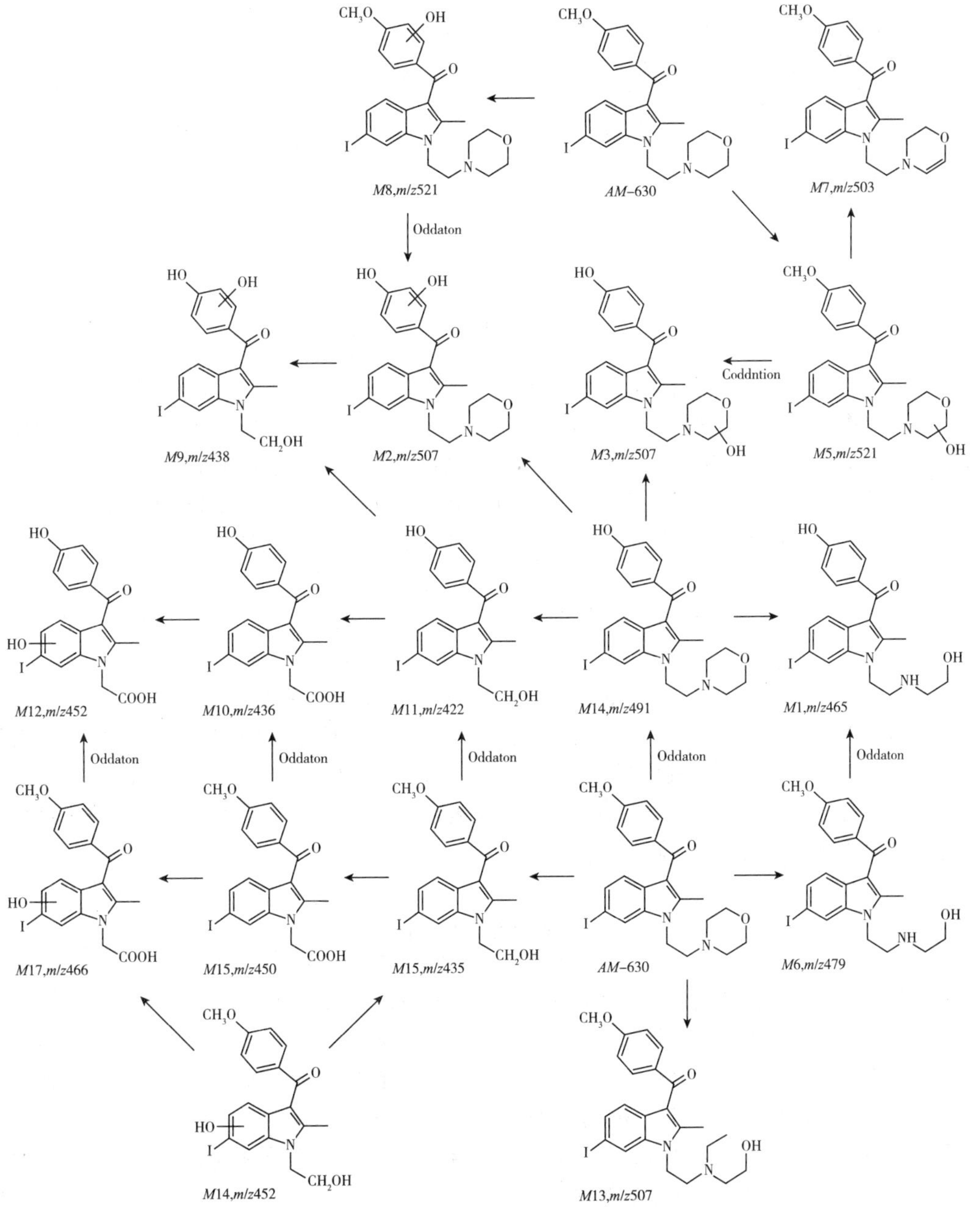

图 17-8　AM-630 药物在大鼠肝微粒体中的代谢途径

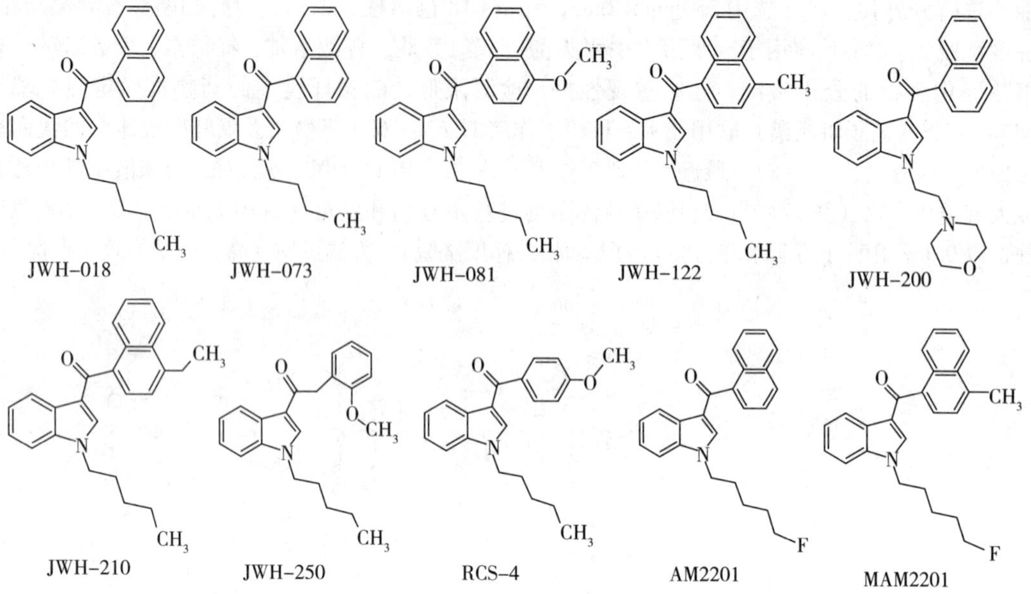

图 17－9　9 种合成大麻类化合物

高效液相色谱质谱联用可应用于药物动力学研究。临床实验中都要求检测生物样品中药物及其代谢物的浓度，而现代药物药效强，使用剂量低，因此对分析方法检测灵敏度的要求越来越高。HPLC－MS 方法具有专属性强、灵敏度高的特点，能很好地应用于药物动力学研究，能同时测定生物样品原形药物及其代谢物多组分浓度，并达到常规分析中的高样品通量。例如，有科研工作者建立了 HPLC－MS 方法对口服了淫羊藿和二仙汤萃取物的犬，同时分离并鉴定其血浆中的 7 种黄酮类化合物（朝藿定 A、朝藿定 B、朝藿定 C、淫羊藿苷、箭藿甙 B 等），并第一次获取了朝藿定 A、朝藿定 B 的药代动力学数据。该方法选用 Zorbax－SB C18 色谱柱（250mm×2.1mm，1.8μm），以乙酸、乙腈体系作为流动相，梯度洗脱。方法简单、快速、灵敏、可靠，通过该方法对 7 种黄酮类化合物的检测，成功地实现了淫羊藿和二仙汤在犬体内的生物有效性研究。最近，科研工作者还建立了常规通用的 HPLC－MS－MS 方法对生物样品（血浆）中的药物及其代谢物进行分离和鉴定（选用的是超高效液相色谱柱（2.7μm 直径颗粒填料，C18 柱，50mm×2.1mm，梯度洗脱），可实现高通量分析，最终可将其应用于药物动力学研究，应用于新药研发。

┌─ 本 章 小 结 ─┐

本章内容主要包括了气相色谱质谱联用仪的仪器组成；GC－MS 系统对气相色谱单元、接口装置、质谱单元的要求；气相色谱质谱联用仪的工作原理；气相色谱质谱联用法在药物分析检测、食品和中药中农残的检测、毒品和兴奋剂等违禁药品的检测等方面的应用；高效液相色谱质谱联用仪的仪器组成；HPLC－MS 系统对高效液相色谱单元、接口装置、质谱单元的要求；高效液相色谱质谱联用仪的工作原理；高效液相色谱质谱联用法在药物代谢产物分析、滥用药物分析、中药成分分析等方面的应用。

练 习 题

1. 简述色谱与质谱联用的优势。
2. GC – MS 和 HPLC – MS 的方法原理。
3. HPLC – MS 中，电喷雾电离（ESI）接口和大气压化学电离（APCI）接口的原理和特点。
4. 全扫描（SCAN）模式和离子监测（SIM）模式的区别和各自的应用范围。
5. 简述总离子流色谱图和质量色谱图的关系。

（曾　艳）

第十八章　综合分析

第一节　综合分析特点

仪器分析就是利用能直接或间接地表征物质的各种特性（如物理的、化学的、生理性质等）的实验现象，通过探头或传感器、放大器、分析转化器等转变成人可直接感受已认识的关于物质成分、含量、分布或结构等信息的分析方法。也就是说，仪器分析是利用各种学科的基本原理，采用电学、光学、精密仪器制造、真空、计算机等先进技术探知物质化学特性的分析方法。因此仪器分析是体现学科交叉、科学与技术高度结合的一个综合性极强的科技分支。这类方法通常是测量光、电、磁、声、热等物理量而得到分析结果，而测量这些物理量，一般要使用比较复杂或特殊的仪器设备，故称为"仪器分析"。仪器分析除了可用于定性和定量分析外，还可用于结构、价态、状态分析，微区和薄层分析，微量及超痕量分析等，是分析化学发展的方向。

当被分析样品很复杂时，人们总是要采用多种分离手段、分析方法与结构鉴定相互结合进行，才能知道其组成、含量、形态及结构，因此把这样一种分析的全过程称为综合分析。

一、复杂性

随着生产和现代科学技术的发展，特别是生命科学和环境科学的发展，对分析化学的要求是提供关于分析对象的更多、更全面的信息。在环境科学、生命科学以及天然产物研究领域中所遇到的样品是多种多样的，组成极其复杂。例如从人尿中提取的挥发性物质的色谱图得知，人尿含有三百多种化合物，其中已鉴定的只占少数。不同体系的样品，其分析过程和方法又可能有很大的差异。人们所获得的信息量已远远超出了利用一两种常见分析手段所能提供的信息。例如对有些样品，所需对其表面、微区、薄层等空间的分布进行分析；有的除了了解分子构型外，还要进一步了解其构象、序列、活性等信息。更为复杂的是某些样品在合成、再加工等过程中，以及在贮存、应用过程中，其本身的某些成分已发生了变化，对这种样品进行分析后所得的信息，实为变化过程的产物或最终产物给出的信息，分析工作者必须利用这些信息去反推出样品的原始组成及制作、贮存的状况、应用条件。

分析的复杂性还体现在"量"上。对某些样品，可提供的量极少，只有几微升、几微克或几微米长，而且被测组分的含量又极低，只有 10^{-9} 或 10^{-12} 数量级，这给直接测定或浓集都带来困难。

二、综合性

面对复杂的样品，往往要借助高超的分离技术，借助多种仪器分析手段，对研究对象进行"解剖"，然后对解剖所获得的信息进行综合分析，得出可靠的结论，人们把这些综合分析的过程称为"剖析"。剖析过程是一个复杂的过程，通常包括三个程序：①选择合适的分离方法或将几种分离方法巧妙组合，达到分离、浓集或提纯的目的，并对制备获得的纯品的纯度进行鉴定；②利用波谱分析等手段对各纯组分的结构做出合理推测；③对所推测出的结构作合成验证。可见，剖析是集分离、纯化、结构鉴定、成分分析以及合成、加工等于一体的综合分析的过程，是多种现代分析仪器、多种分析方法以及跨学科多种知识的综合运用过程。因此，分析工作者必须弄清样品的来源、性质、生产过程以及可能得到的有关样品的各种信息；必须充分熟悉各种仪器分析方法的原理、特点及适用范围；必须能及时获取分析化学领域中有关方法和技术的最新发展的信息，以便选择最佳剖析方案。

第二节　取　样

样品的采集应保证所采样品具有代表性，即分析样品的组成能代表整批物料的平均组成。否则，无论分析工作做得怎样认真、准确，所得结果也无实际意义。因此，在采集之前，应对采集的样品及采集的环境进行充分的调查和研究，尽可能弄清楚样品的性质、主要的组成、浓度水平、稳定性、采样地点及现场条件等问题。当待测组分及浓度会随时间变化时，还应考虑合适的样品采集时机和时间。

根据样品的理化性质不同，选用不同取样方法和技术，具体操作要求和方法可参考有关国家标准和行业标准，如化工产品采样（GB/T 6678 - 2003）；水质采样（GB 12998 - 91），食品采样（SB/T 10314 - 1999）等。无论如何，正确的取样应遵循以下的原则：

（1）采集的样品要有代表性，能反映总体的平均组成。

（2）采样方法要与分析目的保持一致。

（3）采样过程要设法保持原有的理化指标，防止和避免待测组分发生化学变化或丢失。

（4）防止带入杂质或污染，尽可能减少无关物质引入。

（5）采样方法要尽量简单，取样费用尽可能低，取样的操作和工具适当。

由于实际分析对象种类繁多，形态各异，试样的性质和均匀程度也各不相同，因此取样要根据不同的对象选用不同的取样方法。注射器采集的样品存放时间不宜长，一般当天分析完。取样时，先用待测气体样品抽洗 2~3 次，然后抽取一定量，密封进气口。真空瓶是一种具有活塞的耐压玻璃瓶。采样前，先用抽真空装置把采气瓶内气体抽走，使瓶内达到一定真空度。使用时打开旋塞采样，采样体积即为真空瓶体积。

当气体样品中待测组分浓度较低时，可采用富集法采集，避免了采集体积大、携带不方便的问题。富集法使大量的气体样品通过吸收液或固体吸收剂得到吸收富集，使原来浓度较小的气体组分得到浓缩，以利于分析测定。具体的富集取样方法包括固体吸附法、溶液吸附法、低温浓缩法等。

液体样品主要包括水样、饮料样品、油料、各种溶剂、生物体液等。采集容器最常用的为带有磨口或具备其他密封措施的玻璃瓶。对某些液体样品的采集，如湖泊水，应先确定采位置和采样水位深度。对含有悬浮物的液体，应在不断搅拌下于不同深度取出若干份样本混合，以弥补其不均匀性。当液体样品中待测组分含量很低时，也可以采用吸附富集的方法采集。在采集现场让一定量的样品流过吸附柱，然后将吸附柱密封待制备分析。

固体样品原始试样的采集量一般较大（1~10kg），且颗粒不均匀，需要通过多次破碎和缩分等步骤，将其制成 100~3009 粒径均匀的分析试样。试样的破碎一般分为粗碎、中碎和细碎。粗碎是用颚式破碎机或球磨机将试样粉碎至通过 4~6 目网筛。中碎是用盘式碎样机将粗碎后样品磨碎，使其能通过 20 目网筛。细碎则利用盘式碎样机或研钵进一步细磨，至能通过所需的筛网为止。

第三节　样品预处理

所谓预处理就是指在获得具有代表性的样品之后，采用合适的样品分解和溶解的方法，使被测组分转变成可测定的形式。若选择的预处理方法手段不当，常常使某些组分损失，干扰组分影响不能完全除去或引入杂质。

在化学分析过程中，对样品的预处理一般分为干法灰化和湿法消化，干法灰化是将样品炭化再置于高温电炉中灰化后测定，并视不同元素，加入一定量的保护剂或氧化剂，其缺点是分解费时且不易灰化彻底，还会造成某些待测组分的损失，这是由于高温灰化时待测组分易挥发散失和容器的吸附所致，故不适用于低挥发度元素的测定。湿法消化是将样品置于烧杯或锥形瓶或凯氏烧瓶中，加入一定量的 $NHO_3 - H_2SO_4$ 或 $NHO_3 - H_2SO_4 - HClO_4$ 或 $NHO_3 - H_2SO_4 - H_2O_2$ 或 $H_2SO_4 - KMnO_4$ 或 $NHO_3 - HCl - HF$ 或 $NHO_3 - H_2SO_4 - HF$ 等混合酸，再于电炉上进一步加热消化，使其反应完全。在缓慢地溶样消化过程中，需要耗大量的消化剂，操作繁琐，挥发出大量有毒气酸气如 SO_2 等还原性气体，以及 NO_2，Cl_2 等氧化性气体，腐蚀仪器，污染环境，影响分析工作者的身体健康。在消化过程中，往往因沉淀物在未消化之前而迸溅或因通风橱装置的灰尘进入祥品乃至试样干涸而报废，其后果非常严重。

为了与现代分析仪器方法相匹配，开拓新型的分解样品的方法近年来出现了低温灰化法、回流消化装置、高压溶样法、微波溶样等分解样品的预处理新技术。

（1）低温灰化法　是将样品置于 10^{-3}Torr 以下的减压容器中，用高频激发产生的新生态氧氧化燃烧有机物的方法，被称为等离子体灰化法。因为它在 100~200℃低温下进行，所以很少受外部污染，挥发损失也少。但处于减压下，汞及砷的损耗是不可避免的，铬也会蒸发附着于容器壁，因待测组分的性状，其适用范围还有一定的限度。低温灰化装置主要用于干燥的有机体及植物等样品。灰化能力因装置的输出功率大小而异，一般灰化 1g 于样品需数小时。

（2）回流消化装置在是湿式消化法的基础上，将传统的凯氏烧瓶、锥形瓶的开放型改为密闭型，以水或空气冷凝，从而形成密闭系统并保持消化的全过程。消化时，受热分解的酸除少部分直接同有机物反应外，大部分沿冷凝管上升，与蒸发的水蒸气化合冷凝回流进入消化瓶中，继续参与消解有机物。这种装置常应用于消化有机物样品测定 Pb、As、Cu、Sn、Zn、Fe、Mn、Ca、P 等微量元素，同时可用于汞的回流消化。与经典的凯氏烧瓶消化法在回收率和精密度上无显著差异，且节约时间和试剂。

（3）高压溶样法　压力密封消化罐溶样技术在国外已有三十余年历史，它已成为各类分析实验室常规必备设备仪器。近年来不同命名的密封溶样器如聚四氟乙烯焖罐、高压溶样焖罐、高压溶样弹、增压消解器、高压密封消化罐等，使用最普遍的是以聚四氟乙烯制作的各种压力密封消化罐，能耐一切浓酸、浓碱（除熔 融态钠和液态氟外）强氧化剂的侵蚀，在王水中煮沸也不起变化。

（4）微波消解技术　微波消解仪器装置主要包括微波炉和消解容器，微波炉应具有安全防腐性能及酸雾处理装置。作为一种新的快速准确的样品预处理方法，微波消解技术 广泛应用于各种样品的预处理。微波消解技术快速准确，安全可靠，无交叉污染或 元素损失，易于实现自动化，可与分析仪器在线联机，大大拓展仪器分析速度与分析容量，且可同时完成样品中多元素联测。

第四节　分离方法

分离方法的分类有多种方式，但是有些分类方式并不十分严格。这是由于有些分离方法涉及两种以上的机制；每一种分离方式无非是以下三个过程的单独、同时或依次进行的过程：①化学转化；②两相中的分配；③相的物理分离。按照分配和相分离之间的关系来研究分离方法，就产生了多种分离模式（表 18 - 1）。

表 18 - 1　按过程类型分类

机械	物理	化学
筛分和大小	分配	状态变化
渗析	气—液色谱	沉 淀
尺寸排阻色谱	液—液色谱	电沉积
包含化合物	气—固色谱	
过滤和超滤	液—固色谱	
离心和超离心	电泳	离子交换
	状态变化	
	蒸馏	
	升华	
	结晶	

1. 间歇分离　这是最简单的分离模式，它只涉及两相之间的单次分配平衡过程。这种模式适合于将被分离的物质浓集到一相之中，例如预浓集这种分离方式，就是由于平衡常数的不同，被测物完全转移至体积很小的一相中。间歇分离的例子如单次溶剂萃取、共沉淀、沉

淀和电沉积等。它们的分离效率的高低主要决定于通过初步的化学转换，以生成具有实现分离所需要性质的衍生物。

表 18-2　按分离机制分离

分离机制	分离方法
分子大小与几何形状	尺寸排阻色谱、渗析、过滤和超滤、离心和超离心
挥发性	升华、蒸馏
溶解度	沉淀、结晶、区域熔融
分配平衡	液-液萃取、液-液色谱、气-液色谱
表面活性	气-固色谱、液-固色谱、泡沫分离
离子交换平衡	离子交换
离子性质	电沉积、掩蔽

2. 多级间歇分离　当简单的间歇分离不能实现定量转移时，可采用多级间歇分离。多级间歇分离，即分配→相分离→分配→相分离，例如对水相中的某一组分，用新鲜溶剂重复萃取，直至完全。对于溶解度类似的组分，应采取更复杂的所谓"非连续的逆流萃取方法"，但是必须使用专门的仪器，这种分离可达 250 次以上的间歇分离。

3. 连续分离　这是一种极其重要的分离技术，它包括了所有色谱技术。分馏也属于一种连续分离技术。色谱技术是分离性质极为相似的物质的强有力手段。对于大多数色谱技术，分离与检测在线进行。

4. 捕集技术　这种技术十分类似于色谱技术，只是被分离物质最初被捕集于固定相。为此，样品本身常常是"流动相"，对于与固定相具有较大的亲和力的组分，就会从体积较大的流动相浓集到小体积的固定相之中。然后，改变条件，使浓集的组分迅速地从固定相释放至小体积流动相之中。这实际上是痕量组分的预浓集过程，例如，用吸附剂浓集水及大气中的痕量有机化合物以及用离子交换剂浓集水中离子等。

分离方法：

（1）色谱法：①气相色谱法；②高相液相色谱法；③薄层色谱法；④纸色谱法。

（2）溶剂萃取法：①金属螯合物萃取；②离子缔合物萃取；③固相萃取和固相微萃取；④超临界流体萃取。

（3）其他分离方法：①吸附与解吸；②沉淀与共沉淀；③蒸馏、挥发及区域熔融；④电泳；⑤膜分离；⑥泡沫浮选；⑦超离心；⑧掩蔽与解蔽。

分离方法的选择是十分重要的。选择正确的分离方法可以事半功倍，准确度高分析结果令人满意。若选择的分离方法不正确甚至带进杂质或使某些痕量组分损失，降低了分析结果的准确度。要能选择好满意的分离方法，必须熟悉各种分离方法的基本原理和它的优缺点，熟悉所分析样品的性质，弄清后续分离方法的性质和对分析结果准确度的要求。例如在选择分离方法前，需大致弄清样品来源，是中间产物还是最后产物，只是少数几个组分，还是复杂的混合物等等。然后要进一步弄清属亲水性，还是疏水性样品；是离子型，还是非离子型，这对选择不同的色谱法尤为重要。在选择分离方法时，必须考虑后续分析的性质及它的选择性高低等。如果从分析准确度考虑，分离步骤越少越好，引入的误差也就越小。其他因素包括分离时间、费用、可能获得的仪器设备以及个人的经验。分离步骤过多、过频繁，时间冗长，会直接使分析数据获得的周期延长。对于产生过程的中间分析来说，要求分离和分析的时间段，气相色谱法、高效液相色谱法和高效薄层色谱法最能满足这种要求，个人的喜爱和经验常常有助于获得满意的结果。

第五节　联用技术

一、色谱-色谱联用技术

样品组分较简单时，通常用一根色谱柱，一种分离模式即可以得到很好的分离，但对于某些较复杂的组分，无论如何优化色谱条件、参数也无法使其中一些组分得到较好的分离，这时可采用色谱—色谱联用技术。该技术的关键是将前一级色谱分不开的组分切换到另一根色谱柱或另一种色谱分离模式进行二级分离和分析，使痕量组分与主组分很好地分开，以便对痕量组分进行定性、定量分析，这种色谱—色谱联用技术也称为多维色谱。根据需要通过接口可以进行二级或三级色谱分离，以满足分析要求。

1. 气相色谱-气相色谱（GC-GC）联用　该联用技术已有 30 多年的历史，在工业分析中得到广泛的应用，GC-GC 联用仪已商品化。如采用 SE-52 毛细管柱分析柠檬油时，采用二级 GC 联用能将化合物的对映异构体得到很好分离。

2. 液相色谱-液相色谱（LC-LC）联用　20 世纪 70 年代提出 LC-LC 联用，技术的关键是柱切换，通过改变色谱柱与色谱柱、进样器与色谱柱、色谱柱与检测器之间的连接，以改变流动相的流向，实现样品的分离、净化、富集、制备和检测。液相色谱有多种分离模式，可以灵活选用分离模式的组合，其选择性调节能力远大于 GC-GC 联用技术，具有更强的分离能力。该接口技术比 GC-GC 联用的要复杂得多，至今市场上尚未见商品化的 LC-LC 联用系统，分析工作者多是自行组装 LC-LC 系统，适用于特定组分的分离和分析。

3. 其他联用技术　LC-LC 联用主要用于解决 GC 分析中和某些复杂样品分离时，基体组成复杂，不能直接进行 GC 分离与检测的难题。通过高效液相色谱（HPLC）高效的分离技术与 GC 高灵敏度的检测技术联用，提高方法的灵敏度和分辨率；超临界流体色谱—超临界流体色谱（SFC-SFC）及 SFC-LC、SFC-CEC（毛细管电泳）等联用是 20 世纪 90 年代中后期发展起来的联用技术，广泛用于复杂样品中如食品、生物样品、煤焦油等有机化合物、异构体、多环芳烃、生物大分子（如多肽、蛋白、核酸等）的分离分析，具有多种分离模式可供选择，以及具有较高的柱效和分析灵敏度。

二、色谱-原子光谱联用技术

原子光谱仪器对于金属元素及部分非金属元素分析，具有简单、快速、准确、灵敏的特点。如原子荧光对 As、Se、Sn、Sb、Hg 等元素有非常高的灵敏度；等离子体光谱（ICP）使多元素同时测定成为可能，极大地促进了元素分析的发展与进步。但是这些仪器测定的是元素的总量，随着环境科学和生命科学的深入发展，对元素形态、价态分析成为分析工作者一个新的课题，某些元素的毒性与其在环境中的形态有关，鉴别和测定元素的化学形态对研究污染物在自然环境中的来源、迁移、转化和归宿，揭示元素的毒性机制极为重要。环境中的元素含量低，处于不同的化学形态、基体复杂、干扰因素多，要求分析方法的灵敏度高，选择性好，才能准确测定。因此，以色谱为分离手段的各种联用技术不断推出，在元素化学形态分析中发挥重要作用。

1966 年首先提出原子吸收可作为气相色谱的金属特效检测器，并测定了汽油中的烷基铅。石英炉原子化器作为色谱的检测器灵敏度高，石墨炉原子化器已广泛作为与气相色谱、高效液相色谱、离子色谱（IC）等联用的检测器，鉴别和测定大气、水样、生物等样品中的烷基铅、烷基砷、烷基硒、有机锰、有机锡，以及某些元素在自然界和生物体中的分布。但这些联用技术很少商品化，更多是分析者根据需要利用仪器的性能选择性地联用，解决实际问题。应用氢化物发生器和冷凝捕集装置将 IC 柱与 HGA – 2100 石墨炉（IC – HG – GFAAS）连接起来，测定地下水中的价态硒；将 IC – HG – GFAAS 系统用于海洋生物和沉积物中 As（V）、As（Ⅲ）、甲基砷盐和二甲基砷盐的测定。这种系统干扰少、灵敏度高，仅适合于易形成挥发性共价氢化物的元素测定。

石墨炉原子吸收作为色谱的检测器成本和连接技术要求较高，火焰原子吸收检测器操作容易，成本低，连接简单。首先应用原子吸收作凝胶色谱的检测器，测定多聚磷酸盐。HPLC – AAS 用于复杂基体样品如海水中金属元素、价态分析。海水经螯合离子交换树脂分离富集后，用 AAS 测定其中的 Zn、Cu、Cd、Ni、Co、Bi、W、Pb、Ag、Zn、V、Y 等元素。液相色谱—原子荧光光谱（HPLC – AFS）用于海产品中无机和有机 Hg 形态分析，灵敏度较高。

三、离子色谱联用技术

ICP – AES 是以高频电磁感应产生的高温电感耦合等离子焰炬（ICP）为激光光源，样品在高温下气化、原子化并被激发，不同的元素具有不同的特征谱线，根据元素的特征谱线和谱线的强度进行定性和定量分析。ICP – AES 具有快速、简便、检出限低、灵敏度和精密度高、线形范围宽、稳定性好、选择性好、基本效应小且可以有效校正、可同时进行多元素分析、易于实现分析自动化等特点。ICP – AES 法测定 Al、Zn、Ba、Be、Cd、Co、Cr、Cu、Fe、Na、K、Mg、Ni、Pb、Sr、Ti、V、Mn、As 已在环境监测中得到广泛应用。ICP – MS 是以 ICP 作为离子源，样品在高温下气化、原子化、离子化，然后使形成的离子按质荷比（m/z）进行分离，不同的元素有不同的质荷比，根据元素的分子离子峰进行定性和定量分析。ICP – MS 具有谱线简单、分析速度快、灵敏度和精密度高、检出限低、线形范围宽、干扰少、可进行同位素比值测定、同时测定多种微量元素而不必预分离富集等特点。日本和美国都已把用 ICP – MS 分析水中 Cr（Ⅵ）、Cu、Cd 和 Pb 列为标准方法。用 HPLC – ICP – MS 和 IC – ICP – MS 进行尿液中各种形态 As 的分析，以及 ICP – MS 在新型材料学、医学和药学等分析领域的应用都有报道。用高分辨率 ICP – MS 还可直接进行痕量稀土元素定量分析。

目前 ICP – AES 和 ICP – MS 已广泛应用于环境保护、水质检测、新型材料、生物医学药学、石化、地理、地质、冶金、半导体、化学探矿、商品检验、刑侦等领域，是环境分析领域中进行常量、痕量和痕量分析的主要手段之一。随着科学技术的迅猛发展和环境分析需求的扩展，ICP – AES 和 ICP – MS 技术正向着全面化和智能化的方向发展。

四、色谱 – 质谱联用技术

1. 气相色谱 – 质谱（GC – MS）联用　GC – MS 联用，其 GC 部分用来分离多组分的混合污染物，而 MS 部分则对各组分进行分析。1957 年首次实现了 GC 和 MS 联用后，这一技术得到快速发展，是联用技术中最完善、应用最广泛的技术，最早实现商品化。目前市售的有机质谱仪、磁质谱、四极杆质谱、离子阱质谱、飞行时间质谱（TOF）、傅里叶变换质谱（FTMS）等均能与气相色谱联用。随着接口技术的不断更新，接口设备越来越小、简单，外形更轻便，GC－MS 联用的功能更为强大，GC－TOFMS 其分辨率可达 5000 左右。GC－MS 联用在分析检测和科研的许多领域起着重要作用，特别是在许多有机化合物常规检测工作中成为一种必备工具。在环保、卫生、食品、农业、石油、化工等行业得到广泛应用。如环境中有机污染物、二噁英、DDT、多氯联苯、兴奋剂检测、水质及食品中的有机污染物、农药分析、化学毒剂检测等方面都有大量的报道。

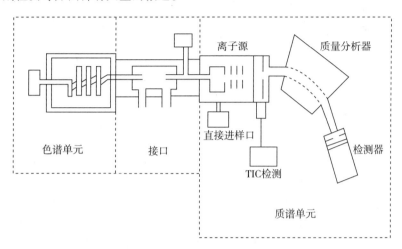

图 18－1　气相色谱与单聚焦型质谱的联用系统示意图

2. 液相色谱—质谱（LC－MS）联用　GC 与 GC－MS 只能分析检测 20% 有机物，70%～80% 有机物分析要采用 LC、IC、LC－MS 等检测。由于 GC 柱分离后的样品呈气态，流动相是气体，与质谱的进样系统相匹配，最容易将 2 种仪器联用，而 HPLC 流动相是液体，不能直接进入质谱分析，因此接口技术更高，联用技术发展比较慢，直到 20 世纪 80 年代，电喷雾电离（ESI）接口和大气压电离（API）接口的出现，才有成熟的商品 LC－MS 推出。近年来随着生命科学的深入发展，粒子束接口（PB）、快原子轰击（FAB）、激光解吸离子化（LD）基质辅助激光解吸离子化（MALDI）等接口的相继推出，使 LC－MS 联用技术有了飞速发展。热喷雾接（TS）是 20 世纪 80 年代中期推出的能与液相色谱在线联机使用的 LC－TS－MS "软" 离子化接口，适用于检测分子量为 200～1000μ 的化合物，同时对热稳定性较差的化合物仍有明显的分解作用。在药物、人体内源性化合物、化工产品、环境等分析领域有广泛的应用。粒子束接口主要用于分析非极性或中等极性，分子量小于 1000μ 的化合物，该技术在农药、除草剂、临床药物、甾体化合物及染料等的分析有许多报道。FAB 对热不稳定、难以气化的化合物分析有独特的优势，尤其是肽类和蛋白质分析。MALDI 离子化技术首创于 1988 年，随后与飞行时间质谱连接使用形成商品化的 MALDI—TOF 联用技术，对提高质谱分析的准确性、分辨率及进行串联质谱分析均起着重要作用。成为生物大分子量测定的有力工具，在生物和生化研究中发挥重要作用。图 18－2 为质谱色谱图。

与气相色谱－质谱联用相比较，LC－MS 具有下列突出特点：①适用的范围宽，可测定的分子量（m/z）一般可达 4000，不受试样挥发性的限制，适合于多种结构的化合物分析。②可用于强极性化合物，如药物的结合型代谢物的分析。③采用软电离技术，可产生准分子离子，易于确定分子量。④采用碰撞诱导离解技术的多级质谱（LS－MS^n）可提供丰富的结构信息。因此，液相色谱－质谱联用技术在药学、临床医学、生物学、化工等许多领域的应用越来越

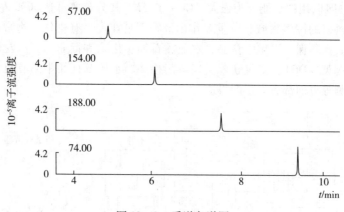

图 18 - 2　质谱色谱图

广泛，可以对体内药物及代谢产物、药物合成中间体、基因工程产品等进行定性鉴定和定量测定，解决单纯用液相色谱或质谱不能解决的许多问题。

（1）体内药物及代谢物的分析　药物在体内要经过一个复杂的生物转化过程，它包括药物在体内的吸收、分布、代谢转化以及母体药物及其代谢物由体内的消除。对药物的代谢物而言，经过氧化、还原、水解、异构化反应的一相代谢物在结构上改变较小。经过葡萄糖醛酸化、乙酰化、糖基化、硫酸化的二相代谢物的结构和极性都会有较大的改变，其热稳定性也较差。一般而言，药物的二相代谢物及热不稳定性药物都会使 GC - MS 分析变得困难，此时可考虑使用 LC - MS 分析。LC - MS 技术很适合这些强极性代谢物的结构鉴定。

药物在体内的浓度往往很低，生物试样的基质又极其复杂，因此，体内药物分析需要灵敏度高、选择性好的分析方法。尤其对于紫外吸收弱的一些物质，LS - MS 将是首选方法。

例 18 - 1　人尿中克罗帕米的检测：克罗帕米（clopamide）为利尿剂和治疗抗高血压药物，也是体育比赛中的禁用药物。其分子中含有酰胺结构，易热解，难于用 GC - MS 检测。采用 LC - MS 检测方式，能可靠地检测到尿样中的原型药物。在全扫描方式下检出量为 3ng。尿样在碱性条件下萃取，吹干后再溶解。以乙腈 - 1% 醋酸为流动相，以 ESI（+）进行质谱分析，可以获得丰度很高的准分子离子（M + H）峰。

例 18 - 2　胃液中 N - 甲基亚硝基脲的检测：N - 甲基亚硝基脲（MNU）及其类似物是强致癌物质，该类物质的暴露一直被认为是胃癌的病因之一。

N - 甲基亚硝基脲的分子量为 103u，分解温度为 124℃。用 GC - MS 分析是很困难的。在亚硝酰胺类化合物的研究过程中始终缺乏在相关介质中对这个化合物整体分子的检出。许多研究是在 HPLC 工作的基础上，在水解及热裂解之后以热能分析仪对其水解或裂解产物进行分析，但热能分析无法得到完整的分子检出，这一直是癌症病因学中亚硝基化合物研究的一个缺憾。用 ESI - LC - MS 分析来确认胃液中的亚硝基脲的形成是一个在极端仪器条件下进行分析的实例。分析中使用的干燥氮气温度为 100℃，比通常的温度设置要低 150～200℃。如此低的温度设置会导致大量溶剂分子加成物的出现，因此这个分析中的检出物实际上是 NMU 和乙腈分子的加成物（M + 1 + 乙腈，m/z145，图 18 - 3）。实验中用甲基亚硝基脲标准品测定的质谱与胃液中检出结果是一致的。

图中 m/z102 可能是由未经加成的甲基亚硝基脲准分子离子$(M + 1)^+$脱去一分子氢而成的，它的出现也支持亚硝基脲整体分子的存在。

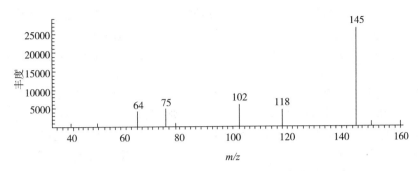

图 18 - 3 胃液中亚硝酰胺离子 - 乙腈分子加成物的质谱

（2）分子生物学方面上的应用 分子生物学和基因工程的迅速发展使得人类已经能够大量地模拟生产天然蛋白质并用于人类疾病的诊断、预防和治疗。如人胰岛素、生长因子、α - 干扰素、乙肝疫苗、促红细胞生成素、表皮生长因子和粒状白细胞 - 巨噬细胞克隆刺激因等等。这些生物制品大部分已经在国内外获得生产许可并投放市场。不仅如此，科学家们还能够通过改变基因的核酸序列生产出被称为"第二代"蛋白的改性蛋白质。一般而言，改性蛋白质要比母体蛋白质小，作为药物，有较长的血清半衰期、高效、低毒和较好的生物化学稳定性。这些蛋白质在改性后除了维持原有的药理作用外也往往会出现一些非预期的、人们所不希望有的生理活性。如糖基化位置和未形成双硫键的光胱胺酸等。

肽类合成是一个历史较长的，也是近年来得到加速发展的领域。现在已经可以人工合成出许多有应用价值的药物如人胰岛素、促肾上腺皮质激素、促胃液激素等。这些成功的合成促进了药物功能模式的研究，也为相关领域的研究提供了珍贵的原材料。无论是改性或是合成的产物，当它们被使用于人体之前必须对其进行"身份"确认并对它们的纯度、药效、及安全可靠性做出全面的评价，这些工作以及对产品生产过程的跟踪和产品的质量控制是分析工作所面临的一个新的、巨大的挑战。

色谱 - 质谱联用分析是一种高效互补的分离鉴定技术，它使分离混合物、探索未知物及鉴定新化合物的在线联用成为现实。

无论对 GC - MS、LC - MS 仪器而言，色谱仪是混合组分的分离器，接口装置是待测物的传输器及两谱的匹配器，质谱仪是待测物的鉴定器，而计算机是整机运作的指挥器。由色谱 - 质谱联用形成的分析方法，具有以下特点：①分离效能和定性鉴别能力同时增加，并使色谱 - 质谱在线联用程序一气呵成，这是其他任何一种分析方法所不及的。②色谱 - 质谱联用分析的定性指标多而全。除保留时间外，尚有分子离子、官能团离子、离子峰强比、同位素离子峰、总离子流色谱峰、选择离子色谱峰及选择离子色谱峰所对应的保留时间窗及质谱图等。除分子离子及官能团碎片离子外，所测得各种准分子离子、多电荷离子，都是独特的定性鉴别的重要参数。使得色谱 - 质谱联用的定性方法远比 GC、HPLC 法更可靠。③色谱 - 质谱联用仪采用的是一种通用的灵敏度较高的检测器，可同时检测多种化合物。选择性离子监测手段大大提高了灵敏度和选择性，使色谱 - 质谱联用技术的定量分析准确度高。④色谱 - 质谱联用分析方法适用范围广。GC - MS 适合于小分子，易挥发性化合物的分析。LC - MS 适合于强极性、挥发性差、易热分解、大分子化合物及离子型化合物的分离鉴定和分析。

3. 气相色谱 - 电感偶合等离子体质谱（GC - ICP - MS）联用 有机重金属比重金属毒性更强，更容易被生物富集，从而通过食物链被人体吸收，如闻名世界的日本水俣病事件就是有机汞污染所致，而有机铅、有机锡和有机砷等毒性也都远远高于无机化合物，因此有机重金属的监测与污染防治已受到世界各国的重视。目前开发的用 ICP – MS 联机仪器作为 GC 的检测器测量痕量和超痕量有机金属污染物。ICP – MS 作为 GC 的检测器可测定 10^{-6} 级的金属元素，如 Cr^{6+}、Cu、Cd、Pb、Hg、Ti、Ba、Be、Ni、Mn、As 等，选择不同质量数进行测定，还能大大提高其选择性，即使 GC 不能把干扰成分完全分离，也不会 ICP – MS 的测定产生影响。GC – ICP – MS 的装置是通过接口将 GC 与 ICP – MS 相连接，用 GC 将待测成分分离后，用 ICP – MS 得到测定元素的有关信息。GC 既可使用填充柱分离，也可使用毛细管柱分离。后者称为高分辨 GC – ICP – MS。目前应用 GC – ICP – MS 技术测定有机锡、有机汞以及铅、锑、砷、硒等有机污染物的技术和方法正在开发研究中。

4. 色谱—傅里叶变换红外光谱联用 色谱具有高分离能力、高灵敏度等优点，是复杂混合物分析的主要手段，然而它难以对复杂未知混合物作定性判断，而红外光谱提供了极其丰富的分子结构信息，具有很强的结构鉴定能力，是一种理想的定性分析工具，但原则上只能用于纯化合物，对混合物的定性，往往无能为力。色谱相当于分离装置，红外光谱仪相当于定性检测器，联合使用，起到完美的结合，能兼有 2 种仪器的功能。早在 20 世纪 50 年代，人们就试图把 GC 同 IR 结合起来使用，直到 20 世纪 60 年代后期，随着傅里叶变换红外光谱仪（FTIR）的出现。扫描速度和灵敏度有很大提高，解决了色谱和红外光谱联用时扫描速度慢的最大障碍，才使 GC 与 IR 联用成为可能。

20 世纪 70 年代中期，窄带汞镉碲（MCT）检测器代替 TGS 热解电检测器，使 GC 与 FTIR 实现在线联机检测，在科研、化工、环保、医药等领域成为有机混合物分析的重要手段之一。GC – FTIR 系统已在水质、废气等环境污染分析中得到广泛应用。主要检测多环芳烃、醚类、酯类、酚类、氯苯类、有机酸、有机氯农药、除莠剂和氯代芳香化合物等。液相色谱适合于沸点高、极性强、热稳定性差、大分子试样的分离，与 FTIR 联用，可弥补 GC – FTIR 的不足。由于接口技术尚没有突破，使 LC – FTIR 仪的应用至今仍难以普及，研究工作有待深入。SFC 具有柱效高、分离速度快，兼有 GC 和 LC 的优点，SFC – FTIR 联用成为联用技术的发展方向之一，目前 SFC – FTIR 应用不多，有待于开发应用。

图 18 – 4 表示一种典型的气相色谱 – 傅里叶变换红外光谱（GC – FTIR）联用系统。该系统是由色谱单元、接口装置（常用光管）、傅里叶变换红外光谱仪三部分组成。当今 GC – FTIR 联用系统又增加了计算机数据处理系统如图 18 – 5。

（1）联机检测的基本过程 试样经气相色谱分离后各馏分按保留时间顺序进入接口，与此同时，经干涉仪调制的干涉光汇聚接口，与各组分作用后干涉信号被汞镉碲（MCT）液氮低温光电检测器检测。计算机系统存储采集到的干涉图信息，经快速傅里叶变换得到组分的气态红外光谱图，进而可通过谱库检索得到各组分的分子结构信息。

化学图：就是从计算机采集的全部光谱信息中选出感兴趣的关于含某种官能团化合物的信息显示图。其作用如同"官能团检测器"，所以可以绘出与 GC 色谱图相似的谱图。例如，含羰基化合物中的 $\nu_{C=O}$ 一般在 $1870 \sim 1540 cm^{-1}$，此时若把窗口设在这一区间，则色谱分离后的各组分中，只有含羰基的组分才会有响应信号。实际上，此时的红外光谱仪已成为色谱的选择性检测器。进行全波段分析时，一般可设定 5 个窗口，$3600 \sim 3200$ 的苯基窗口和 $850 \sim 720 cm^{-1}$ 的羟基窗口，$3000 \sim 2800 cm^{-1}$ 的羟基窗口，$1870 \sim 1540 cm^{-1}$ 的羰窗口，$1610 \sim 1500 cm^{-1}$ 的苯基窗口和 $850 \sim 720 cm^{-1}$ 的亚甲基（面内摇摆 ρ）窗口。化学图可提供有关化合物官能团类型的信息，帮助判断各组分的类别。图 18 – 6 为某样品的化学图，其横坐标为时间，纵坐标为信号强度。

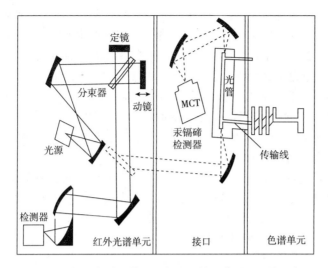

图 18 - 4　气相色谱 - 傅里叶变换红外光谱联用系统示意图

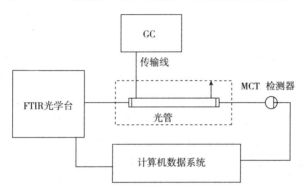

图 18 - 5　GC - FTIR 各单元工作原理图

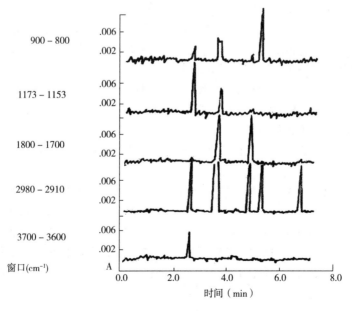

图 18 - 6　一种六组分混合物的化学图

（2）Gram – Schmidt 重建色谱图（GSR） 是一种干涉图重建法，即利用 Gram – Schmidt 矢量正交化方法，直接从未经傅立叶普通变换的干涉谱中重建色谱图。此图的横坐标虽是时间，但它却不是实时的，由于化合物的种类不同，其红外总吸收度也不同，故其峰面积并不能真实反映化合物的含量。这种图一般只作为色谱流出物的示意图，可协助说明红外谱图与保留时间及实时色谱图之间的关系，以给出可靠的信息解释。

（3）红外总吸收度重建色谱图 是一种吸收重建法，类似于 GC – MS 联用分析法给出的总离子流色谱图，能反应色谱流出物的分离概况。此图的横坐标为扫描次数（数据点），不能与时间关联，与色谱图也无法比较，故应用较少。

（4）红外光谱图 红外光谱图表示化合物分子中各基团的吸收频率及其强度。一般根据重建色谱图确定色谱峰的数据点范围或峰尖位置，根据需要选取适当数据点处的干涉图信息进行傅里叶变换，即可获得相应于该数据点的气相 – FTIR 光谱图。

5. 色谱 – 核磁共振波谱（NMR）联用 核磁共振波谱（NMR）是有机化合物结构分析强有力的工具，特别对同分异构体分析十分有效，虽然实现色谱 – NMR 在线联用是当今色谱联用技术中最困难的技术，但有机分析化学工作者一直没有放弃色谱 – NMR 联用技术的研究，目前该技术还不很成熟，应用较少。HPLC – NMR 联用在应用中的主要问题是如何克服流动相产生的巨大的共振信号干扰，以观察到分析化合物的核磁共振信号，一般为了获得较好的 HPLC – NMR 图谱，要求 HPLC 柱分离样品量要大些，以提高 NMR 仪的检测限度。最近 NMR 领域出现的新技术如溶剂压制技术，超微量探头技术以及高场色谱仪技术等推动了 HPLC – NMR 联用技术的发展。新近出现的 LC – NMR 联用技术可以直接测定经 HPLC 分离后的各种化合物一维 ^{1}H – NMR 谱图和"静态"操作下的二维 NMR 谱图，为鉴定化合物的结构提供了精确的、重要的在线结构信息，被认为是快速鉴定化学成分结构方面的一个重大突破。

6. 相色谱与薄层色谱联用 薄层色谱在有机分析，特别是药物分析和样品的分离纯化中得到广泛的应用。气相色谱和薄层色谱的联用比较简单，早在 20 世纪 60 ~ 70 年代就有商品仪器介绍，主要是气相色谱分离分析后，利用薄层色谱帮助定性。而用薄层色谱预分离后再用气相色谱进行分离分析也是方便可行的，故对气相色谱和薄层色谱的联用在此就不多作介绍。而液相色谱和薄层色谱联用涉及液相色谱流动相的去除较为复杂，同时，用反相高效液相色谱分离分析后，再用正相薄层色谱进行分离分析，也使分析范围扩大，故在此对高效液相色谱 – 薄层色谱联用（LC – TLC）作一简单介绍。

图 18 – 7 给出 HPLC 与 TLC 联用时的喷雾"接口"示意图。联用时最好使用微柱 HPLC，当 HPLC 流动相中含有无机盐时常常会使喷雾接口阻塞，为此可在 HPLC 柱后连接一个固相萃取柱来富集流动相中的无机盐。

这一喷雾接口还可以在液相色谱和漫反射傅里叶红外光谱、荧光光谱、表面增强共振拉曼光谱的联用中使用。

联用技术已得到快速发展。随着科研分析工作的深入，各种联用技术不断涌现。在无机分析领域，色谱—光谱联用技术起着十分重要的作用，在元素的形态价态分析，元素在环境中的转移、变化等应用研究都有大量报道。有机化合物分析出现了许多的联用技术，每种联用技术解决一定的问题。联用技术已进入全方位发展阶段，将现有的分析仪器与先进的分析技术联用，解决复杂、疑难问题是联用技术发展的主流。

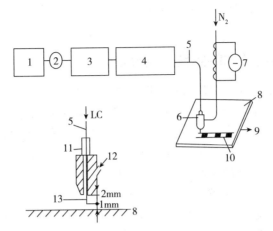

图 18 - 7　HPLC - TLC 喷雾接口示意图

1. 泵；2. 进样阀；3. HPLC 柱；4. 检测器；5. 石英雾毛细管；6. 喷雾器组件；
7. 加热器；8. 薄层板；9. 薄层板移动方向；10. 喷雾后点样沉积物；
11. 连接部件；12. 加热后的氮气；13. 不锈钢针头

第六节　综合分析

当被分析样品很复杂时，人们总要采用多种分离手段、分析方法与结构鉴定相互结合进行，才能知道其组成、含量、形态及结构。因此把这样一种分析的全过程称为综合分析。

一、复杂样品分析的基本思路

复杂样品是指组分种类多、含量差别大、已知信息少，几乎为一黑箱的复杂混合物。这样的样品在生物、环境、材料中占大多数。例如中药提取物或环境污染物，来源于自然界，常常含有从无机到有机、从离子性、强极性到非极性、从小分子到大分子、从位置异构体到对映体、从常量到痕量的上百种成分，而且这些成分大都是未知的。即使是曾被发现的成分，也很难获得纯品或对照品，与大量未知物混于一体，无异于未知化合物。

复杂样品的分析，首先需要弄清组成这一样品体系的各种组成及其比例关系，了解组成这一体系的基本组分分布，在此基础上，还需对每一组成进行详细了解，如结构确定，为最终阐明组成—结构—功能提供依据（或根据组成—功能关系，先确定有效组成，再确定这些有效组成的结构）。因此，对复杂样品的分离分析，可按三个层次进行研究：①利用高效色谱进行复杂混合物的系统分离分析，获得基本组成色谱峰及其比例关系；②混合物组成成分的结构鉴定，这包括离线各种光谱、质谱的综合鉴定及色谱和各种技术的在线联用，尤其是联用技术不仅可以进行快速鉴定，而且由于减少了处理步骤，避免了处理过程造成的组分损失，因此具有更高的定量可靠性，对含量少的组分也可以进行定性（这些含量少的组分是比较难于得到纯品的）；③尽管高效色谱和各种光谱、质谱的联用技术可以极大地促进复杂混合物的分析，但应该看到联用技术一般要求色谱能分离获得纯色谱峰，才能较好地获得其光谱、质谱，进行较好的分析。由于样品组分复杂，在实际分离中即使采用多柱系统在最优化条件下，仍会有大量的不同程度重叠峰，因此，利用先进的算法和计算机，结合色谱和各种光谱、质谱规律，进行多维分析信号与信息的综合处理，解决重叠峰的解析和定性、定量，最终完成复杂样品的分析任务。

二、复杂样品联用技术的综合分离分析

对于复杂样品的分析，尽管现代高效色谱柱具有很高的柱效，借助于计算机模拟、优化可获得极佳的分离效果，但由于样品几乎包含各类化合物——离子性、强极性、中等极性、弱极性、对映体、挥发油类、大分子、金属离子和微量元素等，解决此类复杂体系的分离分析，仍需要发展智能多模式多柱系统（$1MM_1CC$）以及色谱与其他技术的联用。这是因为对于不同的色谱模式，各有其内在的优点，它们各自都有解决特定分离问题的优势。因此利用不同色谱模式、不同柱子的特性和优势，取长补短，可以利用不同柱子对样品组分的选择性、互补性来达到单模式、单柱子色谱系统所不能解决的分离问题智能多模式多柱系统及其联用技术包括高效液相色谱（LC）、气相色谱（GC）、毛细管电泳（CE）和各种联用技术等众多手段，它利用计算机技术并结合了色谱专家的知识和经验，是智能的、统一的分析方法。

知识拓展

复杂样品，由于其组成极其复杂，组分间的交叉重叠会十分严重：一方面，要进行操作条件的优化，使组分获得尽可能的分离；另一方面，还应认识到，对于复杂样品的分离分析，即使在优化的条件下，色谱峰的重叠还是不可避免的。因此，发展计算机拟合技术进行重叠谱峰的解析是十分必要的。例如，对于中药提取物，包含不同种类、异构体等多种化合物，其色谱峰必然会发生严重的交叉重叠，因此，中药的色谱分析面临的是大量重叠峰的定性、定量。对于重叠谱的解析，一方面要充分利用化学计量学的方法进行色谱、光谱解析，发展各种谱的综合解析方法，另一方面，还要更深入地认识色谱峰形规律、质谱规律等谱学规律，利用规律解决问题。目前基于色谱动力学所进行色谱峰形预测和重叠峰的解析已可以很好地拟音色谱峰，但这一规律还需进一步结合质谱等谱学规律，共同解析重叠谱，以获取重叠组分准确的定量面积。

1. 对一些极性有机溶剂提取物可以综合考虑不同液相色谱方法进行分离分析 通常对于未知复杂混合物的分析，首先采用合适的溶剂进行溶解或提取其中成分进行分离分析研究。根据样品不同性质可以来用不同极性的溶剂进行溶解和多步提取，获得其一种或多种样品成分。对于所获得的组分，应尽量进行简单的处理，减少成分损失。利用简单浓缩，然后过滤直接利用色谱进行分离分析，充分发展色谱方法，进行复杂混合物的分离分析不失为一种高效的方法。对于未知的复杂样品提取物，可以根据提取溶剂进行方法的初步探索。对于极性溶剂提取物一般可以利用目前应用比较成熟的反相液相色谱进行分离。柱子选择以 Cls 柱为主，根据分离情况可以进行不同 C_{18} 柱及 C_8 柱及苯基柱组成多柱系统进行互补分离。一般 Qs 填料装填好，技效高，适用性广，与其他填料相比，Qs 填料对各类样品均有较强的适应能力，因此可以 q_8 柱作为第一柱。从色谱填料的发展来看，采用少含金属离子高纯硅胶基质作原料，键合相均匀，封尾好，残余硅羟基少，碳含量高（>16%）是目前柱子发展的主要方向。另外，细管径、细粒径填料可以获得更高的柱效，具有更强的分离能力，这些都十分有利于复

杂样品的分离分析。在柱子确定之后，流动相的选择是影响分离的最为重要的因素，流动相选择的目的是使所有组分流得出、分得开、分析时间最短。甲醇冰体系以其选择性好，价格便宜，应用最为广泛，可以作为未知化合物分离时选择流动相的第一选择。除此之外，可以选择乙醇、四氢呋喃冰进行互补分离，并可采用异丙醇/P 醇分离部分强保留成分，所有这些流动相可以组成多二元流动相进行互补分离。

对于用纯水溶解或提取的样品常常含有强极性、离子性化合物，对于这些化合物的分离分析在常规反相色谱中会几乎不保留，因而没有分离效果。对于这些成分的分析应考虑调节流动相的 pH、利用反相离子对色谱进行分离分析。比较常用的方法是控制 pH 在酸性范围（pH 2～5），并利用十二烷基磺酸钠、庚烷磺酸钠等进行方法初步发展，根据实验结果进行相应调整或多种途径互补分离。

2. 对于有一定挥发性的化合物应优先采用气相色谱进行分离　与液相色谱相比较，气相色谱具有快速、准确、分离效率高、检测灵敏度高，一次测定能得到多种组分的定量结果等众多优点，因此对于有一定挥发性的样品应尽量利用气相色谱进行分离分析。

对于非极性溶剂（如石油醚）提取物，主要以非极性化合物为主，可以利用气相色谱进行分离分析，并且可以首先选择一根非极性的柱子（如 DB－1）进行分离，然后选用极性稍有差别的弱极性柱作为第二根柱进行双柱分离，甚至再选一根极性住进行非常复杂混合物的多柱互补分离。在每一根柱子上都需要选择最佳的分离条件，充分发挥其柱效，并实现互补分离。

色谱和各种质谱、核磁共振等定性手段的联用是当前仪器分析的重要发展，除色—质联用外，气相色谱和红外光谱（GC－FTIR）、液相色谱和核磁共振也实现了联用（LC－NMR）。液相色谱—核磁共振—质谱联用仪（LC/NMR/MS）也已应用于研究中。复杂样品多模式色谱及其联用技术综合分析的流程如图 18－8 所示：

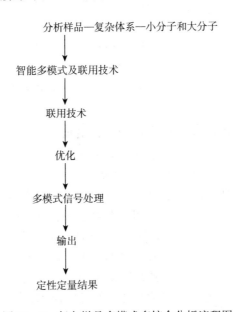

图 18－8　复杂样品多模式多综合分析流程图

三、复杂样品分析的理论基础

对于复杂的未知样品，除了充分利用先进的仪器，采用多模式色谱及其联用技术进行综合分析外，还与发展与之相关的色谱分离、定性及重叠谱峰的解析方法等，进行充分的理论基础研究。

（一）色谱方法发展及优化

色谱方法发展及优化指的是对于复杂未知样品先初步确定其基本分离条件（如模式、柱子、流动相等），然后对此方法进行优化，如流动相的多台阶多二元的智能优化。从而使得在绘定的柱系统和最佳的流动相梯度下，样品组分获得较好的分离，分析时间最短，同时色谱峰高增加，检测灵敏度也相应地得到提高。

对于未知样品的优化策略是将未知样品转化为已知样品，弄清样品组分的保留值规律，从而利用计算机进行智能优化。即通过跟踪不同条件下色谱峰流出次序，同时获得各组分的保留值及峰形参数，进一步利用这些参数通过保留值方程和峰形变化规律，采用计算机进行分离条件的选择和模拟实验，获得其最佳分离条件。未知样品转化为已知样品的关键是如何获取组分的保留值方程。

（二）多维联合定性

复杂样品的分析结果是一个巨大的多维信息库，其中包括色谱、质谱和光谱方面的大量信息。需要采用多维数据处理的方法和理论对大量数据进行处理，进行多维联合定性，并且采用不断发展的计算机技术和化学计量学手段，通过对大量信息的提取、加工，形成统一的数据库。

尽管色谱定性相对不足，但利用气相色谱的 Kvoat 指数和液相色谱的 a, c 指数定性，再结合其他定性手段还是有一定特色的。例如尽管色谱联用时质谱在很大程度上解决色谱定性上的不足，但质谱很难对异构体则进行定性；相反，有些异构体很容易被色谱分离，因此，联合定性可以很好地解决这一问题。另外，液相色谱和光电二极管阵列紫外扫描检测器的联用已成为一种很常用的仪器，色谱和紫外单独定性较差，但二者的联合定性可以提高其可靠性。通过预测保留范围后，再匹配光谱或质谱可以大大缩小匹配范围，从而增加定性的可靠性。

（三）重叠谱图的解析及色谱重叠峰的拟合定量

复杂样品，由于其组成极其复杂，组分间的交叉重叠会十分严重：一方面，要进行操作条件的优化，使组分获得尽可能的分离；另一方面，还应认识到，对于复杂样品的分离分析，即使在优化的条件下，色谱峰的重叠还是不可避免的。因此，发展计算机拟合技术进行重叠谱峰的解析是十分必要的。例如，对于中药提取物，包含不同种类、异构体等多种化合物，其色谱峰必然会发生严重的交叉重叠，因此，中药的色谱分析面临的是大量重叠峰的定性、定量。对于重叠谱的解析，一方面要充分利用化学计量学的方法进行色谱、光谱解析，发展各种谱的综合解析方法，另一方面，还要更深入地认识色谱峰形规律、质谱规律等谱学规律，利用规律解决问题。目前基于色谱动力学所进行色谱峰形预测和重叠峰的解析已可以很好地拟音色谱峰，但这一规律还需进一步结合质谱等谱学规律，共同解析重叠谱，以获取重叠组分准确的定量面积。

知识链接

　　复杂样品分析的理论基础，对于复杂的未知样品，除了充分利用先进的仪器，采用多模式色谱及其联用技术进行综合分析外，还与发展与之相关的色谱分离、定性及重叠谱峰的解析方法等，进行充分的理论基础研究。

　　综合解析程序，确定样品纯度，确定分子量、分子式，计算不饱和度，对测定的谱图进行解析，对确定的结果进行检查、复核。

（四）综合解析程序

1. 确定样品纯度。

2. 确定分子量、分子式。

3. 计算不饱和度。

4. 对测定的谱图进行解析。

5. 对确定的结果进行检查、复核。

　　例 18 – 1　某化合物分子式为 C_5H_8O，有下面的红外吸收谱带：3020，2900，1690 和 1620cm^{-1}。它的紫外光谱在 227nm［$\varepsilon = 10^4$L/（mol·cm）］有最大吸收。试写出该化合物的结构式。

　　解：计算不饱和度 $U = 1 + 5 + (0 - 8)/2 = 2$

　　3020cm^{-1} 处为不饱和烃 C—H 的伸缩运动，具有双键，2900cm^{-1} 处为饱和烃 C—H 的伸缩运动，1690cm^{-1} 处为共轭 C＝O 的伸缩运动，1620cm^{-1} 处为共轭 C＝C 的伸缩运动。从紫外光谱的 $\lambda_{max} = 227$nm 和 $\varepsilon = 10^4$L/（mol·cm），说明产生 π→π* 跃迁，且存在共轭体系，因此可能的结构式为 $H_3C—CH＝CH—(C＝O)—CH_3$。

　　例 18 – 2　$C_{14}H_{10}O_2$，IR 显示此化合物含有羰基 C＝O，其 EIMS 谱如下，试推其结构。

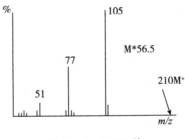

图 18 – 9　EIMS 谱

　　解：计算不饱和度

　　$U = 1 + 14 - 10/2 = 10$ 可能含有两个苯环。

　　m/z 210 为分子离子峰；m/z 105 为基峰，说明分子具有对称结构，可能为苯甲酰基；m/z 77 为苯环特征碎片离子峰 $C_6H_5{}^+$；m/z 51 为苯环特征碎片离子峰 $C_4H_3{}^+$；$m* = 56.5 = 77^2/105$ 说明由苯甲酰基 $C_6H_5CO^+$ 过程中产生亚稳离子，此化合物机构式为 $C_6H_5CO—COC_6H_5$。

　　例 18 – 3　安络血的分子量为 236，将其配成每 100ml 含 0.4962mg 的溶液，盛于 1cm 吸收池中，在 λ_{max} 为 355nm 处测得 A 值为 0.557，试求安络血的 $E_{1cm}^{1\%}$ 及 ε 值。

　　解：$A = E_{1cm}^{1\%}CL$

$E_{1cm}^{1\%} = A/CL = 0.557/0.4962 \times 10^{-3} \times 1 = 1123$

$\varepsilon = (M/10)E_{1cm}^{1\%} = (236/10) \times 1123 = 2.65 \times 10^4$

例 18-4 用分光光度法测定 $1.00 \times 10^{-3} mol/L$ 维生素 C 标液和试样,吸光度分别为 0.700 和 1.00,二者透光率相差多少?若用示差分光光度法,以 $1.00 \times 10^{-3} mol/L$ 维生素 C 标液作参比,试样的吸光度值为多少?此时二者的透射比相差多少?示差的透光率之差比普通法大多少倍?

解: $T_标$ $T_试$

(1) $T_标 - T_试 = 10^{-A_标} - 10^{-A_试} = 10^{-0.700} - 10^{-1.00} = 0.200 - 0.100 = 0.100$

(2) 示差分光光度法时,以标液作参比调透光率为 1(即 100%),$T_试 = 0.100 \times (1/0.200) = 0.500$

$A = -\lg T = -\lg 0.500 = 0.301$

(3) 示差分光光度法时,$T_标 - T_试 = 1.00 - 0.500 = 0.500$

(4) $0.500/0.100 = 5$

例 18-5 某晶体 X 射线的衍射波长为 0.154nm,测 θ 角为 14.170. $n = 1$,求晶体层间距离?

解: 根据 Bragg 衍射方程,已知 λ,测 θ 角,计算 d。

$n\lambda = 2d \sin\theta | \sin\theta | \leqslant 1$;当 $n = 1$ 时,$n/2d = | \sin\theta | \leqslant 1$,即 $\lambda \leqslant 2d$;

$n\lambda = 2d \sin\theta$ $n = 1$ $q = 14.170$ $\lambda = 0.154nm - 154pm$;

$d = n\lambda/2\sin\theta = 1 \times 154pm/2\sin 14.17 = 314.0pm$。

实例分析

实例: 从丁香油中分离出一个只含 C、H、O 的有机化合物,其 IR 光谱在 3100 ~ 3700 cm^{-1} 无吸收,质谱图如下,试确定其结构。

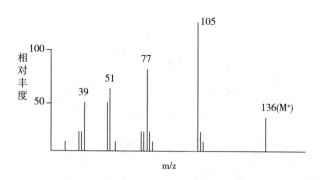

图 18-10 质谱图

分析: (1) MS 图中分子离子峰 m/z 136,则可能的化合物有 24 个,但只含 C,H,O 的有四个:①$C_9H_{12}O$;②$C_8H_8O_2$;③$C_7H_4O_3$;④$C_5H_{12}O_4$。

(2) 计算其相应的 Ω,分别为 4,5,6,0

(3) $m/z105$ 可能是碎片离子峰 $C_6H_5CO +$;77、51、39 均为苯环的碎片离子峰,其裂解过程如下:

$$C_6H_5CO^+ \xrightarrow{-CO} C_6H_5 \rceil^+ \xrightarrow{-C_2H_2} C_4H_3 \rceil^+$$

$$m/z\ 105 \qquad\qquad m/z\ 77 \qquad\qquad m/z\ 51$$

分子中含有苯甲酰基，$\Omega = 5$，所以不可能是①和②，而③氢太少，故其分子式为②。

（4）由分子式 $C_8H_8O_2$ 减去 C_6H_5CO 剩下—OCH_3 或—CH_2OH，由 IR 中证实不存在—OH，故结构为：

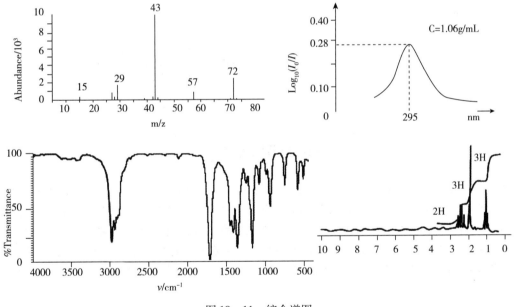

例 18-6　从红茶中分离出一未知化合物，经元素分析测定，含 C66.7%，H11.1%，谱图如下，试推断其结构。

图 18-11　综合谱图

解：

（1）从未知物元素分析和 MS 求分子式

$$C:\ \frac{66.7\%}{100\% \times 12} = 0.056$$

$$H:\ \frac{11.1\%}{100\% \times 1} = 0.111 \left.\right\} \times \frac{1}{0.0139} \begin{cases} 4.02 \\ 7.98 \\ 1.0 \end{cases}$$

$$O:\ \frac{100\% - 66.7\% - 11.1\%}{100\% \times 16} = 0.0139$$

得出实验式为 C_4H_8O。由于质谱中 M^+ 的为 72，与 C_4H_8O 一致，所以实验式 C_4H_8O 即为分子式。

（2）不饱和度的计算：

根据 IR 可知存在 $\Omega = 4 - \dfrac{8}{2} + 1 = 1$

（3）UV 的 $\lambda_{max}^{乙醇} = 295 mm$，计算其摩尔吸收系数：

$$\varepsilon = \frac{吸光度 \times 分子量 \times 100}{100ml\ 中样品量 \times 1\ (cm)} = \frac{0.28 \times 72 \times 100}{106 \times 1} = 19$$

说明该紫外处吸收是典型的饱和酮或醛的跃进，这一点与 IR（$1715 cm^{-1}$）的羰基吸收判断一致。

（4）$^1H - HMR$

$\delta\ 2.4 ppm$（q，2H）；$\delta\ 2.09 ppm$（s，3H）；$\delta\ 1.04 ppm$（t，3H）

从峰形判断 $\delta 2.4$ 与 $\delta 1.04$ 相互偶合，是典型的 CH_3CH_2—结构单元；$\delta 2.09 ppm$ 显然符合结构 CH_3CO—。

（5）根据上述分析，又由于 IR 在 $2720 cm^{-1}$ 无吸收，$1H - NMR$ 中 $\delta 9 \sim 10 ppm$ 范围内无吸收，排除了醛的可能性，推断其结构式为：$CH_3COCH_2CH_3$。

（6）结构验证

MS 分析

━━ 本 章 小 结 ━━

本章主要包括掌握取样、样品保存、样品预处理及分离的基本原则；理解几种重要分离方法的优缺点及选择分离方法时应考虑的基本原则；学习和了解多种联合分析的工作原理、特点及应用。知识要求包括掌握综合分析常用仪器机构和通用零件的工作原理和结构特点，使学生具有设计仪器分析装置和简单操作的能力。具有运用标准、手册、规范、图册和查阅有关技术资料的能力。了解综合分析的实验方法，受到实验技术的基本训练。

练 习 题

1. 简述对一个样品进行定性和定量分析时，主要包括哪些步骤？
2. 正确的样品取样应遵循哪些原则？
3. 简述分离在分析化学中的作用。
4. 简述 GC - MS 和 HPLC - MS 的原理。
5. 简述的薄层色谱法主要特点。
6. 简述气 - 液色谱法、高效液相色谱法的优缺点及使用的样品类型。
7. 在分离方法的选择时，应考虑哪几点原则？
8. 简述复杂样品进行综合分析时，主要有哪些流程？

（吕玉光）

练习题参考答案

〔第二章〕

二、计算题

1. 正极，电极反应为：$\qquad Cu^+ + e \Leftrightarrow Cu$，

负极，电极反应：$\qquad Cu \Leftrightarrow Cu^+ + e$，

$$\varphi(+) = \varphi^\ominus_{Cu^+/Cu} + 0.059 \lg c_{Cu^+} = \varphi^\ominus_{Cu^+/Cu} + 0.059 \lg c_{Cu^+} = \varphi^\ominus_{Cu^+/Cu} + 0.059 \lg \frac{K_{SP(CuI)}}{c_{I^-}}$$

$$= 0.52 + 0.059 \lg(1.1 \times 10^{-12}) - 0.059 \lg(1.00 \times 10^{-4}) = 0.050 \text{ (V)},$$

$$\varphi(-) = 0.52 + 0.059 \lg(1.1 \times 10^{-12}) - 0.059 \lg(0.100) = -0.13 \text{ (V)},$$

$$E_{电池} = \varphi(+) - \varphi(-) = 0.050 - (-0.13) = 0.18 \text{ (V)}。$$

2. 解：氢电极电位 $\qquad\qquad \varphi_{H^+/H_2} = 0.059 \times \lg[H^+]$，

电池电动势 $\qquad\qquad E = \varphi_{SCE} - \varphi_{H^+/H_2} = 0.242 - 0.059 \times \lg[H^+]$

$$= 0.242 - \lg\frac{K_W}{[OH^-]},$$

$$1.05 = 0.242 - 0.059 \lg K_W + 0.059[OH^-]$$

$$= 0.242 - 0.059 \times (-14) + 0.059 \lg[OH^-],$$

$$-0.018 = 0.059 \lg[OH^-], \quad \lg[OH^-] = -0.31, \quad [OH^-] = 0.49 \text{mol/L},$$

故 NaOH 溶液的浓度为 0.49mol/L。

3. 解：$\qquad\qquad \phi_+ = \phi_{SCE} = 0.2412V, \quad \phi_- = \phi_{H^+/H_2} = 0.0591 \lg[H^+]$

$$E = \phi_+ - \phi_-$$

在 HCl 溶液中，有 $\quad 0.276 = 0.2412 - 0.0591 \lg[H^+]$

$$[H^+] = 0.2583 \text{ (mol/L)}$$

在 NaOH 溶液中，有 $\quad 1.036 = 0.2412 - 0.0591 \lg[H^+]$

$$[H^+] = 3.753 \times 10^{-14} \text{ (mol/L)} \qquad [OH^-] = K_W/[H^+] = 0.2665 \text{ (mol/L)}$$

在混合溶液中，有 $0.958 = 0.2412 - 0.0591 \lg[H^+]$

$$[H^+] = 7.796 \times 10^{-13} \text{ (mol/L)}; \quad [OH^-] = 0.01283 \text{ (mol/L)}$$

设混合溶液中有 NaOH $x$ml，HCl $(100-x)$ml，则

$$0.2665x - (100-x) \times 0.2583 = 0.01283 \times 100$$

$$x = 51.66 \text{ (ml)} \qquad 100 - x = 48.34 \text{ (ml)}$$

4. 解：（1）$Ag_2C_2O_4 - Ag$ 的电极电位与 pC_2O_4 的关系式为：

$$\phi^\circ_{Ag_2C_2O_4} = \phi^\circ_{Ag^+/Ag} + 0.0591 \lg \sqrt{\frac{K_{sp}}{\alpha_{C_2O_4^{2-}}}}$$

$$= \phi^\circ + \frac{0.0591}{2} \lg K_{sp} - \frac{0.0591}{2} \lg \alpha_{C_2O_4^{2-}}$$

$$= 0.7995 + \frac{0.0591}{2} \lg(2.95 \times 10^{-11}) + \frac{0.0591}{2} pC_2O_4$$

$$= 0.4889 + \frac{0.0591}{2} pC_2O_4$$

电池电动势：

$$E = \phi_{Ag_2C_2O_4/Ag} - \phi_{AgCl/Ag} = 0.4889 + \frac{0.0591}{2} pC_2O_4 - 0.1990 = 0.2889 + \frac{0.0591}{2} pC_2O_4$$

（2）$0.402 = 0.2889 + \dfrac{0.0591}{2} pC_2O_4$ $pC_2O_4 = 3.80$

5. 解：$E = K' + 0.0591 pHs$

    $K' = 0.418 - 0.0591 \times 9.18 = -0.125$

    $0.312 = -0.125 + 0.0591 pHx$

    $pHx = (0.312 + 0.125)/0.0591 = 7.39$

6. 解：由反应方程式得：

$$\varphi_{MnO_4^-} = \varphi_{MnO_4^-/Mn^{2+}}^{\ominus} + \dfrac{2.303RT}{nF} \lg \dfrac{[MnO_4^-] \times [H^+]^8}{[Mn^{2+}]}。$$

25℃时，设 $[MnO_4^-] = [Mn^{2+}]$，则 $\varphi_{MnO_4^-/Mn^{2+}} = 1.51 + \dfrac{0.059}{5} \lg [H^+]^8$。

当 pH = 2 时，此时 $\varphi_{MnO_4^-/Mn^{2+}} = 1.51 + \left(0.059 \times \dfrac{8}{5}\right) \times \lg 10^{-2} = 1.32V$，

由于 $\varphi_{MnO_4^-/Mn^{2+}} > \varphi_{Br_2/Br^-} > \varphi_{I_2/I^-}^{\ominus}$，此时 $KMnO_4$ 可氧化 I^- 和 Br^-。

当 pH = 6 时，$\varphi_{MnO_4^-/Mn^{2+}} = 1.51 + \left(0.059 \times \dfrac{8}{5}\right) \times \lg 10^{-6} = 0.94V$，

此时，$\varphi_{I_2/I^-}^{\ominus} < \varphi_{MnO_4^-/Mn^{2+}} < \varphi_{Br_2/Br^-}^{\ominus}$，$KMnO_4$ 只能氧化 I^- 而不能氧化 Br^-。

〔第三章〕

一、选择题

1. C   2. A   3. A   4. B   5. C   6. B   7. A   8. A

〔第四章〕

一、单选题

1. A   2. D   3. D   4. B

二、多选题

1. CD   2. AC

〔第五章〕

一、选择题

1. A   2. A   3. D   4. B   5. B

〔第六章〕

一、选择题

1. C   2. D

〔第九章〕

一、选择题

1. B   2. C   3. A   4. D   5. C

三、计算题

1. 0.11；0.33   2. 1.69×10^4；2.70×10^3 3. 96.62%   4. 3.644×10^{-4} g/100ml

5. 6.316   6. 0.0135

〔第十章〕

二、计算题

58.5 ~ 71.5

〔第十一章〕

一、单选题

1. D 2. D 3. D 4. D 5. A 6. C 7. A 8. C

二、多选题

1. AE 2. ACE 3. AC 4. ACD 5. ACE 6. ABCD

〔第十二章〕

一、选择题

1. B 2. A 3. C 4. A 5. C 6. C 7. D

三、计算题

1. 当分子是顺式结构时，$\delta_{H_a} = 5.25 + 0.45 + 1.17 = 6.87$

$\delta_{H_b} = 5.25 + 1.02 - 0.28 = 5.99$

当分子是反式结构时，$\delta_{H_a} = 5.25 + 0.45 + 0.95 = 6.65$

$\delta_{H_b} = 5.25 + 1.02 - 0.22 = 6.05$

2.

1. $CH_3CH_2-\underset{\underset{Br}{|}}{CH}-\underset{\underset{O}{||}}{C}OCH_2CH_3$

2. 29.1、30.6、36.9、8.7

〔第十三章〕

一、选择题

1. A 2. A 3. D 4. D 5. D 6. B 7. C 8. C

三、谱图解析

1. 3 – 庚酮

2.

或

3. $CH_3CH_2CH_2CONH_2$

〔第十四章〕

一、选择题

1. A 2. C 3. D 4. A 5. D

三、计算题

1. 1.32keV，20.9keV 2. $\lambda_{min} = 0.0165nm$ 3. $\lambda = 0.1577$ 4. 276.0eV

〔第十五章〕

一、填空题

1. 刚玉 2. 温度 3. 失重 4. 体 5. 热稳定性

附录

附录一 基本常数表

量	符号	数值与单位
光在真空中速度	c	$2.99792458 \times 10^{10}$ cm/s
光在空气中速度	v_{air}	2.997056×10^{10} cm/s
普朗克常量	h	$6.6260755 \times 10^{-34}$ J/s
玻耳兹曼常数	k	1.38054×10^{-23} J/k
阿伏伽德罗常数	N_A	$6.0221367 \times 10^{-23}$ mol^{-1}
摩尔气体常数	R	8.31441 J/(mol·k)
		1.98719 cal/(mol·k)
基本电荷	e	1.60210×10^{-19} c
电子静止质量	m_e	$9.1093897 \times 10^{-28}$ g
质子质量	m_p	$1.6726231 \times 10^{-24}$ g

附录二 国际相对原子质量表

[以相对原子质量 Ar (^{12}C) = 12 为标准]

原子序数	名称	元素符号	相对原子质量	原子序数	名称	元素符号	相对原子质量	原子序数	名称	元素符号	相对原子质量
1	氢	H	1.0079	24	铬	Cr	51.9961	47	银	Ag	107.868
2	氦	He	4.002602	25	锰	Mn	54.9380	48	镉	Cd	112.41
3	锂	Li	6.941	26	铁	Fe	55.847	49	铟	In	114.82
4	铍	Be	9.01218	27	钴	Co	58.9332	50	锡	Sn	118.710
5	硼	B	10.811	28	镍	Ni	58.69	51	锑	Sb	121.75
6	碳	C	12.011	29	铜	Cu	63.546	52	碲	Te	127.60
7	氮	N	14.0067	30	锌	Zn	65.39	53	碘	I	126.9045
8	氧	O	15.9994	31	镓	Ga	69.723	54	氙	Xe	131.29
9	氟	F	18.998403	32	锗	Ge	72.59	55	铯	Cs	132.9054
10	氖	Ne	20.179	33	砷	As	74.9216	56	钡	Ba	137.33
11	钠	Na	22.98977	34	硒	Se	78.96	57	镧	La	138.9055
12	镁	Mg	24.305	35	溴	Br	79.904	58	铈	Ce	140.12
13	铝	Al	26.98154	36	氪	Kr	83.80	59	镨	Pr	140.9077
14	硅	Si	28.0855	37	铷	Rb	85.4678	60	钕	Nd	144.24
15	磷	P	30.97376	38	锶	Sr	87.62	61	钷	Pm	(145)
16	硫	S	32.066	39	钇	Y	88.9059	62	钐	Sm	150.36
17	氯	Cl	35.453	40	锆	Zr	91.224	63	铕	Eu	151.96
18	氩	Ar	39.948	41	铌	Nb	92.9064	64	钆	Gd	157.25
19	钾	K	39.0983	42	钼	Mo	95.94	65	铽	Tb	158.9254
20	钙	Ca	40.078	43	锝	Tc	(98)*	66	镝	Dy	162.50
21	钪	Sc	44.95591	44	钌	Ru	101.07	67	钬	Ho	164.9304
22	钛	Ti	47.88	45	铑	Rh	102.9055	68	铒	Er	167.26
23	钒	V	50.9415	46	钯	Pd	106.42	69	铥	Tm	168.9342

原子序数	名称	元素符号	相对原子质量	原子序数	名称	元素符号	相对原子质量	原子序数	名称	元素符号	相对原子质量
70	镱	Yb	173.04	84	钋	Po	(209)	98	锎	Cf	(251)
71	镥	Lu	174.967	85	砹	At	(210)	99	锿	Es	(252)
72	铪	Hf	178.49	86	氡	Rn	(222)	100	镄	Fm	(257)
73	钽	Ta	180.9479	87	钫	Fr	(223)	101	钔	Md	(258)
74	钨	W	183.85	88	镭	Re	226.0254	102	锘	No	(259)
75	铼	Re	186.207	89	锕	Ac	227.0278	103	铹	Lr	(262)
76	锇	Os	190.2	90	钍	Th	232.0381	104	鑪	Rf	(261)
77	铱	Ir	192.22	91	镤	Pa	231.0359	105	钍	Db	(262)
78	铂	Pt	195.08	92	铀	U	238.0289	106	𬭳	Sg	(263)
79	金	Au	196.9665	93	镎	Np	237.0482	107	𬭛	Bh	(262)
80	汞	Hg	200.59	94	钚	Pu	(244)	108	𬭶	Hs	(265)
81	铊	Tl	204.383	95	镅	Am	(243)	109	鿏	Mt	(266)
82	铅	Pb	207.2	96	锔	Cm	(247)				
83	铋	Bi	208.9804	97	锫	Bk	(247)				

* 括弧中的数值使该放射性元素已知的半衰期最长的同位素的原子质量数。

附录三　化学位移表

1. 取代基对 $\diagdown$C— δ 值的增值（ppm）

取代基	C_i	取代基	C_i	取代基	C_i
—F	3.6	—OCOR	3.13	—C≡CR	1.44
—Cl	2.53	—COR	1.70	—C≡CAr	1.65
—Br	2.33	—CONR$_2$	1.59	C=C	1.32
—I	1.82	—NR$_2$	1.57	—N=C=S	2.86
—OH	2.56	—COOR	1.55	—CF$_3$	1.14
—NO$_2$	2.46	—SR	1.64	—CF$_2$	1.21
—OR	2.36	—C≡N	1.70	—CH$_2$R	0.67
—OAr	3.23	—C$_6$H$_5$	1.85	—CH$_3$	0.47

$$\delta \diagup_{\diagdown}CH— = 0.23 + \sum C_i$$

2. 取代烷烃化合物（RY）的化学位移

Y	CH$_3$Y	CH$_3$CH$_2$Y		CH$_3$CH$_2$CH$_2$Y			(CH$_3$)$_2$CHY		(CH$_3$)$_3$CY
	CH$_3$	CH$_2$	CH$_3$	αCH$_2$	βCH$_2$	CH$_3$	CH	CH$_3$	CH$_3$
—H	0.23	0.86	0.86	1.91	1.33	0.91	1.33	0.91	0.89
—C=CH$_2$	1.71	2.00	1.00				1.73		1.02
—C≡CH	1.80	2.16	1.15	2.10	1.50	0.97	2.59	1.15	1.22

续表

Y	CH$_3$Y	CH$_3$CH$_2$Y		CH$_3$CH$_2$CH$_2$Y			(CH$_3$)$_2$CHY		(CH$_3$)$_3$CY
	CH$_3$	CH$_2$	CH$_3$	αCH$_2$	βCH$_2$	CH$_3$	CH	CH$_3$	CH$_3$
—C$_6$H$_5$	2.35	2.63	1.21	2.59	1.65	0.95	2.89	1.25	1.32
—F	4.27	4.36	1.24						
—Cl	3.06	3.47	1.33	3.47	1.81	1.06	4.14	1.55	1.60
—Br	2.69	3.37	1.66	3.35	1.89	1.06	4.21	1.73	1.76
—I	2.16	3.16	1.88	3.16	1.88	1.03	4.24	1.89	1.95
—OH	3.39	3.59	1.18	3.49	1.53	0.93	3.94	1.16	1.22
—O—	3.24	3.37	1.15	3.27	1.55	0.93	3.55	1.08	1.24
—OC$_6$H$_5$	3.73	3.98	1.38	3.86	1.70	1.05	4.51	1.31	
—OCOCH$_3$	3.67	4.05	1.21	3.98	1.56	0.97	4.94	1.22	1.45
—OCOC$_6$H$_5$	3.88	4.37	1.38	4.25	1.76	1.07	5.22	1.37	1.58
—OSO$_2$C$_6$H$_4$CH$_3$	3.70	3.87	1.13	3.94	1.60	0.95	4.70	1.25	
		4.07	1.30						
—CHO	2.18	2.46	1.13	2.35	1.65	0.98	2.39	1.13	1.07
—COCH$_3$	2.09	2.47	1.05	2.32	1.56	0.93	2.54	1.08	1.12
—COC$_6$H$_5$	2.55	2.92	1.18	2.86	1.72	1.02	3.58	1.22	
—COOH	2.08	2.36	1.16	2.31	1.68	1.00	2.56	1.21	1.23
—COOCH$_3$	2.01	2.28	1.12	2.22	1.65	0.98	2.48	1.15	1.16
—CONH$_2$	2.02	2.23	1.13	2.19	1.68	0.99	2.44	1.18	1.22
—NH$_2$	2.47	2.74	1.10	2.61	1.43	0.93	3.07	1.03	1.15
—NHCOCH$_3$	2.71	3.21	1.12	3.18	1.55	0.96	4.01	1.13	
—SH	2.00	2.44	1.31	2.46	1.57	1.02	3.16	1.34	1.43
—S—	2.09	2.49	1.25	2.43	1.59	0.98	2.93	1.25	
—S—S—	2.30	2.67	1.35	2.63	1.71	1.03			1.32
—CN	1.98	2.35	1.31	2.29	1.71	1.11	2.67	1.35	1.37
—NC	2.85						4.83	1.45	1.44
—NO$_2$	4.29	4.37	1.58	4.28	2.01	1.03	4.44	1.53	

3. 取代基对于烯烃 δ 的影响

取代基	$Z_{同}$	$Z_{顺}$	$Z_{反}$	取代基	$Z_{同}$	$Z_{顺}$	$Z_{反}$
—H	0	0	0	—OR（R 饱和）	1.22	−1.07	−1.21
—R	0.45	−0.22	−0.28	—OR（R 共轭）	1.21	−0.60	−1.00
—R（环）	0.69	−0.25	−0.28	—OCOR	2.11	−0.35	−0.64
—CH$_2$O，I	0.64	−0.01	−0.02	—Cl	1.08	0.18	0.13
—CH$_2$F（Cl，Br）	0.70	0.11	−0.04	—Br	1.07	0.45	0.55
—C≡C	1.00	−0.09	−0.23	—I	1.14	0.81	0.88

续表

取代基	$Z_{同}$	$Z_{顺}$	$Z_{反}$	取代基	$Z_{同}$	$Z_{顺}$	$Z_{反}$
—C≡C（共轭）	1.24	0.02	−0.05	>NR（R 饱和）	0.80	−1.26	−1.21
—C=O	1.10	1.12	0.87	—C≡N	0.27	0.75	0.55
—C=O（共轭）	1.06	0.91	0.74	>NCO	2.08	−0.57	−0.72
—COOH	0.97	1.41	0.71	—Ar	1.38	0.36	−0.07
—COOH（共轭）	0.80	0.98	0.32	—SR	1.11	−0.29	−0.13
—COOR	0.80	1.18	0.55	—F	1.54	−0.40	−1.02
—COOR（共轭）	0.78	1.01	0.46	—CHO	1.02	0.95	1.17

$$\delta(=CH—) = 5.25 + Z_{同} + Z_{顺} + Z_{反}$$

4. 取代基对苯环芳氢化学位移的影响

取代基	$S_{邻}$	$S_{间}$	$S_{对}$	取代基	$S_{邻}$	$S_{间}$	$S_{对}$
—OH	0.45	0.10	0.40	—CH=CHR	−0.10	0.00	−0.10
—OR	0.45	0.10	0.40	—CHO	−0.65	−0.25	−0.10
—OCOR	0.20	−0.10	0.20	—COR	−0.70	−0.25	−0.10
—NH₂	0.55	0.15	0.55	—COOH（R）	−0.80	−0.25	−0.20
—CH₃	0.15	0.10	0.10	—Cl	−0.10	0.00	0.00
—CH₂—	0.10	0.10	0.10	—Br	−0.10	0.00	0.00
—CH〈	0.00	0.00	0.00	—F	0.33	0.05	0.25
—CMe₃	0.02	0.13	0.27	—I	−0.37	0.29	0.06
—CH₂OH	0.13	0.13	0.13	—NO₂	−0.85	0.10	−0.55

$$\delta = 7.30 - \sum S$$

5. 活泼氢的化学位移

化合物类型	δ/ppm	化合物类型	δ/ppm
醇	0.5 ~ 5.5	RSH，ArSH	1 ~ 4
酚	4 ~ 8	RSO₃H	11 ~ 12
酚（内氢键）	10.5 ~ 16	RNH₂	0.4 ~ 3.5
烯醇	15 ~ 19	ArNH₂	2.9 ~ 4.8
羧酸	10 ~ 13	RCONH₂，ArCONH₂	5 ~ 7
肟	7 ~ 10	RCONHR′，ArCONHR′	6 ~ 8

附录四　现代仪器分析常用仪器英文缩写

仪器中文名称	仪器英文名称	英文缩写
原子发射光谱仪	Atomic Emission Spectrometer	AES
电感偶合等离子体发射光谱仪	Inductive Coupled Plasma Emission Spectrometer	ICP
直流等离子体发射光谱仪	Direct Current Plasma Emission Spectrometer	DCP
紫外 – 可见光分光光度计	UV – Visible Spectrophotometer	UV – Vis
微波等离子体光谱仪	Microwave Inductive Plasma Emission Spectrometer	MIP
原子吸收光谱仪	Atomic Absorption Spectroscopy	AAS
原子荧光光谱仪	Atomic Fluorescence Spectroscopy	AFS
傅里叶变换红外光谱仪	FT – IR Spectrometer	FTIR
傅里叶变换拉曼光谱仪	FT – Raman Spectrometer	FTIR – Raman
气相色谱仪	Gas Chromatograph	GC
高压/效液相色谱仪	High Pressure/Performance Liquid Chromatography	HPLC
离子色谱仪	Ion Chromatograph	
凝胶渗透色谱仪	Gel Permeation Chromatograph	GPC
体积排阻色谱	Size Exclusion Chromatograph	SEC
X 射线荧光光谱仪	X – Ray Fluorescence Spectrometer	XRF
X 射线衍射仪	X – Ray Diffractomer	XRD
同位素 X 荧光光谱仪	Isotope X – Ray Fluorescence Spectrometer	
电子能谱仪	Electron Energy Disperse Spectroscopy	
能谱仪	Energy Disperse Spectroscopy	EDS
质谱仪	Mass Spectrometer	MS
ICP – 质谱联用仪	ICP – MS	ICP – MS
气相色谱 – 质谱联用仪	GC – MS	GC – MS
液相色谱 – 质谱联用仪	LC – MS	LC – MS
核磁共振波谱仪	Nuclear Magnetic Resonance Spectrometer	NMR
电子顺磁共振波谱仪	Electron Paramagnetic Resonance Spectrometer	ESR
pH 计	pH Meter	
电泳仪	Electrophoresis System	
拉曼光谱仪	Surface – enhanced Raman scattering	SERS

主要参考文献

[1] 李发美. 分析化学 [M]. 7版. 北京：人民卫生出版社，2011.

[2] 李克安. 分析化学教程 [M]. 2版. 北京：北京大学出版社，2006.

[3] 尹华，王新宏. 仪器分析 [M]. 北京：人民卫生出版社，2012.

[4] 邹学贤. 分析化学 [M]. 北京：人民卫生出版社，2013.

[5] 胡琴，黄庆华. 分析化学 [M]. 北京：科学出版社，2009.

[6] 曾元儿，张凌. 仪器分析 [M]. 北京：科学出版社，2012.

[7] 叶宪曾，张新祥. 仪器分析 [M]. 2版. 北京：北京大学出版社，2007.

[8] 刘约权. 现代仪器分析 [M]. 2版. 北京：高等教育出版社，2010.

[9] 黄伯龄. 矿物差热分析鉴定手册 [M]. 北京：科学出版社，1987.

[10] 刘振海. 热分析导论 [M]. 北京：化学工业出版社，1991.

[11] 陈镜弘，李传儒. 热分析及其应用 [M]. 北京：科学出版社，1985.

[12] 孙凤霞. 仪器分析 [M]. 北京：化学工业出版社，2011.

[13] 李丽华，杨红兵. 仪器分析 [M]. 武汉：华中科技大学出版社，2008.

[14] 冯玉红. 现代仪器分析实用教程 [M]. 北京：北京大学出版社，2011.

[15] 杜延发. 现代仪器分析 [M]. 长沙：国防科技大学出版社，2010.

[16] 刘约权. 现代仪器分析学习指导与问题解答 [M]. 北京：高等教育出版社，2007.